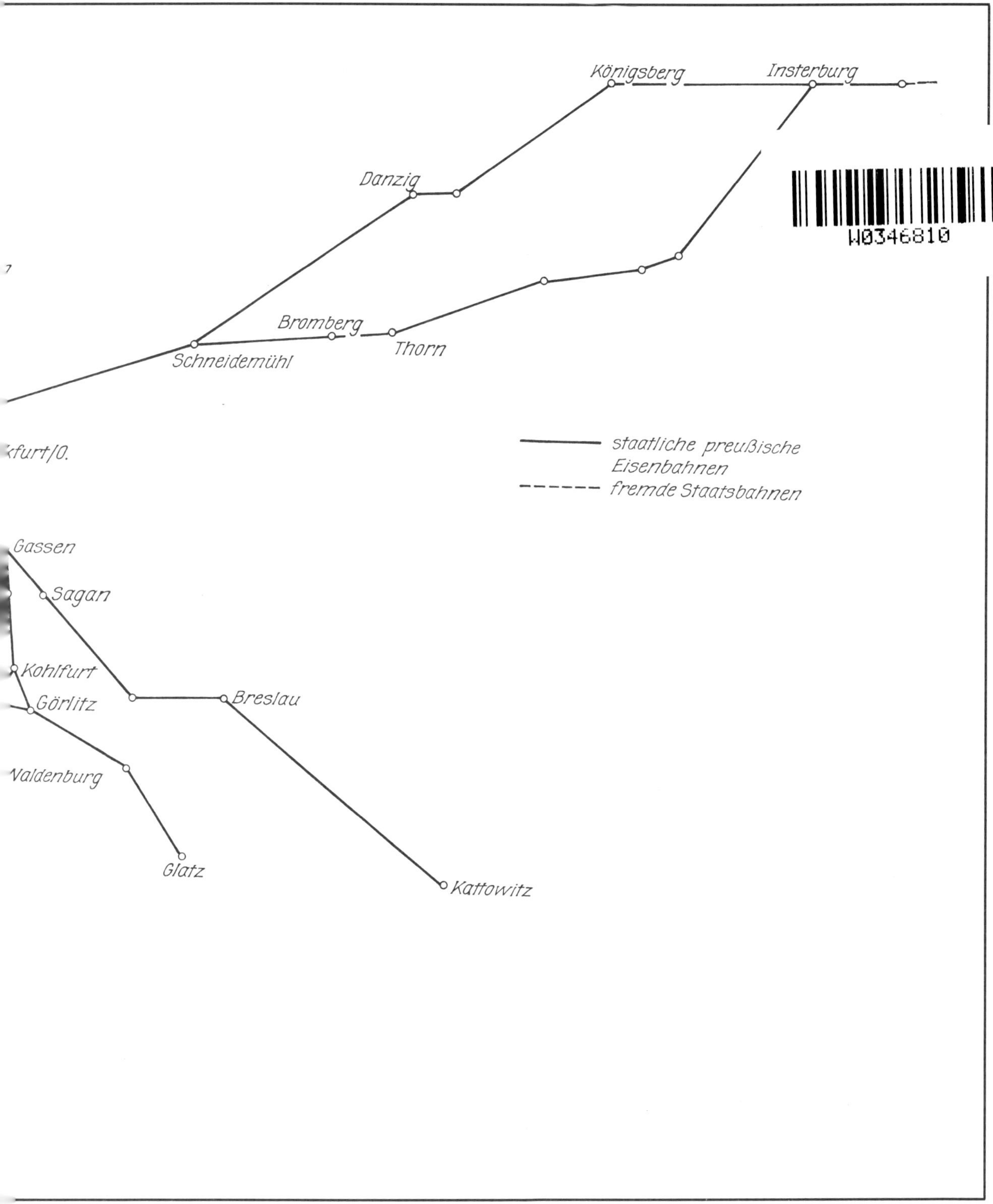
Königsberg
Insterburg
Danzig
Bromberg
Thorn
Schneidemühl
kfurt/O.
staatliche preußische Eisenbahnen
fremde Staatsbahnen
Gassen
Sagan
Kohlfurt
Görlitz
Breslau
Valdenburg
Glatz
Kattowitz

Wagner

Lokomotiv-Archiv Preußen

Andreas Wagner

Lokomotiv-Archiv Preußen

Tenderlokomotiven
Band 3

Bechtermünz Verlag

Wolfgang Scholz gewidmet

Genehmigte Lizenzausgabe
vom transpress Verlag, Stuttgart, für
Bechtermünz Verlag im
Weltbild Verlag GmbH, Augsburg 1996

Zeichnungen: Werner Dietmann
Typographische Gestaltung: Jürgen Arndt
Einbandgestaltung: Jürgen Schumann
Gesamtherstellung: Istituto Grafico
Bertello
Printed in Italy
ISBN 3-86047-573-8

Inhaltsverzeichnis

Zum Aufbau der Reihe

Der vorliegende Band ist Bestandteil der Buchreihe „Eisenbahn-Fahrzeug-Archiv“ (EFA), einer umfassenden Dokumentation der Triebfahrzeuge und Wagen deutscher Eisenbahnen, erschienen im transpress Verlag, Stuttgart. Bei mehrfach abzuhandelnden Fahrzeugen – dies betrifft besonders die von der DRG übernommenen Länderbahnloks – liegt der Schwerpunkt der Darstellung in der jeweiligen Epoche. Um den Umfang der Reihe nicht unnötig auszuweiten, werden die „Konstuktiven Merkmale“ dann nur bei den Beschreibungen der DRG-Baureihen genannt. In den Länderbahnbänden verweist ein Pfeil im Kopf der Beschreibung auf den jeweils ergänzenden Band der EFA-Reihe.

T 14 **1D1-H. G. T. L.** **Normalbauart** **DRG-Baureihe 93^{0-4}** **(→ EFA 1.3)**
1'D1' h2t
1914
Techn. Daten: Seite 235

Das oberste Feld enthält zunächst die Gattungsbezeichnung dieser preußischen Lokomotive, danach folgt die DRG-Baureihe mit Verweis auf den entsprechenden Band; im zweiten Feld steht die Kurzbezeichnung der Bauart. Das dritte Feld enthält die Einsatzzeit mit den Jahreszahlen der ersten Lieferung und der letzten Ausmusterung. Es folgt im letzten Feld der Seitenverweis auf die Daten im Tabellenteil am Ende des Buches. Innerhalb der Texte werden mit weiteren Verweisen interessante Verknüpfungen hergestellt, durch die der Leser zusammenhängende Entwicklungen lückenlos verfolgen kann. Die Verweise beziehen sich entsprechend auch auf die früher ohne fortlaufende Numerierung und den EFA-Reihentitel erschienenen Archiv-Bände.

Schreibweisen

In diesem Buch sind – bedingt durch die historischen Gegebenheiten – deutschsprachige Namen von Ortschaften angegeben, die sich weder auf dem Territorium der Bundesrepublik Deutschland noch auf dem der Deutschen Demokratischen Republik befinden. Zur Orientierung wird hier eine alphabetisch geordnete Zusammenstellung dieser Ortsnamen einschließlich der heutigen Bezeichnung gegeben.

Alexandrowen	Alexandrowo/Polen
Allenstein	Olsztyn/Polen
Arnsdorf	Miłkowice/Polen
Bad Salzbrunn	Szczawno Zdrój/ Polen
Belgard (Pomm)	Białograd/Polen
Berlinchen (NM)	Bárlinek/Polen
Bodenbach	Děčin/ČSFR
Breslau	Wroclaw/Polen
Bromberg	Bydgoszcz/Polen
Brünn	Brno/ČSFR
Bütow (Pomm)	Bytowo/Polen
Camenz, Kamenz (Schl.)	Kamieniec Ząbkowicki/ Polen
Colberg, Kolberg	Kołobreg/Polen
Crossen, auch Krossen (Oder)	Krosno Odrzánskie/ Polen
Cüstrin, Küstrin	Kostrzyn/Polen, (Kietz/DDR)
Danzig	Gdánsk/Polen
Deutsch-Eylau	Iława/Polen
Dittersbach	Brózka/Polen
Dirschau	Tczew/Polen
Eisenberg (b. Crossen)	Rudawica/Polen
Fellhammer	Kuźnice Swidnickie/ Polen
Freiburg (Schles.)	Swiebodzice/Polen
Gandau b. Bresl.	Gadów/Polen
Glasow (NM)	Głazów/Polen
Glatz	Kłodźko/Polen
Gleiwitz	Gliwice/Polen
Gnesen	Gniezno/Polen
Goldap (Ostpr.)	Gołdap/Polen
Görlitz-Moys	Zgorzelec-Ujazd/ Polen
Gottesberg	Boguszów/Polen
Graudenz	Grudziadz/Polen
Grünberg (Schl.)	Zielona Góra/Polen
Halbstadt	Pólmieście/Polen
Hirschberg (Schl.)	Jelenia Gora/Polen
Insterburg	Tschernjachowsk/ UdSSR
Jakobsthal	Jakuszyce/Polen
Kattowitz	Katowice/Polen
Kohlfurt	Wegliniec/Polen
Königsberg	Kaliningrad/UdSSR
Königszelt	Jaworzyna Śląska/Polen
Kreuzburg	Kluczbork/Polen
Landeshut (Schl.)	Kamienna Góra/ Polen
Landsberg (Warthe)	Gorzów Wielkopolski/ Polen
Lauban (Schl.)	Lubań/Polen
Liebau (Schl.)	Lubawka/Polen
Liegnitz	Legnica/Polen
Lyck (Ostpr.)	Ełk/Polen
Marienburg	Malbork/Polen
Marienwerder	Kwidzyn/Polen
Marklissa	Leśna/Polen
Memel	Klaipeda/UdSSR
Merzdorf (Riesengeb.)	Marolszów/Polen
Mittelsteine (Raum Glatz)	Scinawka Srednia/ Polen
Mittelwalde (Schl.)	Miedzylesie/ Polen
Mochbern	Muchobór/Polen
Mohrungen	Morąg/Polen
Neidenburg	Nidzica/Polen
Neiße	Nysa/Polen
Neustettin	Szczecinek/ Polen
Nieder Salzbrunn	Szczawienko/ Polen
Oels	Olésnica/Polen
Oppeln	Opole/Polen
Ortelsburg	Szczytno/Polen
Osterode	Ostróda/Polen
Ostrowo	Ostrow WLKP/Polen
Petersdorf	Piechowice/Polen
Posen	Poznán/Polen
Ratibor	Racibórz/Polen
Ruhbank	Sędzisław/Polen
Schildau	Wojanów/Polen
Schlesien	Sląsk/Polen
Schmiedefeld b. Breslau	Wrocław Leśnica/Polen
Schneidemühl	Piła/Polen
Schweidnitz	Swidnica/Polen
Skalmierzyce (auch Skalmierschütz)	Nowo Skalmierzyce/ Polen
Soldau	Działdowo/Polen
Soldin (NM)	Myślibórz/Polen
Sommerfeld	Lubsko/Polen
Sorau	Żary/Polen
Stargard	Stargard Szczeciński/Polen
Stettin	Szczecin/Polen
Stolp	Słupsk/Polen
Strehlen	Strzelin/Polen
Swinemünde	Świnoujście/Polen
Tilsit	Sowjetsk/UdSSR
Thorn	Toruń/Polen
Waldenburg (Schl.)	Wałbrzych/Polen

Die Beschreibung der Gattungen

—

1/2 Omnibus-T. L.
Bauart Hannover 1880

1A n2t

1880 bis 1900

Techn. Daten: Seite 214

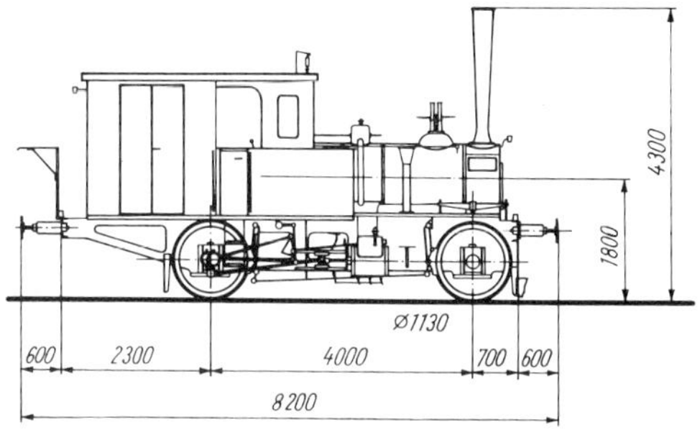

Schichau 1880. Lieferzustand.

Im Herbst des Jahres 1880 stellte die Eisenbahn-Direktion Hannover vier von der Firma Schichau gebaute 1A-Omnibus-Tenderlokomotiven in Dienst, von denen zwei Maschinen mit Zwillings-Triebwerk und zwei Maschinen mit Zweizylinder-Verbund-Triebwerk ausgestattet waren. Bis auf diese Abweichung unterschieden sich die vier Lokomotiven nicht voneinander.
Um die Wagen ausschließlich für die Personenbeförderung nutzen zu können und daduch die Zugmasse niedrig zu halten, hatte man die Maschinen mit einem sich an das Führerhaus anschließenden Gepäckraum ausrüsten lassen. Das brachte den Nachteil, daß die Reibungsmasse von der Belastung des Gepäckraumes abhing, und es zeigte sich, daß aufgrund der vier Türen die Ladefläche auf die Ecken des Gepäckraumes beschränkt bleiben mußte, um den Zugang vom Führerstand zum Zug und die Beladung des Gepäckraumes nicht zu behindern, so daß diese Lösung des Gepäcktransportes nicht den erwarteten Erfolg brachte. Zudem war es notwendig, die Lokomotiven wegen der Sichtbehinderung durch den Gepäckraum auf den Wendebahnhöfen zu drehen. Weil die Omnibus-Züge leicht waren und deshalb nur geringe Ansprüche an die Zugkraft der Lokomotiven stellten, reichte ein angetriebener Radsatz aus. Die Radsätze hatte man zugunsten der Laufruhe so angeordnet, daß die Überhänge auf ein Mindestmaß beschränkt blieben. Erstmals wendete man die Gewichtsbremse Bauart v. Borries an. Beide Maschinen wurden in der Betriebswerkstatt Hagenkamp (später: Hannover Hagenkamp) stationiert und zur Beförderung von Omnibuszügen auf der Strecke Hannover–Schwarmstedt eingesetzt. Ab 1883 trugen sie die Bahnnummern Hannover 1900 und 1901. Später sollen sie auch auf der Strecke Hannover–Kreiensen gefahren sein.
Im Jahre 1900 wurden sie ausgemustert und an die Brandenburgische Städtebahn verkauft, die die beiden Lokomotiven als Baulokomotiven verwendete. Die ehemalige Hannover 1901 kam danach zur Hildesheim-Peiner Eisenbahn und erhielt dort den Namen EQUORD.

Konstruktive Merkmale

Kessel: Unterer Teil des Hinterkessels zwischen den Rahmenwangen eingezogen. Stehkesseldecke halbzylindrisch gewölbt, Rückwand senkrecht. Kupferne Feuerbüchse. Kurzer, schmaler, waagerechter Rost.
Langkessel aus zwei zylindrischen Schüssen zusammengesetzt. Regleraufsatz auf dem 2. Kesselschuß.
Ca. 500 mm lange, nicht erweiterte Rauchkammer. Prüsmann-Schornstein.
Kesselausrüstung: Zwei saugende Dampfstrahlpumpen. Speiseventile an der Stehkesselrückwand. Kesselsicherheitsventil Bauart Ramsbottom auf dem 1. Kesselschuß. Flachschieberregler. Reglerwelle oberhalb des Kesselscheitels.
Rahmen: Innenliegender Blechrahmen, vorn als Rahmenwasserkasten ausgebildet.

Direktionsbezirk	Bahnnummern	Hersteller	Baujahr	Fabriknummern	Bemerkungen/ Ausmusterung
1880 ... 1884 Hannover	80 und 81	Schichau	1880	273 und 274	+ 1900, 1900

Fahrwerk: Vierpunktabstützung. Tragfedern des Laufradsatzes oberhalb des Hauptrahmens, Tragfedern des Treibradsatzes oberhalb der Achslager.
Triebwerk: Naßdampf-Zwillings-Triebwerk. Zylinder außen waagerecht hinter dem Laufradsatz angeordnet. Zweischienige Kreuzkopfführung. Antrieb auf den hinteren Radsatz. Einströmrohre vom Regleraufsatz außen am Kessel zu den Schieberkästen geführt.
Steuerung: Außenliegende Stephenson-Steuerung. Schieberkästen auf den Zylindern. Flachschieber.
Bremsausrüstung: Handbremse. Laufräder einseitig von hinten, Treibräder einseitig von vorn abgebremst. Bedienungseinrichtung für Gewichtsbremse Bauart v. Borries.
Vorratsbehälter: Rahmenwasserkasten im vorderen Rahmenteil. Je ein seitlicher Einfülltrichter neben dem hinteren Ende des 1. Kesselschusses. Je ein seitlicher Kohlekasten vor dem Führerhaus.
Sondereinrichtungen: An das Führerhaus anschließender Gepäckraum (Bauart Elbel-Gölsdorf) mit je einer zweiflügeligen Seitentür und einer Tür in der Rückwand. Zugang zum Zug über Klappbrücke.

—

1/2 Omnibus-T. L. v. Bauart Hannover 1880

1A n2vt

1880 bis 1897

Techn. Daten: Seite 214

Schichau 1880/276, Hannover 84. Lieferzustand.
Foto: Werkaufnahme, Zeitschrift „Die Lokomotive"

Auf Betreiben ihres maschinentechnischen „Hilfsarbeiters" August v. Borries hatte die Eisenbahn-Direktion Hannover zwei der vier 1880 bei der Firma Schichau bestellten 1A-Omnibus-Tenderlokomotiven mit Zweizylinder-Verbund-Triebwerk ausstatten lassen. Diese im Herbst des Jahres 1880 in Dienst gestellten Lokomotiven waren zusammen mit den beiden 2/2 T. L. v. Bauart Bromberg 1880 (T 1) die ersten Verbundlokomotiven bei der Preußischen Staatsbahn.
Um exakte Vergleiche zwischen dem Zwillings- und dem Verbundsystem zu ermöglichen und daraus Schlußfolgerungen über den Nutzen und die Anwendbarkeit des Verbundsystems im Lokomotivbetrieb ziehen zu können, hatte man die vier Maschinen so ausgeführt, daß sich die Verbundlokomotiven

Direktionsbezirk	Bahnnummern	Hersteller	Baujahr	Fabriknummern	Bemerkungen/ Ausmusterung
1880...1884 Hannover	83 und 84	Schichau	1880	275 und 276	+ 1897, 1897

bis auf die durch das Verbundsystem bedingten Modifikationen am Triebwerk und am Regler nicht von den Zwillingslokomotiven unterschieden. Wie die letzteren wurden sie in der Betriebswerkstatt Hagenkamp beheimatet und im selben Dienstplan auf der Strecke Hannover–Schwarmstedt eingesetzt. Im Verlaufe des zweimonatigen Vergleichsbetriebs im Plandienst, bei dem der gleiche Zug im täglichen Wechsel von einer Verbundlokomotive und einer Zwillingslokomotive gefahren wurde, ermittelte man bei den Verbundlokomotiven eine Kohleersparnis von 18 Prozent gegenüber den Zwillingslokomotiven. Wegen der unzweckmäßigen Anfahrvorrichtung traten allerdings oft Anfahrschwierigkeiten auf.
Im Jahre 1883 bekamen die beiden Verbundmaschinen die neuen Bahnnummern Hannover 1902 und 1903. Wie die Zwillingslokomotiven sollen sie später auch auf der Strecke Hannover–Kreiensen eingesetzt worden sein.
Im Jahre 1897 wurden sie ausgemustert und verkauft; die Hannover 1902 kam zur Brauerei Allendorf-Schönebeck und tat dort als Werklokomotive Dienst.

Konstruktive Merkmale

Wie 1/2 Omnibus-T. L. Bauart Hannover 1880 mit Ausnahme folgender Abweichungen:
Triebwerk: Naßdampf-Zweizylinder-Verbund-Triebwerk. Verbinder zwischen den Rahmenwangen. Reglerschleppschieber mit Hilfsdampfrohr Bauart v. Borries als Anfahrvorrichtung.

T 0

1/2 Omnibus-T. L. v.
Bauart Hannover 1883

1A n2vt

1883

Techn. Daten: Seite 214

Im Jahre 1883 bezog die Eisenbahn-Direktion Hannover von der Firma Henschel zehn weitere 1/2 Omnibus-Tenderlokomotiven mit Verbund-Triebwerk, die jedoch im Gegensatz zu den ersten vier 1/2 Omnibus-Tenderlokomotiven nicht mit Gepäckabteil ausgestattet waren. Anstelle der Reglerschleppschieber mit Hilfsdampfrohr Bauart v. Borries hatten sie manuell bediente Reduktionsventile als Anfahrventile erhalten, die aber etwa 1884 gegen selbsttätige Reduktionsventile Patent Henschel ausgetauscht wurden. Diese Einrichtungen wirkten zuverlässiger als der Reglerschleppschieber mit Hilfsdampfrohr.
Die Lokomotiven Hannover 1904 bis 1911 wurden für den Einsatz auf der Strecke Hannover–Schwarmstedt an die Betriebswerkstatt Hagenkamp, die Lokomotiven Hannover 1912 und 1913 für den Einsatz auf der Strecke Northeim–Ottbergen an die Betriebswerkstatt Northeim geliefert. Bei der Neubildung der Direktionsbezirke am 1. April 1895 kamen die beiden letzteren Maschinen, zusammen mit der Betriebswerkstatt Northeim, zum Direktionsbezirk Cassel. Dort trugen sie zunächst die Bahnnummern Cassel

Henschel 1883/1611, Hannover 1913, geliefert an die Betriebswerkstatt Northeim für die Strecke Northeim–Ottbergen, ab 1. April 1895 Cassel 1913, ab 1899 Cassel 1923, ab 1901 Cassel 1992, ab 1906 T 0 Cassel 6002. Lieferzustand.
Foto: Werkaufnahme, Sammlung Siebert

Henschel 1883/1600, Hannover 1905, geliefert an die Betriebswerkstatt Hagenkamp für die Strecke Hannover–Schwarmstedt, ab 1905 T0 Hannover 6002, ausgemustert 1920 in der Betriebswerkstatt Uelzen oder der Betriebswerkstatt Lehrte. Nach Umbauten. Das manuell bediente Reduktionsventil ist gegen ein selbsttätiges Reduktionsventil ausgetauscht worden (kenntlich am Fehlen des Handzuges), die Maschine hat einen rechteckigen Lüftungsaufsatz und einen Sandstreuer erhalten, der Kohlenkasten ist vergrößert worden, und die Bedienungseinrichtung für die Seilbremse hat man abgebaut.
Foto: Hubert, Sammlung Glanert

1912 und 1913, ab 1899 die Bahnnummern Cassel 1922 und 1923, ab 1901 die Bahnnummern Cassel 1991 und 1992 und ab 1906 schließlich die Bahnnummern Cassel 6001 und 6002 und das Gruppenzeichen T0. Die Lokomotiven Hannover 1904 bis 1911 wurden 1905 unter den Bahnnummern Hannover 6001 bis 6008 der Gruppe T0 zugeordnet. Außer auf der bereits genannten Strecke verkehrten sie auch auf der Strecke Hannover–Kreiensen und in der Relation Hannover–Soltau. Nach zeitgenössischen Berichten beförderten sie in der letztgenannten Relation Züge mit einer Stärke von 20 Achsen und mehr anstandslos.

Einige Maschinen überlebten den ersten Weltkrieg und fanden noch bis in die zwanziger Jahre hinein im untergeordneten Dienst Verwendung, z. B. als „Hofdame“ in Betriebswerkstätten. Im Laufe der Zeit war es zu geringfügigen Umbauten gekommen. Von vier Lokomotiven sind die Ausmusterungsdaten bekannt: Die T0 Hannover 6001 wurde 1919 in der Betriebswerkstatt Uelzen, die T0 Hannover 6002 1920 in der Betriebswerkstatt Uelzen oder der Betriebswerkstatt Lehrte, die T0 Hannover 6004 1922 und die T0 Hannover 6005 1921 ausgemustert.

Eine dieser Lokomotiven, die T0 Hannover 6004, existiert heute noch. Sie war nach ihrer Ausmusterung an die Konservenfabrik „Hessenland“ in Rheinheim (Main) verkauft und dort als Werklokomotive eingesetzt worden, bis sie 1937 durch das Berliner Verkehrs- und Baumuseum erworben und dort aufgestellt wurde.

Konstruktive Merkmale

Kessel: Unterer Teil des Hinterkessels zwischen den Rahmenwan-

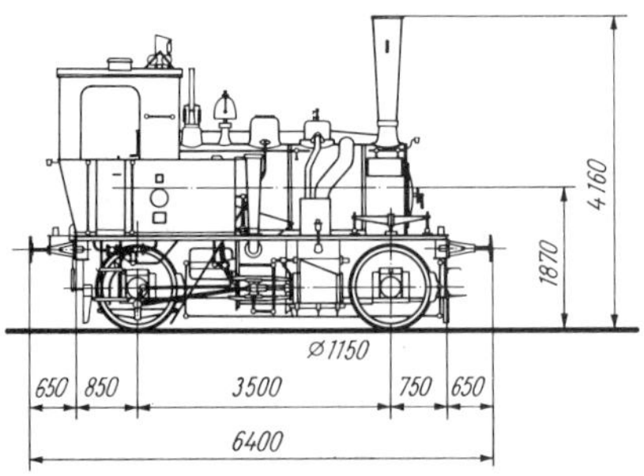

Henschel 1883. Zustand nach Umbauten.

Direktionsbezirk	Bahnnummern	Hersteller	Baujahr	Fabriknummern	Bemerkungen/ Ausmusterung
1880 ... 1884 Hannover	1904 bis 1912	Henschel	1883	1599 bis 1607	
	1913	Henschel	1883	1611	

gen eingezogen. Stehkesseldecke halbzylindrisch gewölbt, Rückwand senkrecht. Kupferne Feuerbüchse. 800 mm langer, 1 000 mm breiter, waagerechter Rost.
Langkessel aus zwei zylindrischen Schüssen zusammengesetzt. Regleraufsatz auf dem 1. Kesselschuß.
550 mm lange, nicht erweiterte Rauchkammer. Prüsmann-Schornstein.
Kesselausrüstung: Zwei saugende Dampfstrahlpumpen rechts und links unter dem Führerhaus. Speiseventile an der Stehkesselrückwand. Kesselsicherheitsventil Bauart Ramsbottom auf dem Stehkesselscheitel. Flachschieberregler. Reglerwelle oberhalb des Kesselscheitels.
Rahmen: Innenliegender Blechrahmen, vorn als Rahmenwasserkasten ausgebildet.
Fahrwerk: Vierpunktabstützung. Tragfedern des Laufradsatzes oberhalb des Hauptrahmens, Tragfedern des Treibradsatzes unterhalb der Achslager.
Triebwerk: Naßdampf-Zweizylinder-Verbund-Triebwerk. Zylinder außen waagerecht hinter dem Laufradsatz angeordnet. Zweischienige Kreuzkopfführung. Antrieb auf den hinteren Radsatz. Einströmrohr vom Regleraufsatz außen am Kessel zu den HD-Schieberkästen geführt. Verbinder über den Kessel geführt. Manuell betätigtes Reduktionsventil zwischen Einströmrohr und Verbinder und selbsttätiges Rückschlagventil in HD-Zylindermitte als Anfahrvorrichtung.
Steuerung: Außenliegende Heusinger-Steuerung mit Hängeeisen. Schieberkästen auf den Zylindern. Flachschieber.
Bremsausrüstung: Handbremse. Alle Räder einseitig von vorn abgebremst. Bedienungseinrichtung für Seilbremse.
Allgemeine Einrichtungen: Handglocke über dem rechten Führerhausfenster.
Vorratsbehälter: Rahmenwasserkasten im vorderen Rahmenteil. Je ein seitlicher Einfülltrichter neben dem hinteren Ende des 2. Kesselschusses. Je ein seitlicher Kohlekasten vor dem Führerhaus.

Schichau 1880/282, Bromberg 802. Lieferzustand.
Foto: Werkaufnahme, Sammlung Siebert

—
2/2 T. L. v. **Bauart Bromberg 1880**
B n2vt
1880 bis 1894
Techn. Daten: Seite 215

Zur gleichen Zeit wie die Eisenbahn-Direktion Hannover wandte sich auch die Eisenbahn-Direktion Bromberg, vermutlich auf Anregung ihres Maschinentechnischen Direktors Friedrich Karl Christoph Graef, dem Verbundsystem zu und bestellte zu Probezwecken bei der Firma Schichau zwei zweiachsige Verbund-Tenderlokomotiven, die im Herbst 1880 geliefert und mit den Bahnnummern Bromberg 801

und 802 bezeichnet wurden. Sie waren für den Einsatz auf der 1881 eröffneten Strecke Schneidemühl–Deutsch Krone, die man 1888 bis Callies verlängerte, bestimmt und kamen zur Betriebswerkstatt Schneidemühl. Ihre Konstruktion entsprach jedoch nicht den v. Borriesschen, sondern den Malletschen Grundsätzen. Demzufolge hatten die beiden Lokomotiven eine von der Firma Schichau entwickelte Wechselvorrichtung erhalten.
Über die Betriebsergebnisse konnten keine Angaben ermittelt werden. 1883 bekamen die beiden 2/2 T. L. v. Bauart Bromberg 1880 die neuen Bahnnummern Bromberg 1400 und 1401. Bereits im Jahre 1894 wurden sie ausgemustert und anschließend verkauft.

Konstruktive Merkmale

Kessel: Unterer Teil des Hinterkessels zwischen den Rahmenwangen eingezogen. Stehkesseldecke halbzylindrisch gewölbt, Rückwand senkrecht. Kupferne Feuerbüchse. Kurzer, schmaler Rost.
Langkessel aus drei zylindrischen Schüssen zusammengesetzt. Regleraufsatz auf dem 1. Kesselschuß.
Kurze, nicht erweiterte Rauchkammer. Prüsmann-Schornstein.
Kesselausrüstung: Zwei saugende Dampfstrahlpumpen. Speiseventile an der Stehkesselrückwand. Kesselsicherheitsventil Bauart Ramsbottom auf dem Regleraufsatz. Flachschieberregler. Reglerwelle oberhalb des Kesselscheitels.
Rahmen: Innenliegender Blechrahmen.
Fahrwerk: Vermutlich Vierpunktabstützung. Tragfedern des 1. Kuppelradsatzes oberhalb des Hauptrahmens, Tragfedern des 2. Kuppelradsatzes oberhalb der Achslager.
Triebwerk: Naßdampf-Zweizylinder-Verbund-Triebwerk. Zylinder außen waagerecht vor dem 1. Kuppelradsatz angeordnet. Zweischienige Kreuzkopfführung. Antrieb auf den 2. Kuppelradsatz. Einströmrohr vom Regleraufsatz außen am Kessel zum HD-Schieberkasten geführt. Verbinder durch die Rauchkammer geführt. Durch Handzug betätigter Wechselschieber Bauart Schichau am HD-Zylinder. Frischdampfzuführung zum Verbinder über ein mit gleichem Handzug betätigtes Frischdampfventil am Regleraufsatz mit nachgeschaltetem Druckminderungsventil.
Steuerung: Außenliegende Allan-Steuerung. Steuerwelle geteilt; Umsteuerung der HD-Steuerung durch Schraube, Umsteuerung der ND-Steuerung durch zwangsläufig von der Steuerschraube mitbewegtes Hebelsystem aus Doppelhebel, Lenker und Schleife. HD-Füllung bis 75 Prozent, ND-Füllung vorwärts und rückwärts feststehend etwa 50 Prozent. Schieberkästen auf den Zylindern. Flachschieber.
Bremsausrüstung: Handbremse. Räder des 2. Kuppelradsatzes beidseitig abgebremst.
Allgemeine Einrichtungen: Dampfläutewerk auf dem Langkessel. Handglocke auf dem Führerhausdach.
Vorratsbehälter: Je ein seitlicher Wasserkasten. Möglicherweise Rahmenwasserkasten im vorderen Rahmenteil. Ein schmaler, bis zur halben Höhe des Führerhauses reichender Kohlekasten an der Führerhausrückwand. Eventuell zusätzlich ein seitlicher Kohlekasten links zwischen Wasserkasten und Führerhaus.

Direktionsbezirk	Bahnnummern	Hersteller	Baujahr	Fabriknummern	Bemerkungen/ Ausmusterung
1880...1884 Bromberg	801 und 802	Schichau	1880	281 und 282	+ 1894, 1894

T 1

2/2 T. L.
Bauart Bromberg 1882

B n2t
1882
Techn. Daten: Seite 215

B. M. A. G. 1882/1189, Bromberg 811. Lieferzustand.
Foto: Werkaufnahme, Sammlung Siebert

Die sechs von der B. M. A. G. gebauten 2/2 T. L. Bauart Bromberg 1882 waren für den Einsatz auf der Strecke Stolp–Cöslin bestimmt und kamen zur Betriebswerkstatt Stolp. Im Zuge der Neubildung der Direktionsbezirke am 1. April 1895 gingen die Betriebswerkstatt Stolp und damit auch die sechs Lokomotiven auf den neugegründeten Direktionsbezirk Stettin über. Dort wurden sie als Stettin 1410 bis 1415 in den Bahnnummernplan eingereiht. Bei einer Verschiebung der Direktionsbezirksgrenzen am 1. April 1899 fielen sie mit der Betriebswerkstatt Stolp dem Direktionsbezirk Danzig zu, erhielten die neuen Bahnnummern Danzig 1410 bis 1415 und wurden 1907 in T 1 Danzig 6031 bis 6036 umgezeichnet. Die DRG nahm keine dieser Lokomotiven mehr in ihre Umzeichnungspläne auf.

Konstruktive Merkmale

Kessel: Unterer Teil des Hinterkessels zwischen den Rahmenwangen eingezogen. Stehkesseldecke halbzylindrisch gewölbt, Rückwand senkrecht. Kupferne Feuerbüchse. Kurzer, schmaler Rost.
Langkessel aus zylindrischen Schüssen zusammengesetzt. Regleraufsatz auf dem 1. Kesselschuß.
Kurze, nicht erweiterte Rauchkammer. Prüsmann-Schornstein.
Kesselausrüstung: Zwei saugende Dampfstrahlpumpen. Speiseventile an der Stehkesselrückwand. Kesselsicherheitsventil Bauart Ramsbottom auf dem Stehkesselscheitel. Flachschieberregler. Reglerwelle oberhalb des Kesselscheitels, durch den Sandkasten geführt.
Rahmen: Innenliegender Blechrahmen, vorn als Rahmenwasserkasten ausgebildet.
Fahrwerk: Vierpunktabstützung. Alle Tragfedern unterhalb der Achslager.
Triebwerk: Naßdampf-Zwillings-Triebwerk. Zylinder außen waagerecht vor dem 1. Kuppelradsatz angeordnet. Zweischienige Kreuzkopfführung. Antrieb auf den 2. Kuppelradsatz. Einströmrohre vom Regleraufsatz außen am Kessel zu den Schieberkästen geführt.
Steuerung: Außenliegende Allan-Steuerung. Schieberkästen auf den Zylindern. Flachschieber.
Bremsausrüstung: Handbremse. Räder des 2. Kuppelradsatzes beidseitig abgebremst.
Allgemeine Einrichtungen: Handsandstreuer, hinter die Räder

Direktionsbezirk	Bahnnummern	Hersteller	Baujahr	Fabriknummern	Bemerkungen/ Ausmusterung
1880...1884 Bromberg	811 bis 816	B. M. A. G.	1882	1189 bis 1194	

des 1. Kuppelradsatzes sandend. Runder Sandkasten auf der Mitte des Langkesselscheitels. Handglocke auf dem Führerhausdach.
Vorratsbehälter: Rahmenwasserkasten im vorderen Rahmenteil. Je ein seitlicher Einfülltrichter neben dem 1. Kesselschuß. Je ein seitlicher Kohlekasten vor dem Führerhaus.

T1, T2

2/2 T. L. v.
Bauart Bromberg 1883

B n2vt

1883

Techn. Daten: Seite 215

1883 war auf der Weltausstellung in Amsterdam eine im gleichen Jahr von der Firma Schichau fertiggestellte zweiachsige Tenderlokomotive mit Zweizylinder-Verbund-Triebwerk nach v. Borries' Grundsätzen zu sehen. Die Maschine war von der Eisenbahn-Direktion Bromberg bestellt worden und entsprach bis auf die durch die Anwendung des Verbundsystems notwendigen Änderungen der 2/2 T. L. Normalbauart für Bahnen untergeordneter Bedeutung (T1). Nach ihrer Rückkehr von der Weltausstellung wurde sie der Betriebswerkstatt Stolp zugeteilt und im Vergleichsbetrieb mit den ebenfalls hier beheimateten 2/2 T. L. Bauart Bromberg 1882 (T1) und einigen in der Betriebswerkstatt Cöslin stationierten 2/2 T. L. Normalbauart für Bahnen untergeordneter Bedeutung auf der Strecke Stolp-Cöslin eingesetzt.
In den ab 1883 gültigen Nummernplan reihte man die Lokomotive unter der Bahnnummer Bromberg 1423 ein. Bei der Neubildung der Direktionsbezirke am 1. April 1895 kam sie zum Direktionsbezirk Stettin, trug dort zunächst die Bahnnummer Stettin 1423, ab 1899 die Bahnnummer Stettin 1623 und wurde 1907 als Stettin 6007 der Gruppe T1 zugeordnet. Später gab die Eisenbahn-Direktion Stettin die Maschine in den Direktionsbezirk Altona ab. Dort wurde sie zuerst als T2 Altona 6050, ab 1909 als T1 Altona 6010 bezeichnet. Ihr Ausmusterungsdatum konnte bisher nicht ermittelt werden.

Konstruktive Merkmale

Wie T1 (2/2 T. L.) (5t) Normalbauart; Bauform der Eisenbahn-Direktionen Bromberg und Berlin mit Ausnahme folgender Abweichungen:
Triebwerk: Naßdampf-Zweizylinder-Verbund-Triebwerk. Anfahrvorrichtung.

Direktions-bezirk	Bahnnummer	Hersteller	Bau-jahr	Fabriknummer	Bemerkungen/ Ausmusterung
1880...1884 Bromberg	824	Schichau	1883	344	

T 1

2/2 T. L. (5,5 t)
Bauart Hannover

B n2t

1880

Techn. Daten: Seite 215

Im Jahre 1880 lieferten die Lokomotivfabriken Henschel und Borsig sechs Bn2-Tenderlokomotiven, die die Westfälische Eisenbahn unter den Bahnnummern 205 bis 210 bestellt hatte. Ob diese Lokomotiven noch durch die Westfälische Eisenbahn oder bereits durch die am 1. April 1880 gegründete Eisenbahn-Direktion Hannover in Dienst gestellt wurden, ließ sich nicht klären. Eine Werkaufnahme zeigt eine der Lokomotiven mit einem Nummernschild, das die Bahnnummer 207 angibt. Im Direktionsbezirk Hannover bekamen die Maschinen 1880 die Bahnnummern Hannover 905 (Henschel 1880/1084) und 906 bis 910, ab 1883 trugen sie die Bahnnummern Hannover 1499 bis 1504. Im Jahre 1883 waren die Lokomotiven Hannover 1500, 1503 und 1504 in der Betriebswerkstatt Northeim, die Lokomotiven Hannover 1501 und 1502 in der Betriebswerkstatt Ottbergen beheimatet. Als am 1. April 1895 die Direktionsbezirke neugebildet wurden, gelangten alle sechs Maschinen mit den genannten Betriebswerkstätten zum Direktionsbezirk Cassel und erhielten die Bahnnummern Cassel 1906 bis 1911. Die Cassel 1910 wurde in den Jahren 1904 oder 1905 ausgemustert, die übrigen Lokomotiven ordnete man 1907 unter den Bahnnummern Cassel 6010 bis 6014 der Gruppe T 1 zu.

Vier Lokomotiven des gleichen Typs beschaffte 1880 die Münster-Enscheder Eisenbahn und bezeichnete sie zunächst mit den Bahnnummern 1 bis 4, später mit den Bahnnummern 9 bis 12. Bei der Verstaatlichung der Münster-Enscheder Eisenbahn im Jahre 1885 übernahm die Eisenbahn-Direktion Coeln rechtsrheinisch die vier Maschinen und bezeichnete sie mit den Bahnnummern Coeln rechtsrheinisch 1425 bis 1428. Ab 1. April 1895 gehörten sie zum Direktionsbezirk Münster und wurden in Münster 1411 bis 1414 umgezeichnet. Die Lokomotiven Münster 1411 und 1413 musterte man 1901 oder 1902 aus, die Lokomotiven Münster 1412 und 1414 kamen 1903 in den Direktionsbezirk Cassel und trugen dort die Bahnnummern Cassel 1904 und 1905, bis sie 1907 in T 1 Cassel 6008 und 6009 umgezeichnet wurden.

Im 2. Umzeichnungsplan der DRG aus dem Jahre 1923 ist bereits

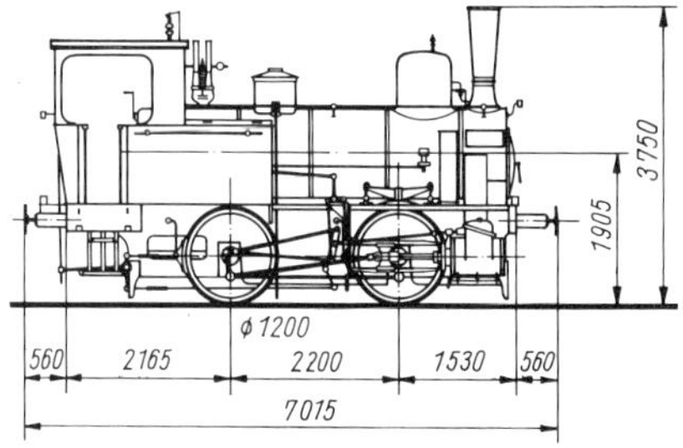

Borsig 1880, Westfälische Eisenbahn 207. Lieferzustand.

Borsig 1880/3715, Westfälische Eisenbahn 207, 1880 umgezeichnet in Hannover 907, ab 1883 Hannover 1501, beheimatet in der Betriebswerkstatt Ottbergen, ab 1. April 1895 Cassel 1908, ab 1907 T 1 Cassel 6012. Lieferzustand.
Foto: Werkaufnahme, Sammlung Lohr

Bahn	Bahnnummern	Übernehmende Staatsbahn-Direktion	Bahnnummern	Hersteller	Baujahr	Fabriknummern	Bemerkungen/ Ausmusterung
Münster-Enscheder Eisenbahn	1 bis 4	Coeln rechtsrh.	1425 bis 1428	Henschel	1880	1080 bis 1083	
Westfälische	205	Hannover	905	Henschel	1880	1084	
Eisenbahn	206 bis 210	Hannover	906 bis 910	Borsig	1880	3714 bis 3718	

keine der zehn Maschinen dieses Typs mehr aufgeführt.

Konstruktive Merkmale

Lokomotiven des Direktionsbezirks Hannover:
Kessel: Unterer Teil des Hinterkessels zwischen den Rahmenwangen eingezogen. Stehkesseldecke halbzylindrisch gewölbt, Rückwand senkrecht. Kupferne Feuerbüchse. Ca. 1 000 mm langer, 870 mm breiter, geneigter Rost.
Langkessel aus zylindrischen Schüssen zusammengesetzt.
Dampfdom auf dem 1. Kesselschuß.
Ca. 600 mm lange, schwach erweiterte, über Beilagering mit dem Langkessel verbundene Rauchkammer. Prüsmann-Schornstein.
Kesselausrüstung: Zwei saugende Dampfstrahlpumpen. Speiseventile in Höhe Kesselmitte am 1. Kesselschuß. Kesselsicherheitsventil Bauart Ramsbottom auf dem Stehkesselscheitel. Flachschieberregler.
Rahmen: Innenliegender Blechrahmen, vorn als Rahmenwasserkasten ausgebildet.
Fahrwerk: Vierpunktabstützung. Alle Tragfedern oberhalb des Hauptrahmens.
Triebwerk: Naßdampf-Zwillings-Triebwerk. Zylinder außen waagerecht vor dem 1. Kuppelradsatz angeordnet. Zweischienige Kreuzkopfführung. Antrieb auf den 2. Kuppelradsatz. Einströmrohre durch die Rauchkammer geführt.
Steuerung: Außenliegende Allan-Steuerung. Schieberkästen auf den Zylinder. Flachschieber.
Bremsausrüstung: Handbremse. Alle Kuppelräder einseitig von hinten abgebremst.
Allgemeine Einrichtungen: Handsandstreuer, die Treibräder von vorn besandend. Viereckiger Sandkasten auf dem hinteren Kesselschuß.
Vorratsbehälter: Rahmenwasserkasten im vorderen Rahmenteil. Je ein seitlicher Einfülltrichter neben dem vorderen Ende des 1. Kesselschusses. Je ein seitlicher Kohlekasten vor dem Führerhaus.

Lokomotiven der Münster-Enscheder Eisenbahn:
Nahezu gleich den Lokomotiven des Direktionsbezirks Hannover; geringe Abweichungen in den Abmessungen.

T 1

2/2 Omnibus-T. L.
Bauart Lentz

B n2t

1880 bis 1910/11

Techn. Daten: Seite 216

Um die Wende der siebziger zu den achtziger Jahren hatte der damalige Direktor der Lokomotivfabrik Hohenzollern, Lentz, eine nach ihm benannte Bn2t-Lokomotivbauart entwickelt, die auch als „Hohenzollern-Patentlok" bekannt wurde. Ihre Eigenart bestand in den zwischen beiden Radsätzen liegenden Zylindern. Mit dieser Anordnung wurden die überhängenden Massen auf ein Mindestmaß beschränkt und dadurch gute Laufeigenschaften auch bei höheren Geschwindigkeiten bezweckt und gewährleistet. Die Kuppelstangen mußten wegen der Zylinderlage außen an den Zylindern vorbeigeführt werden. Bestimmt war dieser leichte Lokomotivtyp vor allem für die Bespannung von Omnibuszügen.

Zwischen 1880 und 1882 beschafften verschiedene Eisenbahn-Direktionen der Preußischen Staatsbahn und einige Privatbahnen insgesamt 20 Hohenzollern-Patentlokomotiven.
Die Hohenzollern-Patentloks der Berlin-Hamburger Eisenbahn bedienten den Vorortverkehr Berlins auf der zu dieser Bahn gehörenden Strecke Berlin Hamburger Bahnhof–Spandau. Im Jahre 1884 waren sie in der Betriebswerkstatt Berlin Hamburger Bahnhof beheimatet und gingen infolge der Verstaatlichung der Berlin-Hamburger Eisenbahn im gleichen Jahr unter den Bahnnummern Altona 1902 bis 1905 in den Bestand des neugegründeten Direktionsbezirks Altona ein. Alle vier Maschinen, die bereits in der ersten Hälfte der achtziger Jahre dem gestiegenen Vorortverkehr nicht mehr gewachsen waren und von stärkeren Maschinen abgelöst wurden, musterte man 1887 aus und verkaufte sie an die Firma Hermann Bachstein. Die Altona 1904 und die Altona 1905 kamen auf die Strecke Lichterfelde–Teltow.
Ebenfalls im Berliner Vorortzugdienst standen die Hohenzollern-Patentloks A 229 bis A 234 der Berlin-Stettiner Eisenbahn. Sie waren an die Betriebswerkstatt Berlin Stettiner Bahnhof geliefert worden und fuhren auf den Strecken nach Oranienburg und Bernau. Ab 1883 trugen sie die Bahnnummern Berlin 1570 bis 1575. Bald wanderten die

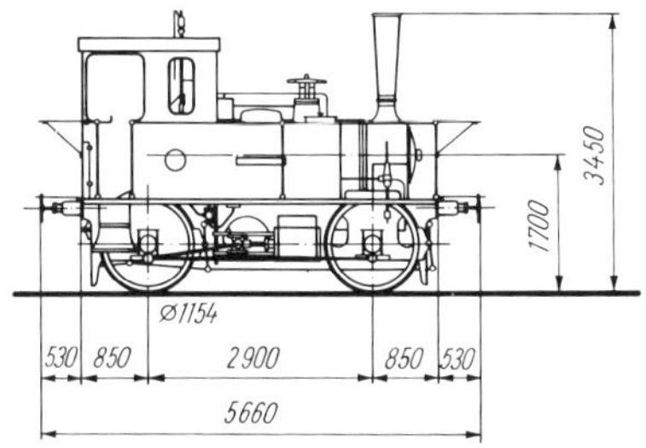

Hohenzollern 1880, Berlin-Hamburger Eisenbahn SCHILDHORN. Lieferzustand.

Hohenzollern 1880/135, Berlin-Hamburger Eisenbahn „SCHILDHORN", geliefert als „Vorort-Locomotive" für die Strecke Berlin Hamburger Bahnhof–Spandau, ab 1884 Altona 1902 beheimatet in der Betriebswerkstatt Berlin Hamburger Bahnhof, ausgemustert 1887, verkauft an die Firma Hermann Bachstein. Saugluftbremse Bauart Smith-Hardy. Lieferzustand.
Foto: Werkaufnahme, Sammlung Walluhn

Maschinen aus ihrem ursprünglichen Einsatzgebiet und Einsatzraum in andere Dienste und Betriebswerkstätten bzw. Maschinenstationen ab. Im Jahre 1892 war die Berlin 1571 in der Betriebswerkstatt Güter-Bahnhof der Nordbahn beheimatet und tat dort als Rangierlokomotive Dienst. Die Berlin 1572 und 1573 gehörten der Maschinenstation Pankow-Schönhausen, die Berlin 1570 und die Berlin 1575 der Betriebswerkstatt Swinemünde an, und die Berlin 1574 wurde von der Maschinenstation Velgast aus eingesetzt. Als erste der sechs Lokomotiven wurde 1894 die Berlin 1571 ausgemustert und anschließend an die Grube „Prinz Wilhelm" Hauptschacht verkauft. Dort verwendete man sie als Werklokomotive. Die anderen fünf Lokomotiven gingen am 1. April 1895 auf den neugegründeten Direktionsbezirk Stettin über und bekamen die Bahnnummern Stettin 1570 und Stettin 1572 bis 1575. Im Jahre 1896 musterte man die Stettin 1572 und die Stettin 1573, im Jahre 1897 die Stettin 1570 und im Jahre 1898 die Stettin 1575 aus. Die Stettin 1574 gelangte in den Direktionsbezirk Mainz, wurde dort als Mainz 1402 bezeichnet und 1901 ausgemustert. Zwei Hohenzollern-Patentlokomotiven hatte 1880 die Holsteinische Marschbahn beschafft. Zum Zeitpunkt der Verstaatlichung der Schleswig-Holsteinischen Marschbahn im Jahre 1890 waren die beiden Maschinen in der Maschinenstation St. Michaelisdonn beheimatet und auf der Strecke St. Michaelisdonn–Marne im Einsatz. Nach der Verstaatlichung bekamen sie die Bahnnummern Altona 1494 und 1495, wurden aber bereits 1892 in Altona 1906 und 1907 umgezeichnet. Die Altona 1907 musterte man im Jahre 905 aus. Die Altona 1906 gelangte im Jahre 1907 als T 1 Altona 6001 in den neuen Gruppen- und Bahnnummernplan und wurde als letzte im Bestand der Preußisch-Hessischen Staatsbahnen verbliebene Hohenzollern-Patentlok 1910 oder 1911 ausgemustert.

Über die Hohenzollern-Patentloks der Oberschlesischen Eisenbahn ließen sich bisher keine Stationierungsorte und keine Angaben zum Betriebsmaschinendienst ermitteln. Nach der Verstaatlichung der Oberschlesischen Eisenbahn gehörten sie zum Direktionsbezirk Breslau und erhielten 1886 die Bahnnummern Breslau 1403 bis 1405. Alle drei Lokomotiven kaufte die Firma Bachstein, nachdem sie in den Jahren 1891 und 1892 ausgemustert worden waren.

Eine Sonderstellung unter den Hohenzollern-Patentlokomotiven nahm die Berlin 601 ein. Sie war bereits durch die Niederschlesisch-Märkische Eisenbahn bestellt worden und gehörte mit der 2/3 P. T. L. Bauart der Berliner Stadtbahn (T 2, T 4), Bahnnummer Berlin 600, und der 2/3 P. T. L. m. h. L. (T 1), Bahnnummer Berlin 630, zu den Probelokomotiven der Berliner Stadtbahn, schied jedoch, obwohl sie stärker dimensioniert war als die anderen Hohenzollern-Patentloks, wegen zu geringer Leistungsfähigkeit und zu geringer Masse aus der Konkurrenz als zukünftiger Stadtbahnlokomotive aus. Geliefert worden war sie an die Betriebswerkstatt Grunewald. Seit 1883 trug sie die Bahnnummer Berlin 1518, die vorgesehene Umzeichnung in T 1 Berlin

Hohenzollern 1880/145, Holsteinische Marschbahn „KRONPRINZENKOOG", ab 1890 Altona 1494, beheimatet in der Maschinenstation Michaelisdonn, eingesetzt auf der Strecke Michaelisdonn–Marne, ab 1892 Altona 1906, ab 1907 T 1 Altona 6001, ausgemustert 1910 oder 1911. Bedienungseinrichtung für Seilbremse. Lieferzustand.
Foto: Werkaufnahme, Sammlung Walluhn

Hohenzollern 1880/148, Berlin 601, geliefert als Probelokomotive für die Berliner Stadtbahn an die Betriebswerkstatt Grunewald, ab 1883 Berlin 1518, Umzeichnung in T1 Berlin 6003 vorgesehen, ausgemustert 1905 in der Betriebswerkstatt Rummelsburg. Sonderausführung. Lieferzustand.
Foto: Werkaufnahme, Sammlung Wagner

6003 unterblieb, da die Lokomotive 1905 in der Betriebswerkstatt Rummelsburg ausgemustert wurde.
Die 1881 für die Eisenbahn-Direktion Bromberg gebauten 2/2 Omnibus-T. L. Bauart Lentz wurden an die Betriebswerkstatt Schneidemühl geliefert und auf der Strecke Schneidemühl–Deutsch Krone eingesetzt. Im Jahre 1883 bekamen sie die Bahnnummern Bromberg 1402 und 1403. Bei der Neubildung der Direktionsbezirke am 1. April 1895 fielen sie dem Direktionsbezirk Königsberg zu und wurden in Königsberg 1402 und 1403 umgezeichnet. Die Eisenbahn-Direktion Königsberg gab sie 1896 oder 1897 in den Direktionsbezirk Erfurt ab. Dort waren sie in der Maschinenstation Friedrichroda stationiert und trugen die Bahnnummern Erfurt 1402 und 1403. Im Jahre 1898 wurde die Lok Erfurt 1402 ausgemustert und an die Aschersleben-Schneidlingen-Nienhagener Eisenbahn verkauft. Ein Jahr später musterte man auch die Lok Erfurt 1403 aus und verkaufte sie an die Firma Hermann Bachstein.
Die beiden als Magdeburg 865 und 866 in Dienst gestellten Hohenzollern-Patentloks wurden 1883 in Magdeburg 1461 und 1462 umgezeichnet. Im Jahre 1895 waren sie in der Maschinenstation Ober-Röblingen beheimatet, gehörten nach der Neubildung der Direktionsbezirke ab 1. April 1895 zum Direktionsbezirk Halle und trugen dort die Bahnnummern Halle 1461 und 1462. Die Halle 1461 wanderte 1901 in den Direktionsbezirk Mainz ab, bekam dort die Bahnnummern Mainz 1403 und wurde vor 1906 ausgemustert; die Halle 1462 zeichnete man 1901 in Halle 1500 um und musterte sie im Jahre 1903 aus.

Konstruktive Merkmale

Kessel: Unterer Teil des Hinterkessels zwischen den Rahmenwangen eingezogen. Stehkesseldecke halbzylindrisch gewölbt, Rückwand und Seitenwände senkrecht. Kupferne Feuerbüchse. Ca. 700 mm langer, 700 mm breiter, waagerechter Rost.
Langkessel aus einem zylindrischen Schuß. Regleraufsatz auf dem vorderen Teil des Langkessels. Mannloch auf dem hinteren Teil des Langkessels, durch eine Haube abgedeckt.
510 mm lange, nicht erweiterte Rauchkammer. Prüsmann-Schornstein.
Kesselausrüstung: Zwei Dampfstrahlpumpen. Speiseventile an der Stehkesselrückwand. Kesselsicherheitsventil ältere Bauart Ramsbottom auf dem Regleraufsatz. Flachschieberregler. Reglerwelle oberhalb des Kesselscheitels.
Rahmen: Innenliegender Blechrahmen.
Fahrwerk: Vierpunktabstützung. Alle Tragfedern oberhalb der Achslager. Achsstand z. T. 2900 mm, z. T. 3000 mm. Abweichungen im Kuppelraddurchmesser zwischen den einzelnen Baulosen.
Triebwerk: Naßdampf-Zwillings-Triebwerk. Zylinder außen waagerecht hinter dem 1. Kuppelradsatz angeordnet. Zweischienige Kreuzkopfführung. Antrieb auf den 2. Kuppelradsatz. Kuppelstangen außen an den Zylinderblöcken vor-

bei geführt. Einströmrohre vom Regleraufsatz außen am Kessel zu den Schieberkästen geführt.
Steuerung: Durch die Preußische Staatsbahn beschaffte Lokomotiven mit innenliegender Allan-Steuerung; durch Privatbahnen beschaffte Lokomotiven mit innenliegender Stephenson-Steuerung. Schieberkästen senkrecht innerhalb der Rahmenwangen. Flachschieber.
Bremsausrüstung: Handbremse. Zum Teil nichtselbsttätige Saugluftbremse Bauart Smith-Hardy. Alle Kuppelräder einseitig von vorn abgebremst. Zum Teil Bedienungseinrichtung für Seilbremse.
Allgemeine Einrichtungen: Die Führerhausseitenwände und den gesamten Kesselbereich umgebender Umlauf mit Geländer. Zugang vom Führerstand zum Zug nach hinten über eine Tür in der Führerhausrückwand und eine Klappbrücke, zum Zug nach vorn über den Umlauf und eine Klappbrücke.
Vorratsbehälter: Je ein seitlicher Wasserkasten. Ein seitlicher Kohlekasten auf der Heizerseite zwischen Wasserkasten und Führerhaus.
Sondereinrichtungen: Zum Teil Schalldämpfer zur Dämpfung der Auspuffgeräusche, aus einem zylindrischen, in die Abdampfleitung geschalteten, längs innerhalb des Rahmens zwischen den Zylindern und der Rauchkammer liegenden Behälter bestehend.

Sonderausführungen

Hohenzollern 1880/148 Berlin 601
Probelokomotive für die Berliner Stadtbahn
Verstärkte Bauform mit größeren Kesselabmessungen.
Fahrwerk: Alle Tragfedern unterhalb der Achslager. Achsstand 3000 mm.
Bremsausrüstung: Saugluftbremse Bauart Smith-Hardy.
Allgemeine Einrichtungen: Umlauf ohne Geländer. Keine Zugangsmöglichkeit vom Führerstand zum Zug.
Sondereinrichtungen: Abdampf-Kondensationsvorrichtung; später vermutlich ausgebaut.

Durch Privatbahnen beschaffte Lokomotiven

Bahn	Bahnnummern bzw. Namen	Übernehmende Staatsbahn-Direktion	Bahnnummern	Hersteller	Baujahr	Fabriknummern	Bemerkungen/ Ausmusterung
Berlin-Hamburger Eisenbahn	SCHILDHORN	Altona	1902	Hohenzollern	1880	135	+ 1887
	SAATWINKEL	Altona	1903	Hohenzollern	1880	136	+ 1887
	AUMÜHLE	Altona	1904	Hohenzollern	1880	137	+ 1887
	SACHSENWALD	Altona	1905	Hohenzollern	1880	138	+ 1887
Berlin-Stettiner Eisenbahn	A 229 bis A 234	Berlin	1570 bis 1575	Hohenzollern	1881	169 bis 174	+ bis 1901
Holsteinische Marschbahn	KRONPRINZEN-KOOG	Altona	1494	Hohenzollern	1880	145	+ 1910/11
	FRIEDRICHS-KOOG	Altona	1495	Hohenzollern	1880	146	+ 1905
Oberschlesische Eisenbahn	622 bis 624	Breslau	1403 bis 1405	Hohenzollern	1882	241 bis 243	+ bis 1892

Durch die Preußische Staatsbahn beschaffte Lokomotiven

Direktionsbezirk	Bahnnummern	Hersteller	Baujahr	Fabriknummern	Bemerkungen/ Ausmusterung
1880 ... 1884					
Berlin	601	Hohenzollern	1880	148	+ 1905
Bromberg	803 und 804	Hohenzollern	1881	159 und 160	+ 1898, 1899
Magdeburg	865 und 866	Hohenzollern	1881	167 und 168	+ vor 1906

T 1

2/2 Omnibus-T. L.
Bauart Magdeburg

B n2t

1882 bis 1911

Techn. Daten: Seite 218

Um den Personennahverkehr zwischen den beiden Städten Halle und Leipzig wirtschaftlich abwickeln zu können, plante die Eisenbahn-Direktion Magdeburg, der die Strecke Halle–Leipzig unterstand, Anfang der achtziger Jahre den Einsatz von Omnibuszügen in dieser Relation. Zur Bespannung dieser Züge beschaffte sie 1882 von der Lokomotivfabrik Vulcan sieben 2/2 Omnibus-Tenderlokomotiven. Die Maschinen wurden in den Betriebswerkstätten Leipzig Magdeburger Bahnhof (Magdeburg 867 bis 869) und Halle II (Magdeburg 870 bis 873) beheimatet und sämtlich im vorgesehenenen Einsatzgebiet verwendet. Für die Bewältigung des umfangreicher werdenden Personenverkehrs zwischen Halle und Leipzig reichten sie allerdings schon bald nicht mehr aus.

Ab 1. April 1895 gehörten die sieben Lokomotiven wie ihre Heimat-Betriebswerkstätten infolge der Neubildung der Direktionsbezirke zum Direktionsbezirk Halle und bekamen die Bahnnummern Halle 1463 bis 1469. Die Lokomotiven Halle 1463 bis 1466 kamen vor dem 1. April 1901 in den Direktionsbezirk Mainz. Dort trugen sie die Bahnnummern Mainz 1404 bis 1407. Bereits vor 1906 wurden sie ausgemustert. Die Lokomotiven Halle 1467 bis 1469 führte man ab 1901 unter den Bahnnummern Halle 1550 bis 1552. Während die Halle 1550 und die Halle 1551 bereits 1902 der Ausmusterung anheim fielen, bekam die Halle 1552 im Jahre 1906 die neue Bahnnummer Halle 6040 und das Gruppenzeichen T 1. Bis zum Jahre 1911 hielt sie sich als Einzelstück, dann musterte man sie schließlich aus.
Die 2/2 Omnibus-T. L. Bauart Magdeburg diente dem Kleinbahnunternehmer Lenz als Vorbild für den Lokomotivtyp „d“ der Lenz-Normalien für Kleinbahnen.

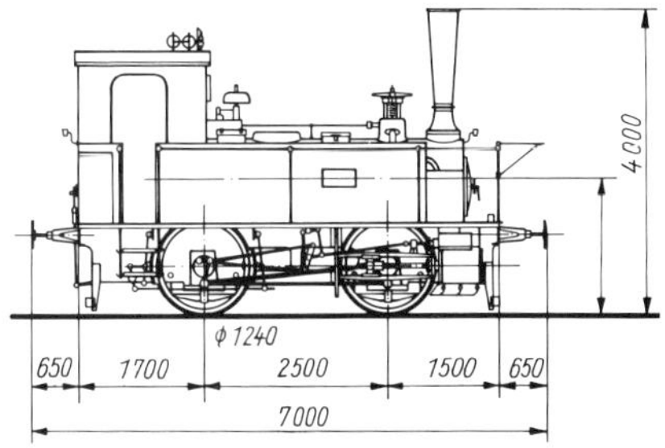

Vulcan 1882. Lieferzustand.

Konstruktive Merkmale

Kessel: Unterer Teil des Hinterkessels zwischen den Rahmenwangen eingezogen. Stehkesseldecke halbzylindrisch gewölbt, Rückwand senkrecht. Kupferne Feuerbüchse. 790 mm langer, 864 mm breiter, geneigter Rost.
Langkessel zylindrisch. Regleraufsatz auf dem vorderen Ende des Langkessels.

Vulcan 1882/826, Magdeburg 870, geliefert an die Betriebswerkstatt Halle II, ab 1. April 1895 Halle 1466, später (vor 1901) Mainz 1407, ausgemustert vor 1906. Auf dem Nummernschild, wie bis 1883 im Direktionsbezirk Magdeburg üblich, die abgekürzte Direktionsbezeichnung „K. E. D. M.“. Lieferzustand.
Foto: Werkaufnahme, Archiv Töpelmann

Direktionsbezirk	Bahnnummern	Hersteller	Baujahr	Fabriknummern	Bemerkungen/ Ausmusterung
1880 … 1884 Magdeburg	867 bis 873	Vulcan	1882	823 bis 829	+ bis 1911

530 mm lange, nicht erweiterte Rauchkammer. Prüsmann-Schornstein.
Kesselausrüstung: Zwei saugende Dampfstrahlpumpen. Speiseventile an der Stehkesselrückwand. Kesselsicherheitsventil älterer Bauart Ramsbottom auf dem Regleraufsatz. Flachschieberregler. Reglerwelle oberhalb des Kesselscheitels.
Rahmen: Innenliegender Blechrahmen.
Fahrwerk: Vierpunktabstützung. Alle Tragfedern unterhalb der Achslager.
Triebwerk: Naßdampf-Zwillings-Triebwerk. Zylinder außen waagerecht vor dem 1. Kuppelradsatz angeordnet. Zweischienige Kreuzkopfführung. Antrieb auf den 2. Kuppelradsatz. Einströmrohre vom Regleraufsatz außen am Kessel zu den Schieberkästen geführt.
Steuerung: Außenliegende Allan-Steuerung. Schieberkästen auf den Zylinder. Flachschieber.
Bremsausrüstung: Handbremse. Räder des 2. Kuppelradsatzes beidseitig abgebremst. Bedienungseinrichtung für Seilbremse.
Allgemeine Einrichtungen: Die Führerhausseitenwände und den gesamten Kesselbereich umgebender Umlauf mit Geländer. Zugang vom Führerstand zum Zug nach hinten über eine Tür in der Führerhausrückwand und eine Klappbrücke, nach vorn über den Umlauf und eine Klappbrücke. Dampfläutewerk.
Vorratsbehälter: Zwei seitliche Wasserkästen. Kohlevorrat vermutlich in einem seitlichen Kasten an der Führerhausseitenwand hinter der Tür und hinten auf dem Führerstand und/oder in einem seitlichen Kasten zwischen Wasserkasten und Führerhaus auf der Heizerseite oder in zwei seitlichen Kästen zwischen Wasserkästen und Führerhaus.

T 1

2/2 T. L. (5 t) Normalbauart

B n2t

1882

Techn. Daten: Seite 218

Um eine Zersplitterung des Fahrzeugparks in eine Vielzahl von Typen auf den Bahnen untergeordneter Bedeutung, deren Errichtung die Bahnordnung vom 12. Juni 1878 ermöglichte, zu vermeiden, verfügte das Ministerium der öffentlichen Arbeiten am 21. Januar 1882 die Aufstellung von Musterblättern für Betriebsmittel dieser Bahnen.
In den daraufhin ausgearbeiteten Normalien waren zwei Musterblätter für Lokomotiven enthalten: Das Musterblatt 11 der Normalien für Bahnen untergeordneter Bedeutung stellte eine B n2-Tenderlokomotive, das Musterblatt 12 eine C n2-Tenderlokomotive dar. Die Entwürfe für diese Lokomotivtypen, die gleichzeitig die ersten Normal-Tenderlokomotiven der Preußischen Staatsbahn waren, hatte die Eisenbahn-Direktion Berlin in Zusammenarbeit mit der Firma Henschel ausgearbeitet.
Die zweiachsige Variante wurde als 2/2 T. L. (5 t) Normalbauart, als 2/2 T. L. Normalbauart für Bahnen untergeordneter Bedeutung, vereinzelt auch als 2/2 P. T. L. oder als 2/2 Rangier-T. L. bezeichnet. In Anbetracht dessen, daß die Fahrgeschwindigkeit auf den Bahnen un-

Schichau 1882/334, Bromberg 810, geliefert an die Betriebswerkstatt Cöslin für die Strecke Cöslin–Stolp, ab 1883 Bromberg 1409, ab 1. April 1895 Stettin 1409, ab 1899 Danzig 1409, ab 1907 T1 Danzig 6013. Saugende Dampfstrahlpumpen, Speiseventile an der Stehkesselrückwand, Gerätekasten hinter dem Führerhaus, senkrechte Führerhausrückwand und Dampfläutewerk. Lieferzustand.
Foto: Werkaufnahme, Sammlung Wagner

tergeordneter Bedeutung auf 30 km/h begrenzt war, hatte man einen Kuppelraddurchmesser von nur 1080 mm gewählt. Den Wasservorrat brachte man zwecks Masseersparnis, die der Kesselgröße zugute kam, in einem Krauss-Rahmenwasserkasten unter. Die Achsfahrmasse mußte wegen des vorgesehenen Einsatzgebietes auf 10 t beschränkt bleiben.
Insgesamt wurden zwischen 1882 und 1887 74 Lokomotiven dieses Typs durch die Preußische Staatsbahn und 1886 zwei Lokomotiven durch die Eisenberg-Crossener Eisenbahn beschafft. Der Bedarf blieb gering, einerseits standen ältere Lokomotiven, die für den schweren Hauptbahndienst zu schwach geworden waren, in höherer Stückzahl zur Verfügung, andererseits reichten das Leistungsvermögen und die Zugkraft der 2/2 T. L. (5 t) Normalbauart auch für den Nebenbahndienst und den

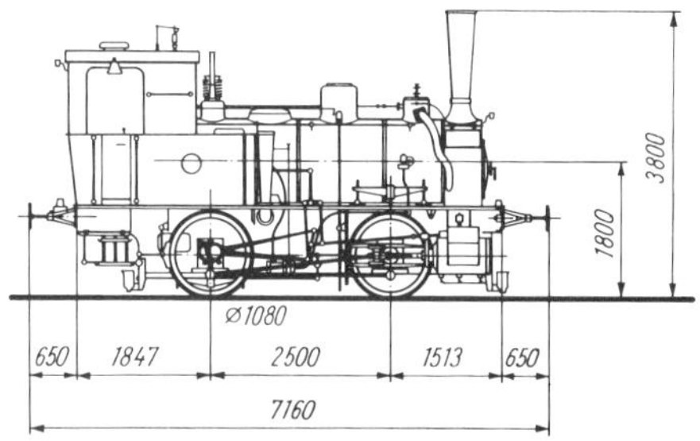

Henschel 1883, Hannover 1546. Lieferzustand. Im unteren Teil geneigte Führerhausrückwand.

Henschel 1883/1697, Hannover 1546, geliefert an die Maschinenstation Waldappel als „Secundärbahnen-Locomotive" für die Strecke Wallburg–Gross Almerode. Nichtsaugende Dampfstrahlpumpen, Speiseventile seitlich am 1. Kesselschuß, im unteren Teil geneigte Führerhausrückwand, Handglocke über der rechten Türöffnung. Lieferzustand.
Foto: Werkaufnahme, Sammlung Walluhn

HANOMAG 1887/1921, Berlin 1636, geliefert an die Maschinenstation Velgast für die Strecke Velgast–Barth, ab 1. April 1895 Stettin 1636, ausgemustert vor 1906. Bauform mit Bedienungseinrichtung für Seilbremse und Funkenfänger Bauart Strube, sonst wie Bromberg 810. Das Dampfläutewerk befindet sich jedoch auf dem Führerhausdach. Lieferzustand.
Foto: Sammlung Wagner

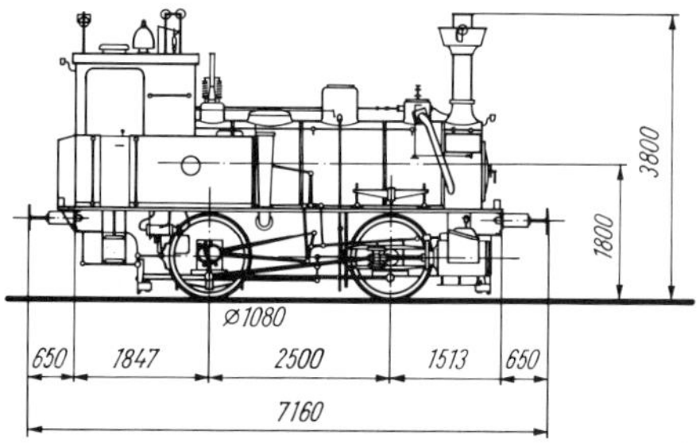

HANOMAG 1887, Berlin 1636. Lieferzustand. Senkrechte Führerhausrückwand, Gerätekasten hinter dem Führerhaus. Funkenfänger Bauart Strube.

Rangierdienst oft nicht aus, so daß man bei Neubeschaffung der dreiachsigen Variante bzw. anderen Lokomotivtypen den Vorzug gab.
In der Ebene konnte die 2/2 T. L. (5 t) Normalbauart einen aus zweiachsigen Wagen gebildeten Zug von 690 t Masse mit 30 km/h befördern. Auf der Steigung 1:100 zog sie einen aus gleichen Wagen zusammengesetzten Zug von 210 t Masse mit ihrer Reibungsgeschwindigkeit von 13 km/h. Eingesetzt wurden die Maschinen vor allem im Nebenbahndienst und im leichten Rangierdienst.
Das Musterblatt trug ab 1884 die Bezeichnung III 1 innerhalb der Gruppe der Normalien für Bahnen untergeordneter Bedeutung. Als 1890 beide Normalien-Gruppen zusammengefaßt wurden, benannte man es in III 4d um.
Infolge der Neubildung der Direktionsbezirke am 1. April 1895 und der Verschiebungen von Direktionsbezirksgrenzen änderte sich die Zugehörigkeit zu den Direktionsbezirken teilweise mehrmals. Im Gruppenplan vom Jahre 1905 wurde der 2/2 T. L. (5 t) Normalbauart das Gruppenzeichen T 1 und die Bahnnummernreihe 6001 bis 6040 zugewiesen. Erste Ausmusterungen gab es bereits um 1906, die meisten Lokomotiven dieses Typs dürften bis etwa 1920 aus dem Betriebsbestand der Preußisch-Hessischen Staatsbahnen ausgeschieden sein. Bereits im 2. Umzeichnungsplan der DRG vom Jahre 1923 ist keine 2/2 T. L. (5 t) Normalbauart mehr aufgeführt.
Zwei der an die Berlin-Dresdener Eisenbahn gelieferten Maschinen, die Berlin 1603 und die Berlin 1604, hatte am 1. April 1888 die Sächsische Staatsbahn übernommen.

Konstruktive Merkmale

Kessel: Unterer Teil des Hinterkessels zwischen den Rahmenwangen eingezogen. Stehkesseldecke halbzylindrisch gewölbt, Rückwand senkrecht. Kupferne Feuerbüchse. Ca. 900 mm langer, 900 mm breiter, schwach geneigter Rost.
Langkessel aus drei zylindrischen Schüssen zusammengesetzt. Regleraufsatz auf dem 1. Kesselschuß.
580 mm lange, nicht erweiterte Rauchkammer. Prüsmann-Schornstein.
Kesselausrüstung: Zwei Dampfstrahlpumpen. Speiseventile z. T. an der Stehkesselrückwand, z. T. in Höhe Kesselmitte am 1. Kesselschuß. Kesselsicherheitsventil Bauart Ramsbottom auf dem Stehkes-

T1 ...6010, der Direktionsname ließ sich nicht ermitteln. Diese Lokomotive hat nachträglich Druckluftbremse erhalten, links auf dem Umlauf ist die waagerecht angeordnete Luftpumpe (vermutlich Bauart Schleifer) zu erkennen.
Foto: Archiv Töpelmann

selscheitel. Flachschieberregler. Reglerwelle oberhalb des Kesselscheitels, durch den Sandkasten geführt.
Rahmen: Innenliegender Blechrahmen, vorn als Rahmenwasserkasten ausgebildet.
Fahrwerk: Vierpunktabstützung. Tragfedern des 1. Kuppelradsatzes oberhalb des Hauptrahmens, Tragfedern des 2. Kuppelradsatzes unterhalb der Achslager.
Triebwerk: Naßdampf-Zwillings-Triebwerk. Zylinder außen waagerecht vor dem 1. Kuppelradsatz angeordnet. Zweischienige Kreuzkopfführung. Antrieb auf den 2. Kuppelradsatz. Einströmrohre vom Regleraufsatz außen am Kessel zu den Schieberkästen geführt.
Steuerung: Außenliegende Allan-Steuerung. Schieberkästen auf den Zylindern. Flachschieber.
Bremsausrüstung: Handbremse. Alle Kuppelräder einseitig von hinten abgebremst. Zum Teil Bedienungseinrichtung für Seilbremse.
Allgemeine Einrichtungen: Zum Teil Gerätekasten hinten am Führerhaus. Führerhausrückwand bei den Lokomotiven mit hinterem Gerätekasten senkrecht, bei den Lokomotiven ohne hinteren Gerätekasten in der unteren Hälfte nach innen geneigt. Handsandstreuer, hinter die Räder des 1. Kuppelradsatzes sandend. Runder Sandka-

Durch die Preußische Staatsbahn beschaffte Lokomotiven

Direktionsbezirk	Bahnnummern	Hersteller	Baujahr	Fabriknummern	Bemerkungen/ Ausmusterung
1880...1884					
Berlin	1600 bis 1602	Schichau	1883	345 bis 347	
	1603 bis 1605	HANOMAG	1884	1689 bis 1691	B. D. E.[1])
	1606 bis 1611	HANOMAG	1884	1692 bis 1697	
	1630	Henschel	1884	1889	
	1631 bis 1633	HANOMAG	1886	1905 bis 1907	
	1634	HANOMAG	1886	1908	B. D. E.[1])
	1635 bis 1637	HANOMAG	1887	1920 bis 1922	
Bromberg	805 bis 810	Schichau	1882	329 bis 334	
	817 bis 822	Henschel	1882	1463 bis 1468	
	823	Hagans	1884	181	
Coeln linksrh.	1462 bis 1464	Henschel	1882	1447 bis 1449	
	1480 bis 1483	Henschel	1883	1645 bis 1657	
	1484 bis 1487	HANOMAG	1884	1720 bis 1723	
	1488	HANOMAG	1884	1783	
Coeln rechtsrh.	1415 bis 1424	Henschel	1883	1518 bis 1527	
Erfurt	1413 und 1414	Henschel	1883	1658 bis 1659	
	1415 und 1416	Henschel	1885	2063 und 2064	
Hannover	1541 bis 1544	Henschel	1883	1646 bis 1649	
	1545 bis 1547	Henschel	1883	1696 bis 1698	
	1548 bis 1551	HANOMAG	1884	1724 bis 1727	
	1552 und 1553	HANOMAG	1884	1790 und 1791	
	1554 und 1555	HANOMAG	1885	1792 und 1793	

[1]) Lokomotiven der Berlin-Dresdener Eisenbahn, Sonderstatus innerhalb des Nummernplanes der Eisenbahn-Direktion Berlin

Durch die Eisenberg-Crossener Eisenbahn beschaffte Lokomotive

Bahnnummer Eisenberg-Crossener E.	Name	Übernehmende Staatsbahn-Direktion	Bahnnummer	Hersteller	Baujahr	Fabriknummer	Bemerkungen/Ausmusterung
4	EVA	Erfurt	1438	Henschel	1894	4106	+ 1906

sten auf dem 2. Kesselschuß. Zum Teil Handglocke, z. T. Dampfläutewerk.
Vorratsbehälter: Rahmenwasserkasten im vorderen Rahmenteil. Je ein seitlicher Einfülltrichter neben dem hinteren Ende des 3. Kesselschusses. Je ein seitlicher Kohlekasten vor dem Führerhaus.

Sonderausführungen

Einige Lokomotiven des Direktionsbezirks Berlin
Kesselausrüstung: Funkenfänger Bauart Strube.

(T 1)

2/3 P. T. L. m. h. L.
Probelokomotive der Berliner Stadtbahn

B1 n2t

1880 bis 1906

Techn. Daten: Seite 218

Ende der siebziger Jahre suchte die Niederschlesisch-Märkische Eisenbahn nach einem Lokomotivtyp für die Berliner Stadtbahn. Aufgrund eines ausgeschriebenen Wettbewerbs stellten drei Firmen Probelokomotiven zur Verfügung. Eine dieser Probelokomotiven war die von der B. M. A. G. gebaute, 1880 unter der Bahnnummer 630 an die aus der Verwaltung der Niederschlesisch-Märkischen Eisenbahn hervorgegangene Eisenbahn-Direktion Berlin gelieferte 2/3 P. T. L. mit hinterer Laufachse. Als Vorbild hatte die seit 1871 auf der Berliner Ringbahn eingesetzten B 1 n2-Tenderlokomotiven gedient.
Die Probefahrten zeigten zwar, daß die Berlin 630 von allen drei Probelokomotiven das höchste Leistungsvermögen aufwies, für den vorgesehenen Zweck war sie jedoch mit ihrer Achsfahrmasse von 15 t zu schwer, denn der Oberbau ließ nur eine Achsfahrmasse von 14 t zu. Sie blieb deshalb ein Einzelstück.
Beheimatet war sie zuerst in der Betriebswerkstatt Grunewald, zu der sie auch 1892 noch gehörte. Seit 1883 trug sie die Bahnnummer Berlin 1519. Die ursprünglich vorhandene Abdampf-Kondensationseinrichtung baute man vermutlich später aus. Nach der Einführung des neuen Gruppen- und Bahnnummernplanes von 1905 sollte sie in T 1 Berlin 6012 umgezeichnet werden, doch vor der beabsichtigten Umzeichnung wurde sie 1906 in der Maschinenstation Oranienburg ausgemustert.

B. M. A. G. 1880/1048, Berlin 630. Lieferzustand.
Foto: Werkaufnahme, Sammlung Walluhn

Direktions-bezirk	Bahnnummer	Hersteller	Baujahr	Fabriknummer	Bemerkungen/ Ausmusterung
1880...1884					
Berlin	630	B. M. A. G.	1880	1048	+ 1906

Konstruktive Merkmale

Kessel: Unterer Teil des Hinterkessels zwischen den Rahmenwangen eingezogen. Stehkesseldecke halbzylindrisch gewölbt, Rückwand senkrecht. Kupferne Feuerbüchse.
Langkessel aus zylindrischen Schüssen zusammengesetzt. Ca. 800 mm lange, stark erweiterte, durch Winkelring mit dem Langkessel verbundene Rauchkammer. Prüsmann-Schornstein.
Kesselausrüstung: Zwei saugende Dampfstrahlpumpen. Speiseventile in Höhe Kesselmitte am 1. Kesselschuß. Kesselsicherheitsventil Bauart Ramsbottom auf dem Stehkesselscheitel. Reglergehäuse im hinteren oberen Teil der Rauchkammer. Dampfsammelrohr vom Hinterkessel zum Reglergehäuse. Rundschieberregler. Reglerwelle im Kesselinnern.
Rahmen: Innenliegender Blechrahmen.
Fahrwerk: Dreipunktabstützung. Unterhalb der Achslager liegende Tragfedern der Kuppelradsätze durch waagerechte Längsausgleichhebel verbunden. Belastung des Laufradsatzes über querliegende Blattfeder oberhalb der Achslager. Alle Radsätze unverschiebbar im Hauptrahmen gelagert.
Triebwerk: Naßdampf-Zwillings-Triebwerk. Zylinder außen waagerecht vor dem 1. Kuppelradsatz angeordnet. Zweischienige Kreuzkopfführung. Antrieb auf den 2. Kuppelradsatz. Einströmrohre durch die Rauchkammer geführt.
Steuerung: Außenliegende Allan-Steuerung. Schieberkästen auf den Zylinder. Flachschieber.
Bremsausrüstung: Handbremse. Alle Kuppelräder einseitig von vorn abgebremst.
Allgemeine Einrichtungen: Handsandstreuer, die Räder des 1. Kuppelradsatzes von vorn, die des 2. Kuppelradsatzes von hinten besandend. Je ein viereckiger Sandkasten für jedes Fallrohr, für die Besandung des 1. Kuppelradsatzes auf dem Umlauf vor den Wasserkästen, für die Besandung des 2. Kuppelradsatzes auf dem Führerstand.
Vorratsbehälter: Je ein seitlicher Wasserkasten. Ein Rahmenwasserkasten unterhalb des Führerstandes. Ein Kohlekasten hinter dem Führerhaus.
Sondereinrichtungen: Abdampf-Kondensationsvorrichtung.

T 2, T 3, T 4

2/3 T. L. m. h. L.
Normalbauart für Bahnen untergeordneter Bedeutung

B1 n2t

1895 bis 1918

Techn. Daten: Seite 219

Ende des Jahres 1893 beauftragte das Ministerium der öffentlichen Arbeiten die Eisenbahn-Direktion Berlin zur Ausarbeitung eines Musterblattes für eine B1 n2-Tenderlokomotive, die Personenzüge auf Nebenbahnen mit einer Streckengeschwindigkeit von 40 km/h befördern und in diesem Einsatzgebiet die aufgrund des kleinen Kuppelraddurchmessers für Geschwindigkeiten über 30 km/h nicht sonderlich geeignete 3/3 T. L. (5 t) Normalbauart ersetzen sollte.
Bei der Konstruktion war vor allem Vorsorge für die höhere Fahrgeschwindigkeit zu treffen. Der Kuppelraddurchmesser wurde auf 1350 mm festgelegt, die Heizfläche gegenüber der 3/3 T. L. (5 t) Normalbauart vergrößert. Ansonsten lehnte sich der neue Lokomotivtyp stark an die 3/3 T. L. (5 t) Normalbauart an, besaß jedoch außenliegende Heusinger-Steuerung. Die Werkszeichnungen arbeitete die Firma Henschel aus. Das Musterblatt erhielt die Bezeichnung III 4g.
Für die Preußische Staatsbahn wurden allerdings nur drei Probelokomotiven gebaut und 1895 abgeliefert. Man bevorzugte für das der

2/3 T. L. m. h. L. Normalbauart für Bahnen untergeordneter Bedeutung zugedachte Einsatzgebiet entweder ältere Hauptbahnlokomotiven oder beschaffte die 2/3 P. T. L. m. h. L. Bauart Elberfeld (T 4^2) neu.

Die Berlin 2010 kam zur Betriebswerkstatt Bentschen. Bei der Neubildung der Direktionsbezirke am 1. April 1895 fiel sie der Eisenbahn-Direktion Posen zu, wurde dort zunächst als Posen 2010, ab 1899 als Posen 1577 bezeichnet und 1907 als Posen 6101 der Gruppe T 3 zugeordnet. Im Jahre 1918 musterte man die Maschine aus und bot sie zum Verkauf an. Sie wurde von der Kleinbahn Nauendorf-Gerlebogk erworben, die sie 1924 an die Kleinbahn Marienborn-Beendorf weiterverkaufte. Dort blieb sie bis 1928, dann gab man sie an die Kleinbahn Gardelegen-Weferlingen ab, wo sie unter der Bahnnummer 8 lief.

Die Coeln rechtsrheinisch 1429, beheimatet in der Betriebswerkstatt Kirchweyhe, gehörte ab 1. April 1895 zum Direktionsbezirk Münster, trug dort zuerst die Bahnnummer Münster 1616 und ab 1906 die Bahnnummer Münster 6451 und das Gruppenzeichen T 4. 1912 kam sie in den Direktionsbezirk Kattowitz, wurde in T 4 Kattowitz 6417 umgezeichnet, im August 1914 ausgemustert und anschließend an die Kleinbahn Marienborn-Beendorf verkauft.

Die Magdeburg 1400 war in der Betriebswerkstatt Buckau beheimatet und diente zunächst als Vorortzuglokomotive. 1905 gab die Eisenbahn-Direktion Magdeburg die Maschine in den Direktionsbezirk Hannover ab, dort führte man sie kurzzeitig unter der Bahnnummer Hannover 1650 und zeichnete sie 1905 in T 2 Hannover 6083 um. Nach ihrer Ausmusterung im Jahre 1916 ging sie als Werklokomotive zum Ausbesserungswerk Stendal.

Zwei Lokomotiven des gleichen Typs hatte 1902 die Altona-Kieler Eisenbahn beschafft. Als sie im Jahre 1902 verstaatlicht wurde, gingen die beiden Maschinen in den Bestand des Direktionsbezirkes Altona ein und bekamen die neuen Bahnnummern Altona 1649 und 1650. Ab 1907 trugen sie die Bahnnummern Altona 6042 und 6041 und das Gruppenzeichen T 2. 1913 bzw. 1912 wurden sie in der Betriebswerkstatt Wilhelmsburg ausgemustert.

Im Merkbuch für die Triebfahrzeuge der Preußisch-Hessischen Staatsbahnen, Ausgabe 1915, ist die 2/3 T. L. m. h. L. Normalbauart für Bahnen untergeordneter Bedeutung unter dem Gruppenzeichen T 1 aufgeführt.

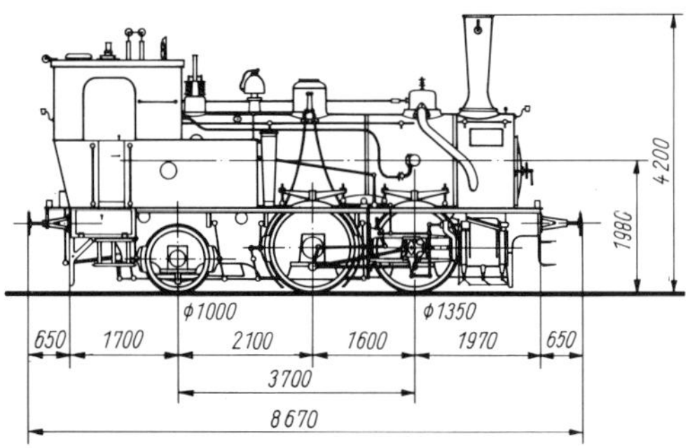

Henschel 1895, Magdeburg 1400. Lieferzustand.

Henschel 1895/4138, Magdeburg 1400. Lieferzustand.
Foto: Werkaufnahme, Sammlung Siebert

Konstruktive Merkmale

Kessel: Unterer Teil des Hinterkessels zwischen den Rahmenwangen eingezogen. Stehkesseldecke halbzylindrisch gewölbt, Rückwand senkrecht. Kupferne Feuerbüchse. 1 450 mm langer, 965 mm breiter, schwach geneigter Rost.

Langkessel aus drei zylindrischen Schüssen zusammengesetzt. Regleraufsatz auf dem 1. Kesselschuß.
950 mm lange, nicht erweiterte Rauchkammer. Prüsmann-Schornstein.
Kesselausrüstung: Zwei saugende Dampfstrahlpumpen. Speiseventile in Höhe Kesselmitte am 1. Kesselschuß. Kesselsicherheitsventil Bauart Ramsbottom auf dem Stehkesselscheitel. Dampfsammelrohr vom Hinterkessel zum Regleraufsatz. Reglerwelle oberhalb des Kesselscheitels, durch den Sandkasten geführt.
Rahmen: Innenliegender Blechrahmen, vorn als Rahmenwasserkasten ausgebildet.
Fahrwerk: Vierpunktabstützung. Oberhalb des Hauptrahmens liegende Tragfedern der Kuppelradsätze durch waagerechte Längsausgleichhebel verbunden. Tragfedern des Laufradsatzes unterhalb der Achslager. Alle Radsätze unverschiebbar im Hauptrahmen gelagert.
Triebwerk: Naßdampf-Zwillings-Triebwerk. Zylinder außen waagerecht vor dem 1. Kuppelradsatz angeordnet. Zweischienige Kreuzkopfführung. Antrieb auf den 2. Kuppelradsatz. Einströmrohre vom Regleraufsatz außen am Kessel zu den Schieberkästen geführt.
Steuerung: Außenliegende Heusinger-Steuerung mit Hängeeisen. Schieberkästen auf den Zylindern. Flachschieber.
Bremsausrüstung: Handbremse. Räder des 2. Kuppelradsatzes und des Laufradsatzes beidseitig abgebremst.
Zum Teil (Magdeburg 1400) Bedienungseinrichtung für Seilbremse vorhanden.

Ebenfalls Henschel 1895/4138, hier als T2 Hannover 6083. Die Bedienungseinrichtung für Seilbremse ist abgebaut worden.
Foto: Sammlung Glanert

Allgemeine Einrichtungen: Handsandstreuer, die Treibräder von vorn und hinten besandend. Runder Sandkasten auf dem vorderen Ende des 3. Kesselschusses. Dampfläutewerk.
Vorratsbehälter: Rahmenwasserkasten im vorderen Rahmenteil. Je ein seitlicher Einfülltrichter neben dem 3. Kesselschuß. Je ein seitlicher Kohlekasten vor dem Führerhaus.

Durch die Preußische Staatsbahn beschaffte Lokomotiven

Direktionsbezirk	Bahnnummern	Hersteller	Baujahr	Fabriknummern	Bemerkungen/ Ausmusterung
1880...1884					
Berlin	2010	Henschel	1895	4137	+ 1918
Coeln rechtsrh.	1429	Henschel	1895	4139	+ 1918
Magdeburg	1400	Henschel	1895	4138	+ 1916

Durch die Kiel-Flensburger Eisenbahn beschaffte Lokomotiven

Bahnnummern	Name	Übernehmende Staatsbahn-Direktion	Bahnnummern	Hersteller	Baujahr	Fabriknummern	Bemerkungen/ Ausmusterung
12	KRAUSS	Altona	1649	Hohenzollern	1902	1539	+ 1913
13	SCHLEI	Altona	1650	Hohenzollern	1902	1538	+ 1912

T 2

2/2 P. T. L.
2/2 Rangier-T. L.
Bauart Frankfurt

B n2t

1881

Techn. Daten: Seite 219

Vulcan 1881/818, Frankfurt 258, geliefert an die Betriebswerkstatt Frankfurt (Main) Haupt-Bahnhof als Rangier-Tenderlokomotive, ab 1883 Frankfurt 1438, ab 1905 T 2 Frankfurt 6046, ab 1907 Mainz T 2 6046, ausgemustert 1910. Lieferzustand.
Foto: Werkaufnahme, Archiv Töpelmann

Im Jahre 1881 lieferten die Firmen HANOMAG und Vulcan insgesamt zehn B n2-Tenderlokomotiven an die Betriebswerkstatt Frankfurt (Main) Haupt-Bahnhof. Die Lokomotiven Frankfurt 250 bis 254, 258 und 259 waren für den Einsatz im Rangierdienst, die Lokomotiven Frankfurt 255 bis 257 für den Einsatz im Personenzugdienst bestimmt. Die Numerierung war entsprechend dem Bahnnummernplan der Frankfurt-Bebraer Eisenbahn erfolgt.
Im Jahre 1883 bekamen die Maschinen die neuen Bahnnummern Frankfurt 1430 bis 1439. Während die Lokomotiven Frankfurt 1430 bis 1434 bis zu ihrer Ausmusterung im Direktionsbezirk Frankfurt verblieben und 1905 als Frankfurt 6041 bis 6045 der Gruppe T 2 zugeordnet wurden, kamen die Lokomotiven Frankfurt 1435 bis 1437 im Jahre 1904 in den Direktionsbezirk Mainz, wo sie zunächst die Bahnnummern Mainz 1435 bis 1437 trugen. Die Mainz 1435 und die Mainz 1436 gelangten 1906 unter den Bahnnummern Mainz 6041 und 6042 in die Gruppe T 2, die Mainz 1437 war bereits vor 1906 ausgemustert worden. Die Frankfurt 1438 und die Frankfurt 1439 wurden 1905 in T 2 Frankfurt 6046 und 6047 umgezeichnet und 1907 in den Direktionsbezirk Mainz abgegeben, wo man sie als T 2 Mainz 6046 und 6047 in den Nummernplan einreihte.
Nur von fünf Maschinen ließen sich die Ausmusterungsdaten ermitteln: T 2 Frankfurt 6044: 1910, T 2 Frankfurt 6045: 1907, T 2 Mainz 6041: 1907, T 2 Mainz 6042: 1915 und T 2 Mainz 6046: 1910.

Konstruktive Merkmale

Kessel: Unterer Teil des Hinterkessels zwischen den Rahmenwangen eingezogen. Stehkesseldecke halbzylindrisch gewölbt, Rückwand senkrecht. Kupferne Feuerbüchse. Kurzer, schmaler Rost. Langkessel aus zylindrischen Schüssen zusammengesetzt. Regleraufsatz auf dem 1. Kesselschuß.
Kurze, nicht erweiterte Rauchkammer. Prüsmann-Schornstein mit Krempe.
Kesselausrüstung: Zwei nichtsaugende Dampfstrahlpumpen. Speiseventile in Höhe Kesselmitte am 1. Kesselschuß. Kesselsicherheitsventil Bauart Ramsbottom auf dem hinteren Kesselschuß. Flachschieberregler. Reglerwelle ober-

Direktions-bezirk	Bahnnummern	Hersteller	Baujahr	Fabriknummern	Bemerkungen/ Ausmusterung
1880...1884 Frankfurt	250 bis 255	HANOMAG	1881	1462 bis 1467	
	256 bis 259	Vulcan	1881	816 bis 819	

halb des Kesselscheitels, durch den Sandkasten geführt.
Rahmen: Innenliegender Blechrahmen, vorn als Rahmenwasserkasten ausgebildet.
Fahrwerk: Drei- oder Vierpunktabstützung. Tragfedern des 1. Kuppelradsatzes oberhalb des Hauptrahmens.
Triebwerk: Naßdampf-Zwillings-Triebwerk. Zylinder außen waagerecht vor dem 1. Kuppelradsatz angeordnet. Zweischienige Kreuzkopfführung. Antrieb auf den 2. Kuppelsatz. Einströmrohre vom Regleraufsatz außen am Kessel zu den Schieberkästen geführt.
Steuerung: Außenliegende Allan-Steuerung. Schieberkästen auf den Zylindern. Flachschieber.
Bremsausrüstung: Handbremse. Alle Kuppelräder einseitig von vorn abgebremst.
Allgemeine Einrichtungen: Handsandstreuer, hinter die Räder des 1. Kuppelradsatzes sandend. Runder Sandkasten auf der Mitte des Langkesselscheitels.
Vorratsbehälter: Rahmenwasserkasten im vorderen Rahmenteil. Je ein seitlicher Einfülltrichter neben dem hinteren Ende des Langkessels. Je ein seitlicher Kohlekasten vor dem Führerhaus.

T1, T2

**2/2 Rangier-T. L.
Bauart der Hannoverschen Staatsbahn**

B n2t

1877

Techn. Daten: Seite 219

In den Jahren 1877 und 1878 hatte die Hannoversche Staatsbahn sechs Bn2-Tenderlokomotiven beschafft, die – zumindest zum überwiegenden Teil – Rangierdienst versahen. 1880 übernahm die Eisenbahn-Direktion Hannover diese sechs Maschinen und zeichnete sie 1883 in Hannover 1477 bis 1482 um. Aus den Lokomotiven Hannover 1477 bis 1479, die 1883 zum Bestand der Betriebswerkstatt Hagenkamp gehörten, wurden bei der Einführung des neuen Gruppen- und Bahnnummernplanes die T 2 Hannover 6064 bis 6066. Die Lokomotiven Hannover 1480 bis 1482 waren 1883 in der Betriebswerkstatt Harburg beheimatet, bei der Neubildung der Direktionsbezirke am 1. April 1895 gingen sie, wie die Betriebswerkstatt Harburg, auf den Direktionsbezirk Altona über, bekamen dort zunächst die Bahnnummern Altona 1400 bis 1402 und 1907 die Bahnnummern Altona 6002 bis 6004 und das Gruppenzeichen T 1.
1882 bezog die Eisenbahn-Direktion Hannover weitere 16 Lokomotiven des gleichen Typs, die sich von den 1877 und 1878 gebauten Maschinen geringfügig unterschieden. Sie wurden unter den Bahnnummern Hannover 614 bis 629 in Dienst gestellt und 1883 in Hannover 1483 bis 1498 umgezeichnet.
Von diesen Lokomotiven waren die Hannover 1483 bis 1488 im Jahre 1883 in der Betriebswerkstatt Harburg stationiert. Wie die in derselben Betriebswerkstatt beheimateten 2/2 Rangier-T. L. Bauart der Hannoverschen Staatsbahnen des Baujahres 1878 fielen sie mit Ausnahme der Hannover 1488 am 1. April 1895 dem Direktionsbezirk

Henschel 1882/1416, Hannover 624, geliefert an die Betriebswerkstatt Minden für die Hafenbahn Minden, ab 1883 Hannover 1493, ab 1905 T2 Hannover 6069, ausgemustert 1907. Lieferzustand.
Foto: Werkaufnahme, Sammlung Kutschik

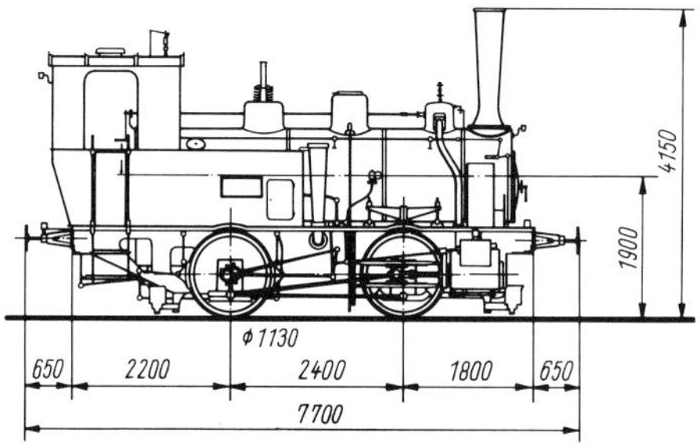

Henschel 1882, Hannover 624. Lieferzustand.

Altona zu. Dort bekamen sie die Bahnnummern Altona 1403 bis 1407 und wurden 1907 unter den Bahnnummern Altona 6005 bis 6009 der Gruppe T 1 zugeordnet. Die Hannover 1488 war vor dem 1. April 1895 aus der Betriebswerkstatt Harburg abgewandert; im Jahre 1905 musterte man sie aus.
Die Lokomotiven Hannover 620 bis 629 waren für den Dienst auf Hafenbahnen bestimmt: Hannover 620 bis 623 kamen für den Einsatz auf der Hafenbahn Bremen zur Betriebswerkstatt Geestemünde, Hannover 628 und 629 für den Einsatz auf derselben Hafenbahn zur Betriebswerkstatt Wesermünde, und die Lokomotiven Hannover 624 bis 627 teilte man für die Abwicklung des Betriebes auf der Hafenbahn Minden der Betriebswerkstatt Minden zu. Im Jahre 1904 schieden die Hannover 1491, die Hannover 1492 und die Hannover 1498 aus dem Betriebsbestand aus, 1905 folgte die Hannover 1494; die übrigen Maschinen gelangten 1905 unter den Bahnnummern Hannover 6067 bis 6072 in die Gruppe T 2 und wurden zwischen 1906 und 1909 ausgemustert. Die T 2 Hannover 6072 diente nach ihrer Ausmusterung dem Ausbesserungswerk Leinhausen als Werklokomotive.
Insgesamt waren damit 22 2/2 Rangier-T. L. Bauart der Hannoverschen Staatsbahn durch die Hannoversche Staatsbahn und die Eisenbahn-Direktion Hannover beschafft worden. Zwei weitere Lokomotiven des gleichen Typs mit Abweichungen in einigen Details und Hauptabmessungen bezog 1882 die Eisenbahn-Direktion Coeln linksrheinisch. Zunächst als Coeln linksrheinisch 1461 und 1462 bezeichnet, wurden sie am 1. Juli 1882 in Coeln linksrheinisch 1475 und 1476 umgenummert, kamen am 1. April 1895 zum Direktionsbezirk Coeln und erhielten dort die Bahnnummern Coeln 1475 und 1476. Beide musterte man 1905 aus; die Coeln 1475 wurde 1906 in der Centralwerkstatt Coeln zerlegt, die Coeln 1476 gelangte über die Westfälische Landeseisenbahn an die Firma Schallmeyer & Mohler, Hagen (Westfalen).

Konstruktive Merkmale

Lokomotiven der Hannoverschen Staatsbahn und des Direktionsbezirks Hannover.
K e s s e l: Unterer Teil des Hinterkessels zwischen den Rahmenwangen eingezogen. Stehkesseldecke halbzylindrisch gewölbt, Rückwand senkrecht. Kupferne Feuerbüchse. 900 mm langer, 900 mm breiter, waagerechter Rost.
Langkessel aus drei zylindrischen Schüssen zusammengesetzt. Regleraufsatz auf dem vorderen Ende des 1. Kesselschusses.
670 mm lange, nicht erweiterte Rauchkammer. Prüsmann-Schornstein.

Durch die Hannoversche Staatsbahn beschaffte Lokomotiven

Bahnnummern Han. St. B.	Übernehmende Staatsbahn-Direktion	Bahnnummern	Hersteller	Baujahr	Fabriknummern	Bemerkungen/Ausmusterung
608 bis 610	Hannover	608 bis 610	HANOMAG	1877	1379 bis 1381	
611 bis 613	Hannover	611 bis 613	HANOMAG	1877	1435 bis 1437	

Durch die Preußische Staatsbahn beschaffte Lokomotiven

Direktionsbezirk	Bahnnummern	Hersteller	Baujahr	Fabriknummern	Bemerkungen/Ausmusterung
1880 ... 1884					
Coeln linksrh.	1460 und 1461	Henschel	1882	1450 und 1451	+ 1905
Hannover	614 bis 619	Henschel	1882	1305 bis 1310	
	620 bis 629	Henschel	1882	1412 bis 1421	+ bis 1909

Kesselausrüstung: Zwei nichtsaugende Dampfstrahlpumpen. Speiseventile in Höhe Kesselmitte am 2. Kesselschuß. Kesselsicherheitsventil Bauart Ramsbottom auf dem 3. Kesselschuß. Dampfsammelrohr vom 3. Kesselschuß zum Regleraufsatz. Flachschieberregler. Reglerwelle oberhalb des Kesselscheitels, durch den Sandkasten geführt.
Rahmen: Innenliegender Blechrahmen, vorn als Rahmenwasserkasten ausgebildet.
Fahrwerk: Dreipunktabstützung. Tragfedern der gekuppelten Radsätze oberhalb des Hauptrahmens; hintere Tragfederenden des 2. Kuppelradsatzes durch unterhalb des Hauptrahmens liegenden Querausgleichhebel verbunden.
Triebwerk: Naßdampf-Zwillings-Triebwerk. Zylinder außen waagerecht vor dem 1. Kuppelradsatz angeordnet. Zweischienige Kreuzkopfführung. Antrieb auf den 2. Kuppelradsatz. Einströmröhre vom Regleraufsatz außen am Kessel zu den Schieberkästen geführt.
Steuerung: Außenliegende Allan-Steuerung. Schieberkästen auf den Zylindern. Flachschieber.
Bremsausrüstung: Handbremse. Räder des 2. Kuppelradsatzes beidseitig abgebremst.
Allgemeine Einrichtungen: Handsandstreuer, hinter die Räder des 1. Kuppelradsatzes sandend. Runder Sandkasten auf dem hinteren Ende des 2. Kesselschusses.
Vorratsbehälter: Ein Rahmenwasserkasten vor der 1. Kuppelachse, ein Rahmenwasserkasten zwischen 1. und 2. Kuppelachse. Je ein seitlicher Einfülltrichter neben dem vorderen Ende des 3. Kesselschusses. Je ein seitlicher Kohlekasten vor dem Führerhaus.

T2

2/2 Rangier-T. L. (7 t)
Bauart Hannover

B n2t

1880 bis 1906

Techn. Daten: Seite 220

Ende der siebziger Jahre hatte die Main-Weser-Bahn bei der Lokomotivfabrik Henschel zwei B n2-Rangier-Tenderlokomotiven bestellt, die mit den Bahnnummern 42 und 43 bezeichnet werden sollten. Infolge der Verwaltungsreform von 1880 wurden die im selben Jahr fertiggestellten Maschinen jedoch nicht durch die Main-Weser-Bahn, sondern durch die Eisenbahn-Direktion Hannover in Dienst gestellt und dort als 1042 M. W. B. und 1043 M. W. B. bezeichnet. Im Jahre 1883 zeichnete man sie in Hannover 1512 und 1513 um. Geliefert worden waren sie an die Betriebswerkstatt Cassel, wo sie auch 1895 noch im Dienst standen und seit der Neubildung der Direktionsbezirke ab 1. April 1895 unter den Bahnnummern Cassel 1512 und 1513, ab 1904 unter den Bahnnummern Cassel 1655 und 1656 zum Lokomotivbestand des Direktionsbezirks Cassel gehörten. Die Cassel 1656 musterte man bereits 1905 aus, die Cassel 1655 ist als T 2 Cassel 6052 noch im seit 1906 gültigen Gruppenplan aufgeführt, im selben Jahr schied sie jedoch aus dem Betriebsbestand aus.

Henschel 1880/1121, 1043 M. W. B. Lieferzustand.
Foto: Werkaufnahme, Sammlung Kutschik

Konstruktive Merkmale

Kessel: Unterer Teil des Hinterkessels zwischen den Rahmenwangen eingezogen. Stehkesseldecke

Direktionsbezirk	Bahnnummern	Hersteller	Baujahr	Fabriknummern	Bemerkungen/ Ausmusterung
1880...1884 Hannover	1042 und 1043	Henschel	1880	1120 und 1121	+ 1906, 1905

halbzylindrisch gewölbt, Rückwand senkrecht. Kupferne Feuerbüchse. Kurzer, schmaler Rost.
Langkessel aus zylindrischen Schüssen zusammengesetzt. Regleraufsatz auf dem vorderen Ende des 1. Kesselschusses.
Kurze, nicht erweiterte Rauchkammer. Prüsmann-Schornstein.
Kesselausrüstung: Zwei saugende Dampfstrahlpumpen. Speiseventile an der Stehkesselrückwand. Kesselsicherheitsventil ältere Bauart Ramsbottom auf dem hinteren Kesselschuß. Flachschieberregler, Betätigung durch rechts am Kessel entlang geführten Seitenzug.
Rahmen: Innenliegender Blechrahmen.
Fahrwerk: Drei- oder Vierpunktabstützung.
Triebwerk: Naßdampf-Zwillings-Triebwerk. Zylinder außen waagerecht vor dem 1. Kuppelradsatz angeordnet. Zweischienige Kreuzkopfführung. Antrieb auf den 2. Kuppelradsatz. Einströmrohre vom Regleraufsatz außen am Kessel zu den Schieberkästen geführt.
Steuerung: Außenliegende Allan-Steuerung. Schieberkästen auf den Zylindern. Flachschieber.
Bremsausrüstung: Handbremse. Alle Kuppelräder einseitig von vorn abgebremst.
Allgemeine Einrichtungen: Handsandstreuer, zwischen beide Kuppelradsätze sandend. Runder Sandkasten auf der Mitte des Langkesselscheitels.
Vorratsbehälter: Je ein seitlicher Wasserkasten. Je ein seitlicher Kohlekasten zwischen Wasserkästen und Führerhaus.

T2

2/2 Rangier-T. L. Bauart Magdeburg

B n2t

1883

Techn. Daten: Seite 220

Für die Abwicklung des Rangierdienstes hatte die Magdeburg-Halberstädter Eisenbahn im Jahre 1877 einige B n2-Tenderlokomotiven nach Bauart Krauss beschafft. Als die Eisenbahn-Direktion Magdeburg Anfang der achtziger Jahre neue Rangier-Tenderlokomotiven benötigte, griff sie diese Bauart auf und ließ 1883 in Anlehnung daran sechs als Magdeburg 1486 bis 1491 in Dienst gestellte Maschinen bauen.
Die Lokomotiven Magdeburg 1486, 1487 und 1491 wurden für den Einsatz auf der Hafenbahn Magdeburg der Maschinenstation Magdeburg Elbebahnhof zugeteilt, die Lokomotiven Magdeburg 1488 bis 1490 gingen an die Betriebswerkstatt Rothensee.
Über die konstruktiven Merkmale dieser Maschinen konnten keine detaillierten Angaben beschafft werden, auch Abbildungen waren nicht auffindbar.

Direktionsbezirk	Bahnnummern	Hersteller	Baujahr	Fabriknummern	Bemerkungen/ Ausmusterung
1880...1884 Magdeburg	867 bis 873	Vulcan	1882	823 bis 829	+ bis 1911

Als erste der sechs Maschinen wurde die Magdeburg 1491 im Jahre 1903 ausgemustert, 1905 folgte die Magdeburg 1488. Die Lokomotiven Magdeburg 1486, 1487, 1489 und 1490 gelangten als T 2 Magdeburg 6059 bis 6062 in den seit 1906 eingeführten Gruppen- und Bahnnummernplan. Aus der T 2 Magdeburg 6060 wurde 1906 noch die T 2 Kattowitz 6060, im gleichen Jahr musterte man sie aus. Ebenfalls 1906 wurden die T 2 Magdeburg 6061 und die T 2 Magdeburg 6062 ausgemustert. Die T 2 Magdeburg 6062 kam anschließend zur Zuckerfabrik Gommern und diente dort als Werklokomotive.

Konstruktive Merkmale

Kessel: Kleiner Kessel gewöhnlicher Bauart.
Kesselausrüstung: Zwei Dampfstrahlpumpen.
Rahmen: Innenliegender Blechrahmen.
Triebwerk: Naßdampf-Zwillings-Triebwerk. Zylinder außen vor dem 1. Kuppelradsatz angeordnet. Antrieb auf den 2. Kuppelradsatz.
Steuerung: Außenliegende Allan-Steuerung. Schieberkästen auf den Zylindern. Flachschieber.
Bremsausrüstung: Handbremse.
Vorratsbehälter: Rahmenwasserkasten.

T2

2/2 Rangier-T. L. (7 t) Normalbauart

B n2t
1885
Techn. Daten: Seite 221

Anläßlich der Revision der Normalien in den Jahren 1883/1884, bei der auch Musterblätter für neue Lokomotivtypen aufgestellt werden sollten, hatte das Ministerium der öffentlichen Arbeiten eine Umfrage über den Bedarf an weiteren Normallokomotivtypen unter den Eisenbahn-Direktionen durchgeführt. Daraufhin war von den Eisenbahn-Direktionen Bromberg, Hannover, Magdeburg und Frankfurt die Entwicklung einer B n2-Normal-Tenderlokomotive mit 14 t Achsfahrmasse für den Einsatz im Rangierdienst vorgeschlagen worden. Das Ministerium nahm diesen Vorschlag an und beauftragte die Normalien-Kommission zur weiteren Bearbeitung. Die Entwürfe stellten die Eisenbahn-Direktionen Bromberg und Magdeburg auf. Das Musterblatt erhielt zunächst die Bezeichnung III 4 innerhalb der Gruppe der Normalien für Hauptbahnen, ab 1890 trug es die Nummer III 4b.

Im Jahre 1885 konnten die ersten Exemplare des neuen Lokomotivtyps geliefert werden. Insgesamt wurden bis 1888 67 2/2 Rangier-T. L. Normalbauart für die Direktionsbezirke Bromberg, Frankfurt, Hannover und Magdeburg gebaut. Größere Verbreitung erlangte die 2/2 Rangier-T. L. Normalbauart nur

Henschel 1885/1934, Magdeburg 1504, geliefert an die Betriebswerkstatt Leipzig Magdeburger Bahnhof oder die Betriebswerkstatt Halle II, ab 1. April 1895 Halle 1504, ab 1906 T 2 Halle 6043. Lieferzustand.
Foto: Werkaufnahme, Archiv transpress

im Raum Halle/Leipzig. Die hier stationierten 35 Maschinen, die zuerst dem Direktionsbezirk Magdeburg zugehörten, bewältigten einen großen Teil des Rangierdienstes. Bei der Neubildung der Direktionsbezirke am 1. April 1895 fielen sie dem Direktionsbezirk Halle zu und bekamen die Bahnnummern Halle 1502 bis 1536.

Die Lokomotiven Bromberg 756 bis 761, ab 1889 Bromberg 1479 bis 1484, gelangten am 1. April 1895 zum Direktionsbezirk Danzig und wurden in Danzig 1479 bis 1484 umgezeichnet. Die Lokomotiven Bromberg 762 bis 769 bekamen im Jahre 1889 die Bahnnummern Bromberg 1485 bis 1492. Am 1. April 1904 gab die Eisenbahn-Direktion Frankfurt ihre Lokomotiven Frankfurt 1441 bis 1445 in den Direktionsbezirk Mainz ab, dort trugen sie bis 1906 die Bahnnummern Mainz 1441 bis 1445. Aus den Lokomotiven Hannover 1640 bis 1645 wurden am 1. April 1895 die Lokomotiven Frankfurt 1640 bis 1645.

Bis auf vier Bromberger Maschinen, Bromberg 1485 bis 1488, gelangten alle 2/2 Rangier-T. L. Normalbauart in den 1905 aufgestellten Gruppen- und Bahnnummernplan. Sie erhielten das Gruppenzeichen T 2 und die Bahnnummern Halle 6041 bis 6075, Danzig 6051 bis 6056, Bromberg 6046 bis 6049, Mainz 6051 bis 6055, Frankfurt 6048 bis 6054 (geliefert als Frankfurt 1440, Hannover 1640 bis 1645) und Frankfurt 6065 bis 6070 (geliefert als Frankfurt 1446 bis 1451).

In den 2. Umzeichnungsplan der DRG vom Jahre 1923 wurde keine 2/2 Rangier-T. L. Normalbauart mehr aufgenommen. Einige Maschinen waren nach ihrer Ausmusterung an Kleinbahnen verkauft worden.

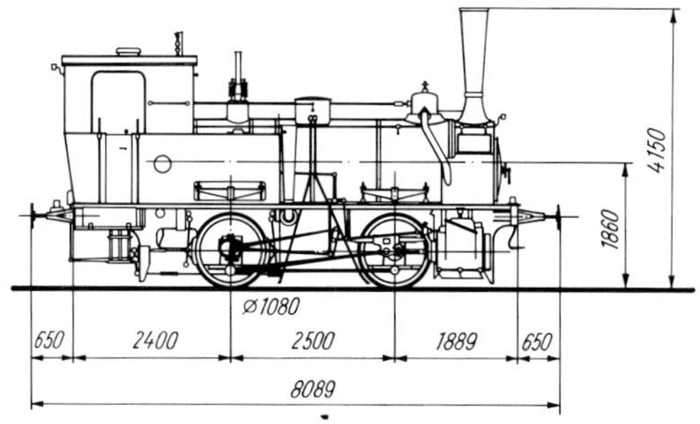

Henschel 1885. Lieferzustand.

Konstruktive Merkmale

Kessel: Unterer Teil des Hinterkessels zwischen den Rahmenwangen eingezogen. Stehkesseldecke halbzylindrisch gewölbt, Rückwand senkrecht. Kupferne Feuerbüchse. 1180 mm langer, 850 mm breiter, schwach geneigter Rost.

Langkessel aus drei zylindrischen Schüssen zusammengesetzt. Regleraufsatz auf dem 1. Kesselschuß.

600 mm lange, nicht erweiterte Rauchkammer. Prüsmann-Schornstein.

Kesselausrüstung: Zwei Dampfstrahlpumpen. Speiseventile an der Stehkesselrückwand, z. T. möglicherweise in Höhe Kesselmitte am 1. Kesselschuß. Kesselsicherheitsventil Bauart Ramsbottom auf dem Stehkesselscheitel. Flachschieberregler. Reglerwelle oberhalb des Kesselscheitels, durch den Sandkasten geführt.

Rahmen: Innenliegender Blechrahmen mit 10 mm dicken Wangen, im vorderen Teil als Rahmenwasserkasten ausgebildet.

Fahrwerk: Vierpunktabstützung. Alle Tragfedern oberhalb des Hauptrahmens.

Triebwerk: Naßdampf-Zwillings-Triebwerk. Zylinder außen waagerecht vor dem 1. Kuppelradsatz angeordnet. Einschienige Kreuzkopfführung. Antrieb auf den 2. Kuppel-

Direktions-bezirk	Bahnnummern	Hersteller	Baujahr	Fabriknummern	Bemerkungen/ Ausmusterung
1880...1884					
Bromberg	756 bis 765	Henschel	1885	2018 bis 2027	
	766 bis 769	Henschel	1886	2207 bis 2210	
Frankfurt	1440 bis 1445	Esslingen	1885	2121 bis 2126	
	1446 bis 1451	Henschel	1886	2186 bis 2191	
Hannover	1640 bis 1645	Henschel	1886	2173 bis 2178	
Magdeburg	1502 bis 1506	Henschel	1885	1932 bis 1936	
	1507 bis 1510	Hohenzollern	1885	373 bis 376	
	1511 und 1512	Henschel	1886	2140 und 2141	
	1513 bis 1523	Henschel	1886	2146 bis 2156	
	1524 bis 1529	Henschel	1887	2395 bis 2400	
	1530 bis 1534	Henschel	1888	2529 bis 2533	
	1535 und 1536	Henschel	1888	2668 und 2669	

radsatz. Einströmrohre vom Regleraufsatz außen am Kessel zu den Schieberkästen geführt.
Steuerung: Außenliegende Allan-Steuerung. Schieberkästen auf den Zylindern. Flachschieber.
Bremsausrüstung: Handbremse. Räder des 2. Kuppelradsatzes beidseitig abgebremst. Zum Teil Bedienungseinrichtung für Seilbremse (möglicherweise erst später angebaut).
Allgemeine Einrichtungen: Handsandstreuer, die Räder des 1. Kuppelradsatzes von hinten, die des 2. Kuppelradsatzes von vorn besandend. Viereckiger Sandkasten auf dem 3. Kesselschuß. Vereinzelt Dampfläutewerk.
Vorratsbehälter: Ein Rahmenwasserkasten im vorderen Rahmenteil. Je ein seitlicher Einfülltrichter neben dem 3. Kesselschuß. Je ein seitlicher Kohlekasten vor dem Führerhaus.

T2

2/2 Omnibus-H. T. L.
Bauart Krauss
DRG-Baureihe 98^3
(→ EFA 1.4)

B h2t

1910

Techn. Daten: Seite 221

Die Bayerische Staatsbahn hatte für den Lokalbahnbetrieb nach der Jahrhundertwende B h2-Omnibus-Tenderlokomotiven beschafft, die dort unter der Gattungsbezeichnung PtL 2/2 liefen. Innerhalb dieser Lokomotivgattung gab es mehrere Bauformen.
Im Jahre 1910 bezogen die Eisenbahn-Direktionen Altona und Elberfeld insgesamt drei Lokomotiven dieses Typs in der Bauform mit Blindwelle, bei der die Treibstangen auf eine zwischen beiden Radsätzen liegende Blindwelle wirkten. Die Blindwelle übertrug die Zugkraft über Kuppelstangen auf die Kuppelradsätze. Durch diese Konstruktion konnten die überhängenden Massen gering gehalten werden, so daß sich eine hervorragende Laufruhe ergab. Der Überhitzer war als Rauchrohr-Überhitzer Bauart Schmidt ausgeführt. Das Führerhaus umgab den Kessel fast auf seiner gesamten Länge, eine durchgehende Plattform mit Klappbrücken ermöglichte den Zugang

Direktionsbezirk	Bahnnummern	Hersteller	Baujahr	Fabriknummern	Bemerkungen/ Ausmusterung
1895/1896					
Altona	T2 6081 und 6082	Krauss	1910	6227 und 6228	
Elberfeld	T2 6041	Krauss	1910	6229	

Krauss 1910/6227, T2 Altona 6081.
Foto: Archiv Töpelmann

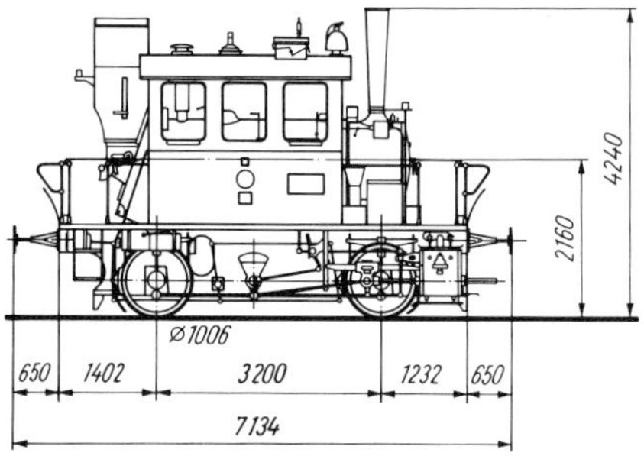

Krauss 1910. Lieferzustand.

von der Lokomotive zum Zug. Durch die halbselbsttätige Schüttfeuerung sollte die Einmannbedienung erleichtert werden.
Die Lokomotiven T 2 Altona 6081 und 6082 wurden an die Maschinenstation Lüchow geliefert und später in T 2 Altona 6041 und 6042 umgezeichnet. 1922 bzw. 1921 verkaufte man sie weiter. Über die T 2 Elberfeld ließen sich keine Angaben zum Betriebsmaschinendienst und zum Verbleib ermitteln. Im 2. Umzeichnungsplan der DRG von 1923 ist sie schon nicht mehr aufgeführt. Die DRG übernahm nur einen Teil der PtL 2/2 der Bayerischen Staatsbahn in ihre Umzeichnungspläne.

T2, T4

2/3 P. T. L.
Bauart der Berliner Stadtbahn

1B n2t

1880 bis 1925

Techn. Daten: Seite 221

Ende der siebziger Jahre suchte die Niederschlesisch-Märkische Eisenbahn nach einem Lokomotivtyp, der die Züge auf der seit 1875 im Bau befindlichen Berliner Stadtbahn bespannen sollte und auch auf der bereits eröffneten Ringbahn im Personenzugdienst verwendet werden konnte. Weil das Drehen auf den Wendebahnhöfen aus Zeitgründen zu vermeiden war, andererseits die Kürze der zurückzulegenden Strecken keine großen Brennstoff- und Wasservorräte erforderte und somit der Vorteil geringerer toter Masse der Tenderlokomotive gegenüber der Schlepptenderlokomotive genutzt werden konnte, entschied man sich für die Tenderlokomotive. Um den geeignetsten Typ zu finden, schrieb die Niederschlesisch-Märkische Eisenbahn einen Wettbewerb unter den Lokomotivfabriken aus. Drei Firmen stellten daraufhin im Jahre 1880 Probelokomotiven zur Verfügung: die Firma Hohenzollern eine 2/2 Omnibus-T. L. Bauart Lentz (T 1), die B. M. A. G. eine 2/3 P. T. L. mit hinterer Laufachse (T 1) und die Firma Schichau eine 2/3 P. T. L. Für den vorgesehenen Zweck erwies sich von diesen Lokomotiven die 2/3 P. T. L. (1 B) als optimale Konstruktion, sie genügte sowohl den leistungsmäßigen Anforderungen als auch den durch den Oberbau bedingten Vorgaben für die zulässige Achsfahrmasse und wurde daher als künftige Stadtbahnlokomotive ausgewählt.
Die Serienlieferung umfaßte 70 Maschinen, die in den Jahren 1881 und

HANOMAG 1882/1498, Berlin 859, geliefert an die Maschinenstation Charlottenburg, ab 1883 Berlin 1589, ab 1906 T 2 Berlin 6073. Vollscheibenlaufräder. Lieferzustand.
Foto: Archiv Töpelmann

Hohenzollern 1881/187, Berlin 653, geliefert an die „Betriebswerkstatt der Stadtbahn zu Berlin in Stralau“, ab 1883 Berlin 1523, ab 1906 Mainz 1523, im gleichen Jahr umgezeichnet in T4 Mainz 6504. Als T4 Mainz 6504. Druckluftbremse Bauart Westinghouse und Dampfläutewerk.
Foto: Archiv Töpelmann

1882 gebaut wurden und sämtlich auf der Berliner Stadtbahn und auf der Ringbahn Dienst taten. Der erste Abschnitt der Stadtbahn, die Strecke zwischen Charlottenburg und dem Schlesischen Bahnhof, war am 7. Februar 1882 eröffnet worden. Ab 1883 trugen die Lokomotiven die Bahnnummern Berlin 1520 bis 1569 und 1580 bis 1599. Gegenüber der Probelokomotive hatte man einige Baugruppen abgeändert. Besonders vorteilhaft waren die größere Rostfläche und der zusätzlich eingebaute Rahmenwasserkasten.
Die Probelokomotive, in Dienst gestellt unter der Bahnnummer 600, bekam 1883 die Bahnnummer Berlin 1517, wurde 1906 in T2 Berlin 6046 umgezeichnet, 1908 ausgemustert und 1911 in der Hauptwerkstatt der ehemaligen Niederschlesisch-Märkischen Eisenbahn zerlegt.
Alle Maschinen hatten eine Abdampf-Kondensationsvorrichtung erhalten. Durch diese Vorrichtung konnte das Auspuffgeräusch bei der Ausfahrt aus den Bahnhofshallen stark vermindert und die Beschmutzung der Reisenden durch übergerissenes Kondenswasser vermieden werden. Nach Erreichen der freien Strecke schaltete der Lokomotivführer auf die Saugzuganlage um, damit die Feueranfachung nicht beeinträchtigt wurde. Es traten jedoch häufig Schäden an dieser Anlage auf, sie arbeitete nicht betriebssicher, so daß man sie später wieder ausbaute.

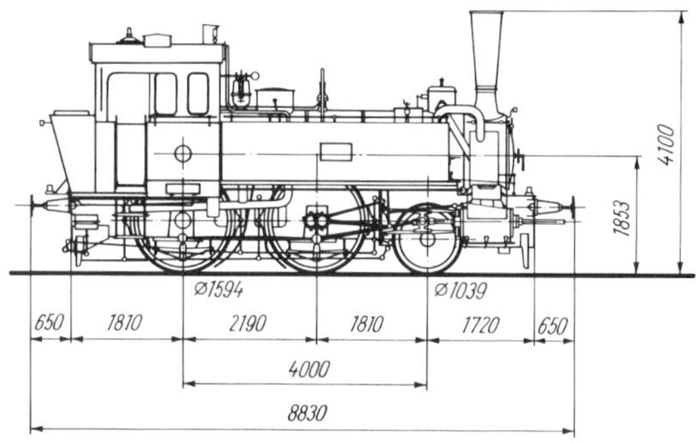

Schichau u. a. 1881/1882. Lieferzustand.

Die 2/3 P. T. L. Bauart der Berliner Stadtbahn versahen ihren Dienst vor den damals noch kurzen Zügen im allgemeinen zufriedenstellend. Auf die Dauer vermochten sie jedoch den ständig steigenden Verkehr nicht zu bewältigen. Im Laufe der Zeit war das Nahverkehrsaufkommen im Berliner Raum derart gewachsen, daß man sie dort nach und nach durch leistungsfähigere Lokomotiven ersetzte, nur noch in untergeordneten Diensten verwendete und zwischen 1905 und 1911 größtenteils in die Direktionsbezirke Altona, Breslau, Cassel, Danzig, Hannover, Königsberg, Magdeburg, Mainz und Stettin abgab, wo sie den Vorortverkehr anderer Städte bedienten, Nebenbahndienst versahen oder in anderen leichten Diensten eingesetzt wurden. Ein Teil der Lokomotiven bekam für den Einsatz auf Nebenbahnen ein Dampfläutewerk. Im Direktionsbezirk Berlin hatte sich der Bestand an 2/3 P. T. L. Bauart der Berliner Stadtbahn bis 1906 auf 28 Maschinen verringert. Bis etwa 1908 bespannten sie dort noch aushilfsweise Personenzüge auf dem Südring. Die ursprünglich verwendete Saugluftbremse Bauart Smith-

Hardy war um 1900 durch die Druckluftbremse Bauart Westinghouse ersetzt worden.

Nach der Einführung des Gruppen- und Bahnnummernplanes vom Jahre 1905 ordneten die Eisenbahn-Direktionen Altona, Berlin, Danzig, Hannover, Königsberg und Magdeburg die 2/3 P.T.L. Bauart der Berliner Stadtbahn der Gruppe T 2 mit der Bahnnummernreihe 6041 bis 6100 zu, die Eisenbahn-Direktionen Breslau, Cassel und Mainz reihten die in die Gruppe T 4 mit der Bahnnummernreihe 6401 bis 6600 ein, und im Direktionsbezirk Stettin gelangte ein Teil der Maschinen in die Gruppe T 2, der andere Teil in die Gruppe T 4.

Die ersten beiden 2/3 P.T.L. Bauart der Berliner Stadtbahn wurden bereits 1905 und 1906 im Direktionsbezirk Berlin ausgemustert. Etwa 1911 begann man, Ausmusterungen in größerem Umfang vorzunehmen. Die DRG übernahm nur noch eine Maschine, die T 2 Berlin 6052 (Schichau 1881/288), unter der Betriebsnummer 69 7002 in den 2. Umzeichnungsplan aus dem Jahre 1923, musterte sie aber 1925 aus. Im 3. Umzeichnungsplan ist keine 2/3 P.T.L. Bauart der Berliner Stadtbahn mehr aufgeführt.

Direktionsbezirk	Bahnnummern	Hersteller	Baujahr	Fabriknummern	Bemerkungen/ Ausmusterung
1880 ... 1884					
Berlin	600	Schichau	1880	277	Prototyp, + 1908
	650 bis 659	Hohenzollern	1881	184 bis 193	
	660 bis 669	HANOMAG	1882	1483 bis 1492	
	670 bis 679	B. M. A. G.	1881	1103 bis 1112	
	680 bis 689	Schichau	1881	283 bis 292	
	690 bis 699	Henschel	1881	1259 bis 1268	
	850 bis 855	Henschel	1882	1363 bis 1368	
	856 bis 859	HANOMAG	1882	1495 bis 1498	
	860 bis 869	Schichau	1882	293 bis 302	

Konstruktive Merkmale

Prototyp (Berlin 600)

Kessel: Unterer Teil des Hinterkessels zwischen den Rahmenwangen eingezogen. Stehkesseldecke halbzylindrisch gewölbt, Rückwand senkrecht. Kupferne Feuerbüchse. 900 mm langer, 950 mm breiter, waagerechter Rost. Langkessel aus zwei zylindrischen Schüssen zusammengesetzt. Regleraufsatz auf dem vorderen Ende des 1. Kesselschusses.

585 mm lange, erweiterte, über Zwischenring mit dem Langkessel verbundene Rauchkammer. Prüsmann-Schornstein.

Kesselausrüstung: Eine nichtsaugende, von einer Hubscheibe auf der Treibachse angetriebene, vor der Stehkesselvorderwand angeordnete Speisewasser-Kolbenpumpe. Eine Dampfstrahlpumpe. Speiseventile an der Stehkesselrückwand. Kesselsicherheitsventil Bauart Ramsbottom auf dem 2. Kesselschuß. Dampfsammelrohr vom hinteren Ende des 2. Kesselschusses zum Regleraufsatz. Flachschieberregler. Reglerwelle oberhalb des Kesselscheitels angebracht.

Rahmen: Innenliegender Blechrahmen.

Fahrwerk: Vierpunktabstützung. Tragfedern des Laufradsatzes oberhalb des Hauptrahmens, Tragfedern der Kuppelradsätze unterhalb der Achslager, zwischen Laufradsatz und 1. Kuppelradsatz durch waagerechte Längsausgleichhebel verbunden. Alle Radsätze unverschiebbar im Hauptrahmen gelagert, Achsstand Laufachse–1. Kuppelachse 1 500 mm, 1. Laufachse–2. Kuppelachse 1 900 mm.

Triebwerk: Naßdampf-Zwillings-Triebwerk. Zylinder außen waagerecht vor dem Laufradsatz angeordnet. Zweischienige Kreuzkopfführung. Antrieb auf den 1. Kuppelradsatz. Einströmrohre vom Regleraufsatz außen am Kessel zu den Schieberkästen geführt.

Steuerung: Außenliegende Allan-Steuerung. Schieberkästen auf den Zylindern. Flachschieber.

Bremsausrüstung: Handbremse. Nichtselbsttätige Saugluftbremse Bauart Smith-Hardy. Räder des 2. Kuppelradsatzes beidseitig abgebremst.

Allgemeine Einrichtungen: Möglicherweise Handsandstreuer vorhanden.

Vorratsbehälter: Je ein seitlicher Wasserkasten. Ein Kohlekasten hinter dem Führerhaus angebracht.

Sondereinrichtungen: Schalldämpfer zur Dämpfung der Auspuffgeräusche, aus einem zylindrischen, in die Abdampfleitung geschalteten, quer innerhalb des Rahmens zwischen den Zylindern liegenden Behälter bestehend. Abdampfkondensationsvorrichtung in Form von in den Wasserkästen liegenden Rohrbündeln.

Serienausführung

Wie Prototyp mit Ausnahme folgender Abweichungen und weiterer Abweichungen in den Abmessungen:
Kessel: 1110 mm langer, 950 mm breiter Rost.
Langkessel aus drei zylindrischen Schüssen zusammengesetzt. 600 mm lange, nicht erweiterte Rauchkammer.
Kesselausrüstung: Zwei saugende Dampfstrahlpumpen. Ohne Speisewasser-Kolbenpumpe. Kesselsicherheitsventil auf dem Stehkesselscheitel. Reglerwelle rechts unterhalb des Kesselscheitels außen am Kessel entlang geführt.
Fahrwerk: Zum Teil Vollscheibenlaufräder. Achsstand Laufachse–1. Kuppelachse 1810 mm, Achsstand 1. Kuppelachse–2. Kuppelachse 2190 mm.
Bremsausrüstung: Alle Kuppelräder beideitig abgebremst.
Allgemeine Einrichtungen: Handsandstreuer, die Räder des 1. Kuppelradsatzes von hinten, die des 2. Kuppelradsatzes von vorn besandend. Viereckiger Sandkasten auf dem Stoß zwischen 3. Kesselschuß und Stehkessel.
Vorratsbehälter: Zusätzlich ein kurzer Rahmenwasserkasten hinter dem 2. Kuppelradsatz.
Sondereinrichtungen: Ohne zylindrischen Schalldämpfer. Abdampfkondensationsvorrichtung gewöhnlicher Bauart.

T 2

2/3 P. T. L. m. h. L. Bauart der Berliner Stadtbahn

B1 n2t

1884

Techn. Daten: Seite 221

Schon bald nach der Aufnahme des Betriebes auf der Berliner Stadtbahn entstand Bedarf an weiteren Lokomotiven für dieses Einsatzgebiet. Diesmal nahm die Eisenbahn-Direktion Berlin ein Angebot der Lokomotivfabrik Henschel an und ließ bei dieser Firma 18 2/3 P. T. L. (B1 n2) mit hinterer Laufachse bauen.
Die Maschinen sollten nur auf der eigentlichen Stadtbahn eingesetzt werden, wo es weniger auf hohe Geschwindigkeit, sondern wegen der kurzen Haltestellenabstände mehr auf flottes Anfahren und schnelles Beschleunigen der Züge, also auf hohe Zugkraft, ankam. Deshalb hatte man einen Kuppelraddurchmesser von nur 1340 mm gegenüber 1594 mm bei den ersten Stadtbahnlokomotiven gewählt.
Wie die 2/3 P. T. L. Bauart der Berliner Stadtbahn (1B n2) wanderten auch die 2/3 P. T. L. mit hinterer Laufachse Bauart der Berliner Stadtbahn aus dem ursprünglichen Einsatzgebiet in Reservedienste und untergeordnete Dienste ab, als die Verkehrsleistungen und damit die Leistungsanforderungen an die Lokomotiven im Berliner Nahverkehr soweit gestiegen waren, daß leistungsfähigere Maschinen beschafft werden mußten. Bis 1908 förderten sie noch aushilfsweise Züge auf dem Südring.
Nachträglich hatte man eine Sandstreueinrichtung angebaut, die die

Henschel 1884/1767, Berlin 1625, geliefert an die Maschinenstation Charlottenburg, ab 1906 T2 Berlin 6096, ab 1912 T2 Hannover 6097. Lieferzustand.
Foto: Werkaufnahme, Archiv transpress

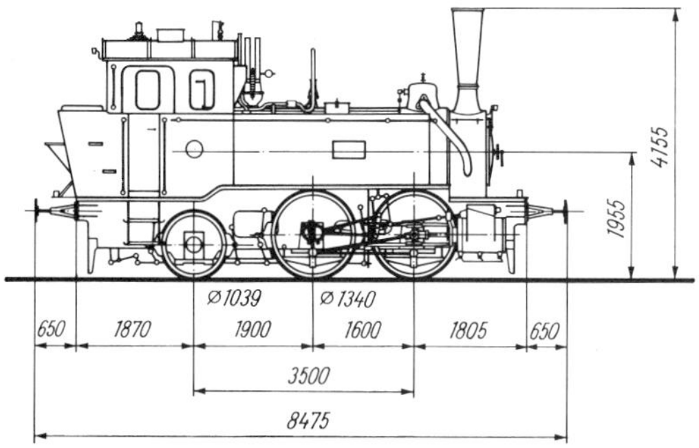

Henschel 1884. Lieferzustand.

Treibräder von vorn besandete. Der viereckige Sandkasten befand sich auf dem Langkesselscheitel hinter dem Regleraufsatz. Die Saugluftbremse war um die Jahrhundertwende gegen die Westinghouse-Druckluftbremse ausgetauscht worden, deren Luftpumpe man rechts neben der Rauchkammer angebracht hatte.

Im Jahre 1906 wurden die 18 Lokomotiven in T 2 Berlin 6083 bis 6100 umgezeichnet. Später gelangten einige Maschinen in andere Direktionsbezirke: Aus der T 2 Berlin 6092, der T 2 Berlin 6096 und der T 2 Berlin 6097 wurden 1912 die T 2 Hannover 6099, die T 2 Hannover 6097 und die T 2 Hannover 6098, aus der T 2 Berlin 6099 und der T 2 Berlin 6100 1907 die T 2 Kattowitz 6099 und die T 2 Kattowitz 6100. In diesen Direktionsbezirken verwendete man sie unter anderem im Nebenbahndienst, wozu sie zum Teil ein Dampfläutewerk erhielten. Die T 2 Berlin 6088 musterte man 1913 aus und verkaufte sie anschließend an die Königsberg-Cranzer Eisenbahn, dort lief sie unter der Bahnnummer 10. Bei den Preußisch-Hessischen Staatsbahnen bzw. der DRG sind die letzten 2/3 P. T. L. mit hinterer Laufachse Bauart der Berliner Stadtbahn um 1920 ausgemustert worden.

Konstruktive Merkmale

Kessel: Unterer Teil des Hinterkessels zwischen den Rahmenwangen eingezogen. Stehkesseldecke halbzylindrisch gewölbt, Rückwand senkrecht. Kupferne Feuerbüchse. 900 mm langer, 1 050 mm breiter, waagerechter Rost.

Langkessel aus zwei zylindrischen Schüssen zusammengesetzt. Regleraufsatz auf dem vorderen Ende des 1. Kesselschusses.

600 mm lange, nicht erweiterte Rauchkammer. Prüsmann-Schornstein.

Kesselausrüstung: Zwei saugende Dampfstrahlpumpen. Speiseventile an der Stehkesselrückwand. Kesselsicherheitsventil Bauart Ramsbottom auf dem Stehkesselscheitel. Dampfsammelrohr vom Hinterkessel zum Regleraufsatz. Flachschieberregler. Reglerwelle rechts unterhalb des Kesselscheitels außen am Kessel entlang geführt.

Rahmen: Innenliegender Blechrahmen.

Fahrwerk: Dreipunktabstützung. Unterhalb der Achslager liegende Tragfedern der Kuppelradsätze durch waagerechte Längsausgleichhebel verbunden. Belastung des Laufradsatzes über querliegende Blattfeder oberhalb der Achslager. Alle Radsätze unverschiebbar im Hauptrahmen gelagert.

Triebwerk: Naßdampf-Zwillings-Triebwerk. Zylinder außen waagerecht vor dem 1. Kuppelradsatz angeordnet. Zweischienige Kreuzkopfführung. Antrieb auf den 2. Kuppelradsatz. Einströmrohre vom Regleraufsatz außen am Kessel zu den Schieberkästen geführt.

Steuerung: Außenliegende Allan-Steuerung. Schieberkästen auf den Zylindern. Flachschieber.

Bremsausrüstung: Handbremse. Nichtselbsttätige Saugluftbremse Bauart Smith-Hardy. Räder des 2. Kuppelradsatzes und des Laufradsatzes beidseitig abgebremst.

Vorratsbehälter: Je ein seitlicher Wasserkasten. Ein Kohlekasten hinter dem Führerhaus.

Direktionsbezirk	Bahnnummern	Hersteller	Baujahr	Fabriknummern	Bemerkungen/ Ausmusterung
1880...1884 Berlin	1612 bis 1621	Henschel	1884	1747 bis 1756	
	1622 bis 1629	Henschel	1884	1764 bis 1771	

T 2

2/3 P. T. L. m. h. L.
Bauart Magdeburg

B1 n2t
1882
Techn. Daten: Seite 222

Zum Aufgabenbereich der 1880 gegründeten Eisenbahn-Direktion Magdeburg gehörte bis zur Neubildung der Direktionsbezirke am 1. April 1895 auch die Bedienung des Vorortverkehrs auf den Strekken Berlin Potsdamer Bahnhof–Potsdam und Berlin Potsdamer Bahnhof–Wannsee. Für dieses Einsatzgebiet beschaffte sie im Jahre 1882 von der HANOMAG zehn B1 n2-Personenzug-Tenderlokomotiven, von denen die Lokomotiven Magdeburg 880 bis 883 in der Betriebswerkstatt Potsdamer Bahnhof und die Lokomotiven Magdeburg 874 bis 879 in der Betriebswerkstatt Potsdam stationiert wurden. Aushilfsweise bespannten die Maschinen auch Züge auf dem Berliner Südring.
Die Lokomotiven Magdeburg 875 und die Magdeburg 876 kamen am 1. Juli für wenige Wochen zur Betriebswerkstatt Erfurt, um Baustoffzüge zwischen Sangerhausen und der seit 1880 unter Regie der Eisenbahn-Direktion Magdeburg im Bau befindlichen Strecke Arnstadt–Ritschenhausen zu befördern. Danach rollten sie wieder nach Berlin ab.
Im Jahre 1883 zeichnete die K. E. D. Magdeburg alle zehn Maschinen in Magdeburg 1470 bis 1479 um. Etwa im gleichen Jahr setzte sie die Lokomotiven Magdeburg 1474 bis 1479 zur Neubaustrecke Arnstadt–Ritschenhausen um. Dort wurden diese Maschinen als Baulokomotiven verwendet und holten auch Baustoffzüge von Erfurt oder Sangerhausen ab. Im Berliner Vorortdienst war an ihre Stelle die 2/3 P. T. L. Bauart Magdeburg (T 4) getreten. Im Jahre 1884 verteilten sich die auf der Strecke Arnstadt–Ritschenhausen eingesetzten Maschinen auf folgende Betriebswerkstätten:
Magdeburg 1474 bis 1476:
  Betriebswerkstatt Suhl;
Magdeburg 1477:
  Betriebswerkstatt Arnstadt;
Magdeburg 1478 und 1479:
  Betriebswerkstatt Meiningen.
Als Ende des Jahres 1884 die Strecke Arnstadt–Ritschenhausen der Eisenbahn-Direktion Erfurt unterstellt wurde, gelangten auch die Lokomotiven Magdeburg 1474 bis 1479 in den Bestand des Direktionsbezirkes Erfurt und erhielten die neuen Bahnnummern Erfurt 1474 bis 1479. Nach der Eröffnung der Gesamtstrecke Arnstadt–Ritschenhausen setzte man sie dort kurzzeitig im Zugdienst ein. Da sie sich jedoch wegen ihres geringen Wasservorrats nur für kurze Hauptbahnstrecken und Nebenstrecken eigneten, wobei die Achsfahrmasse von 14 t der Einsatzmöglichkeit auf Nebenbahnen Grenzen setzte, derartige Strecken im Erfurter Direktionsbezirk damals nicht vorhanden waren, verwendete man sie auf den Bahnhöfen der Strecke Arnstadt–Ritschenhausen im Rangierdienst. Eine zeitweilige Ausnahme bildete lediglich die von 1890 bis 1892 der Maschinenstation Schmalkalden zugeteilte Erfurt 1474.
Im Jahre 1892 tauschte die Eisenbahn-Direktion Erfurt die bis dahin noch im Berliner Vorortzugdienst stehenden Lokomotiven Magdeburg 1470 bis 1473 gegen vier 3/3 T. L. (5 t) Normalbauart (T 3) ein und gelangte damit in den Besitz

HANOMAG 1882/1501, Magdeburg 876. Lieferzustand.
Foto: Werkaufnahme, Sammlung Walluhn

aller zehn Maschinen. Die neu hinzugekommenen Lokomotiven wurden in Erfurt 1470 bis 1473 umgezeichnet und ebenfalls auf der Strecke Arnstadt–Ritschenhausen stationiert. Am 1. Juli 1892 waren die zehn Maschinen in folgenden Betriebswerkstätten beheimatet:
Erfurt 1470 bis 1472 in der Betriebswerkstatt Erfurt;
Erfurt 1473 bisher nicht zu ermitteln;
Erfurt 1474 bis 1476 in der Betriebswerkstatt Suhl;
Erfurt 1477 in der Betriebswerkstatt Arnstadt;
Erfurt 1478 und 1479 in der Betriebswerkstatt Meiningen.
Bis Ende des Jahres 1894 wanderten alle zehn Maschinen wieder in den Berliner Raum ab. Sie bedienten dort den Vorortbahnverkehr auf der zum Erfurter Direktionsbezirk gehörenden Strecke Berlin Anhalter Bahnhof–Jüterbog. Im Zuge der Neubildung der Direktionsbezirke wurde der gesamte Berliner Stadt-, Ring- und Vorortbahndienst der Eisenbahn-Direktion Berlin unterstellt. Dadurch fielen auch die 2/3 P. T. L. mit hinterer Laufachse Bauart Magdeburg dem Direktionsbezirk Berlin zu und bekamen die neuen Bahnnummern Berlin 1570 bis 1579.
Am 1. April 1899 gab die Eisenbahn-Direktion Berlin die Maschinen dieses Typs in andere Direktionsbezirke ab, und zwar die Berlin 1570 bis 1572 in den Direktionsbezirk Bromberg, wo man sie als Bromberg 1570 bis 1572 bezeichnete, die Lokomotiven Berlin 1573 bis 1577 in den Direktionsbezirk Danzig, wo sie als Danzig 1573 bis 1577 liefen, und die Berlin 1578 sowie die Berlin 1579 in den Direktionsbezirk Kattowitz, wo sie in Kattowitz 1451 und 1452 umgezeichnet wurden. Noch

Direktions-bezirk	Bahnnummern	Hersteller	Bau-jahr	Fabriknummern	Bemerkungen/ Ausmusterung
1880...1884 Magdeburg	874 bis 883	HANOMAG	1882	1499 bis 1508	

vier dieser Maschinen gelangten in den Gruppenplan aus dem Jahre 1905: Die Bromberg 1570 als T 2 Bromberg 6071, die Danzig 1573 als T 2 Danzig 6061, die Kattowitz 1451 und die Kattowitz 1452 als T 2 Kattowitz 6041 und T 2 Kattowitz 6042. Im 2. Umzeichnungsplan der DRG von 1923 ist davon keine Lokomotive mehr genannt.
Im Laufe der Betriebszeit war es zu einigen Umbauten gekommen. Bereits kurz nach der Anlieferung hatte man bei einigen der Lokomotiven den Kohlekasten bis hinter die Führerhausrückwand verlängert. Die Saugluftbremse Bauart Smith-Hardy war gegen die Druckluftbremse Bauart Westinghouse ausgetauscht worden. Ein Foto zeigt eine der Maschinen mit einer Bedienungseinrichtung für Seilbremse, die sie wahrscheinlich für den Einsatz im Nebenbahndienst erhalten hatte.

Konstruktive Merkmale

Kessel: Unterer Teil des Hinterkessels zwischen den Rahmenwangen eingezogen. Stehkesseldecke halbzylindrisch gewölbt. Kupferne Feuerbüchse. Kurzer, schmaler Rost.
Langkessel aus zylindrischen Schüssen zusammengesetzt.
Dampfdom auf dem hinteren Teil des Langkesselscheitels.
Ca. 700 mm lange, stark erweiterte, durch Winkelring mit dem Langkessel verbundene Rauchkammer. Prüsmann-Schornstein.
Kesselausrüstung: Zwei saugende Dampfstrahlpumpen. Speiseventile an der Stehkesselrückwand. Kesselsicherheitsventil Bauart Ramsbottom auf dem Stehkesselscheitel. Flachschieberregler.
Rahmen: Innenliegender Blechrahmen.
Fahrwerk: Drei- oder Vierpunktabstützung. Tragfedern der Kuppelradsätze unterhalb der Achslager. Tragfeder(n) des Laufradsatzes vermutlich oberhalb der Achslager. Alle Radsätze unverschiebbar im Hauptrahmen gelagert.
Triebwerk: Naßdampf-Zwillings-Triebwerk. Zylinder außen waagerecht vor dem 1. Kuppelradstz angeordnet. Zweischienige Kreuzkopfführung. Antrieb auf den 2. Kuppelradsatz. Einströmrohre durch die Rauchkammer geführt.
Steuerung: Innenliegende Allan-Steuerung. Schieberkästen senkrecht innerhalb der Rahmenwangen. Flachschieber.
Bremsausrüstung: Handbremse. Nichtselbsttätige Saugluftbremse Bauart Smith-Hardy. Räder des 2. Kuppelradsatzes beidseitig abgebremst.
Allgemeine Einrichtungen: Sandstreuer mit einem Sandfallrohr auf jeder Seite. Runder Sandkasten auf dem vorderen Teil des Langkesselscheitels.
Vorratsbehälter: Je ein seitlicher Wasserkasten. Ein Kohlekasten hinten im Führerhaus.

T 2

**2/3 T. L. m. h. L.
für den Rangier- und gemischten Dienst
Bauart Magdeburg**

B1 n2t

1882

Techn. Daten: Seite 222

Die 1882 gebauten sechs 2/3 T. L. mit hinterer Laufachse für den Rangier- und gemischten Dienst Bauart Magdeburg waren aus einem bereits von der Magdeburg-Halberstädter Eisenbahn in Dienst gestellten B1n2-Tenderlokomotivtyp abgeleitet. Genauere Angaben über die Konstruktion ließen sich bisher nicht beschaffen.
Von den 2/3 P. T. L. mit hinterer Laufachse Bauart Magdeburg unterschieden sie sich unter anderem durch den kleineren Kuppelraddurchmesser und den geringeren Wasser- und Kohlenvorrat. Hersteller war ebenfalls die HANOMAG.
Nach ihrer Anlieferung wurden die Maschinen in der Betriebswerkstatt Magdeburg Central-Bahnhof stationiert und für den Rangierdienst und die Bespannung von gemischten Zügen und Güterzügen verwendet. 1883 zeichnet man sie in Magdeburg 1480 bis 1485 um.
Im Jahre 1906 kamen alle sechs Lokomotiven unter den Bahnnummern Magdeburg 6053 bis 6058 in die Gruppe T 2. In den 2. Umzeichnungsplan der DRG aus dem Jahre 1923 wurde keine dieser Maschinen mehr aufgenommen.

Konstruktive Merkmale

Kessel: Gewöhnliche Bauart.
Kesselausrüstung: Zwei Dampfstrahlpumpen.
Fahrwerk: Alle Radsätze unverschiebbar im Hauptrahmen gelagert.
Triebwerk: Naßdampf-Zwillings-Triebwerk. Außenzylinder.
Steuerung: Innenliegende Allan-Steuerung. Schieberkästen senkrecht innerhalb der Rahmenwangen. Flachschieber.
Bremsausrüstung: Handbremse.

Direktions-bezirk	Bahnnummern	Hersteller	Baujahr	Fabriknummern	Bemerkungen/ Ausmusterung
1880...1884 Magdeburg	884 bis 889	HANOMAG	1882	1511 bis 1516	

T 3

**3/3 G. T. L.
Bauart Hannover**

C n2t

1881 bis 1908

Techn. Daten: Seite 222

Im Jahre 1881 lieferte die Lokomotivfabrik Henschel an die Eisenbahn-Direktion Hannover zwei C n2-Güterzug-Tenderlokomotiven, die bereits durch die Main-Weser-Bahn unter den Bahnnummern 25 bis 29 bestellt worden waren und bei ihrer Indienststellung die Bahnnummern Hannover (M. W. B.) 1025 bis 1029 bekamen. Nach ihrer Anlieferung wurden sie in der Betriebswerkstatt Cassel beheimatet und auf der Strecke Cassel–Waldcappel eingesetzt. 1883 zeichnete sie die Eisenbahn-Direktion Hannover in Hannover 1700 bis 1704 um.
Ab 1. April 1895 gehörten die fünf Maschinen zum Direktionsbezirk Münster und liefen dort unter den Bahnnummern Münster 1700 bis 1704, doch bereits am 1. April 1899 trat sie die Eisenbahn-Direktion Münster an die Eisenbahn-Direktion Cassel ab, die sie in Cassel 1790 bis 1794 umnummerte. Im Jahre 1906 erhielten sie die Bahn-

Direktions-bezirk	Bahnnummern	Hersteller	Baujahr	Fabriknummern	Bemerkungen/ Ausmusterung
1880...1884 Hannover	1025 bis 1029	Henschel	1881	1235 bis 1239	+ bis 1908

nummern Cassel 6301 bis 6305 und das Gruppenzeichen T 3.
Die Lokomotiven T 3 Cassel 6301 bis 6304 wurden 1907 ausgemustert, die T 3 Cassel 6305 schied 1908 aus dem Betriebsbestand der Preußisch-Hessischen Staatsbahnen aus und wurde anschließend an eine Braunkohlengrube in der Niederlausitz verkauft, wo sie als Werklokomotive auch 1934 noch Dienst tat.

Konstruktive Merkmale

Kessel: Kessel gewöhnlicher Bauart.
Kesselausrüstung: Zwei Dampfstrahlpumpen.
Rahmen: Innenliegender Blechrahmen.
Triebwerk: Naßdampf-Zwillings-Triebwerk. Zylinder außen vor dem 1. Kuppelradsatz angeordnet.
Steuerung: Außenliegende Allan-Steuerung. Schieberkästen auf den Zylindern. Flachschieber.
Bremsausrüstung: Handbremse.

T 3

3/3 T. L. (5 t)
Normalbauart
DRG-Baureihe 89^70–75^
(→ EFA 1.3)

C n2t

1882

Techn. Daten: Seite 223

Gleichzeitig mit der 2/2 T. L. (5 t) Normalbauart (T 1) entstand die für denselben Zweck bestimmte 3/3 T. L. (5 t) Normalbauart. Die konstruktive Gestaltung beider Lokomotivtypen stimmte in den Grundzügen und in vielen Details ebenfalls überein. Der untere Teil des Hinterkessels war zwischen den Rahmenwangen eingezogen, der Langkessel bestand aus drei Schüssen. Wie bei der 2/2 T. L. (5 t) Normalbauart verwendete man auch bei der dreiachsigen Variante zwecks Masseersparnis für die Dampfentnahme einen Regleraufsatz, dem der Dampf durch ein bis in den Hinterkessel reichendes Dampfsammelrohr zugeführt wurde. Die Speiseventile befanden sich zum Teil an der Stehkesselrückwand, zum Teil seitlich in Höhe Kesselmitte am 1. Kesselschuß. Der vordere Abschnitt des innenliegenden Blechrahmens war als Rahmenwasserkasten ausgebildet. Zwei seitliche Kästen vor dem Führerhaus dienten der Aufnahme des Kohlevorrats. Bei der Steuerung hatte man sich für die Bauart Allan entschieden, die außen angeordnet wurde. Eine Handbremse bremste den 2. und den 3. Kuppelradsatz von vorn ab, ein Teil der für den Einsatz auf Nebenbahnen beschafften Maschinen bekam eine Bedienungseinrichtung für Seilbremse.
Das für die 3/3 T. L. (5 t) Normalbauart aufgestellte Musterblatt trug die Nummer 12 innerhalb der Gruppe der Normalien für Bahnen untergeordneter Bedeutung. Im Jahre 1882 baute die Lokomotivfabrik Henschel die ersten Lokomotiven dieses Typs. Gegenüber der 2/2 T. L. (5 t) Normalbauart waren sie stär-

Schichau 1883/365, Hannover 1720, geliefert als „Rangir-Tenderlocomotive", ab 1. April 1895 Cassel 1720, ab 1906 T3 Cassel 6120, später T3 Hannover 6238, DRG 89 7006, ausgemustert 1927 im Bw Marburg (Lahn). Erste Bauform, saugende Dampfstrahlpumpen unter dem Führerstand, Speiseventile an der Stehkesselrückwand, Handglocke über der rechten Türöffnung. Lieferzustand.
Foto: Werkaufnahme, Sammlung Walluhn

B. M. A. G. 1888/1567, Berlin 1781, geliefert an die Betriebswerkstatt Greiffenberg für die Strecke Greiffenberg–Löwenberg, ab 1. April 1895 Breslau 1913, ab 1907 T3 Breslau 6141, ausgemustert 1912. Beidseitige Besandung der Treibräder, Bedienungseinrichtung für Seilbremse, Dampfläutewerk, Funkenfänger Bauart Strube. Lieferzustand.
Foto: Werkaufnahme, Sammlung Siebert

ker dimensioniert und demzufolge auch leistungsfähiger. In der Ebene erreichten sie mit einem aus zweiachsigen Wagen gebildeten Zug von 1270 t Gesamtmasse eine Beharrungsgeschwindigkeit von 30 km/h. Einen aus gleichen Wagen zusammengestellten Zug von 360 t Masse zogen sie auf der Steigung 1:100 mit ihrer Reibungsgeschwindigkeit von 13 km/h.
Schon bald fand die 3/3 T. L. (5 t) Normalbauart weite Verbreitung und über den ursprünglichen Bestimmungszweck hinausgehende Verwendung. Nur ein Teil der Maschinen kam auf Nebenbahnen. Die anderen wurden im Rangierdienst auf Hauptbahnen, oft auf großen Personen- und Verschiebebahnhöfen, im Nahgüterzugdienst auf Hauptbahnen, im Anschlußbahndienst und auch im Hauptbahn-Personenzugdienst eingesetzt. Je nach Verwendungszweck bezeichnete man die 3/3 T. L. (5 t) Normalbauart auch als 3/3 T. L. Normalbauart für Bahnen untergeordneter Bedeutung, als 3/3 T. L. für den sekundären Betrieb, als 3/3 G. T. L., als 3/3 Rangier-T. L. oder als 3/3 P. T. L. Wegen des geringen Kuppelraddurchmessers von nur 1080 bzw. 1100 mm eigneten sich die Maschinen für Fahrgeschwindigkeiten über 30 km/h kaum, die Triebwerksabnutzung war dann erheblich. Aufgrund der geringen Vorräte war der Aktionsradius stark eingeschränkt. Das trat deutlich hervor, als die Streckengeschwindigkeit auf vielen Nebenbahnen zunächst auf 40 km/h, nach der Jahrhundertwende auf 50 km/h erhöht wurde und infolge der Ausdehnung und Verdichtung des Nebenbahnnetzes und des Baues von Nebenbahnen größerer Länge auch im Nebenbahndienst erhebliche Entfernungen zurückzulegen waren.
Trotz der genannten Mängel wurde die 3/3 T. L. (5 t) Normalbauart ein beliebter und bewährter Lokomotivtyp. Neben den Eisenbahn-Direktionen der Preußischen Staatsbahnen bzw. der Preußisch-Hessischen Staatsbahnen beschafften ihn auch Privatbahnen und sogar ausländi-

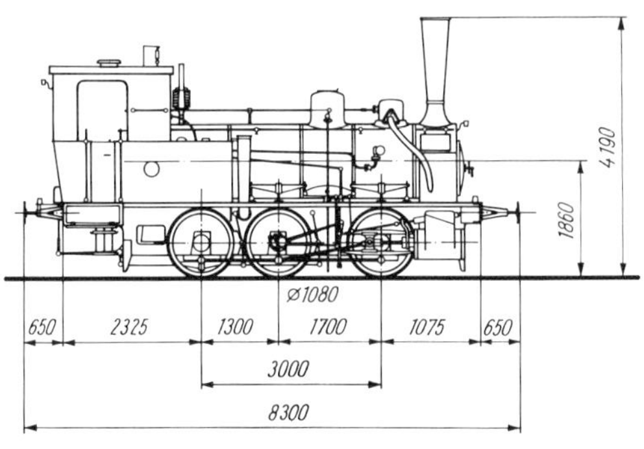

Henschel 1882. Lieferzustand.

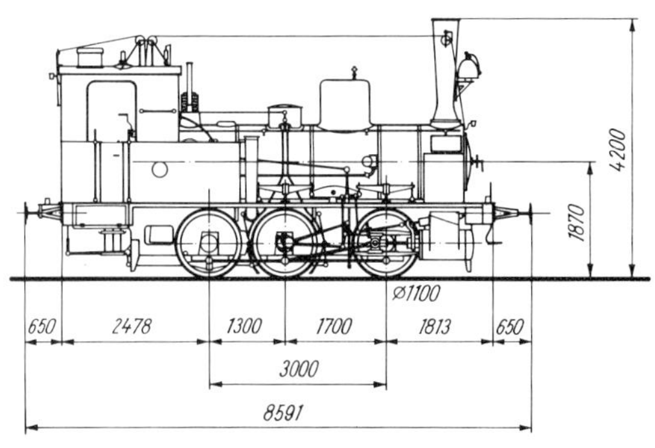

Bauform ab 1897 … 1899. Dampfdom, Bedienungseinrichtung für Seilbremse, Dampfläutewerk.

sche Eisenbahnen. Die Stückzahl der durch die Preußische Staatsbahn bzw. die Preußisch-Hessischen Staatsbahnen und die auf Rechnung des Staates verwaltete Oberschlesische Eisenbahn beschafften 3/3 T. L. (5 t) Normalbauart stieg von 224 bis 1885 gebauten Maschinen bis 1895 auf 906 Maschinen und bis 1900 auf 1 097 Maschinen an. Insgesamt bezogen die Oberschlesische Eisenbahn, die Preußische Staatsbahn bzw. die Preußisch-Hessischen Staatsbahnen 1 260 Lokomotiven dieses Typs. Die Beschaffung wurde im Jahre 1903 zugunsten der 3/3 T. L. (6 t) Normalbauart eingestellt. Das Musterblatt hatte seit 1884 die Bezeichnung III 2 innerhalb der Gruppe der Normalien für Bahnen untergeordneter Bedeutung getragen und war 1890, als man beide Normalien-Gruppen vereinte, in III 4e umbenannt worden.

Im Laufe des Beschaffungszeitraumes hatte es mehrere konstruktive Änderungen gegeben. Die bei den ersten Maschinen gewählte Form der Besandung – die Sandfallrohre mündeten zwischen die Räder des 1. und 2. Kuppelradsatzes – erwies sich als unpraktisch, deshalb änderte man sie 1892 derart ab, daß die Treibräder von vorn und hinten besandet werden konnten. Der Sandkasten rückte dabei vom 2. auf den 3. Kesselschuß. Seit 1890/1895 wurden die Speiseventile einheitlich in Höhe Kesselmitte am 1. Kesselschuß angeordnet. Für den Einsatz im Rangierdienst bekamen einige Lokomotiven Dampfbremse. An die Stelle des runden Lüftungsaufsatzes trat ein flacher rechteckiger Lüftungsaufsatz. Ein Teil der Maschinen war mit Druckluftbremse Bauart Westinghouse ausgestattet, die Luftpumpe befand sich rechts neben dem 1. Kesselschuß.

Mehrere konstruktive Änderungen gleichzeitig führte man zwischen 1897 und 1899 ein. Im Zusammenhang damit erschien das Musterblatt III 4e in einer neuen, entsprechend veränderten Auflage. Anstelle des Regleraufsatzes verwendete man einen Dampfdom, der auf dem 2. Kesselschuß lag. Die Rauchkammer wurde von 650 mm auf 715 mm verlängert. Das bei den vorher gebauten Maschinen übliche Dampfsammelrohr entfiel, die Reglerwelle lag nunmehr im Kesselinnern, die Einströmrohre führten durch die Rauchkammer. Der Rahmen war länger, die Führerhausrückwand, bei den ersten Lokomotiven im unteren Teil geneigt, gestaltete man nunmehr durchgehend senkrecht. Der Lüftungsaufsatz war höher und kürzer, der runde Sandkasten war der viereckigen Form gewichen, und die Vorratsbehälter konnten etwas mehr Kohle und Wasser fassen. Ab oder nach 1897 bekamen einzelne Maschinen Druckluftbremse der Bauart Schleifer mit waagerecht auf dem linken Umlaufblech neben dem 2. Kesselschuß angeordneter Luftpumpe. Ein Teil der mit Druckluftbremse ausgestatteten Maschinen erhielt nach 1900 Druckluftsandstreuer.

Im Gruppen- und Bahnnummernplan von 1905 war der 3/3 T. L. (5 t) Normalbauart das Gruppenzeichen T 3 und die Bahnnummernreihe 6101 bis 6400 zugedacht. Abweichende Zuordnungen gab es nicht, bis auf wenige nach der Jahrhundertwende ausgemusterte Maschinen der ersten Baujahre wurden alle Maschinen in die Gruppe T 3 eingereiht.

Nach dem ersten Weltkrieg verblieb ein Teil der bei der Deutschen Heeresbahn eingesetzt gewesenen Maschinen in den ehemals besetzten Gebieten, andere T 3 Normalbauart kamen infolge der Gebiets-

Schichau 1892/583, Erfurt 1769, geliefert an die Betriebswerkstatt Halle als „Rangir-Locomotive“, ab 1. April 1895 Halle 1769, ab 1901 Halle 1705, ab 1906 T 3 Halle 6120, ausgemustert vor 1925. Saugende Dampfstrahlpumpen am Stehkessel, Bedienungseinrichtung für Seilbremse.
Foto: Sammlung Siebert

abtretungen zu ausländischen Eisenbahnen, auch echte Reparationsabgaben sind nicht auszuschließen.
Die DRG nahm einschließlich der T3 verstärkte Normalbauart 745 T3 unter den Betriebsnummern 89 7001 bis 89 7745 in den 2. Umzeichnungsplan aus dem Jahre 1923 auf. Der 3. Umzeichnungsplan aus dem Jahre 1925 weist noch 473 T3 Normalbauart aus, denen die Betriebsnummern 89 7001 bis 89 7456, 89 7473 bis 89 7476 und 89 7499 bis 89 7511 zugeordnet waren.

Lokomotive unbekannter Bahnnummer mit Druckluftbremse Bauart Schleifer.
Foto: Sammlung Siebert

Sonderausführungen

Einige zwischen 1882 und 1884 gebaute Lokomotiven des Direktionsbezirkes Hannover
Triebwerk: Einschienige Kreuzkopfführung.

Auf der Strecke Wiesbaden–Langenschwalbach eingesetzte Lokomotiven des Direktionsbezirkes Frankfurt
Bremsausrüstung: Gegendruckbremse Bauart Riggenbach.

Durch die Oberschlesische Eisenbahn beschaffte Lokomotiven

Bahnnummern O. S. E.	Übernehmende Staatsbahn-Direktion	Bahnnummern	Hersteller	Baujahr	Fabriknummern	Bemerkungen/ Ausmusterung
625 und 626	Breslau	1850 und 1851	Henschel	1882	1457 und 1458	
627 bis 629	Breslau	1852 bis 1854	Henschel	1883	1459 bis 1461	
1925 bis 1933	Breslau	1855 bis 1863	Henschel	1883	1660 bis 1668	
1934 und 1935	Bromberg	998 und 999	Henschel	1883	1669 und 1670	

Direktionsbezirk	Bahnnummern	DRG-Nummern	Hersteller	Baujahr	Fabriknummern	Bemerkungen/ Ausmusterung
1880...1884						
Altona	1800 bis 1802	–	Henschel	1887	2319 bis 2321	
	1803 und 1804	89 7036 und 89 7037	Henschel	1887	2322 und 2323	
	1805	–	Henschel	1887	2324	
	1806 bis 1808	–	Henschel	1887	2449 bis 2451	
	1809 und 1810	– 89 7056	Henschel	1888	2704 und 2705	
	1811 und 1812	89 7072 –	Henschel	1889	2912 und 2913	
	1813 und 1814	–	Borsig	1890	4299 und 4300	
	1815	89 7083	Borsig	1890	4301	
	1816 bis 1818	–	Borsig	1890	4302 bis 4304	
	1819	89 7084	Borsig	1890	4305	
	1820 bis 1824	–	Borsig	1890	4306 bis 4310	
	1825 und 1826	89 7091 und 89 7092	Henschel	1891	3290 und 3291	

Direktionsbezirk	Bahnnummern	DRG-Nummern	Hersteller	Baujahr	Fabriknummern	Bemerkungen/ Ausmusterung
	1827	–	Henschel	1891	3292	
	1828 und 1829	–	Borsig	1885	4153 und 4154	
	1830	89 7012	Borsig	1885	4155	
	1831 bis 1833	–	HANOMAG	1891	2377 bis 2379	
	1834	89 7114	HANOMAG	1891	2380	
	1835 und 1836	–	Henschel	1893	3772 und 3773	
	1837 und 1838	89 7131 –	Henschel	1893	3774 und 3775	
	1839 und 1840	–	Schichau	1892	560 und 561	
	1841 und 1842	89 7121 –	Schichau	1892	562 und 563	
	1843	89 7147	Grafenstaden	1893	4522	
	1844 bis 1846	–	Schichau	1893	661 bis 663	
	1847 und 1848	89 7149 und 89 7150	Schichau	1893	664 und 665	
	1849	89 7148	HANOMAG	1893	2530	
	1850 bis 1853	–	HANOMAG	1893	2531 bis 2534	
	1854 und 1855	89 7157 –	Hohenzollern	1894	766 und 767	
	1856	89 7158	Hohenzollern	1894	768	
	1857 bis 1860	–	Hohenzollern	1894	769 bis 772	
Berlin	1747 bis 1750	–	Henschel	1884	1739 bis 1742	
	1751 bis 1753	–	Henschel	1885	1947 bis 1949	
	1759	–	Henschel	1886	2199	
	1760 und 1761	–	Henschel	1887	2425 und 2426	
	1762 bis 1767	–	Henschel	1887	2254 bis 2259	
	1768 und 1769	–	Henschel	1887	2351 und 2352	
	1770 bis 1781	–	B. M. A. G.	1888	1656 bis 1667	
	1782 bis 1788	–	Grafenstaden	1889	3850 bis 3856	
	1789 bis 1803	–	Union	1889	466 bis 480	
	1804 bis 1808	–	Borsig	1889	4283 bis 4287	
	1809	89 7081	Borsig	1889	4288	
	1810 bis 1812	–	Borsig	1890	4289 bis 4291	
	1823 und 1824	–	HANOMAG	1890	2176 und 2177	
	1825 bis 1829	–	Henschel	1891	3320 bis 3324	
	1845 bis 1849	–	HANOMAG	1892	2389 bis 2393	
	1850 bis 1852	–	Schichau	1892	564 bis 566	
	1853 bis 1855	–	Henschel	1893	3776 bis 3778	
	1856	89 7132	Henschel	1893	3779	
	1876 und 1877	– 89 7151	Schichau	1893	666 und 667	
	1878 bis 1880	–	Schichau	1893	668 bis 670	
	1900 und 1901	89 7153 und 89 7154	Borsig	1894	4463 und 4464	
Breslau	1816 und 1817	89 7008 –	Henschel	1884	1794 und 1795	
	1818 und 1819	89 7009 und 89 7010	Henschel	1884	1796 und 1797	
	1820 und 1821	–	Henschel	1884	1798 und 1799	
	1822	89 7011	Henschel	1884	1800	
	1823 bis 1825	–	Henschel	1885	1890 bis 1892	
	1874 bis 1876	–	Hagans	1885	178 bis 180	
	1877 bis 1881	–	Henschel	1885	2085 bis 2089	
	1882 bis 1886	–	Henschel	1886	2221 bis 2225	
	1887 bis 1901	–	Union	1887	383 bis 397	
	1902 und 1903	–	Vulcan	1887	983 und 984	
	1904 und 1905	89 7042 –	Vulcan	1887	985 und 986	
	1906 und 1907	– 89 7043	Vulcan	1887	987 und 988	
	1908 bis 1911	–	Vulcan	1887	989 bis 992	
	1912 und 1913	– 89 7052	B. M. A. G.	1888	1608 und 1609	
	1914 bis 1917	–	B. M. A. G.	1888	1610 bis 1613	
	1918 und 1919	– 89 7061	Union	1889	460 und 461	
	1920 bis 1923	–	Union	1889	462 bis 465	
	1926 bis 1930	–	Vulcan	1891	1215 bis 1219	
	1931 bis 1940	–	Henschel	1892	3593 bis 3602	
	1941 und 1942	–	Grafenstaden	1893	4399 und 4400	

Direktionsbezirk	Bahnnummern	DRG-Nummern	Hersteller	Baujahr	Fabriknummern	Bemerkungen/ Ausmusterung
	1943	89 7146	Grafenstaden	1893	4501	
	1944 und 1945	–	Grafenstaden	1893	4502 und 4503	
	1946	–	Schichau	1893	671	
	1947 bis 1949	89 7161 bis 89 7163	Schichau	1893	672 bis 674	
	1950	–	Schichau	1893	675	
	1951 und 1952	– 89 7176	Schichau	1893	694 und 695	
Bromberg	901 bis 906	–	Henschel	1883	1474 bis 1479	
	907 bis 914	–	Union	1883	234 bis 241	
	915 und 916	–	Union	1883	242 und 243	
	917 bis 926	–	Schichau	1893	354 bis 363	
	927 bis 932	–	Borsig	1884	4059 bis 4064	
	1734 bis 1744	–	Union	1886	316 bis 326	
	1745 bis 1752	–	Schichau	1886	944 bis 951	
	1753 bis 1773	–	Union	1887	361 bis 381	
	1774 bis 1781	–	Union	1889	418 bis 425	
	1782 bis 1787	–	Union	1890	650 bis 655	
	1788 und 1789	– 89 7112	Union	1891	604 und 605	
	1790 bis 1799	–	Union	1891	606 bis 615	
	1800 bis 1805	–	HANOMAG	1891	2307 bis 2312	
	1806 bis 1808	–	Grafenstaden	1891	4301 bis 4303	
	1809 und 1810	89 7107 und 89 7108	Grafenstaden	1891	4304 und 4305	
	1811 und 1812	– 89 7109	Grafenstaden	1891	4306 und 4307	
	1813 und 1814	–	Grafenstaden	1891	4308 und 4309	
	1815	89 7110	Grafenstaden	1891	4310	
	1816	89 7111	B. M. A. G.	1892	1888	
	1817 bis 1820	–	B. M. A. G.	1892	1889 bis 1892	
	1821 bis 1823	–	HANOMAG	1893	2488 bis 2490	
	1824 und 1825	–	Grafenstaden	1893	4387 und 4388	
	1826	89 7142	Grafenstaden	1893	4389	
	1827 und 1828	–	Grafenstaden	1893	4390 und 4391	
	1829 und 1830	– 89 7122	Schichau	1892	567 und 568	
	1831 und 1832	– 89 7123	Schichau	1892	569 und 570	
	1833 bis 1841	–	Schichau	1892	571 bis 579	
Coeln linksrh.	1731 und 1732	–	HANOMAG	1883	1653 und 1654	
	1733	89 7003	HANOMAG	1883	1655	
	1734 und 1735	–	HANOMAG	1883	1651 und 1652	
	1741	89 7007	Henschel	1884	1735	
	1742 bis 1744	–	Henschel	1884	1736 bis 1738	
	1745 bis 1748	–	Henschel	1884	1774 bis 1777	
	1754 und 1755	89 7025 –	Hagans	1886	189 und 190	
	1756 und 1757	89 7026 und 89 7027	Hagans	1886	191 und 192	
	1758	–	Karlsruhe	1886	1156	
	1759 bis 1761	89 7029 bis 89 7031	Karlsruhe	1886	1157 bis 1159	
	1762 und 1763	–	HANOMAG	1886	1916 und 1917	
	1774 bis 1776	–	Henschel	1888	2517 bis 2519	
	1777	89 7068	Henschel	1889	2792	
	1778 und 1779	–	Henschel	1889	2793 und 2794	
	1780 und 1781	89 7069 –	Henschel	1889	2795 und 2796	
	1782 und 1783	89 7070 –	Henschel	1889	2797 und 2798	
	1784 und 1785	89 7510 und 89 7511	Henschel	1889	2799 und 2800	
	1786	89 7071	Henschel	1889	2801	
	1787 bis 1790	–	Henschel	1889	2802 bis 2805	
	1800	–	Borsig	1891	4330	
	1809	89 7102	Grafenstaden	1891	4194	
	1810 und 1811	–	Grafenstaden	1891	4195 und 4196	
	1812 und 1813	89 7103 –	Grafenstaden	1891	4197 und 4198	
	1814 und 1815	89 7088 und 89 7089	Borsig	1891	4351 und 4352	
	1816 und 1817	– 89 7090	Borsig	1891	4353 und 4354	

Direktionsbezirk	Bahnnummern	DRG-Nummern	Hersteller	Baujahr	Fabriknummern	Bemerkungen/ Ausmusterung
	1841 und 1842	89 7174 und 89 7175	Schichau	1893	691 und 692	
	1843	–	Schichau	1893	693	
Coeln rechtsrh.	1758 bis 1770	–	Henschel	1883	1582 bis 1594	
	1771	89 7005	Henschel	1883	1595	
	1772 bis 1774	–	Henschel	1883	1596 bis 1598	
	1775	–	Henschel	1883	1612	
	1776 bis 1784	–	Henschel	1884	1724 bis 1732	
	1785 bis 1788	–	Henschel	1884	1921 bis 1924	
	1789 und 1790	–	Hagans	1885	185 und 186	
	1791 und 1792	89 7024 –	Hagans	1885	187 und 188	
	1798 bis 1800	–	Henschel	1885	2052 bis 2054	
	1801 und 1802	89 7022 –	Henschel	1885	2055 und 2056	
	1803 und 1804	89 7023 –	Henschel	1885	2090 und 2091	
	1805 bis 1807	–	Henschel	1886	2200 bis 2202	
	1808 und 1809	89 7035 –	Henschel	1886	2268 und 2269	
	1814 bis 1818	–	Henschel	1887	2369 bis 2373	
	1819 bis 1822	–	Henschel	1888	2612 bis 2615	
	1823 bis 1826	–	Hartmann	1889	1598 bis 1601	
	1827 und 1828	–	HANOMAG	1890	2162 und 2163	
	1829 bis 1833	–	Henschel	1891	3285 bis 3289	
	1854 und 1855	–	Borsig	1891	4349 und 4350	
Elberfeld	1705 bis 1708	–	Henschel	1883	1632 bis 1635	
	1709 bis 1714	–	Karlsruhe	1883	1061 bis 1066	
	1715 bis 1719	–	Henschel	1883	1561 bis 1565	
	1720 bis 1725	–	HANOMAG	1884	1701 bis 1706	
	1726 und 1727	–	Hagans	1885	182 und 183	
	1738 und 1739	–	Henschel	1886	2108 und 2109	
	1740 bis 1743	–	Esslingen	1886	2172 bis 2175	
	1748 und 1749	–	Union	1887	398 und 399	
	1750	89 7041	Union	1887	400	
	1751 und 1752	–	Union	1887	401 und 402	
	1758 bis 1763	–	Henschel	1887	2407 bis 2412	
	1764	89 7040	Henschel	1887	2413	
	1765 bis 1767	–	Henschel	1887	2414 bis 2416	
	1768 bis 1771	–	HANOMAG	1888	1957 bis 1960	
	1772	89 7046	HANOMAG	1888	1961	
	1776 bis 1778	–	Borsig	1889	4292 bis 4294	
	1779 und 1780	–	Borsig	1890	4295 und 4296	
	1781 bis 1783	–	HANOMAG	1890	2128 bis 2130	
	1789 bis 1793	–	HANOMAG	1892	2381 bis 2385	
	1794 bis 1798	–	Hohenzollern	1894	773 bis 777	
Erfurt	1705 und 1706	–	Henschel	1883	1671 und 1672	
	1707	–	Henschel	1883	1615	
	1713 bis 1716	–	Henschel	1886	2214 bis 2216	
	1718 bis 1720	89 7057 bis 89 7059	Henschel	1888	2715 bis 2717	
	1721 und 1722	–	Henschel	1888	2718 und 2719	
	1723	89 7060	Henschel	1888	2720	
	1724 und 1725	–	Henschel	1888	2721 und 2722	
	1726 und 1727	–	Henschel	1889	2842 und 2843	
	1735 bis 1738	–	Henschel	1889	2847 bis 2850	
	1739 und 1740	–	Henschel	1889	2877 und 2878	
	1757 bis 1765	–	Henschel	1891	3454 bis 3462	
	1766 und 1767	–	Schichau	1892	580 und 581	
	1768 und 1769	89 7124 –	Schichau	1892	582 und 583	
	1770	89 7125	Schichau	1892	584	
	1771 bis 1775	–	Schichau	1892	585 bis 589	
	1776 bis 1780	–	B. M. A. G.	1893	2042 bis 2046	
	1781 bis 1784	–	Borsig	1893	4413 bis 4416	

Direktionsbezirk	Bahnnummern	DRG-Nummern	Hersteller	Baujahr	Fabriknummern	Bemerkungen/ Ausmusterung
Frankfurt	1700 bis 1704	–	Henschel	1882	1442 bis 1446	
	1705 bis 1708	–	Henschel	1884	1913 bis 1916	
	1709 und 1710	–	Henschel	1885	1987 und 1988	
	1711 und 1712	–	Henschel	1885	1991 und 1992	
	1713	–	Henschel	1885	1994	
	1714 und 1715	89 7038 und 89 7039	Henschel	1887	2380 und 2381	
	1716	–	Henschel	1887	2382	
	1717 und 1718	– 89 7047	Henschel	1888	2499 und 2500	
	1719	–	Henschel	1888	2594	
	1720 und 1721	89 7048 –	Henschel	1888	2595 und 2596	
	1722 bis 1724	89 7049 bis 89 7051	Henschel	1888	2597 bis 2599	
	1725 und 1726	89 7065 und 89 7066	Henschel	1889	2739 und 2740	
	1727 bis 1729	–	Henschel	1889	2741 bis 2743	
	1730	89 7067	Henschel	1889	2744	
	1731 und 1732	89 7082 –	Borsig	1890	4297 und 4298	
	1733 und 1734	– 89 7094	Grafenstaden	1891	4177 und 4178	
	1735 und 1736	89 7115 und 89 7116	Henschel	1891	3603 und 3604	
	1737 und 1738	–	Henschel	1891	3605 und 3606	
	1739 und 1740	89 7117 und 89 7118	Henschel	1891	3607 und 3608	
	1741 bis 1744	–	Grafenstaden	1893	4392 bis 4395	
	1745 bis 1747	89 7143 bis 89 7145	Grafenstaden	1893	4396 bis 4398	
	1748 und 1749	89 7164 und 89 7165	Schichau	1893	676 und 677	
	1750 und 1751	– 89 7166	Schichau	1893	678 und 679	
	1752 und 1753	–	Schichau	1893	680 und 681	
	1754 bis 1757	89 7167 bis 89 7170	Schichau	1893	682 bis 685	
	1758	–	Henschel	1894	3930	
	1759 und 1760	89 7155 und 89 7156	Henschel	1894	3931 und 3932	
	1761 und 1762	–	Henschel	1894	3933 und 3934	
Hannover	1705 bis 1710	–	Henschel	1882	1423 bis 1428	
	1711	89 7001	HANOMAG	1883	1597	
	1712 bis 1714	–	HANOMAG	1883	1598 bis 1600	
	1715	89 7002	HANOMAG	1883	1601	
	1716 bis 1719	–	HANOMAG	1883	1602 bis 1605	
	1720 und 1721	– 89 7006	Schichau	1884	364 und 365	
	1722 und 1723	–	Schichau	1884	366 und 367	
	1724 und 1725	–	Henschel	1883	1613 und 1614	
	1726 und 1727	89 7013 und 89 7014	HANOMAG	1885	1794 und 1795	
	1728 und 1729	–	HANOMAG	1885	1796 und 1797	
	1730 und 1731	89 7015 –	HANOMAG	1885	1798 und 1799	
	1732 und 1733	– 89 7016	HANOMAG	1885	1800 und 1801	
	1734 und 1735	– 89 7017	Henschel	1885	1985 und 1986	
	1736 und 1737	–	Henschel	1885	1989 und 1990	
	1738	89 7018	Henschel	1885	1993	
	1739	89 7019	Henschel	1885	2044	
	1740 bis 1743	–	Henschel	1885	2045 bis 2048	
	1744 und 1745	89 7020 –	Henschel	1885	2049 und 2050	
	1746	89 7021	Henschel	1885	2051	
	1747 und 1748	–	HANOMAG	1887	1935 und 1936	
	1749 und 1750	89 7033	HANOMAG	1887	1937 und 1938	
	1751 und 1752	– 89 7034	HANOMAG	1887	1939 und 1940	
	1753 bis 1757	–	Henschel	1888	2652 bis 2656	
	1758 und 1759	89 7053 –	Henschel	1888	2657 und 2658	
	1760 und 1761	89 7054 –	Henschel	1888	2659 und 2660	
	1762	89 7055	Henschel	1888	2661	
	1763 und 1764	89 7085 –	Grafenstaden	1890	4112 und 4113	
	1765 und 1766	89 7086 –	Grafenstaden	1890	4114 und 4115	
	1767 und 1768	– 89 7087	Grafenstaden	1890	4116 und 4117	
	1769 und 1770	89 7126 und 89 7127	HANOMAG	1893	2476 und 2477	

Direktionsbezirk	Bahnnummern	DRG-Nummern	Hersteller	Baujahr	Fabriknummern	Bemerkungen/ Ausmusterung
	1771	–	HANOMAG	1893	2478	
	1772 und 1773	89 7128 –	HANOMAG	1893	2479 und 2480	
	1774 und 1775	89 7129 und 89 7130	HANOMAG	1893	2481 und 2482	
	1776 bis 1780	–	HANOMAG	1893	2483 bis 2487	
	1781 und 1782	– 89 7159	Hohenzollern	1894	778 und 779	
	1783 bis 1785	–	Hohenzollern	1894	780 bis 782	
	1786 und 1787	89 7160	Hohenzollern	1894	783	
	1787 und 1788	89 7184 –	Hohenzollern	1894	784 und 785	
Magdeburg	1701 und 1702	– 89 7073	Vulcan	1891	1203 und 1204	
	1703 bis 1705	–	Henschel	1883	1480 bis 1482	
	1706 und 1707	89 7004 –	Henschel	1883	1483 und 1484	
	1708 bis 1711	–	Henschel	1883	1650 bis 1653	
	1716 und 1717	–	Henschel	1885	1995 und 1996	
	1718 und 1719	89 7062 und 89 7063	HANOMAG	1889	2027 und 2028	
	1720 und 1721	– 89 7064	HANOMAG	1889	2029 und 2030	
	1722 bis 1724	–	Borsig	1889	4275 bis 4277	
	1725	–	Borsig	1890	4278	
	1726 und 1727	89 7079 und 89 7080	Borsig	1890	4279 und 4280	
	1728 und 1729	–	Borsig	1890	4281 und 4282	
	1730 und 1731	89 7093 –	Grafenstaden	1890	4160 und 4161	
	1732 und 1733	89 7104 –	Grafenstaden	1890	4162 und 4163	
	1734	89 7105	Grafenstaden	1890	4164	
	1735	89 7098	Grafenstaden	1890	4165	
	1736	89 7113	Grafenstaden	1890	4166	
	1737 bis 1739	89 7506 bis 89 7508	Grafenstaden	1890	4167 bis 4169	
	1740	89 7106	Grafenstaden	1890	4170	
	1741 und 1742	– 89 7095	Grafenstaden	1891	4179 und 4180	
	1743 und 1744	– 89 7096	Grafenstaden	1891	4181 und 4182	
	1745 und 1746	89 7097 –	Grafenstaden	1891	4183 und 4184	
	1747 und 1748	– 89 7099	Grafenstaden	1891	4185 und 4186	
	1749 bis 1751	–	Grafenstaden	1891	4187 bis 4189	
	1752 und 1753	89 7100 –	Grafenstaden	1891	4190 und 4191	
	1754 und 1755	89 7101 –	Grafenstaden	1891	4192 und 4193	
	1756 und 1757	89 7074 –	Vulcan	1891	1205 und 1206	
	1758 und 1759	– 89 7075	Vulcan	1891	1207 und 1208	
	1760 und 1761	– 89 7076	Vulcan	1891	1209 und 1210	
	1762 und 1763	89 7077 –	Vulcan	1891	1211 und 1212	
	1764 und 1765	– 89 7078	Vulcan	1891	1213 und 1214	
	1766 und 1767	–	Grafenstaden	1892	4377 und 4378	
	1768 und 1769	89 7135 und 89 7136	Grafenstaden	1893	4379 und 4380	
	1770	–	Grafenstaden	1893	4381	
	1771 bis 1775	89 7137 bis 89 7141	Grafenstaden	1893	4382 bis 4386	
	1776 und 1777	89 7171 –	Schichau	1893	686 und 687	
	1778 und 1779	89 7172 und 89 7173	Schichau	1893	688 und 689	
	1780	–	Schichau	1893	690	
	1781 und 1782	89 7133 und 89 7134	Henschel	1894	3928 und 3929	
1895/1896						
Altona	1861 und 1862	–	Hagans	1897	330 und 331	
	1863 und 1864	– 89 7231	Borsig	1896	4574 und 4575	
	1865	89 7032	Borsig	1896	4576	
	1866 bis 1868	–	Hagans	1899	399 bis 401	
	1869	89 7228	Hagans	1899	402	
	1870 und 1871	– 89 7318	Hohenzollern	1900	1364 und 1365	
	1872 und 1873	89 7323 und 89 7324	Hohenzollern	1901	1372 und 1373	
	1874	89 7386	Orenstein	1901	800	
	1875 und 1876	89 7387 und 89 7388	Orenstein	1901	801 und 802	
	1877	–	Henschel	1901	5801	
	1878 bis 1882	89 7362 bis 89 7366	Hohenzollern	1901	1451 bis 1455	

Direktionsbezirk	Bahnnummern	DRG-Nummern	Hersteller	Baujahr	Fabriknummern	Bemerkungen/ Ausmusterung
	1883 bis 1888	89 7356 bis 89 7361	Hohenzollern	1901	1445 bis 1450	
	1889 bis 1891	89 7391 bis 89 7393	Hagans	1902	473 bis 475	
	1892 bis 1897	89 7431 bis 89 7436	Hagans	1903	476 bis 481	
	1898 bis 1902	89 7450 bis 89 7454	Orenstein	1903	1090 bis 1094	
	1903	–	Orenstein	1903	1100	
	1904 und 1905	89 7455 und 89 7456	Orenstein	1903	1101 und 1102	
Berlin	1800^{II} bis 1802^{II}	–	Linke	1903	153 bis 155	
	1803^{II} bis 1805^{II}	89 7447 bis 89 7449	Linke	1903	156 bis 158	
	1806^{II} und 1807^{II}	89 7389 und 89 7390	Hagans	1902	471 und 472	
	1808^{II} bis 1811^{II}	89 7403 bis 89 7406	Humboldt	1902	135 bis 138	
	1812^{II}	–	Humboldt	1902	139	
	1813 und 1814	– 89 7407	Humboldt	1902	140 und 141	
	1815 bis 1819	–	Orenstein	1902	950 bis 954	
	1820	–	Orenstein	1902	960	
	1821 und 1822	89 7421 und 89 7422	Orenstein	1902	961 und 962	
	1823^{II}	89 7423	Orenstein	1902	963	
	1824^{II} bis 1826^{II}	89 7424 bis 89 7426	Orenstein	1902	970 bis 972	
	1827^{II}	89 7427	Orenstein	1903	973	
	1900^{II} und 1901^{II}	–	Hohenzollern	1895	838 und 839	
	1902	–	Hohenzollern	1895	840	
	1945	89 7279	Jung	1898	352	
	1946	89 7229	Hagans	1900	403	
	1959 und 1960	– 89 7333	Jung	1900	434 und 435	
	1961 und 1962	89 7334 –	Jung	1900	436 und 437	
	1973 und 1974	89 7337 und 89 7338	Henschel	1901	5781 und 5782	
Breslau	1953 bis 1957	–	Union	1895	779 bis 783	
	1958 und 1959	89 7188 –	Hohenzollern	1895	841 und 842	
	1960	89 7189	Hohenzollern	1895	843	
	1961	89 7274	Hagans	1900	428	
	1962 und 1963	–	Hagans	1900	429 und 430	
	1964	89 7275	Hagans	1901	433	
	1965 und 1966	–	Hagans	1901	434 und 435	
Bromberg	1842 und 1843	–	Union	1895	784 und 785	
	1844 und 1845	89 7190 –	Union	1895	786 und 787	
	1846 bis 1848	89 7191 bis 89 7193	Union	1895	788 bis 790	
	1849	–	Union	1895	791	
	1850 und 1851	– 89 7223	Hagans	1897	345 und 346	
	1852	–	Jung	1898	348	
	1853	89 7227	Hagans	1899	398	
	1854 und 1855	–	Orenstein	1903	1103 und 1104	
Cassel	1770 und 1771	89 7263 –	Henschel	1898	4940 und 4941	
	1772	89 7264	Henschel	1898	4942	
	1773 bis 1777	89 7295 bis 89 7299	Henschel	1899	5223 bis 5227	
	1778 bis 1783	89 7339 bis 89 7344	Henschel	1901	5783 bis 5788	
Danzig	1844 bis 1847	–	Hagans	1902	464 bis 467	
	1848 bis 1850	–	Orenstein	1902	900 bis 902	
	1851	89 7420	Orenstein	1902	903	
Elberfeld	1744 bis 1746	–	Humboldt	1899	32 bis 34	
	1747	89 7305	Humboldt	1899	35	
	1748^{II} und 1749^{II}	89 7310 und 89 7311	Jung	1899	384 und 385	
	1773 und 1774	–	Henschel	1895	4263 und 4264	
Erfurt	1758^{II} bis 1761^{II}	–	Hagans	1897	341 bis 344	
	1764^{II}	89 7246	Schichau	1897	874	
	1765^{II} und 1766^{II}	–	Schichau	1897	875 und 876	
	1767^{II}	89 7225	Hagans	1898	362	
	1768^{II} und 1769^{II}	–	Hagans	1898	363 und 364	
	1773^{II}	–	Güstrow	1896	167	
	1785 und 1786	–	Hagans	1900	431 und 432	

Direktionsbezirk	Bahnnummern	DRG-Nummern	Hersteller	Baujahr	Fabriknummern	Bemerkungen/ Ausmusterung
	1787 bis 1791	897368 bis 897372	Hagans	1900	447 bis 451	
Frankfurt	1704^{II} und 1705^{II}	– 897235	HANOMAG	1897	2933 und 2934	
	1706^{II} und 1707^{II}	897236 und 897237	HANOMAG	1897	2971 und 2972	
	1763 bis 1765	897179 bis 897181	Henschel	1895	4265 bis 4267	
	1766	–	Henschel	1895	4268	
	1767 und 1768	897182 –	Henschel	1895	4269 und 4270	
	1769 und 1770	–	Hagans	1895	310 und 311	
	1771	897226	Hagans	1895	312	
	1779 bis 1783	–	Henschel	1895	4320 bis 4324	
	1784	897208	Henschel	1896	4326	
	1786 und 1787	– 897335	Jung	1900	440 und 441	
	1788 und 1789	– 897336	Jung	1900	442 und 443	
	1790 und 1791	– 897419	Jung	1902	557 und 558	
	1792	–	Jung	1902	563	
	1793 und 1794	897044 und 897045	Schichau	1897	870 und 871	
	1795 und 1796	897244 und 897245	Schichau	1897	872 und 873	
	1797 und 1798	897215 und 897216	Hohenzollern	1896	905 und 906	
	1799 und 1800	–	Hohenzollern	1896	907 und 908	
	1801	897217	Hohenzollern	1896	909	
	1802	897437	Hagans	1903	485	
	1810 und 1811	897256 und 897257	Henschel	1897	4767 und 4768	
	1812 und 1813	897272 und 897273	Hohenzollern	1899	1100 und 1101	
	1823 und 1824	897213 und 897214	Hohenzollern	1896	892 und 893	
Halle	1738	–	Henschel	1901	5802	
	1739	897367	Hagans	1901	446	
	1762	897221	Hagans	1896	328	
	1763	897222	Hagans	1897	329	
	1771 und 1772	– 897260	Henschel	1898	4936 und 4937	
	1777 und 1778	897252 –	Henschel	1898	4761 und 4762	
	1779 und 1780	897253 und 897254	Henschel	1898	4763 und 4764	
	1781 und 1782	– 897255	Henschel	1898	4765 und 4766	
	1781 und 1782	– 897255	Henschel	1898	4765 und 4766	
	1783	897224	Hagans	1898	361	
	1784 und 1785	897261 und 897262	Henschel	1898	4938 und 4939	
	1786	897278	Jung	1898	349	
Hannover	1700 und 1701	– 897219	Union	1896	842 und 843	
	1702 und 1703	– 897220	Union	1896	844 und 845	
	1704	897199	Grafenstaden	1896	4729	
	1705^{II} und 1706^{II}	897200 und 897201	Grafenstaden	1896	4730 und 4731	
	1707^{II} und 1708^{II}	– 897202	Grafenstaden	1896	4732 und 4733	
	1709^{II} und 1710^{II}	897288 und 897289	Humboldt	1898	1 und 2	
	1711^{II} und 1712^{II}	897280 und 897281	Jung	1898	353 und 354	
	1713^{II} bis 1718^{II}	897282 bis 897287	Jung	1899	377 bis 382	
	1719^{II} und 1720^{II}	897321 –	Hohenzollern	1901	1368 und 1369	
	1721^{II}	897322	Hohenzollern	1901	1370	
	1722^{II} und 1723^{II}	897316 –	Hohenzollern	1900	1361 und 1362	
	1724^{II}	–	Jung	1902	559	
	1725^{II} und 1726^{II}	897395 –	Humboldt	1902	126 und 127	
	1727^{II} bis 1733^{II}	897396 bis 897402	Humboldt	1902	128 bis 134	
	1734^{II} und 1735^{II}	897438 –	Hagans	1903	486 und 487	
	1736^{II}	–	Hagans	1903	489	
	1737^{II} bis 1739^{II}	897439 bis 897441	Hagans	1903	490 bis 492	
	1740^{II} bis 1742^{II}	897428 bis 897430	Freudenstein	1903	147 bis 149	
	1789 und 1790	897185 und 897186	Hohenzollern	1895	786 und 787	
	1791 und 1792	–	Schichau	1895	753 und 754	
Kattowitz	1953 bis 1955	897292 bis 897294	Henschel	1899	5220 bis 5222	
Magdeburg	1600 bis 1605	897327 bis 897332	Jung	1900	428 bis 433	
	1606 bis 1615	897345 bis 897354	Henschel	1901	5789 bis 5798	

Direktionsbezirk	Bahnnummern	DRG-Nummern	Hersteller	Baujahr	Fabriknummern	Bemerkungen/ Ausmusterung
	1783 und 1784	89 7266 –	Hohenzollern	1897	1037 und 1038	
	1785 und 1786	89 7267 –	Hohenzollern	1897	1039 und 1040	
	1787	89 7268	Hohenzollern	1897	1041	
	1788 und 1789	89 7258 und 89 7259	Henschel	1898	4934 und 4935	
	1790	–	Jung	1898	350	
	1791	89 7306	Jung	1898	355	
	1792 bis 1794	89 7301 bis 89 7303	Humboldt	1899	26 bis 28	
	1795	–	Humboldt	1899	29	
Mainz	1704	89 7300	Hohenzollern	1899	1102	
	1711 und 1712	89 7209 und 89 7210	Henschel	1896	4327 und 4328	
	1713 und 1714	89 7233 –	HANOMAG	1897	2927 und 2928	
	1715 und 1716	89 7232 –	Borsig	1896	4577 und 4578	
	1715II und 1716II	–	HANOMAG	1897	2929 und 2930	
	1717 und 1718	89 7234 –	HANOMAG	1897	2931 und 2932	
	1723	89 7269	Hohenzollern	1897	1042	
	1724 und 1725	–	Hohenzollern	1897	1043 und 1044	
	1726 und 1727	89 7270 und 89 7271	Hohenzollern	1897	1045 und 1046	
	1728 und 1729	89 7290 und 89 7291	Humboldt	1898	3 und 4	
	1730	–	Humboldt	1898	5	
	1731 und 1732	89 7308 –	Jung	1899	367 und 368	
	1733	89 7309	Jung	1899	383	
	1734	–	Jung	1899	386	
	1735 und 1736	89 7312 und 89 7313	Jung	1899	387 und 388	
	1737 und 1738	89 7314 und 89 7315	Jung	1900	438 und 439	
	1739 und 1740	89 7319 und 89 7320	Hohenzollern	1901	1366 und 1367	
	1741	89 7325	Hohenzollern	1901	1374	
	1742 bis 1744	89 7376 bis 89 7378	Humboldt	1901	103 bis 105	
	1745	89 7505	Humboldt	1901	106	
	1746 und 1747	89 7379 –	Humboldt	1901	107 und 108	
	1748 und 1749	89 7380 –	Jung	1901	491 und 492	
	1750 bis 1754	89 7381 bis 89 7385	Jung	1901	493 bis 497	
	1755	–	Jung	1901	498	
	1756	89 7409	Jung	1902	553	
	1757	89 7410	Jung	1902	556	
	1758 und 1759	89 7411 –	Jung	1902	560 und 561	
	1760	89 7412	Jung	1902	562	
	1761 bis 1764	89 7413 bis 89 7416	Jung	1902	564 bis 567	
	1765 und 1766	89 7417 und 89 7418	Jung	1902	554 und 555	
	1773 bis 1776	89 7501 bis 89 7504	Orenstein	1903	1050 bis 1053	
Münster	1736 und 1737	– 89 7243	Hohenzollern	1897	978 und 979	
	1738	–	Jung	1898	351	
	1739 und 1740	– 89 7304	Humboldt	1899	30 und 31	
	1741	89 7317	Hohenzollern	1900	1363	
	1742	–	Hohenzollern	1901	1371	
	1743 bis 1745	89 7373 bis 89 7375	Humboldt	1901	100 bis 102	
Posen	1849	–	Hagans	1895	309	
	1853 bis 1856	89 7203 bis 89 7206	Grafenstaden	1896	4734 bis 4737	
	1857 und 1858	– 89 7355	Henschel	1901	5799 und 5800	
Saarbrücken	1622 und 1623	– 89 7211	Hohenzollern	1896	887 und 888	
	1624 und 1625	–	Hohenzollern	1896	889 und 890	
	1626	89 7212	Hohenzollern	1896	891	
	1627 und 1628	–	Schichau	1897	877 und 878	
	1629	89 7247	Schichau	1897	879	
	1630 und 1631	89 7218 –	Hohenzollern	1896	910 und 911	
Stettin	1741 bis 1744	89 7443 bis 89 7446	Linke	1903	149 bis 152	
	1815 bis 1818	89 7239 bis 89 7242	Hohenzollern	1897	974 bis 977	
	1904 und 1905	89 7195 –	Schichau	1895	755 und 756	
	1906 und 1907	89 7196 –	Schichau	1895	757 und 758	

Direktionsbezirk	Bahnnummern	DRG-Nummern	Hersteller	Baujahr	Fabriknummern	Bemerkungen/ Ausmusterung
	1908 und 1909	89 7197 und 89 7198	Schichau	1895	759 und 760	
	1910	89 7187	Hohenzollern	1895	835	
	1911 und 1912	89 7194 –	Hohenzollern	1895	836 und 837	
	1913 und 1914	89 7230 –	Hagans	1896	326 und 327	

Durch Privatbahnen beschaffte Lokomotiven

Bahn	Bahn-nummern bzw. Namen	Über-nehmende Staatsbahn-Direktion	Bahnnummern	DRG-Nummern	Hersteller	Bau-jahr	Fabrik-nummern	Bemerkungen/ Ausmusterung
Altdamm-	11 und 12	Stettin	1745 und 1746	–	Vulcan	1892	1220 und 1221	
Colberger	13	Stettin	1747	89 7152	Vulcan	1893	1328	
Eisenbahn	... und ...	Stettin	1748 und 1749	89 7250 und 89 7251	Borsig	1898	4684 und 4685	
	...	Stettin	1750	–	Borsig	1898	4686	
BA Hommun	2^{b}	Coeln	T3 6139	–	Hohenzollern	1900	1296	
Cronenberger Eisenbahn	4	Frankfurt	T3 6218	–	HANOMAG	1892	2391	
Kiel-Flensburger Eisenbahn	LEVENSAU	Altona	1908	89 7265	Hohenzollern	1898	845	
Kreis Bergheimer	1^{b}	Coeln	T3 6140	–	HANOMAG	1898	3128	
Kleinbahn	2^{b}	Coeln	T3 6141	89 7499	Humboldt	1910	687	
	3^{b}	Coeln	T3 6142	89 7326	Hohenzollern	1901	1390	
	4^{b}	Coeln	T3 6143	89 7500	Humboldt	1910	688	
	5^{b}	Coeln	T3 6144	–	Hohenzollern	1901	1425	
Main-Neckar-	82	Mainz	1767	–	Henschel	1893	3978	
Eisenbahn	201 und 202	Mainz	1768 und 1769	89 7177 –	HANOMAG	1895	2605 und 2606	
	203 und 204	Mainz	1770 und 1771	89 7178 –	HANOMAG	1895	2654 und 2655	
	205	Mainz	1772	89 7238	HANOMAG	1898	3027	
Mödrath-Liblar-	1^{b}	Coeln	T3 6145	89 7394	Humboldt	1902	125	
Brühler Eisenbahn	2^{b}	Coeln	T3 6146	89 7442	Humboldt	1903	190	
Oberhessische	41	Frankfurt	1700	89 7183	Henschel	1895	4319	
Eisenbahn	42	Frankfurt	1701	89 7207	Henschel	1895	4325	
Ostpreußische	101	Königsberg	1707	–	Borsig	1884	4066	
Südbahn	102	Königsberg	1706	–	Borsig	1884	4065	
Stargard-	10 und 11	Stettin	1751 und 1752	–	B. M. A. G.	1890	1732 und 1733	
Cüstriner	12	Stettin	1753	–	HANOMAG	1893	2554	
Eisenbahn	...	Bromberg	1824	–	Jung	1897	306	
	... und ...	Bromberg	1825 und 1826	89 7248 und 89 7249	Jung	1897	307 und 308	
	... und ...	Bromberg	1827 und 1828	89 7276 –	Jung	1898	315 und 316	
	...	Bromberg	1829	89 7277	Jung	1898	317	
	... und ...	Bromberg	1830 und 1831	– 89 7307	Jung	1899	356 und 357	
	... und ...	Bromberg	1832 und 1833	–	Jung	1899	390 und 391	
	... und ...	Bromberg	1834 und 1835	– 89 7408	Jung	1902	536 und 537	
Werrabahn	51 und 52	Erfurt	1731 und 1732	89 7119 –	Henschel	1892	3628 und 3629	
	53 und 54	Erfurt	1733 und 1734	89 7120 –	Henschel	1892	3630 und 3631	

T 3

3/3 T. L. (6 t) Normalbauart DRG-Baureihe 89^{74} (→ EFA 1.3)

C n2t

1903

Techn. Daten: Seite 223

Orenstein 1903/1211, Hannover 1858, ab 1905 T3 Hannover 6197, DRG 89 7458, ausgemustert 1927. Druckluftbremse Bauart Westinghouse, Bedienungseinrichtung für Seilbremse, Dampfläutewerk. Lieferzustand.
Foto: Werkaufnahme, Archiv Töpelmann

Auf Anregung der Eisenbahn-Direktion Breslau, den Kohlevorrat der 3/3 T. L. Normalbauart für Bahnen untergeordneter Bedeutung zu erhöhen, da er für viele Zwecke nicht ausreichte, wurde dieser Lokomotivtyp ab 1903 in modifizierter Ausführung gebaut. Markanteste Unterschiede zur Ursprungsausführung waren der auf 5 m³ erhöhte Wasservorrat und der auf 1,9 t vergrößerte Kohlevorrat. Die Achsfahrmasse war dadurch auf 12 t gestiegen. Die inzwischen vorgenommene Oberbauverstärkung auf vielen Nebenbahnen hatte diese Zunahme ermöglicht. Weitere Abweichungen zur Ursprungsausführung bestanden in der Rahmenlänge, der auf 1 005 mm verlängerten Rauchkammer und in untergeordneten Details. Im Betriebsmaschinendienst gab es keine Unterschiede, auch für den Verbleib trifft in den Grundzügen das gleiche zu. Die Leistungsfähigkeit blieb unverändert.

Die Lokomotiven wurden als 3/3 T. L. (6 t) Normalbauart oder als 3/3 T. L. verstärkte Normalbauart für Bahnen untergeordneter Bedeutung bezeichnet. Das für ihren Bau verbindliche Musterblatt trug die Nummer III 4p. In der Frage, welche Maschinen der verstärkten Nor-

Orenstein 1906/2011, Berlin 1828, geliefert an die Betriebswerkstatt Berlin Görlitzer Bahnhof, im gleichen Jahr umgezeichnet in T3 Berlin 6166, DRG 89 7496, ausgemustert 1938. Als T3 Berlin 6166.
Foto: Sammlung Siebert

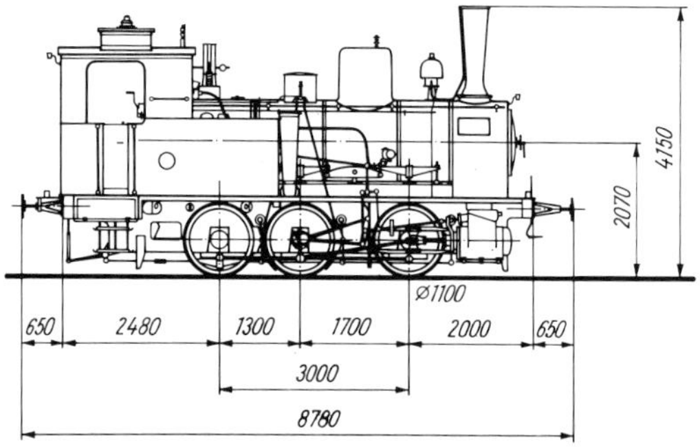

Orenstein u. a. 1903 bis 1906.
Lieferzustand.

malbauart und welche Maschinen der Normalbauart zuzurechnen sind, gibt es Unsicherheiten, da die Preußisch-Hessischen Staatsbahnen bei der Einführung des Gruppen- und Bahnnummernplanes von 1905 keine Abgrenzung zwischen der 3/3 T. L. (5 t) Normalbauart und der 3/3 T. L. (6 t) Normalbauart vornahmen, sondern beide Lokomotivtypen als T 3 in die Bahnnummernreihe 6101 bis 6400 einordneten. Vermutlich sind insgesamt von 1903 bis 1906 48 3/3 T. L. in der verstärkten Normalbauart beschafft worden. Davon übernahm die DRG noch 38 Maschinen als 89 7457 bis 89 7472 und 89 7477 bis 89 7498 in den 3. Umzeichnungsplan aus dem Jahre 1925.

Direktions-bezirk	Bahnnummern	DRG-Nummern	Hersteller	Bau-jahr	Fabriknummern	Bemerkung/ Ausmusterung
1895/1896						
Altona	1910 bis 1912	89 7485 bis 89 7487	Hagans	1905	524 bis 526	
Berlin	1828 und 1829	89 7496 –	Orenstein	1906	2011 und 2012	
Bromberg	1807 und 1808	–	Freudenstein	1905	180 und 181	
	1809	89 7476	Freudenstein	1905	182	
	1810 bis 1812	89 7489 bis 89 7491	Orenstein	1904	1442 bis 1444	
	1813 und 1814	–	Orenstein	1904	1445 und 1446	
	1815	89 7492	Orenstein	1904	1447	
	1816 und 1817	–	Hagans	1905	527 und 528	
Danzig	1852 und 1853	–	Freudenstein	1905	222 und 223	
Halle	1760 bis 1762	89 7464 bis 89 7466	Hagans	1905	503 bis 505	
	1763	–	Hagans	1905	517	
	1764	89 7488	Orenstein	1904	1441	
	1765 und 1766	89 7479 und 89 7480	Freudenstein	1905	224 und 225	
Hannover	1851 bis 1855	89 7459 bis 89 7463	Hagans	1904	496 bis 500	
	1856	–	Orenstein	1903	1212	
	1857 und 1858	89 7457 und 89 7458	Orenstein	1903	1210 und 1211	
	1859 und 1860	89 7469 und 89 7470	Hagans	1905	509 und 510	
	1861 und 1862	89 7477 und 89 7478	Freudenstein	1905	183 und 184	
	1863 und 1864	89 7471 und 89 7472	Hagans	1905	518 und 519	
Magdeburg	1616 bis 1619	89 7481 bis 89 7484	Hagans	1905	520 bis 523	
	1620 und 1621	89 7497 und 89 7498	Orenstein	1906	2013 und 2014	
Stettin	1754	–	Hagans	1905	506	
	1755 und 1756	89 7467 und 89 7468	Hagans	1905	507 und 508	
	1757 bis 1759	89 7493 bis 89 7495	Orenstein	1905	1541 bis 1543	

T 3

3/3 T. L.
mit Dampftrockner
Bauart Pielock

C t2t(n2t)

1906 bis 1924

Techn. Daten: Seite 223

HANOMAG 1906/4552. Lieferzustand. Beachtenswert: Der Temperaturmesser am Dampfdom.
Foto: Sammlung Walluhn

Im Jahre 1906 hatte die HANOMAG eine 3/3 T. L. mit Dampftrockner Bauart Pielock fertiggestellt. Die Maschine wurde in der Betriebswerkstatt Hagenkamp stationiert und trug zunächst nur Schilder mit der Fabriknummer 4552 (Foto). Vermutlich handelte es sich um eine auf Initiative der Herstellerfirma gebaute Lokomotive, die im Direktionsbezirk Hannover vorerst nur im Versuchsbetrieb stand und noch nicht durch die Preußisch-Hessischen Staatsbahnen übernommen worden war.
Sie lehnte sich zwar an die 3/3 T. L. (5 t) Normalbauart (T 3) an, wich aber auch in vielen konstruktiven Merkmalen und Abmessungen von dieser ab.
Im Jahre 1907 wurde sie durch die Eisenbahn-Direktion Hannover übernommen und in T 3 Hannover 6301 umgezeichnet.
Zwischen 1907 und 1909 ersetzte man die Allan-Steuerung der Bauform Lentz durch eine Allan-Steuerung gewöhnlicher Bauform.
Einen weiteren Umbau nahm 1910 die Hauptwerkstatt Leinhausen vor. Der Dampftrockner wurde dabei ausgebaut, die Ventilsteuerung Bauart Lentz gegen eine Flachschieber-Steuerung ausgetauscht. Zum gleichen Zeitpunkt vergrößerte man die Kohlekästen durch Aufsätze.
Im 2. Umzeichnungsplan der DRG aus dem Jahre 1923 ist die T 3 Hannover 6301 noch als 89 7738 aufgeführt. Vor der Aufstellung des 3. Umzeichnungsplanes wurde sie 1924 im Bw Hannover Hagenkamp ausgemustert.

Als T 3 Hannover 6301 nach dem ersten Umbau. Außenliegende Allan-Steuerung gewöhnlicher Bauform.
Foto: Sammlung Glanert

Konstruktive Merkmale

Kessel: Unterer Teil des Hinterkessels zwischen den Rahmenwangen eingezogen. Stehkesseldecke halbzylindrisch gewölbt, Rückwand senkrecht. Kupferne Feuerbüchse. 1350 mm lange, 1080 mm breiter, waagerechter Rost.
Langkessel aus drei zylindrischen Schüssen zusammengesetzt. Dampfdom auf dem 2. Kesselschuß.
750 mm lange, schwach erweiterte, über Zwischenring mit dem Langkessel verbundene Rauchkammer. Prüsmann-Schornstein. Dampftrockner Bauart Pielock.
Kesselausrüstung: Zwei saugende Dampfstrahlpumpen. Speiseventile in Höhe Kesselmitte am 1. Kesselschuß. Kesselsicherheitsventil Bauart Ramsbottom auf dem Stehkesselscheitel. Flachschieberregler.
Rahmen: Innenliegender Blechrahmen, vorn als Rahmenwasserkasten ausgebildet.
Fahrwerk: Dreipunktabstützung. Oberhalb des Hauptrahmens liegende Tragfedern des 1. und 2. Kuppelradsatzes durch waagerechte Längsausgleichhebel verbunden. Tragfedern des 3. Kuppelradsatzes unterhalb der Achslager, vordere Federenden durch waagerechten Querausgleichhebel verbunden. Alle Radsätze unverschiebbar im Hauptrahmen gelagert.
Triebwerk: Trockendampf-Zwillings-Triebwerk. Zylinder außen waagerecht vor dem 1. Kuppelradsatz angeordnet. Zweischienige Kreuzkopfführung. Antrieb auf den 2. Kuppelradsatz. Einströmrohre durch die Rauchkammer geführt.
Steuerung: Außenliegende Allan-Steuerung Bauform Lentz. Festgelagerte Exzenter mit je einer darin verstellbar gelagerten, durch die Umsteuerung verstellbaren Zahnscheibe. Innere Steuerung als Ventilsteuerung Bauart Lentz ausgeführt.
Bremsausrüstung: Handbremse. Druckluftbremse Bauart Westinghouse. Räder des 2. Kuppelradsatzes von vorn, die des 3. Kuppelradsatzes von vorn und hinten abgebremst. Luftpumpe rechts neben dem 2. Kesselschuß.
Allgemeine Einrichtungen: Handsandstreuer, die Treibräder von vorn und hinten besandend. Runder Sandkasten auf dem Stoß zwischen 2. und 3. Kesselschuß. Dampfläutewerk.
Vorratsbehälter: Rahmenwasserkasten im vorderen Rahmenteil. Je ein seitlicher Einfülltrichter neben dem 3. Kesselschuß. Je ein seitlicher Kohlekasten vor dem Führerhaus.

T 4, T 4[1]

2/3 P. T. L.
MOABIT-Typ
Bauarten Altona, Berlin, Magdeburg Normalbauart

1B n2t, 1'B n2t

1882

Techn. Daten: Seite 223

Die von der Berlin-Hamburger Eisenbahn im Berliner Vorortverkehr auf der Strecke Berlin Hamburger Bahnhof–Spandau anfangs eingesetzten 2/2 Omnibus-T. L. Bauart Lentz (T 1) hatten sich schon bald als unzureichend erwiesen. Deshalb beschaffte die Berlin-Hamburger Eisenbahn im Jahre 1882 von der Lokomotivfabrik Borsig sechs 1B n2-Personenzug-Tenderlokomotiven, die man, entsprechend ihrem Bestimmungszweck, auch als Vorortzuglokomotiven bezeichnete. Nach der letzten Maschine des Bauloses wurde dieser Lokomotivtyp „MOABIT-Typ" genannt. Vermutlich setzte man drei der Maschinen im Berliner Vorortverkehr, die anderen drei Maschinen im Vorortverkehr des Raumes Hamburg/Altona ein. Bei der Verstaatlichung der Berlin-Hamburger Eisenbahn am 1. Juli 1884 gingen die sechs Lokomotiven auf den Direktionsbezirk Altona über und bekamen die Bahnnummern Altona 1453 bis 1458. Am 1. Juli 1892 verteilten sie sich auf folgende Betriebswerkstätten:
Altona 1453, 1454 und 1456:
Betriebswerkstatt Berlin Lehrter Bahnhof;
Altona 1455, 1457 und 1458:
Betriebswerkstatt Altona.

2/3 P. T. L. Bauart Berlin
HANOMAG 1888/1951, Berlin 1639, geliefert an die Betriebswerkstatt Berlin Görlitzer Bahnhof als „Vorort-Locomotive" für die Strecke Berlin–Königs Wusterhausen, ab 1906 T4 Berlin 6410. Lieferzustand.
Foto: Werkaufnahme, Sammlung Siebert

Bei der Neubildung der Direktionsbezirke am 1. April 1895 fielen die zu dieser Zeit in der Betriebswerkstatt Spandau beheimateten Lokomotiven Altona 1453, 1454 und 1456 dem Direktionsbezirk Berlin zu, wurden dort zunächst als Berlin 1456, 1457 und 1458, später als Berlin 1603 bis 1605 geführt und 1906 als Berlin 6401 bis 6403 der Gruppe T4 zugeordnet Die T4 Berlin 6401 musterte man 1906, die T4 Berlin 6402 1911 aus, die T4 Berlin 6403 kam 1911 zum Direktionsbezirk Posen, lief dort als T4 Posen 6403 und wurde 1913 ausgemustert.
Die anderen drei Maschinen, Altona 1455, 1457 und 1458, blieben im Altonaer Direktionsbezirk, bekamen 1907 die Bahnnummern Altona 6401 bis 6403 und das Gruppenzeichen T4 und wurden, in der Reihenfolge der Bahnnummern, 1908, 1908 und 1910 ausgemustert.
Im Jahre 1888 bezog die Eisenbahn-Direktion Altona zehn weitere, nur in einigen Details gegenüber dem MOABIT-Typ abgeänderte Lokomotiven. Die Laufachse war als Adamsachse mit Keilrückstellung ausgebildet worden. Alle

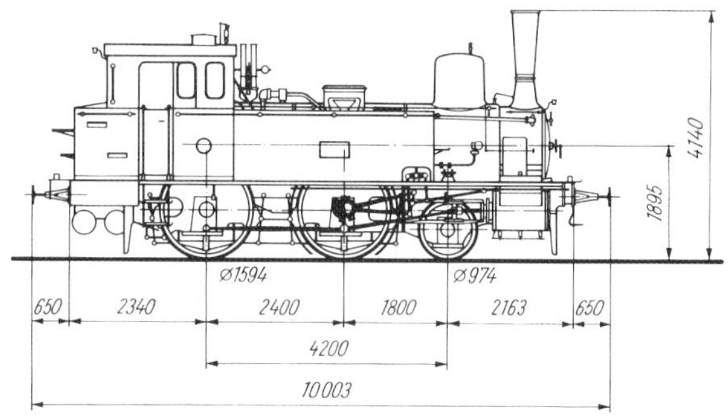

Bauart Berlin. HANOMAG 1888. Lieferzustand.

2/3 P. T. L. Bauart Berlin
Henschel 1892/3770, Berlin 1695, geliefert an die Betriebswerkstatt Berlin Nordbahnhof als „Vorort-Locomotive" für die Strecke Berlin–Schönholz–Velten–Kremmen, ab 1906 T4 Berlin 6462. Als T4 Berlin 6462. Druckluftbremse Bauart Westinghouse.
Foto: Hubert, Sammlung Glanert

2/3 P. T. L. Normalbauart
Henschel 1890/3031, Magdeburg 1552, geliefert als „Vorort-Locomotive", ab 1893 Berlin 1430, ab 1906 T 4 Berlin 6476, 1911 in der Betriebswerkstatt Friedrichsfelde beheimatet, ab 1911 T 4 Kattowitz 6476, ausgemustert vor 1923. Druckluftbremse Bauart Carpenter, runder Lüftungsaufsatz. Lieferzustand.
Foto: Werkaufnahme, Zeitschrift „Die Lokomotive"

zehn Lokomotiven waren für den Vorortzugdienst bestimmt und zusammen mit den von der Berlin-Hamburger Eisenbahn stammenden Maschinen des MOABIT-Typs auf den Strecken Spandau–Lichtenberg und den Hamburger Vorortstrecken, zu denen die Verbindungsbahn Hamburg–Altona und die Strecken Hamburg–Friedrichsruh und Altona–Blankenese gehörten, im Einsatz. Die Lokomotiven Altona 1474 bis 1482 hatte nach ihrer Anlieferung die Betriebswerkstatt Hamburg Berliner Bahnhof erhalten, die Altona 1483 war ab Werk an die Betriebswerkstatt Berlin Lehrter Bahnhof gegangen. Bis zum 1. Juli 1892 wanderten die Altona 1478 und die Altona 1479 zur Betriebswerkstatt Altona ab. Die Altona 1483 gelangte am 1. Oktober 1891 in den Bestand des Direktionsbezirks Berlin, bekam dort zunächst die Bahnnummer Berlin 1634, 1906 die Bahnnummer Berlin 6404 und das Gruppenzeichen T 4 und wurde 1911 zur T 4 Altona 6430. Die DRG nahm sie zwar noch unter der Betriebsnummer 70 7004 in den 2. Umzeichnungsplan aus dem Jahre 1923 auf, im 3. Umzeichnungsplan ist sie jedoch nicht mehr genannt. Die Lokomotiven Altona 1474 bis 1482 waren 1907 als Altona 6404 bis 6412 der Gruppe T 4 zugeordnet worden.

Zehn dem MOABIT-Typ fast gleiche Lokomotiven bezog im Jahre 1884 die Eisenbahn-Direktion Magdeburg. Wesentliche Unterschiede bestanden nur in dem von 1,0 MPa auf 1,2 MPa erhöhten Kesseldruck, dem von 4,0 m^3 auf 4,5 m^3 vergrößerten Fassungsvermögen der Wasserkästen und in der geneigt statt senkrecht angeordneten Rückwand des Kohlekastens, der dadurch einen größeren Kohlevorrat aufnehmen konnte. Von diesen zehn Maschinen kamen die Lokomotiven Magdeburg 1492 bis 1495 zur Betriebswerkstatt Charlottenburg und wurden auf den dem Magdeburger Direktionsbezirk zugehörigen Strecken Berlin Potsdamer Bahnhof–Potsdam und Berlin Potsdamer Bahnhof–Wannsee im Vorortzugdienst eingesetzt. Die Lokomotiven Magdeburg 1496 bis 1501 stationierte man in der Betriebswerkstatt Magdeburg Central-Bahnhof und verwendete sie im Magdeburger Vorortzugdienst. Am 1. Oktober 1891 gab die Eisenbahn-Direktion Magdeburg die vier in der Betriebswerkstatt Charlottenburg beheimateten Maschinen an die Eisenbahn-Direktion Berlin ab. Dort bezeichnete man sie zunächst als Berlin 1688 bis 1691, ab 1906 als T 4 Berlin 6405 bis 6408. Die T 4 Berlin 6408 schied 1911 aus dem Betriebsbestand aus. Von den anderen drei Lokomotiven übernahm die Eisenbahn-Direktion Altona die T 4 Berlin 6405 und die T 4 Berlin 6407 und bezeichnete sie als T 4 Altona 6431 und 6432. Die T 4 Berlin 6415 kam in den Direktionsbezirk Coeln und erhielt dort die Bahnnummer Coeln 6415 und das Gruppenzeichen T 4. Die im Direktionsbezirk Magdeburg verbliebenen Lokomotiven Magdeburg 1496 bis 1501 ordnete man 1906 unter den Bahnnummern Magdeburg 6401 bis 6406 der Gruppe T 4 zu.

Bei den bisher behandelten Lokomotiven des MOABIT-Typs und seiner Nachfolgebauarten erschien den Eisenbahn-Direktionen die Dienstmasse im Verhältnis zur Rostfläche und zum Fassungsvermögen der Wasser- und Kohlevorratsbehälter zu hoch. Deshalb nahm man an der Konstruktion der Ursprungsausführung einige Änderungen vor, die vor allem den

Zweck verfolgten, die Vorräte zu erhöhen, damit den Aktionsradius zu erweitern und gleichzeitig die Masse zu senken.

Die 1888 in den Direktionsbezirk Magdeburg, Betriebswerkstatt Bukkau, gelieferten und für den Vorortzugdienst bestimmten vier 2/3 P. T. L. hatten eine geneigte Stehkesselrückwand. Dadurch war es gelungen, die Rostfläche zu vergrößern und gleichzeitig die Kesselmasse und damit die Lokomotivleermasse geringfügig zu senken. Der Verminderung der Lokomotivmasse diente auch die Verwendung eines Regleraufsatzes anstelle des bisher üblichen Dampfdomes. Den Kohlevorrat hatte man auf 1,5 t erhöht, der Wasservorrat war gleich geblieben. 1906 bekamen die vier Maschinen die Bahnnummern Magdeburg 6407 bis 6410 und das Gruppenzeichen T 4. Aus der T 4 Magdeburg 6407 und der T 4 Magdeburg 6408 wurden 1908 die T 4 Stettin 6409 und die T 4 Stettin 6410, aus der T 4 Magdeburg 6409 und der T 4 Magdeburg 6410 1910 die T 4 Stettin 6416 und die T 4 Stettin 6417.

Bei der Berliner Bauart der 2/3 P. T. L., deren erste sechs Exemplare im Jahre 1888 gebaut wurden, gelang es nicht, die Lokomotivmasse wesentlich zu senken. Die zulässige Achsfahrmasse von 14 t wurde geringfügig überschritten. Dafür hatte man den Wasservorrat durch den Einbau eines zusätzlichen Wasserkastens zwischen den Rahmenwangen unterhalb des Führerstandes auf 5 m³ und den Kohlevorrat auf 1,25 t gegenüber dem MOABIT-Typ erhöhen können. Die Rostfläche war gleich geblieben. Die Rauchkammerlänge betrug 702 mm, der Laufradsatz war wie bei der Altonaer Bauart als Adamsachse mit Keilrückstellung ausgebildet. Von 1890 bis 1893 bezogen drei Eisenbahn-Direktionen weitere 2/3 P. T. L. Bauart Berlin, die sich allerdings durch den auf 1,2 MPa erhöhten Kesseldruck und den unverschiebbar im Hauptrahmen gelagerten Laufradsatz von den sechs 1888 in den Direktionsbezirk Berlin gelieferten Maschinen unterschieden: Die Eisenbahn-Direktion Berlin 49 Maschinen, die Eisenbahn-Direktion Altona vier Maschinen und die Eisenbahn-Direktion Bromberg neun Maschinen. Die Altonaer Lokomotiven wurden in der Betriebswerkstatt Berlin Lehrter Bahnhof beheimatet, die Bromberger Lokomotiven kamen zur Maschinenstation Lichtenberg-Friedrichsfelde und taten auf dem von Vorortzügen befahrenen Abschnitt der Ostbahn Dienst, und die Berliner Lokomotiven setzte man im Berliner Vorortzugdienst und möglicherweise auch auf der Ringbahn ein.

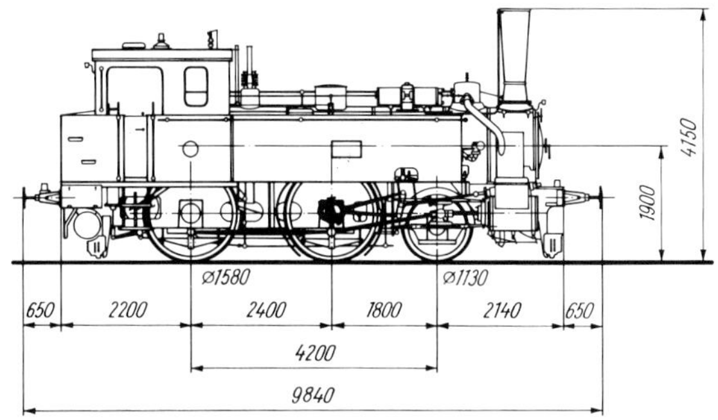

Normalbauart. Henschel 1890. Lieferzustand. Druckluftbremse Bauart Carpenter.

Besonderheiten gab es bei den Lokomotiven Bromberg 1613 bis 1621 und Berlin 1400 bis 1403. Hier stützte sich der Hauptrahmen über je eine längsliegende Tragfeder auf jeder Seite auf den Laufradsatz ab. Am 1. April 1893 gab die Eisenbahn-Direktion Altona ihre vier 2/3 P. T. L. Bauart Berlin an die Eisenbahn-Direktion Berlin ab. Dort erhielten sie die Bahnnummern Berlin 1400 bis 1403, wurden aber bereits am 1. Juli 1899 in andere Direktionsbezirke weitergegeben: Aus der Berlin 1400 und der Berlin 1401 wurden zunächst die Magdeburg 1577 und die Magdeburg 1578, 1906 die T 4 Magdeburg 6411 und die T 4 Magdeburg 6412; die Lokomotiven Berlin 1402 und 1403 gingen in den Direktionsbezirk Danzig, wo sie zunächst als Danzig 1638 und 1639, ab 1907 als T 4 Danzig 6501 und 6502 liefen.

Die an die Eisenbahn-Direktion Berlin gelieferten Maschinen ordnete man 1906 unter den Bahnnummern Berlin 6409 bis 6463 der Gruppe T 4 zu. Zwischen 1910 und 1913 gab man sie in andere Direktionsbezirke ab.

Aus den Lokomotiven Bromberg 1613 bis 1621 wurden am 1. April 1892 die Lokomotiven Berlin 1404 bis 1412, später wanderten sie in die Direktionsbezirke Breslau, Halle und Stettin ab.

Die Entwicklung des Bestandes an 2/3 P. T. L. des MOABIT-Typs und seiner Nachfolgebauarten hatte gezeigt, daß größerer Bedarf an derartigen Maschinen vorhanden war. Mehrere Eisenbahn-Direktionen sprachen sich dafür aus, eine normale 2/3 P. T. L. für den Vorortzugdienst und den Kurzstrecken-Personenzugdienst zu entwickeln. Als Vorbild hielten die meisten Eisen-

2/3 P. T. L. Normalbauart
Henschel 1891/3048, Magdeburg 1569, geliefert an die Betriebswerkstatt Werder a. d. Havel als „Vorort-Locomotive", ab 1895 Berlin 1447, ab 1906 T4 Berlin 6493, ab 1911 T4 Erfurt 6411, Maschinenstation Eisfeld, DRG 70 7007 vorläufig, ausgemustert 1925 im Bw Meiningen, verkauft an das Raw Meiningen als Werklokomotive, dort zunächst Nr. 70 7007, später Nr. 805-73/1, ausgemustert 1934, zerlegt 1948. Als Werklokomotive im Raw Meiningen mit der Nummer 70 7007.
Foto: Archiv transpress

bahn-Direktionen den MOABIT-Typ am geeignetsten, weil er von allen zur Auswahl stehenden Maschinen die besten Betriebseigenschaften und das höchste Leistungsvermögen aufwies und sich als eine ausgereifte Konstruktion erwiesen hatte. Aus diesen Gründen stellten die Preußisch-Hessischen Staatsbahnen 1890 ein Musterblatt für eine 2/3 P. T. L. in Anlehnung an den MOABIT-Typ auf, das die Bezeichnung III 4a erhielt und nach dem zwischen 1890 und 1899 insgesamt 167 Lokomotiven gebaut wurden. Gegenüber der Ursprungsausführung des MOABIT-Typs war der Kesseldruck von 1,0 auf 1,2 MPa erhöht worden, der Rost war größer und stark geneigt angeordnet (Abmessungen 1 580 mm × 1 010 mm), und anstelle des Dampfdomes hatte man einen Regleraufsatz auf den 1. Kesselschuß aufgesetzt, von dem die Einströmrohre außen am Kessel zu den Schieberkästen führten. Der Rahmen wurde aus 25 mm dicken Wangen gebildet. Die Lokomotive stützte sich in vier Punkten ab, wobei die Tragfedern des Laufradsatzes und des 1. Kuppelradsatzes durch Winkelhebel und Zugstangen verbunden waren. Der Sandkasten befand sich auf dem 3. Kesselschuß, ein Handsandstreuer besandete die Treibräder von vorn und hinten. Die ersten Maschinen bekamen meist Druckluftbremse Bauart Carpenter, ab 1892 verwendete man die Druckluftbremse Bauart Westinghouse, nach 1897 erhielten einige 2/3 P. T. L. Normalbauart Druckluftbremse Bauart Schleifer. Die Carpenter-Luftpumpe befand sich auf dem Scheitel des Langkessels, die Luftpumpe Bauart Westinghouse ordnete man rechts neben dem 1. Kesselschuß vor dem Wasserkasten an, und die Schleifer-Luftpumpe lag waagerecht auf dem rechten Umlaufblech neben dem 1. Kesselschuß. Abgebremst wurden alle Kuppelräder einseitig von vorn. Den Lüftungsaufsatz gestaltete man zunächst rund, später rechteckig. Weitere Unterschiede zum MOABIT-Typ bestanden bei untergeordneten Details (die Bauteile waren den Normalien angepaßt worden) und in den Abmessungen.

Die meisten 2/3 P. T. L. Normalbauart wurden im Vorortzugdienst großer Städte und im Kurzstrecken-Personenzugdienst auf Hauptbahnen eingesetzt. Auf ebener Strecke erreichten sie mit einem aus zwei- und dreiachsigen Wagen zusammengesetzten Zug von 460 t Masse eine Beharrungsgeschwindigkeit von 60 km/h. Auf der Steigung 1:100 zogen sie einen aus gleichen Wagen gebildeten Zug von 380 t Masse mit ihrer Reibungsgeschwindigkeit von 17 km/h. Die indizierte Höchstleistung betrug 380 kW (500 PS) bei 60 km/h.

Als die Anforderungen an das Leistungsvermögen der Lokomotiven im Vorortzugdienst und im Kurzstrecken-Personenzugdienst auf Hauptbahnen weiter anwuchsen, verdrängten leistungsfähigere Maschinen, wie die 2/4 P. T. L. (T 5^1), die 3/4 P. T. L. dr. kr. (T 11) und die 3/4 H. P. T. L. dr. kr. (T 12) die 2/3 P. T. L. aus diesem Einsatzgebiet in den untergeordneten Dienst und den Nebenbahndienst. Für den letzteren Zweck stattete man einige Maschinen mit Bedienungseinrichtung für Seilbremse und einige Maschinen mit Dampfläutewerk aus. Aus dem Berliner Vorortverkehr wurden die 2/3 P.T.L. um 1902/1903 zurückgezogen und dem Lokomotivpark der Stadtbahn angegliedert, aus dem sie 1910 bis 1913 ausschieden.

Im Gruppen- und Bahnnummernplan von 1905 war den 2/3 P. T. L. des MOABIT-Typs und seiner Nachfolgerbauarten das Gruppenzeichen T 4 und die Bahnnummernreihe 6401 bis 6600 zugedacht. Die Normalbauart führte man ab 1910 unter dem Gattungszeichen T 4[1]. Von den Lokomotiven des MOABIT-Typs und der Bauarten Altona, Berlin und Magdeburg nahm die DRG noch sieben Maschinen als 69 7001, 69 7002 bis 70 7004, 70 7015 und 70 7016, von den 2/3 P. T. L. der Normalbauart noch 30 Maschinen als 70 7005 bis 70 7014, 70 7017 bis 70 7033 und 70 7036 bis 70 7038 in den 2. Umzeichnungsplan aus dem Jahre 1923 auf. In den 3. Umzeichnungsplan gelangte keine mehr.

Konstruktive Merkmale

Kessel: Unterer Teil des Hinterkessels zwischen den Rahmenwangen eingezogen. Stehkesseldecke halbzylindrisch gewölbt, Rückwand senkrecht. Kupferne Feuerbüchse. Kurzer, schmaler Rost. Langkessel aus drei zylindrischen Schüssen zusammengesetzt. Dampfdom auf dem 1. Kesselschuß.

Ca. 700 mm lange, nicht erweiterte Rauchkammer. Prüsmann-Schornstein.

Kesselausrüstung: Zwei Dampfstrahlpumpen. Speiseventile in Höhe Kesselmitte am 1. Kesselschuß. Kesselsicherheitsventil Bauart Ramsbottom auf dem Stehkesselscheitel. Flachschieberregler.

Rahmen: Innenliegender Blechrahmen.

Fahrwerk: Dreipunktabstützung. Unterhalb der Achslager liegende Tragfedern der Kuppelradsätze durch waagerechte Längsaus-

Durch die Berlin-Hamburger Eisenbahn beschaffte Lokomotiven des MOABIT-Typs

Namen Berlin–Hamburger Eisenbahn	Übernehmende Staatsbahn-Direktion	Bahnnummern	Hersteller	Baujahr	Fabriknummern	Bemerkungen/ Ausmusterung
STRESOW	Altona	1453	Borsig	1882	3836	+ 1906
RUHLEBEN	Altona	1454	Borsig	1882	3837	+ 1911
GRUNEWALD	Altona	1455	Borsig	1882	3838	+ 1908
WESTEND	Altona	1456	Borsig	1882	3839	+ 1913
CHARLOTTENBURG	Altona	1457	Borsig	1882	3840	+ 1908
MOABIT	Altona	1458	Borsig	1882	3841	+ 1910

Durch die Preußische Staatsbahn beschaffte 2/3 P. T. L. Bauart Altona

Direktionsbezirk	Bahnnummern	Hersteller	Baujahr	Fabriknummern	Bemerkungen/ Ausmusterung
1880…1884					
Altona	1474 bis 1482	Union	1888	408 bis 417	

Durch die Preußische Staatsbahn beschaffte 2/3 P. T. L. Bauart Berlin

Direktionsbezirk	Bahnnummern	Hersteller	Baujahr	Fabriknummern	Bemerkungen/ Ausmusterung
1880…1884					
Altona	1400 bis 1403	Henschel	1893	3780 bis 3783	
Berlin	1638 bis 1643	HANOMAG	1888	1950 bis 1955	
	1644 bis 1661	HANOMAG	1890	2097 bis 2114	
	1662 bis 1687	Henschel	1890	3567 bis 3592	
	1692 bis 1696	Henschel	1892	3767 bis 3771	
Bromberg	1613 bis 1621	HANOMAG	1891	2315 bis 2323	

Durch die Preußische Staatsbahn beschaffte 2/3 P. T. L. Bauarten Magdeburg 1884 und 1888

Direktionsbezirk	Bahnnummern	Hersteller	Baujahr	Fabriknummern	Bemerkungen/ Ausmusterung
1880…1884					
Magdeburg	1492 bis 1501	Borsig	1884	3986 bis 3995	
	1537 bis 1540	Henschel	1888	2634 bis 2637	

gleichhebel oder Winkelhebel und Zugstangen verbunden. Abstützung auf den Laufradsatz über eine querliegende Tragfeder. Alle Radsätze unverschiebbar im Hauptrahmen gelagert.
Triebwerk: Naßdampf-Zwillings-Triebwerk. Zylinder außen waagerecht vor dem Laufradsatz angeordnet. Zweischienige Kreuzkopfführung. Antrieb auf dem 1. Kuppelradsatz. Einströmrohre durch die Rauchkammer geführt.
Steuerung: Außenliegende Allan-Steuerung. Schieberkästen auf den Zylindern. Flachschieber.
Bremsausrüstung: Handbremse. Nichtselbsttätige Saugluftbremse Bauart Smith-Hardy. Alle Kuppelräder beidseitig abgebremst.
Allgemeine Einrichtungen: Dampfsandstreuer, vor und hinter die Treibräder sandend. Viereckiger Sandkasten auf dem Langkesselscheitel etwa zwischen 2. und 3. Kesselschuß.
Vorratsbehälter: Je ein seitlicher Wasserkasten. Ein Kohlekasten mit senkrechter Rückwand hinter dem Führerhaus.

Durch die Preußische Staatsbahn bzw. die Preußisch-Hessischen Staatsbahnen beschaffte 2/3 P. T. L. Normalbauart

Direktionsbezirk	Bahnnummern	Hersteller	Baujahr	Fabriknummern	Bemerkungen/ Ausmusterung
1880...1884					
Altona	1484 bis 1487	Henschel	1890	3049 bis 3052	
	1488 bis 1493	Henschel	1892	3731 bis 3736	
	1494 bis 1497	HANOMAG	1893	2495 bis 2498	
	1498 bis 1500	Henschel	1893	3829 bis 3831	
Berlin	1697 bis 1699	Henschel	1893	3832 bis 3834	
	2000 bis 2009	Henschel	1894	4055 bis 4064	
Breslau	1449 bis 1458	Henschel	1893	3737 bis 3746	
	1459 bis 1462	Henschel	1893	3835 bis 3838	
Bromberg	1618II bis 1621II	Henschel	1894	4065 bis 4068	
	1622 bis 1627	Henschel	1894	4069 bis 4074	
Coeln linksrh.	1505 bis 1514	Henschel	1892	3747 bis 3756	
Frankfurt	1466 bis 1476	Henschel	1890	3168 bis 3178	
	1477 bis 1480	Henschel	1891	3237 bis 3240	
	1481 und 1482	Henschel	1894	4075 und 4076	
Hannover	1616 bis 1623	Henschel	1890	3057 bis 3064	
	1624 bis 1626	Henschel	1891	3329 bis 3331	
	1627 bis 1631	Henschel	1892	3757 bis 3761	
Magdeburg	1541 bis 1544	Henschel	1890	2896 bis 2899	
	1545 bis 1569	Henschel	1890	3024 bis 3048	
	1570 bis 1573	Henschel	1892	3609 bis 3612	
	1574 bis 1578	Henschel	1893	3762 bis 3766	
	1579 und 1580	Henschel	1893	3800 und 3801	
	1581 bis 1584	Henschel	1893	3839 bis 3842	
1895/1896					
Coeln	1527 bis 1530	Schichau	1898	943 bis 946	
Kattowitz	1463 bis 1466	Schichau	1898	939 bis 942	
	1467	Schichau	1898	993	
Magdeburg	1585	Schichau	1899	994	
Mainz	1550 bis 1552	Schichau	1898	990 bis 992	
Stettin	1500 bis 1502	Schichau	1898	947 bis 949	
	1503 bis 1512	Schichau	1898	959 bis 968	

Durch die Königliche Militär-Eisenbahn beschaffte 2/3 P. T. L.

Bahnnummern Kgl. Mil. E.	Hersteller	Baujahr	Fabriknummern	Bemerkungen/ Ausmusterung
9	Borsig	1892	4355	+ 1919[1])
201	Henschel	1891		[2])
202	Henschel	1891		[2])

[1]) später Bahnnummer 203; Gruppenzeichen T4; entspricht Bauart Magdeburg 1888
[2]) Gruppenzeichen T4; entspricht Normalbauart

T 4

2/3 P. T. L.
Bauart Hannover

1'B n2t
1885
Techn. Daten: Seite 225

HANOMAG 1885/1825, Hannover 1602, geliefert an die Betriebswerkstatt Hannover Hagenkamp als „Vorortlocomotive für die Stadt Hannover", ab 1905 T4 Hannover 6403. Erste Bauform. Lieferzustand. *Foto: Werkaufnahme, Archiv transpress*

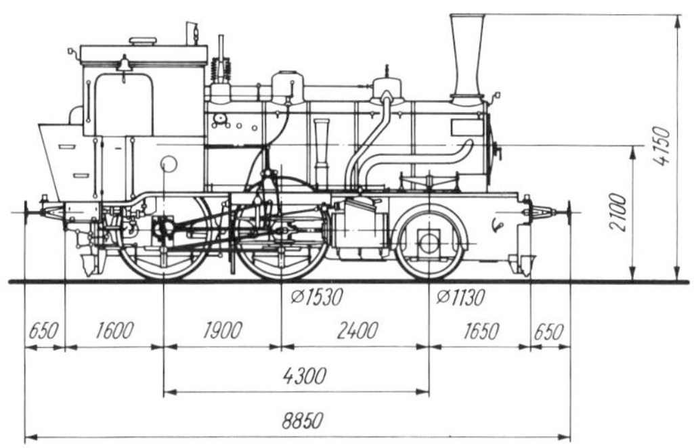

HANOMAG 1885. Lieferzustand.

Ein vom MOABIT-Typ und seinen Nachfolgebauten stark abweichender Lokomotivtyp stand seit 1885 im Direktionsbezirk Hannover im Dienst. Er wies die für die damalige Zeit typischen Hannoverschen Konstruktionsmerkmale auf: einen weit vorn liegenden Laufradsatz und zwischen dem Laufradsatz und dem 1. Kuppelradsatz angeordnete Zylinder mit Antrieb auf den 2. Kuppelradsatz. Vorteil dieser Anordnung waren die geringen überhängenden Massen und die damit verbundene Verbesserung der Laufruhe.

Zwischen 1885 und 1888 hatte die Eisenbahn-Direktion Hannover insgesamt 16 Lokomotiven dieses Typs von der HANOMAG beschafft. Die Lokomotiven Hannover 1600 bis 1607 waren für den Einsatz im Vorortzugdienst in der Betriebswerkstatt Hagenkamp stationiert worden, die Lokomotiven Hannover 1612 und 1613 gehörten der gleichen Betriebswerkstatt an, die Lokomotiven Hannover 1608 bis 1611 hatte die Betriebswerkstatt Linden für die Verwendung im Vorortzugdienst erhalten, und die Lokomotiven Hannover 1614 und 1615 waren an die Betriebswerkstatt Cassel geliefert worden. Letztere fielen bei der Neubildung der Direktionsbezirke am 1. April 1895 der Eisenbahn-Direktion Cassel zu, die sie in Cassel 1614 und 1615 umzeichnete.

Nach einem Bericht der Eisenbahn-Direktion Hannover erwiesen sich die Maschinen als ausreichend leistungsfähig und vielseitig verwendbar. Neben ihrem ursprünglichen Bestimmungszweck, dem Vorortzugdienst, dienten sie auch der Bespannung von Güterzügen auf kurzen Hauptbahnstrecken, dem Rangierdienst und dem Aushilfs-(Reserve-)dienst. Nachteilig war, daß die außenliegenden Einströmrohre erheblicher Abkühlung ausgesetzt waren und daß die Belastung des Laufradsatzes wegen des weit vorn liegenden Wasserkastens stark schwankte.

Weitere acht Lokomotiven des gleichen Typs bezog 1890 die Eisenbahn-Direktion Bromberg und stationierte sie in der Betriebswerkstatt Danzig. Eingesetzt wurden sie im Vorortzugdienst der Stadt Danzig und auf der Strecke Danzig—Neufahrwasser. Infolge der Neubildung der Direktionsbezirke am 1. April 1895 kamen sie zum Bestand des Direktionsbezirks Danzig

Hartmann 1890/1608, Bromberg 1600, geliefert an die Betriebswerkstatt Danzig für die Strecke Danzig–Neufahrwasser. Lieferzustand. Bauform des Direktionsbezirks Bromberg.
Foto: Werkaufnahme, Archiv transpress

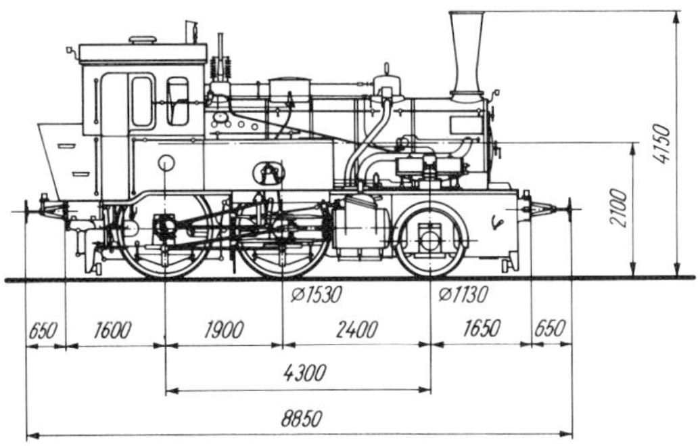

Hartmann 1890. Lieferzustand.

und erhielten die neuen Bahnnummern Danzig 1600 bis 1607.
Zwischen den einzelnen Baulosen gab es einige Abweichungen. Bei den Lokomotiven der späteren Baujahre waren die Dampfstrahlpumpen am Stehkessel innerhalb des Führerhauses und die Speiseventile in Höhe Kesselmitte am 1. Kesselschuß angeordnet. Sie hatten Druckluftbremsen der Bauart Carpenter erhalten, die Luftpumpe lag auf dem rechten Umlaufblech neben dem vorderen Teil des 1. Kesselschusses. Die ab 1888 gebauten Lokomotiven hatten zusätzlich je ein vorderes Seitenfenster am Führerhaus bekommen, der vordere Teil der Türöffnung war durch ein Schiebefenster verschließbar. Weiterhin waren sie zusätzlich mit je einem seitlichen Wasserkasten ausgestattet worden. Der Wasservorrat hatte sich dadurch von 4 m³ auf 5 m³ erhöht. Bei den Lokomotiven des Direktionsbezirks Bromberg war der Sandkasten viereckig ausgeführt.
Nach 1892 baute man die Maschinen auf Druckluftbremse Bauart Westinghouse um, der runde Lüftungssatz wurde, zumindest bei einem Teil der Lokomotiven, durch einen kurzen, rechteckigen Lüftungsaufsatz ersetzt. Einige Maschinen bekamen ein Dampfläutewerk.
Zwischen 1905 und 1907 ordnete man die 2/3 P.T.L. Bauart Hannover unter den Bahnnummern Hannover 6401 bis 6414, Cassel 6452 und 6453 und Danzig 6401 bis 6408 der Gruppe T 4 zu. Wahrscheinlich verwendete man sie auch im Nebenbahndienst, als auf den Hauptbahnen leistungsfähigere Maschinen erforderlich geworden waren.
Im 2. Umzeichnungsplan der DRG aus dem Jahre 1923 ist keine der Lokomotiven mehr aufgeführt.

Konstruktive Merkmale

K e s s e l: Unterer Teil des Hinterkessels zwischen den Rahmenwangen eingezogen. Stehkesseldecke halbzylindrisch gewölbt, Rückwand geneigt. Kupferne Feuerbüchse. 1 400 mm langer, 1 020 mm breiter, schwach geneigter Rost.

Direktions-bezirk	Bahnnummern	Hersteller	Bau-jahr	Fabriknummern	Bemerkungen/ Ausmusterung
1880...1884 Bromberg	1600 bis 1603	Hartmann	1890	1608 bis 1611	
	1604 bis 1607	Henschel	1890	3053 bis 3056	
Hannover	1600 bis 1603	HANOMAG	1885	1823 bis 1826	
	1604 bis 1607	HANOMAG	1886	1885 bis 1888	
	1608 bis 1611	HANOMAG	1887	1931 bis 1934	
	1612 bis 1615	HANOMAG	1888	1963 bis 1966	

Langkessel aus zwei zylindrischen Schüssen zusammengesetzt. Regleraufsatz auf dem hinteren Ende des 1. Kesselschusses. 650 mm lange, nicht erweiterte Rauchkammer. Prüsmann-Schornstein.
Kesselausrüstung: Zwei saugende Dampfstrahlpumpen unter dem Führerhaus. Speiseventile in der Stehkesselrückwand. Kesselsicherheitsventil Bauart Ramsbottom auf dem Stehkesselscheitel. Flachschieberregler. Reglerwelle oberhalb des Kesselscheitels, durch den Sandkasten geführt.
Rahmen: Innenliegender Blechrahmen mit 12 mm dicken Wangen, im vorderen Teil als Rahmenwasserkasten ausgebildet.
Fahrwerk: Vierpunktabstützung. Unterhalb der Achslager liegende Tragfedern der Kuppelradsätze durch waagerechte Längsausgleichhebel verbunden. Tragfedern des Laufradsatzes oberhalb des Hauptrahmens. Vordere Adamsachse, radial verschiebbar.
Triebwerk: Naßdampf-Zwillings-Triebwerk. Zylinder außen waagerecht zwischen Laufradsatz und 1. Kuppelradsatz angeordnet. Zweischienige Kreuzkopfführung. Antrieb auf den 2. Kuppelradsatz. Einströmrohre vom Reglereinsatz außen am Kessel zu den Schieberkästen geführt.
Steuerung: Außenliegende Allan-Steuerung. Schieberkästen auf den Zylindern. Flachschieber.
Bremsausrüstung: Handbremse. Räder des 2. Kuppelradsatzes beidseitig abgebremst.
Allgemeine Einrichtungen: Runder Lüftungsaufsatz. Türöffnung im Führerhaus ohne Schiebefenster. Handsandstreuer, zwischen die Räder des 1. und 2. Kuppelradsatzes sandend. Runder Sandkasten auf dem hintern Ende des 2. Kesselschusses. Zum Teil Handglocke über der rechten Türöffnung.
Vorratsbehälter: Rahmenwasserkasten im vorderen Rahmenteil, vom Pufferträger bis zum 1. Kuppelradsatz reichend. Je ein seitlicher Einfülltrichter neben dem 2. Kesselschuß. Ein Kohlekasten hinter dem Führerhaus.

T 2, T 4²

2/3 P. T. L. m. h. L.
Bauart Elberfeld

B1 n2t
1868
Techn. Daten: Seite 226

Zum Lokomotivbestand der 1881 bzw. 1882 gebildeten Direktionsbezirke Coeln linksrheinisch und Elberfeld gehörten auch einige B1 n2-Personenzug-Tenderlokomotiven, die von der Bergisch-Märkischen Eisenbahn stammten. Die ersten Maschinen dieses als 2/3 P. T. L. mit hinterer Laufachse Bauart Elberfeld bezeichneten Typs hatte die Bergisch-Märkische Eisenbahn, deren Direktionssitz Elberfeld gewesen war, im Jahre 1868 beschafft.
Zwischen 1889 und 1894 ließen die Eisenbahn-Direktionen Coeln linksrheinisch, Coeln rechtsrheinisch

Henschel 1876/754, Bergisch-Märkische Eisenbahn 816 TIGER, geliefert für die Ruhrtalbahn Scherfelde–Arnsberg–Fröndenberg–Schwerte; 1881 bis 1884 in der Betriebswerkstatt Behndorf stationiert und auf der Strecke Behndorf–Siegen eingesetzt; ab 1882 Elberfeld 1479; ausgemustert 1899 oder 1900. Lieferzustand.
Foto: Werkaufnahme, Sammlung Siegesmund

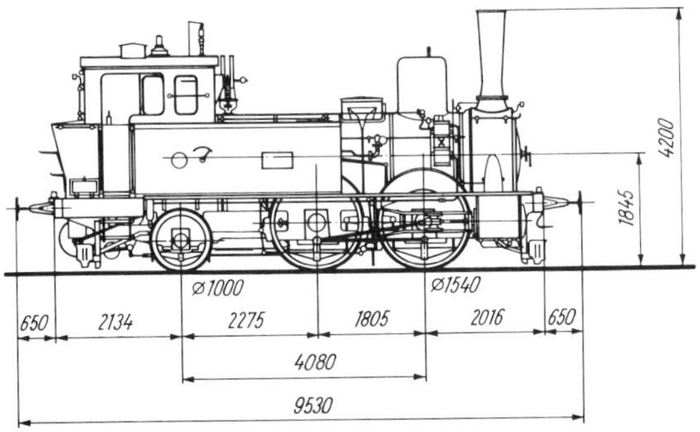

Henschel 1894/1895. Lieferzustand. Dampfsandstreuer.

und Elberfeld insgesamt 25 2/3 P. T. L. mit hinterer Laufachse Bauart Elberfeld nachbauen. Diese Lokomotiven unterschieden sich von den durch die Bergisch-Märkische Eisenbahn in Dienst gestellten Maschinen in verschiedenen konstruktiven Details und Abmessungen. Bei den ab 1889 gebauten Lokomotiven war die Rostfläche größer, die Rostlänge betrug 1 150 mm, die Rostbreite 1 020 mm. Die Rauchkammer war 684 mm lang. Das Federwaag-Sicherheitsventil hatte man weggelassen. Ein Querausgleichhebel verband die hinteren Tragfederenden des Laufradsatzes. Die Maschinen hatten, zumindest zum Teil, Druckluftbremse der Bauart Carpenter mit rechts auf dem Umlauf neben dem Langkessel liegender Luftpumpe erhalten. Einige Lokomotiven waren für den Einsatz auf Nebenbahnen mit Bedienungseinrichtung für Seilbremse ausgestattet worden. Ein Dampf- oder ein Handsandstreuer besandete den 1. Kuppelradsatz von vorn, der viereckig gestaltete Sandkasten befand sich auf dem 2. Kesselschuß. Für den Nebenbahndienst bekamen einige Maschinen ein Dampfläutewerk. Der Kohlekasten schloß sich hinten an das Führerhaus an.

Als Personenzuglokomotiven bezeichnete man die Maschinen lediglich wegen ihres relativ großen Kuppelraddurchmessers, im Betriebsdienst dienten sie vielfältigen Zwecken. Sie beförderten Personenzüge auf kurzen Hauptbahnstrecken, Lokalzüge, Gemischtzüge, waren im Ausflugsverkehr, im Reservedienst und im Rangierdienst, später auch auf Nebenbahnen im Einsatz.

Weil noch Bedarf an solchen Lokomotiven für Hauptbahnen und Nebenbahnen, deren Oberbau den Einsatz schwerer Lokomotiven, wie der 2/3 P. T. L. Normalbauart (T 4[1]), nicht gestattete, bestand, ließ das Ministerium der öffentlichen Arbeiten nach 1890 ein Musterblatt für die 2/3 P. T. L. mit hinterer Laufachse Bauart Elberfeld aufstellen, das die Bezeichnung III 4h erhielt. Von 1895 bis 1897 bezogen mehrere Eisenbahn-Direktionen insgesamt 63 Lokomotiven nach diesem Musterblatt. Konstruktive Merkmale und Abmessungen dieser Maschinen entsprechen, von wenigen untergeordneten Details und Abmessungen abgesehen, den zwischen 1889 und 1894 beschafften 2/3 P. T. L. mit hinterer Laufachse Bauart Elberfeld. Statt der Druckluftbremse Bauart Carpenter hatten sie Druckluftbremse Bauart Westinghouse erhalten, deren Luftpumpe bei einigen Maschinen rechts neben der Rauchkammer, bei den anderen Maschinen rechts neben dem vorderen Ende des 1. Kesselschusses lag. Die vorher

Henschel 1895/4283, Frankfurt 1487, geliefert an die Maschinenstation Ober Röblingen für die Strecke Ober Röblingen–Querfurt, ab 1. April 1895 Halle 1616, ab 1901 Halle 1606, ab 1906 T4 Halle 6501, ab 1915 T4 Stettin 6525. Als T4 Halle 6501. Druckluftbremse Bauart Westinghouse, Bedienungseinrichtung für Seilbremse.
Foto: Leonhardt-Postkarte, Sammlung Franz

Henschel 1894/4082, Coeln linksrheinisch 1516, ab 1. April 1895 Saarbrücken 1516, ab 1899 Saarbrücken 1508, ab 1907 T 2 Saarbrükken 6045, ab 1908 T 2 Bromberg 6052, ausgemustert 1911, anschließend verkauft an die Königsberg-Cranzer Eisenbahn, 1939 weiterverkauft an die Osthavelländischen Kreisbahnen (dort Nr. 7), ab 1949 DR 69 6101. Abbildung als T 2 Bromberg 6052.
Foto: Sammlung Siebert

gelieferten Lokomotiven baute man zumindest zum Teil dementsprechend um.
Gegenüber dem MOABIT-Typ war die 2/3 P. T. L. mit hinterer Laufachse Bauart Elberfeld leichter und leistungsschwächer. Die Lokomotiven der Bauform nach Musterblatt III 4h konnten in der Ebene einen aus zwei- und dreiachsigen Wagen zusammengestellten Zug von 320 t Masse mit 60 km/h befördern. Auf der Steigung 1:100 vermochten sie mit ihrer Reibungsgeschwindigkeit von 18 km/h noch einen aus gleichen Wagen gebildeten Zug von 270 t Masse zu ziehen. Ihre indizierte Höchstleistung von 285 kW (380 PS) erreichten sie bei 55 km/h.
In den Gruppen- und Bahnnummernplan von 1905 wurden die 2/3 P. T. L. mit hinterer Laufachse Bauart Elberfeld zum Teil in die Gruppe T 2 mit der Bahnnummernreihe 6041 bis 6100, zum Teil in die Gruppe T 4 mit der Bahnnummernreihe 6401 bis 6600 eingeordnet.
Wachsende Anforderungen an die Lokomotivleistung, die sich aus höheren Ansprüchen an die Geschwindigkeit und steigenden Zugmassen ergaben, ließen die im Hauptbahndienst stehenden 2/3 P. T. L. mit hinterer Laufachse Bauart Elberfeld in den untergeordneten Dienst und den Nebenbahndienst abwandern. Die letzten Maschinen dieses Typs dürften in der ersten Hälfte der zwanziger Jahre ausgemustert worden sein.

Konstruktive Merkmale

Kessel: Unterer Teil des Hinterkessels zwischen den Rahmenwangen eingezogen. Stehkesseldecke halbzylindrisch gewölbt, Rückwand senkrecht. Kupferne Feuerbüchse. Kurzer, schmaler Rost. Langkessel aus drei zylindrischen Schüssen zusammengesetzt. Dampfdom auf dem 1. Kesselschuß.
Ca. 750 mm lange, stark erweiterte, durch Winkelring mit dem Langkessel verbundene Rauchkammer. Prüsmann-Schornstein.
Kesselausrüstung: Zwei Dampfstrahlpumpen. Speiseventile in Höhe Kesselmitte am 1. Kesselschuß. Kesselsicherheitsventil Bauart Ramsbottom auf dem Stehkesselscheitel. Ein Federwaag-Sicherheitsventil auf dem Dampfdom. Flachschieberregler.
Rahmen: Innenliegender Blechrahmen.
Fahrwerk: Drei- oder Vierpunktabstützung. Unterhalb der Achslager liegende Tragfedern der Kuppelradsätze durch waagerechte Längsausgleichhebel verbunden. Tragfedern des Laufradsatzes unterhalb der Achslager, hintere Federenden möglicherweise durch waagerechte Querausgleichhebel verbunden. Radsätze unverschiebbar im Hauptrahmen gelagert.
Triebwerk: Naßdampf-Zwillings-Triebwerk. Zylinder außen waagerecht vor dem 1. Kuppelradsatz angeordnet. Zweischienige Kreuzkopfführung. Antrieb auf dem 2. Kuppelradsatz. Einströmrohre durch die Rauchkammer geführt.
Steuerung: Innenliegende Allan-Steuerung. Schieberkästen senkrecht innerhalb der Rahmenwangen. Flachschieber.
Bremsausrüstung: Handbremse. Räder des 2. Kuppelradsatzes beidseitig abgebremst. Eventuell z. T. Gegendampfbremse Bauart le Chatelier.
Vorratsbehälter: Je ein seitlicher Wasserkasten. Ein Kohlekasten hinten im Führerhaus.

Durch die Bergisch-Märkische Eisenbahn beschaffte Lokomotiven

Bahnnummern B. M. E.	Namen B. M. E.	Übernehmende Staatsbahn-Direktion	Bahn-nummern	Hersteller	Bau-jahr	Fabriknummern	Bemerkungen/ Ausmusterung
5	ENNEPE	Elberfeld	1400	HANOMAG	1870	430	+ 1900
6	VOLME	Coeln linksrh.	1431	HANOMAG	1870	429	+ 1893
35	–	Elberfeld	1401	Henschel	1881	1276	+ 1904 oder 1905
36	–	Elberfeld	1402	Henschel	1881	1277	1907 T4 Essen 6419
37	–	Elberfeld	1403	Karlsruhe	1881	1017	1907 T4 Essen 6420
38	–	Elberfeld	1404	Karlsruhe	1881	1018	+ 1903 oder 1904
39	–	Elberfeld	1405	Karlsruhe	1881	1019	1907 T4 Essen 6421
40	–	Elberfeld	1406	Karlsruhe	1881	1020	
250	ROER	Coeln linksrh.	1432	HANOMAG	1870	431	+ 1904
298	WOLGA	Elberfeld	1417	Esslingen	1868	905	
299	THEISS	Elberfeld	1418	Esslingen	1868	906	
300	TICINO	Elberfeld	1419	Esslingen	1868	907	
301	BIBER	Elberfeld	1420	Esslingen	1869	908	
302	KINZIG	Elberfeld	1421	Esslingen	1869	909	
368	NETTE	Elberfeld	1426	HANOMAG	1870	432	+ vor 1905
369	OHRE	Elberfeld	1427	HANOMAG	1870	433	+ vor 1905
370	PEENE	Elberfeld	1428	HANOMAG	1870	434	+ vor 1905
371	PERSANTE	Elberfeld	1429	HANOMAG	1870	435	+ vor 1905
372	PADER	Coeln linksrh.	1433	HANOMAG	1870	436	+ 1903
373	RAHMEDE	Elberfeld	1430	HANOMAG	1870	437	+ vor 1905
374	SELKE	Elberfeld	1431	HANOMAG	1870	438	1905 T2 6041
375	TANGER	Elberfeld	1432	HANOMAG	1870	439	+ vor 1905
376	WIED	Elberfeld	1433	HANOMAG	1870	440	+ vor 1905
808	EINHORN	Elberfeld	1475	Henschel	1876	750	1907 T4 Essen 6411
809	GREIF	Elberfeld	1476	Henschel	1876	751	1907 T4 Essen 6412
810	ADLER	Elberfeld	1477	Henschel	1876	752	1907 T4 Essen 6413
811	GAZELLE	Elberfeld	1478	Henschel	1876	753	1907 T4 Essen 6414
816	TIGER	Elberfeld	1479	Henschel	1876	754	+ 1899 oder 1900
817	ANTILOPE	Elberfeld	1480	Henschel	1876	755	1907 T4 Essen 6415
818	HIRSCH	Elberfeld	1481	Henschel	1876	838	1907 T4 Essen 6416
819	ATLAS	Elberfeld	1482	Henschel	1876	839	1907 T4 Essen 6417
820	DRACHE	Elberfeld	1483	Henschel	1876	840	1907 T4 Essen 6418

Durch die Preußische Staatsbahn bzw. die Preußisch-Hessischen Staatsbahnen beschaffte Lokomotiven

Direktions-bezirk	Bahnnummern	Hersteller	Bau-jahr	Fabriknummern	Bemerkungen/ Ausmusterung
1880...1884					
Coeln linksrh.	1515 bis 1520	Henschel	1894	4081 bis 4086	
Coeln rechtsrh.	1451 bis 1458	Henschel	1894	4087 bis 4094	
Elberfeld	1484 und 1485	Henschel	1889	2869 und 2870	
	1486 bis 1494	Henschel	1890	3065 bis 3073	
Frankfurt	1477 bis 1488	Henschel	1895	4273 bis 4284	
1895/1896					
Breslau	1458 bis 1462	Schichau	1897	880 bis 884	
Elberfeld	1492II und 1493II	Henschel	1895	4271 und 4272	
Essen	1446 bis 1452	Henschel	1895	4295 bis 4301	
Frankfurt	1487II und 1488II	Schichau	1897	885 und 886	
Hannover	1640 bis 1649	Henschel	1895	4285 bis 4294	

T 2, T 4

**2/3 P. T. L. m. h. L.
Bauart der Rheinischen Eisenbahn**

B1 n2t

1873

Techn. Daten: Seite 227

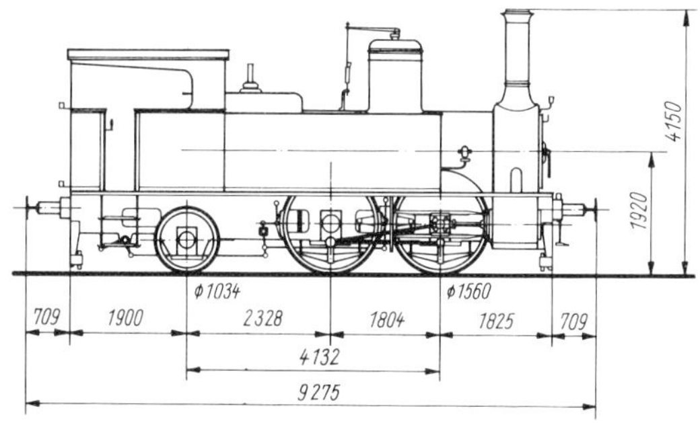

Wöhlert 1873. Lieferzustand.

In den Jahren von 1873 bis 1875 hatte die Rheinische Eisenbahn insgesamt 14 B1 n2t-Lokomotiven (2/3 P. T. L. mit hinterer Laufachse) beschafft, die vor allem im Personenzugdienst auf kurzen Hauptbahnstrecken zum Einsatz kamen. Von der 2/3 P. T. L. mit hinterer Laufachse Bauart Elberfeld wichen diese Lokomotiven stark ab. Mit dem Belpaire-Stehkessel, dem zylindrischen Krempenschornstein und dem Federwaag-Sicherheitsventil auf dem Dampfdom wiesen sie die für die Lokomotiven der Rheinischen Eisenbahn typischen Merkmale auf. Im Leistungsvermögen entsprachen sie der Bauart Elberfeld, ihre indizierte Höchstleistung von 285 kW (380 PS) erreichten sie bei einer Geschwindigkeit von 56 km/h.

Von diesen 14 Lokomotiven übernahm die Eisenbahn-Direktion Coeln linksrheinisch neun Maschinen und die Eisenbahn-Direktion Coeln rechtsrheinisch fünf Maschinen. Zwischen 1885 und 1889 ließ die Eisenbahn-Direktion Coeln linksrheinisch weitere neun Maschinen dieses Typs bauen. Unterschiede zur Ursprungsausführung bestanden lediglich in einigen Details und Abmessungen. So war der Kesseldruck von 0,8 MPa auf 1,0 MPa erhöht worden, das Federwaag-Sicherheitsventil auf dem Dampfdom war entfallen, den Rahmen hatte man verlängert, und zumindest ein Teil der Maschinen war mit Druckluftbremse Bauart Carpenter ausgestattet, die nach 1892 durch die Druckluftbremse Bauart Westinghouse ersetzt wurde. Die Lokomotiven Coeln linksrheinisch 1491 bis 1495, 1503 und 1504, bestimmt für den Einsatz im Vorortzugdienst, gingen an die Betriebswerkstatt Saarbrücken, die Lokomotiven Coeln linksrheinisch 1489 und 1490 waren für den Dienst auf Nebenlinien vorgesehen.

Bei der Neubildung der Direktionsbezirke am 1. April 1895 fielen die Lokomotiven Coeln linksrheinisch 1456 bis 1458, 1460 bis 1464, 1489 und 1490 dem Direktionsbezirk Coeln zu. Dort bekamen sie die Bahnnummern Coeln 1456 bis 1458, 1460 bis 1464, 1489 und 1490. Die Coeln linksrheinisch 1459 hatte man bereits 1893 ausgemustert. In den neuen Gruppen- und Bahnnummernplan, der im Direktionsbezirk Coeln 1907 in Kraft trat, wurden nur noch die Coeln 1458, die Coeln 1464 und die Coeln 1489 als T 2 Coeln 6042, T 2 Coeln 6043 und T 2 Coeln 6044 aufgenommen, die übrigen Maschinen waren zwischen 1898 und 1905 aus dem Betriebsbestand ausgeschieden.

Die Lokomotiven Coeln rechtsrheinisch 1517 bis 1521 gehörten ab 1. April 1895 zum Direktionsbezirk Essen und trugen dort die Bahnnummern Essen 1517 bis 1521. Zwei dieser Maschinen musterte man 1899/1900 aus, die anderen drei Maschinen, Essen 1517, 1519 und 1521, wurden 1905 in Essen 1570, 1566, und 1567 umgezeichnet und gelangten 1905 unter den Bahnnummern Essen 6406, 6402 und 6403 in die Gruppe T 4. Aus dem Betriebsstand schieden sie 1909 und 1910 aus.

Die Lokomotiven Coeln linksrheinisch 1491 bis 1495, 1503 und 1504 übernahm am 1. April 1895 die Eisenbahn-Direktion Saarbrücken und bezeichnete sie zunächst als Saarbrücken 1491 bis 1495, 1503 und 1504, ab 1899 als Saarbrücken 1500 bis 1502, 1503^{II}, 1504^{II}, 1505 und 1506. Mit Ausnahme der vorher ausgemusterten Lokomotiven Saarbrücken 1502 und 1503^{II} wurden diese Maschinen 1906 unter den Bahnnummern Saarbrücken 6042, 6051, 6052 und 6041 bis 6043 der Gruppe T 2 zugeordnet.

Die letzten 2/3 P. T. L. mit hinterer

Durch die Rheinische Eisenbahn beschaffte Lokomotiven

Bahnnummern Rheinische E.	Namen Rheinische E.	Übernehmende Staatsbahn-Direktion	Bahn-nummern	Hersteller	Bau-jahr	Fabriknummern	Bemerkungen/ Ausmusterung
148	ALLIGATOR	Coeln linksrh.	1456	Wöhlert	1873	514	+ 1904
149	KAIMAN	Coeln linksrh.	1457	Wöhlert	1873	515	+ 1903
150	FAUN	Coeln rechtsrh.	1518	Wöhlert	1873	516	+ 1899/1900
151	GIRAFFE	Coeln linksrh.	1458	Wöhlert	1873	517	
152	ZEBRA	Coeln rechtsrh.	1519	Wöhlert	1873	518	+ 1910
153	STRAUSS	Coeln rechtsrh.	1520	Wöhlert	1873	519	+ 1899/1900
154	MEDEA	Coeln linksrh.	1459	Wöhlert	1873	520	+ 1893
155	MEDUSA	Coeln linksrh.	1460	Wöhlert	1873	521	+ 1904
156	ANDROMEDA	Coeln linksrh.	1461	Wöhlert	1874	522	+ 1905
157	ODIN	Coeln rechtsrh.	1521	Wöhlert	1874	523	+ 1910
158	LAUTER	Coeln linksrh.	1462	HANOMAG	1875	1310	+ 1905
159	WISPER	Coeln rechtsrh.	1517	HANOMAG	1875	1311	+ 1909
160	WIED	Coeln linksrh.	1463	HANOMAG	1875	1312	
161	DHÜN	Coeln linksrh.	1464	HANOMAG	1875	1313	

Durch die Preußische Staatsbahn beschaffte Lokomotiven

Direktions-bezirk	Bahnnummern	Hersteller	Bau-jahr	Fabriknummern	Bemerkungen/ Ausmusterung
1880...1884					
Coeln linksrh.	1489 und 1490	HANOMAG	1885	1834 und 1835	
	1491 bis 1495	Vulcan	1887	978 bis 982	
	1503 und 1504	HANOMAG	1889	1989 und 1990	

Laufachse Bauart der Rheinischen Eisenbahn dürften bis zum ersten Weltkrieg aus dem Betriebsbestand ausgeschieden sein. Im 2. Umzeichnungsplan der DRG aus dem Jahre 1923 ist keine mehr aufgeführt.

Konstruktive Merkmale

Kessel: Unterer Teil des Hinterkessels zwischen den Rahmenwangen eingezogen. Belpaire-Stehkessel, Rückwand senkrecht. Kupferne Feuerbüchse. 1 348 mm langer, 986 mm breiter, waagerechter Rost.

Langkessel aus drei zylindrischen Schüssen zusammengesetzt. Dampfdom auf dem 2. Kesselschuß.
732 mm lange, stark erweiterte, durch Winkelring mit dem Langkessel verbundene Rauchkammer. Zylindrischer Schornstein mit Krempe.
Kesselausrüstung: Zwei Dampfstrahlpumpen. Speiseventile in Höhe Kesselmitte am 1. Kesselschuß. Kesselsicherheitsventil Bauart Ramsbottom auf der Stehkesseldecke. Ein Federwaag-Sicherheitsventil auf dem Dampfdom. Flachschieberregler.
Rahmen: Innenliegender Blechrahmen.
Fahrwerk: Dreipunktabstützung. Unterhalb der Achslager liegende Tragfedern der Kuppelradsätze durch waagerechte Längsausgleichhebel verbunden. Belastung des Laufradsatzes durch querliegende Blattfeder oberhalb der Achslager. Alle Radsätze unverschiebbar im Hauptrahmen gelagert.
Triebwerk: Naßdampf-Zwillings-Triebwerk. Zylinder außen waagerecht vor dem 1. Kuppelradsatz angeordnet. Zweischienige Kreuzkopfführung. Antrieb auf den 2. Kuppelradsatz. Einströmrohre durch die Rauchkammer geführt.
Steuerung: Innenliegende Allan-Steuerung. Schieberkästen senkrecht innerhalb der Rahmenwangen. Flachschieber.
Bremsausrüstung: Handbremse. Räder des 2. Kuppelradsatzes beidseitig abgebremst.
Allgemeine Einrichtungen: Erste Lokomotiven ohne Sandstreuer, später vermutlich Handsandstreuer.
Vorratsbehälter: Je ein seitlicher Wasserkasten. Ein Kohlekasten hinten im Führerhaus.

T 4³

2/3 P. T. L. dr. kr.

1'B n2t

1898 bis 1923

Techn. Daten: Seite 227

Schichau 1898/1500. Abbildung als T 4 Erfurt 6401.
Foto: Sammlung Siebert

Die auf der Werrabahn Eisenach–Meiningen–Eisfeld eingesetzten Lokomotiven waren aufgrund der dort zahlreichen und engen Krümmungen einer starken Spurkranzabnutzung ausgesetzt. Deshalb beauftragte die Eisenbahn-Direktion Erfurt, der diese Strecke unterstand, die Firma Schichau zur Entwicklung und zum Bau einer 1'B n2-Personenzug-Tenderlokomotive mit Krauss-Lenkgestell, von dem man sich eine Verminderung der Spurkranzabnutzung versprach.
Insgesamt wurden drei solcher Lokomotiven für den Direktionsbezirk Erfurt gebaut und im Jahre 1898 geliefert. Die Eisenbahn-Direktion Erfurt stellte eigens ein Musterblatt mit der Bezeichnung III 4m für diesen Lokomotivtyp auf, wohl, weil man mit der Beschaffung größerer Stückzahlen rechnete, die jedoch unterblieb.
Alle drei Maschinen kamen zur Betriebswerkstatt Meiningen, wo sie bis 1917 verblieben und einen Teil des Reisezugdienstes auf der Werrabahn bewältigten. Im Jahre 1903 erhielten sie das (vorläufige) Gruppenzeichen T 9. Dementsprechend sollten sie 1906 in T 9 Erfurt 6901 bis 6903 umgezeichnet werden, bekamen auch die genannten Bahnnummern aus der der Gruppe T 9 zugedachten Bahnnummernreihe, jedoch abweichend dazu das Gruppenzeichen T 4. 1910 zeichnete man sie, entsprechend dem Gruppen- und Bahnnummernplan, richtig in T 4 Erfurt 6401 bis 6403 um.
Als die Betriebswerkstatt Meiningen im Jahre 1917 die ersten Lokomotiven der Gattung P 8 erhielt, gab sie die T 4 Erfurt 6401 an die Maschinenstation Rodach ab, die die Maschine im Gemischtzugdienst auf der Strecke Coburg–Rodach verwendete. Die Lokomotiven T 4 Erfurt 6402 und 6403 gingen zum gleichen Zeitpunkt an die Unstrutbahn Straußfurt-Großheringen.

Die T 4 Erfurt 6401 wurde 1922 ausgemustert; die T 4 Erfurt 6402 und die T 4 Erfurt 6403 nahm die DRG 1923 unter den Betriebsnummern 70 7034 und 70 7035 in den 2. Umzeichnungsplan auf, musterte sie allerdings noch im gleichen Jahr aus.

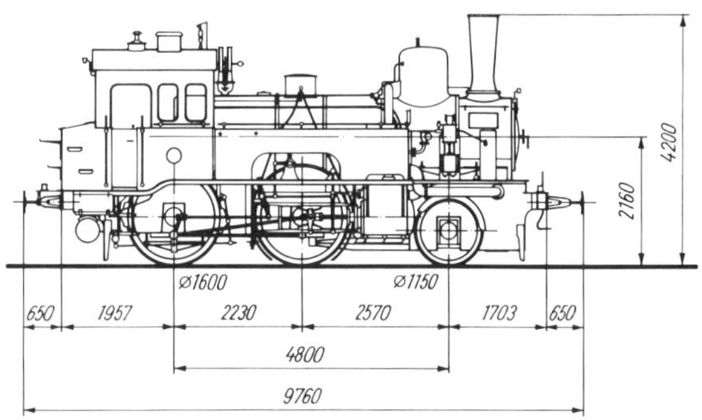

Schichau 1898. Lieferzustand.

Direktions-bezirk	Bahnnummern	Hersteller	Bau-jahr	Fabriknummern	Bemerkungen/ Ausmusterung
1895/1896 Erfurt	1500 bis 1502	Schichau	1898	950 bis 952	+ bis 1923

T 5[1]

2/4 P. T. L.
DRG-Baureihe 71⁰
(→ EFA 1.3)

1'B1' n2t

1895

Techn. Daten: Seite 227

In der ersten Hälfte der neunziger Jahre waren die Anforderungen an das Leistungsvermögen der im Personennahverkehr eingesetzten 1B-Personenzug-Tenderlokomotiven infolge der Verkehrszunahme soweit gestiegen, daß diese Maschinen nicht mehr überall genügten. Besonders für die Abwicklung des Berliner Vorortverkehrs benötigte man leistungsfähigere Maschinen. Da die geforderte Reibungszugkraft die Beibehaltung der zweifachen Kupplung gestattete und lediglich ein höheres Leistungsvermögen, also ein Kessel mit höherer Nenndampfleistung, erforderlich war, genügte es, einen größeren Kessel zu verwenden und, um die zulässige Achsfahrmasse nicht zu überschreiten, einen zweiten Laufradsatz hinzuzufügen. Die Preußische Staatsbahn entschied sich für die Beschaffung einer 1'B1'-Personenzug-Tenderlokomotive und betraute die Firma Henschel mit der Ausarbeitung der Entwürfe und Werkszeichnungen sowie mit dem Bau von zwei Probelokomotiven, die im Jahre 1895 fertiggestellt und unter den Bahnnummern Berlin 2011 und 2012 geliefert wurden. Noch im gleichen Jahr setzte die

Konstruktive Merkmale

Kessel: Unterer Teil des Hinterkessels zwischen den Rahmenwangen eingezogen. Stehkesseldecke halbzylindrisch gewölbt, Rückwand senkrecht. Kupferne Feuerbüchse. 1 500 mm langer, 1 020 mm breiter, geneigter Rost.
Langkessel aus zwei zylindrischen Schüssen zusammengesetzt. Dampfdom auf dem 1. Kesselschuß.
1 000 mm lange, schwach erweiterte, über Zwischenring mit dem Langkessel verbundene Rauchkammer. Prüsmann-Schornstein.
Kesselausrüstung: Zwei saugende Dampfstrahlpumpen. Speiseventile in Höhe Kesselmitte am 1. Kesselschuß. Kesselsicherheitsventil Bauart Ramsbottom auf dem Stehkesselscheitel. Flachschieberregler.
Rahmen: Innenliegender Blechrahmen, im vorderen Teil als Rahmenwasserkasten ausgebildet; Wangendicke im Bereich der Kuppelradsätze 22 mm, sonst 10 mm.
Fahrwerk: Vierpunktabstützung. Oberhalb der Achslager liegende Tragfedern des 1. Kuppelradsatzes und unterhalb der Achslager liegende Tragfedern des 2. Kuppelradsatzes durch waagerechte Längsausgleichhebel verbunden. Tragfedern des Laufradsatzes oberhalb des Hauptrahmens. Vorderes Krauss-Lenkgestell, Laufradsatz radial verschiebbar, 1. Kuppelradsatz seitenverschiebbar. Kein fester Achsabstand.
Triebwerk: Naßdampf-Zwillings-Triebwerk. Zylinder außen waagerecht zwischen Laufradsatz und 1. Kuppelradsatz angeordnet. Zweischienige Kreuzkopfführung. Antrieb auf den 2. Kuppelradsatz. Einströmrohre von einem hinten an Dampfdom angeflanschten Abzweigstutzen außen am Kessel zu den Schieberkästen geführt.
Steuerung: Außenliegende Heusinger-Steuerung mit Hängeeisen. Schieberkästen auf den Zylindern. Flachschieber.
Bremsausrüstung: Handbremse. Druckluftbremse Bauart Westinghouse. Räder des 2. Kuppelradsatzes beidseitig abgebremst. Luftpumpe rechts neben dem vorderen Ende des 1. Kesselschusses.
Allgemeine Einrichtungen: Sandstreuer, die Räder des 1. Kuppelradsatzes vorn und hinten besandend. Viereckiger Sandkasten auf dem 2. Kesselschuß. Dampfläutewerk.
Vorratsbehälter: Je ein seitlicher Wasserkasten. Ein Rahmenwasserkasten im vorderen Rahmenteil, von der Pufferbohle bis vor die Stehkesselvorderwand reichend. Boden der Seitenwasserkästen im Bereich zwischen Voreilhebel und Führerhaus erhöht, Absatz hinter der Schwinge durch Blende verdeckt. Ein Kohlekasten hinter dem Führerhaus.

Henschel 1901/5737, Altona 1561, geliefert an die Betriebswerkstatt Cuxhaven für die Unterelbe-Eisenbahn Harburg Staatsbahnhof–Bahnhof Cuxhaven–Mitte Eingang Dienstlokal am Hafen, ab 1907 T5 Altona 6611. Druckluftbremse Bauart Schleifer, Bedienungseinrichtung für Seilbremse, langer Lüftungsaufsatz, Druckluftsandstreuer, Dampfläutewerk. Lieferzustand.
Foto: Werkaufnahme, Sammlung Siebert

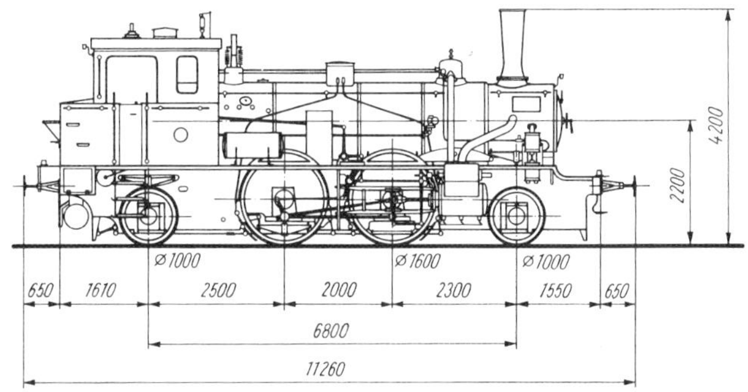

Henschel 1895, Berlin 2011 und 2012. Lieferzustand. Bauform nach Musterblatt III 4i. 1. Auflage (Prototypen). (oben)

Henschel 1901. Lieferzustand. Bauform nach Musterblatt III 4i, 2. Auflage (Serie). (unten)

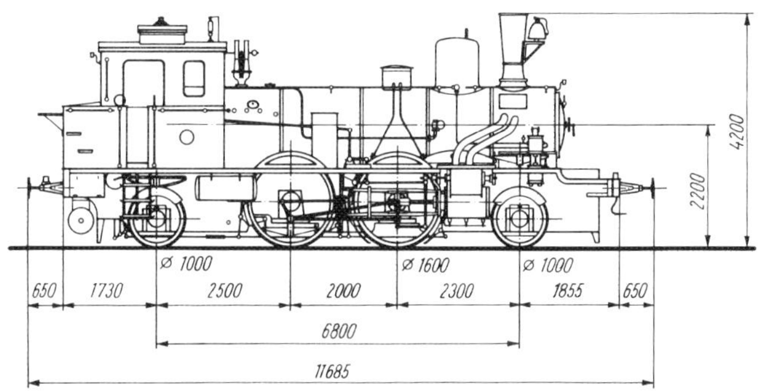

Serienlieferung ein. Mit ihrer Achsfahrmasse von über 15 t waren die Maschinen sehr schwer ausgefallen. Voraussetzung für ihren Einsatz war die Verstärkung des Oberbaus auf den vorgesehenen Einsatzstrecken. Insgesamt bezogen die Preußische Staatsbahn bzw. die Preußisch-Hessischen Staatsbahnen bis 1905 345 Lokomotiven dieses Typs. Zunächst kamen anteilmäßig die meisten Maschinen in den Direktionsbezirk Berlin, um dort die älteren Tenderlokomotiven abzulösen.
Die Serienausführung unterschied

sich von den beiden Prototypen durch den an die Stelle des Regleraufsatzes getretenen Dampfdom, den längeren Rahmen, die Besandung der Räder des 1. Kuppelradsatzes von vorn und hinten, durch die Lage des Sandkastens auf dem 2. statt auf dem vorderen Ende des 3. Kesselschusses und durch weitere, untergeordnete Details und Abmessungen. Der Wasservorrat war ausschließlich innerhalb des Rahmens untergebracht, so daß die sonst oft üblichen, sichtbehindernden Seitenwasserkästen entfielen. Aufgrund des symmetrischen Fahrwerks konnten die Lokomotiven Krümmungen in beiden Fahrtrichtungen gleich gut durchlaufen, in der Geraden schlingerten sie jedoch infolge des kurzen festen Achsstandes bei höheren Geschwindigkeiten sehr stark. Man versuchte, diesem Nachteil durch Verbesserungen an den Adamsachsen und deren Rückstelleinrichtungen zu begegnen, konnte aber die Schlingerneigung nie ganz beseitigen. Auch an der Lokomotivbremse zeigten sich Unzulänglichkeiten. Aus Platzmangel hatte man die Bremsklötze unterhalb der Achsmitten anordnen müssen, was infolge der dadurch verursachten Entlastung der Kuppelradsätze beim starken Bremsen oft zum Blockieren der Kuppelradsätze führte. Deshalb wurde die Lokomotivbremse etwa 1905 so abgeändert, daß die Bremsklötze nur noch einseitig von hinten in Höhe Achsmitte statt beidseitig auf die Kuppelräder wirkten. Weitere konstruktive Änderungen und Umbauten waren der Anbau von Bedienungs-

Direktionsbezirk	Bahnnummern	DRG-Nummern	Hersteller	Baujahr	Fabriknummern	Bemerkung/ Ausmusterung
1895/1896						
Altona	1560 bis 1562	–	Henschel	1901	5736 bis 5739	
Berlin	2011 und 2012	–	Henschel	1895	4140 und 4141	
	2013 bis 2016	–	Henschel	1896	4215 bis 4218	
	2017	71 001	Henschel	1896	4219	
	2018 bis 2025	–	Henschel	1896	4220 bis 4227	
	2026	71 002	Henschel	1896	4228	
	2027 bis 2036	–	Henschel	1896	4229 bis 4238	
	2037 und 2038	–	Henschel	1897	4773 und 4774	
	2039 bis 2044	–	Henschel	1898	4874 bis 4879	
	2083	–	Henschel	1900	5326	
	2084 bis 2091	–	Henschel	1901	5709 bis 5716	
	2092 und 2093	71 006 –	Henschel	1901	5717 und 5718	
Breslau	1641 bis 1645	–	Henschel	1901	5719 bis 5723	
	1646	71 007	Henschel	1901	5724	
	1647 bis 1651	–	Henschel	1902	6054 bis 6058	
	1712 bis 1717	–	Henschel	1904	6746 bis 6751	
Coeln	1521 bis 1526	–	Henschel	1896	4414 bis 4419	
	1531 bis 1533	–	Henschel	1900	5315 bis 5317	
	1534 bis 1536	–	Henschel	1903	6377 bis 6379	
	1537 bis 1539	–	Henschel	1904	6752 bis 6754	
	1540 bis 1542	–	Henschel	1905	6903 bis 6905	
Danzig	1640 bis 1642	–	Henschel	1900	5509 bis 5511	
	1643 bis 1647	–	Henschel	1901	5725 bis 5729	
Elberfeld	1600 bis 1602	–	Henschel	1895	4145 bis 4147	
	1603 und 1604	–	Henschel	1896	4420 und 4421	
	1605 bis 1609	–	Henschel	1900	5333 bis 5337	
	1610 bis 1615	–	Henschel	1902	6059 bis 6064	
Erfurt	1400 bis 1405	–	Henschel	1903	6380 bis 6385	
Essen	1400	–	Henschel	1900	5318	
	1401 bis 1406	–	Henschel	1900	5512 bis 5517	
	1407 bis 1410	–	Henschel	1901	5732 bis 5735	
	1411 bis 1422	–	Henschel	1903	6069 bis 6080	
	1423 bis 1426	–	Henschel	1903	6386 bis 6389	
	1427 bis 1433	–	Henschel	1903	6392 bis 6398	
	1434 bis 1445	–	Henschel	1904	6755 bis 6766	

Direktions-bezirk	Bahnnummern	DRG-Nummern	Hersteller	Bau-jahr	Fabriknummern	Bemerkungen/ Ausmusterung
	1446 und 1447	71 021 –	Henschel	1905	7092 und 7093	
Frankfurt	1950	71 003	Henschel	1897	4769	
	1951 bis 1953	–	Henschel	1897	4770 bis 4772	
	1954 und 1955	– 71 004	Henschel	1898	4880 und 4881	
	1956 bis 1960	–	Henschel	1900	5319 bis 5323	
	1955^{II} und 1956^{II}	–	Henschel	1905	7094 und 7095	
	1961 bis 1964	–	Henschel	1900	5518 bis 5521	
	1965 und 1966	–	Henschel	1901	5730 und 5731	
	1967 und 1968	–	Henschel	1903	6390 und 6391	
	1969 und 1970	71 016 –	Henschel	1904	6767 und 6768	
Halle	1630 und 1631	–	Henschel	1900	5324 und 5325	
	1632 bis 1636	–	Henschel	1900	5528 bis 5532	
	1637 bis 1640	–	Henschel	1902	6037 bis 6040	
	1641 bis 1649	–	Henschel	1903	6399 bis 6407	
	1650 bis 1654	–	Henschel	1904	6769 bis 6773	
	1655		Henschel	1905	7096	
Hannover	1550 und 1551	–	Henschel	1902	6065 und 6066	
	1552 und 1553	71 011 –	Henschel	1903	6067 und 6068	
	1554 bis 1557	–	Henschel	1904	6774 bis 6777	
	1558 und 1559	– 71 022	Henschel	1905	7097 und 7098	
	1560 und 1561	–	Henschel	1905	7099 und 7100	
	1562 und 1563	71 023 –	Henschel	1905	7101 und 7102	
	1564	71 024	Henschel	1905	7103	
Kattowitz	1358 bis 1361	–	Henschel	1902	6050 bis 6053	
	1362 und 1363	–	Henschel	1904	6778 und 6779	
	1481 bis 1483	–	Henschel	1900	5522 bis 5524	
	1484 und 1485	–	Henschel	1901	5739 und 5740	
	1486 und 1487	–	Henschel	1902	5929 und 5930	
Magdeburg	1401	–	Henschel	1905	7104	
	1402 und 1403	71 025 und 71 026	Henschel	1905	7105 und 7106	
Mainz	1600	–	Henschel	1900	5572	
	1601 und 1602	–	Henschel	1900	5327 und 5328	
	1603 bis 1605	–	Henschel	1900	5525 und 5527	
	1606 bis 1608	–	Henschel	1902	5923 bis 5925	
	1609 bis 1615	–	Henschel	1902	6041 bis 6047	
	1616 und 1617	71 009 und 71 010	Henschel	1902	6048 und 6049	
	1618 und 1619	–	Henschel	1903	6408 und 6409	
	1620 und 1621	71 014 und 71 015	Henschel	1903	6410 und 6411	
	1622 bis 1625	–	Henschel	1903	6412 bis 6415	
	1626 bis 1628	–	Henschel	1903	6517 bis 6519	
Münster	1650 und 1651	–	Henschel	1898	4882 und 4883	
	1652	–	Henschel	1899	5052	
	1653 und 1654	– 71 005	Henschel	1900	5329 und 5330	
	1655 und 1656	–	Henschel	1900	5331 und 5332	
	1657 und 1658	–	Henschel	1901	5917 und 5918	
	1659 bis 1661	–	Henschel	1902	5919 bis 5921	
	1662	71 008	Henschel	1902	5922	
Saarbrücken	1525 bis 1527	–	Henschel	1902	5926 bis 5928	
	1528 bis 1535	–	Henschel	1903	6416 bis 6423	
Stettin	1550	–	Henschel	1900	5533	
	1551	–	Henschel	1900	5573	
	1552 und 1553	71 012 und 71 013	Henschel	1903	6354 und 6355	
	1554	–	Henschel	1903	6356	
	1555 bis 1557	–	Henschel	1904	6780 bis 6782	
	1558 und 1559	71 017 und 71 018	Henschel	1904	6783 und 6784	
	1560 und 1561	71 019 und 71 020	Henschel	1905	6906 und 6907	
	1562 bis 1564	–	Henschel	1905	6908 bis 6910	

einrichtungen für Seilbremse und von Dämpfläutewerken an einigen Maschinen, die teilweise Verwendung der Druckluftbremse Bauart Schleifer anstelle der Druckluftbremse Bauart Westinghouse ab oder nach 1897, der Anbau eines längeren Lüftungsaufsatzes ab etwa 1900 sowie die Ausstattung einiger Lokomotiven mit Druckluftsandstreuer oder mechanischem Dampfsandstreuer anstelle des Handsandstreuers.
In der Ebene konnte die 1'B1'-Tenderlokomotive einen aus zwei- und dreiachsigen Wagen gebildeten Zug von 470 t Masse mit 60 km/h, auf der Steigung 1 : 100 einen aus gleichen Wagen zusammengestellten Zug von 385 t Masse mit ihrer Reibungsgeschwindigkeit von 17 km/h befördern. Die indizierte Höchstleistung belief sich auf 380 kW (510 PS), die günstigste Geschwindigkeit betrug 58 km/h. Das für den Bau der 2/4 P. T. L. verbindliche Musterblatt trug die Bezeichnung III 4i. Die erste Auflage dieses Musterblattes entsprach den beiden Prototypen, für die Serienausführung war das Musterblatt in einer zweiten Auflage erschienen. In den Gruppen- und Bahnnummernplan von 1905 wurden die 2/4 P. T. L. in die Gruppe T 5 mit der zugehörigen Bahnnummernreihe 6601 bis 6700 eingeordnet.
Bald schon genügten sie infolge der weiter steigenden Verkehrsleistungen nicht mehr allen Anforderungen. Mit der T 9^3 und besonders der T 11 sowie der T 12 standen leistungsfähigere Lokomotivtypen zur Verfügung, so daß die T 5^1 aus dem schweren Hauptbahndienst nach und nach in den leichten Hauptbahndienst, den untergeordneten Dienst und den Nebenbahndienst verdrängt wurden. Einige Maschinen gelangten nach Kriegsende zu ausländischen Eisenbahnen. Die DRG übernahm noch 111 T 5^1 unter den Betriebsnummern 71 001 bis 71 018, 71 021 bis 71 028 und 71 032 bis 71 116 in den 2. Umzeichnungsplan aus dem Jahre 1923. Bis zur Aufstellung des 3. Umzeichnungsplanes im Jahre 1925 hatte sich die Stückzahl der betriebsfähigen Lokomotiven durch Ausmusterungen soweit verringert, daß nur noch 26 Lokomotiven die endgültigen DRG-Betriebsnummern 71 001 bis 71 026 bekamen.

T 5^2

2/4 P. T. L. dr.
Wannsee-Typ
DRG-Baureihe 72^0
(→ EFA 1.3)

2'B n2t

1899

Techn. Daten: Seite 228

Die auf der Wannseebahn Berlin Potsdamer Bahnhof–Wannsee–Potsdam als beschleunigte Personenzüge verkehrenden Vorortzüge durchfuhren den Abschnitt Berlin–Neubabelsberg ohne Zwischenhalt mit einer Geschwindigkeit von 60 km/h. Aufgrund des starken Schlingerns befriedigten die zunächst zur Bespannung dieser Züge verwendeten 2/4 P. T. L. mit vorderer und hinterer Laufachse (T 5^1) nicht. Deshalb setzte sich die Eisenbahn-Direktion Berlin mit der Firma Henschel in Verbindung und ließ eine 2'B n2-Personenzug-Tenderlokomotive mit führendem Laufdrehgestell Bauart Hannover entwikkeln, die nach der vorgesehenen Einsatzstrecke als Wannsee-Typ bezeichnet wurde. Wegen des Laufdrehgestells konnte der Wasservorrat nicht innerhalb des Rahmens untergebracht werden, man mußte auf seitliche Wasserkästen zurückgreifen, deren Decke man zwecks Sichtverbesserung vorn abschrägte. In den Jahren 1899 und 1900 bauten die Firmen Henschel und Grafenstaden 36 Lokomotiven dieses Typs in Naßdampfausführung für den Direktionsbezirk Berlin. Sie wurden auf der Strecke Ber-

Henschel 1899/5272, Berlin 2064, geliefert an die Betriebswerkstatt Wannseebahnhof, ab 1906 T5 Berlin 6665, ab 1914 T5 Posen 6665, ab 1920 T5 Osten 6665. Lieferzustand.
Foto: Werkaufnahme, Archiv transpress

lin Potsdamer Bahnhof–Wannsee–Potsdam/Werder eingesetzt und waren nach ihrer Anlieferung in folgenden Betriebswerkstätten bzw. Maschinenstationen beheimatet:

Berlin 2045 bis 2050, 2062 bis 2064 in der Betriebswerkstatt Wannseebahnhof;
Berlin 2051 bis 2056, 2071 bis 2075 in der Betriebswerkstatt Berlin Potsdamer Bahnhof;
Berlin 2057 und 2058 in der Betriebswerkstatt Werder;
Berlin 2059 bis 2061 in der Maschinenstation Wannsee;
Berlin 2065 bis 2068, 2076 und 2077 in der Betriebswerkstatt Potsdam;
Berlin 2078 bis 2082 in der Betriebswerkstatt Charlottenburg.

Das für die Lokomotiven des Wannsee-Typs aufgestellte Musterblatt trug die Bezeichnung III 4n.

In den Laufeigenschaften und im Leistungsvermögen waren die 2'B n2-Tenderlokomotiven den 1'B1' n2-Maschinen mit vorderer und hinterer Laufachse (T5[1]) überlegen. Ihre indizierte Höchstleistung betrug 440 kW (590 PS) bei einer günstigsten Geschwindigkeit von 65 km/h.

Bei einem Teil der von der Firma Henschel gebauten Lokomotiven waren die Wasserkastenböden im Bereich der Schwinge nicht durch eine Blende verdeckt. Statt des kurzen Lüftungsaufsatzes hatten die Maschinen einen langen erhalten.

Henschel 1899/5127, Berlin 2058, geliefert an die Betriebswerkstatt Werder a. d. Havel, ab 1906 T5 Berlin 6659, 1913 in der Maschinenstation Teltow beheimatet, ab 1914 T5 Königsberg 6601, ausgemustert vor 1923. Als T5 Königsberg 6601.
Foto: Leonhardt-Postkarte, Sammlung Walluhn

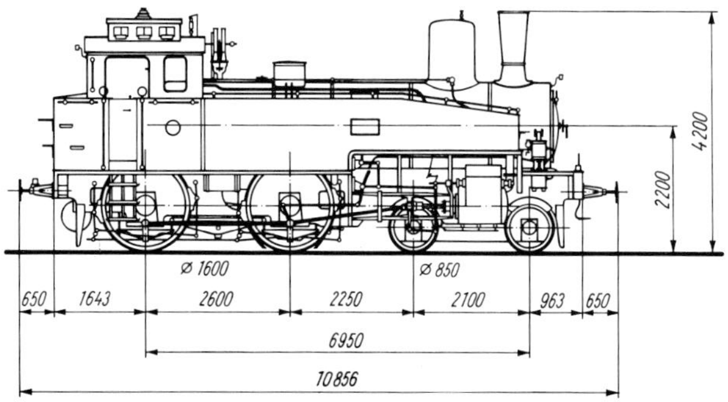

Henschel 1899/1900. Lieferzustand.

T 5²

2/4 H. P. T. L. dr.

2'B h2t

1900

Techn. Daten: Seite 228

Im Jahre 1906 ordnete man die Lokomotiven des Wannsee-Typs unter den Bahnnummern Berlin 6646 bis 6681 der Gruppe T 5 zu. Von ihrer Stammstrecke, der Wannseebahn, wurden sie nach der Jahrhundertwende durch die T 11 und die T 12 auf andere Strecken und in den leichteren Dienst verdrängt, meist lösten sie dort die Lokomotiven der Gruppe T 4 ab. Zwischen 1912 und 1914 verschwanden sie ganz aus dem Berliner Stadt-, Ring- und Vorortbahnverkehr, wurden in andere Direktionsbezirke abgegeben und dort im untergeordneten Dienst auf Hauptbahnen und auf Nebenbahnen aufgebraucht. Einige Maschinen bekamen ein Dampfläutewerk.

Der 2. Umzeichnungsplan der DRG aus dem Jahre 1923 nennt noch 21 T 5² unter den Betriebsnummern 71 019, 71 020, 71 027, 71 029 bis 71 031 und 72 001 bis 72 016, wobei die ersteren fälschlicherweise als T 5¹ eingeordnet worden waren. In den 3. Umzeichnungsplan von 1925 nahm die DRG nur noch zwei T 5² auf und gab ihnen die Betriebsnummern 72 001 und 72 002.

Direktions-bezirk	Bahnnummern	DRG-Nummern	Hersteller	Baujahr	Fabriknummern	Bemerkungen/ Ausmusterung
1895/1896						
Berlin	2045 bis 2050		Grafenstaden	1899	4892 bis 4897	
	2051 bis 2058	–	Henschel	1899	5120 bis 5127	
	2059 und 2060	–	Henschel	1899	5267 und 5268	
	2061	72 001	Henschel	1899	5269	
	2062 bis 2064	–	Henschel	1899	5270 bis 5272	
	2065 bis 2068	–	Henschel	1899	5128 bis 5131	
	2071 bis 2076	–	Henschel	1900	5495 bis 5500	
	2077	72 002	Henschel	1900	5501	
	2078 bis 2082	–	Henschel	1900	5502 bis 5506	

Bis zum Jahre 1900 waren vier Heißdampflokomotiven gebaut worden: drei 2'B h2-Schnellzuglokomotiven und eine 2'B n2-Personenzuglokomotive. Im Jahre 1900 lieferte die Firma Henschel zwei weitere Heißdampflokomotiven in den Direktionsbezirk Berlin. Es handelte sich dabei um Personenzug-Tenderlokomotiven mit der Achsfolge 2'B, die sich eng an den Wannsee-Typ (T 5²) anlehnten. Abweichungen bestanden in der Lage des Dampfdomes, der 1 700 mm langen, stark erweiterten, durch einen Winkelring mit dem Langkessel verbundenen Rauchkammer, der Ausstattung mit Rauchkammer-Überhitzer Bauart Schmidt und dem längeren Achsstand des Laufdrehgestells (2 200 mm statt 2 100 mm). Die Lokomotiven waren mit Kolbenschiebern der Bauart Schmidt von 230 mm Durchmesser mit doppelter innerer Einströmung, breiten federnden Ringen und selbsttätiger Entlastung ausgerüstet. Weitere Unterschiede bestanden in der Lage der Luftpumpe links statt rechts neben der Rauchkammer, der Besandung des 1. Kuppelradsatzes von vorn und des 2. Kuppelradsatzes von hinten, dem

Henschel 1900/5415.
Abbildung als T 5
Berlin 6683.
Foto: Dr. Feißel, Sammlung Glanert

längeren Kohlekasten und einigen Abmessungen und untergeordneten Details.

Beide Maschinen wurden in der Betriebswerkstatt Grunewald stationiert und im Vorortzugdienst eingesetzt. Im Jahre 1901 tauschte man zu Probezwecken die ursprünglich verwendeten Kolbenschieber der Berlin 2070 gegen Kolbenschieber Bauart Schmidt mit doppelter innerer Einströmung, geheizter Buchse, einen nichtfedernden, quer verschiebbaren und durch Abdampf gekühlten Kolbenringkörper von 170 mm Durchmesser aus. Später bekamen die beiden Maschinen Kolbenschieber und Druckausgleicheinrichtungen der üblichen Serienbauarten.

Im Jahre 1906 wurden sie unter den Bahnnummern Berlin 6682 und 6683 in die Gruppe T 5 eingereiht. Im Leistungsvermögen waren sie dem Wannsee-Typ erheblich überlegen, ihre indizierte Höchstleistung von 660 kW (885 PS) konnten sie jedoch erst bei einer Geschwindigkeit von 80 km/h erreichen.

1914 gab die Eisenbahn-Direktion Berlin beide Lokomotiven in andere Direktionsbezirke ab: Die T 5 Berlin 6682, zuletzt beheimatet in der Betriebswerkstatt Wannsee, kam zum Direktionsbezirk Saarbrücken und lief dort als T 5 Saarbrücken 6682, die T 5 Berlin 6683, zuletzt stationiert in der Betriebswerkstatt Berlin Potsdamer Güterbahnhof, ging in den Direktionsbezirk Bromberg und wurde dort in T 5 Bromberg 6683 umgezeichnet.

Ausmusterungsdaten ließen sich bisher nicht ermitteln. Im 2. Umzeichnungsplan der DRG von 1923 ist keine 2/4 H. P. T. L. dr. mehr ausgewiesen.

Konstruktive Merkmale

Kessel: Unterer Teil des Hinterkessels zwischen den Rahmenwangen eingezogen. Stehkesseldecke halbzylindrisch gewölbt, Rückwand senkrecht. Kupferne Feuerbüchse. 1 650 mm langer, 1 000 mm breiter, schwach geneigter Rost.

Langkessel aus drei zylindrischen Schüssen zusammengesetzt. Dampfdom auf dem 2. Kesselschuß.

1 700 mm lange, stark erweiterte, durch Winkelring mit dem Langkessel verbundene Rauchkammer.

Henschel 1900. Lieferzustand.

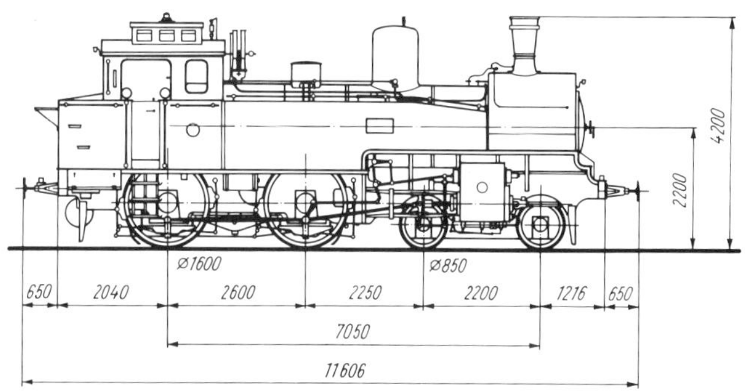

Direktionsbezirk	Bahnnummern	Hersteller	Baujahr	Fabriknummern	Bemerkungen/ Ausmusterung
1895/1896 Berlin	2069 und 2070	Henschel	1900	5414 und 5415	

Prüsmann-Schornstein. Rauchkammerüberhitzer Bauart Schmidt.
Kesselausrüstung: Zwei saugende Dampfstrahlpumpen. Speiseventile in Höhe Kesselmitte am 1. Kesselschuß. Kesselsicherheitsventil Bauart Ramsbottom auf dem Stehkesselscheitel. Flachschieberregler.
Rahmen: Innenliegender Blechrahmen mit 25 mm dicken Wangen.
Fahrwerk: Vierpunktabstützung. Unterhalb der Achslager liegende Tragfedern der Kuppelradsätze durch waagerechte Längsausgleichhebel verbunden. Vorderes Laufdrehgestell Bauart Hannover, Drehzapfenlager seitenverschiebbar.
Triebwerk: Naßdampf-Zwillings-Triebwerk. Zylinder außen waagerecht neben dem Drehgestell angeordnet. Zweischienige Kreuzkopfführung. Antrieb auf den 1. Kuppelradsatz. Einströmrohre durch die Rauchkammer geführt. Ricour-Luftsaugeventile.
Steuerung: Außenliegende Heusinger-Steuerung mit Hängeeisen. Schiebergehäuse auf den Zylindern. Kolbenschieber Bauart Schmidt mit doppelter innerer Einströmung, breiten federnden Ringen und selbsttätiger Entlastung, 230 mm Durchmesser.
Bremsausrüstung: Handbremse. Druckluftbremse Bauart Westinghouse. Alle Kuppelräder beidseitig abgebremst. Luftpumpe links neben der Rauchkammer.
Allgemeine Einrichtungen: Druckluftsandstreuer, die Räder des 1. Kuppelradsatzes von vorn, die des 2. Kuppelradsatzes von hinten besandend. Viereckiger Sandkasten auf dem 3. Kesselschuß.
Vorratsbehälter: Je ein seitlicher Wasserkasten. Wasserkastenböden im Bereich zwischen den Schwingen und der Rauchkammer erhöht. Ein Kohlekasten hinter dem Führerhaus.

T 6

3/5 P. T. L. dr. kr. 3cyl. Bauart Wittfeld

1'C1' n3t (n2t)

1902

Techn. Daten: Seite 229

Um die Jahrhundertwende waren die Ansprüche an die Leistungsfähigkeit der im Berliner Stadt-, Ring- und Vorortbahnverkehr eingesetzten Lokomotiven soweit gestiegen, daß es der Eisenbahn-Direktion Berlin geraten erschien, die Entwicklung von leistungsstärkeren Personenzug-Tenderlokomotiven in die Wege zu leiten. In den Jahren 1902 und 1903 wurden die ersten Exemplare der neuen Lokomotivtypen, einer 1'C n2-Personenzug-Tenderlokomotive (T 11), einer 1'C h2-Personenzug-Tenderlokomotive (T 12) und einer 1'C1' n3-Personenzug-Tenderlokomotive (T 6) beschafft. Die Gesamtkonzeption für die 3/5 P. T. L. dr. kr. 3cyl. (1'C1' n3) stammte von Gustav Wittfeld, die Werkszeichnungen für diesen Lokomotivtyp hatte die B. M. A. G. ausgearbeitet, die 1902 zwölf solcher Maschinen lieferte, davon zehn in den Direktionsbezirk Berlin und zwei in den Direktionsbezirk Altona. Von den Berliner Lokomotiven kamen die Berlin 2200 bis 2204 zur Betriebswerkstatt der Stadtbahn in Stralau, die Berlin 2205 bis 2209 zur Betriebswerkstatt Charlottenburg. Die Lokomotiven Altona 2201 und 2202 waren für den Einsatz auf der

B. M. A. G. 1902/3036, Altona 2201. Lieferzustand.
Foto: Werkaufnahme, Archiv transpress

Unterelbe-Eisenbahn Harburg Staatsbahnhof–Bahnhof Cuxhaven–Mitte Eingang Dienstlokal am Hafen bestimmt und wurden in der Betriebswerkstatt Cuxhaven beheimatet.

Die Konstruktion der 1′C1′ n3t (T 6) war speziell auf den Einsatz im Berliner Stadtbahndienst zugeschnitten. Der kurzen Haltestellenbestände wegen kam es hier weniger auf hohe Fahrgeschwindigkeit als auf gutes Anfahrverhalten und hohes Beschleunigungsvermögen an. Deshalb hatte man sich für die Ausstattung mit Drillingstriebwerk und drei Kuppelradsätzen entschieden. Von dem gegenüber der T 5^1 längeren Achsstand versprach man sich einen ruhigeren Lauf.

Vergleichsfahrten zwischen der T 11, der T 12 und der T 6 sollten Aufschluß darüber geben, welcher der drei Lokomotivtypen die besten Betriebseigenschaften aufwies und damit für den Serienbau in Frage kam. Die T 6 schnitt am schlechtesten ab. Zwar zeigte sie ein hohes Beschleunigungsvermögen, doch die Zylinder waren so groß bemessen, daß im Beharrungszustand die Kesselnenndampfleistung nicht ausreichte, um die der großen Zylinderleistung entsprechende Dampfmenge liefern zu können. Zudem konnte die größte Zylinderzugkraft wegen der begrenzten Reibungsmasse nicht voll ausgenutzt werden. Bei starker Beanspruchung neigten die Maschinen zum Wasserüberreißen. Auch in wirtschaftlicher Hinsicht schnitt die T 6 am schlechtesten ab, denn durch die

B. M. A. G. 1902, Berlin 2200 bis 2209. Lieferzustand. Druckluftbremse Bauart Westinghouse.

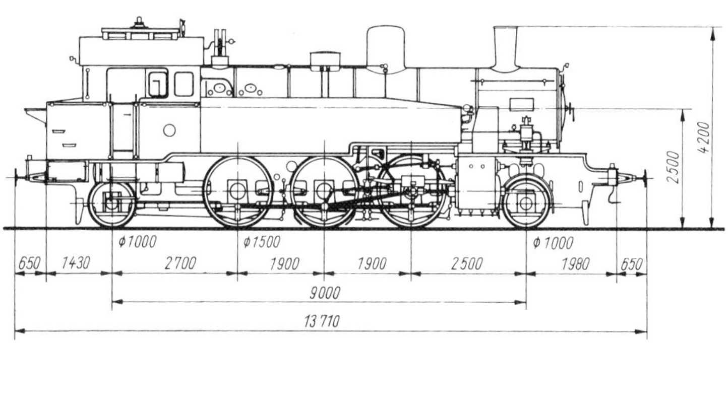

drei Zylinder wies die Dampfmaschine unnötig große Abkühlungsflächen auf, und der Triebwerkswiderstand war größer als bei Zwillingslokomotiven.
Die Wahl eines Drillings-Triebwerks hatte sich als Fehlschlag erwiesen, die Nachteile wogen die wenigen Vorteile bei weitem auf, so daß man vom Bau weiterer Lokomotiven dieses Typs absah. Es wurde erwogen, bei den vorhandenen Maschinen einige Mängel durch Ausbuchsen der Zylinder oder den Einbau eines Überhitzers abzustellen, letzteres schied jedoch wegen der damit verbundenen Überschreitung der zulässigen Achsfahrmasse von 16 t um 1,5 t aus. Noch vor 1908 verringerte man den Zylinderdurchmesser zumindest bei den Berliner Maschinen durch Ausbuchsen. Um die starke Neigung zum Wasserüberreißen abzustellen, brachte man einen Wasserabscheider unter dem Dampfdom an. Bei den zwei Maschinen des Direktionsbezirks Altona wurden 1908 in der Hauptwerkstatt Leinhausen das Innentriebwerk ausgebaut und die Kurbelversetzung auf 90° verändert.
Noch 1902 waren diese beiden Lokomotiven in Altona 1501 und 1502 umgezeichnet worden, seit 1907 trugen sie die Bahnnummern Altona 6701 und 6702 und das Gruppenzeichen T 6. Im Jahre 1910 wurden sie ausgemustert.
Die Berliner 1'C1' n3t hatten 1904 die Bahnnummern 2500 bis 2509 erhalten, 1906 waren sie unter den Bahnnummern Berlin 6701 bis 6710 ebenfalls der Gruppe T 6 zugeordnet worden. Bis 1914 verwendete man sie im Eilgüterverkehr und aushilfsweise auch im Sonntagsverkehr auf den Berliner Stadt-, Ring- und Vorortbahnen. Im gleichen Jahr wurden sie in den Direktionsbezirk Danzig abgegeben und in T 6 Danzig 6701 bis 6704 umgezeichnet. 1917 gab sie die Eisenbahn-Direktion Danzig in den Direktionsbezirk Coeln ab, wo sie als T 6 Coeln 6701 bis 6704 liefen. Nach dem ersten Weltkrieg gelangten sie zu den Polnischen Staatsbahnen und trugen ab 1927 die Reihenbezeichnung Okl 1. Die Lokomotiven T 6 Berlin 6705 bis 6710 kamen 1914 zum Direktionsbezirk Halle und wurden in T 6 Halle 6701 bis 6706 umgezeichnet. Die T 6 Halle 6702 und die T 6 Halle 6703 gab man später an die Eisenbahn-Direktion Bromberg ab, die sie als T 6 Bromberg 6702 und 6703 bezeichnete. 1918 wurden sie der Eisenbahn-Direktion Münster zugeteilt und dort als T 6 Münster 6702 und 6703 geführt, bis sie 1920 zu den Polnischen Staatsbahnen abrollten. Die übrigen Hallenser T 6 verblieben in diesem Direktionsbezirk. Einzelne Maschinen sollen dort noch 1924 im Dienst gestanden haben. Im 2. Umzeichnungsplan der DRG von 1923 ist jedoch keine Lokomotive dieses Typs mehr genannt.

Direktionsbezirk	Bahnnummern	Hersteller	Baujahr	Fabriknummern	Bemerkungen/ Ausmusterung
1895/1896					
Altona	2201 und 2202	B. M. A. G.	1902	3036 und 3037	+ 1910
Berlin	2200 bis 2209	B. M. A. G.	1902	3048 bis 3057	

Konstruktive Merkmale

Kessel: Unterer Teil des Hinterkessels zwischen den Rahmenwangen eingezogen. Stehkesseldecke halbzylindrisch gewölbt, Rückwand senkrecht. Kupferne Feuerbüchse. 2350 mm langer, 970 mm breiter, dreireihiger Rost; vordere und mittlere Roststabreihe geneigt, hintere Roststabreihe waagerecht. Kipprost in der vorderen Roststabreihe.
Langkessel aus drei zylindrischen Schüssen zusammengesetzt. Dampfdom auf dem 2. Kesselschuß.
1880 mm lange, schwach erweiterte, über Zwischenring mit dem Langkessel verbundene Rauchkammer. Prüsmann-Schornstein.
Kesselausrüstung: Zwei saugende Dampfstrahlpumpen. Speiseventile in Höhe Kesselmitte am 1. Kesselschuß. Kesselsicherheitsventil Bauart Ramsbottom auf dem Stehkesselscheitel. Doppelsitz-Ventilregler.
Rahmen: Innenliegender Blechrahmen mit 25 mm dicken Wangen, im Bereich des vorderen Laufradsatzes beiderseits um 30 mm eingezogen.
Fahrwerk: Sechspunktabstützung. Unterhalb der Achslager liegende Tragfedern der Kuppelradsätze durch waagerechte Längsausgleichhebel verbunden. Tragfedern des vorderen Laufradsatz oberhalb des Hauptrahmens, Tragfedern des hinteren Laufradsatzes oberhalb der Achslager. Vordere Adamsachse, ± 60 mm radial verschiebbar, Rückstellung durch Schraubenfedern. Hinteres Krauss-Lenkgestell, 3. Kuppelradsatz seitenverschiebbar, Laufradsatz ± 24 mm radial verschiebbar.

Triebwerk: Naßdampf-Drillings-Triebwerk. Außenzylinder waagerecht zwischen Laufradsatz und 1. Kuppelradsatz angeordnet; Antrieb auf den 2. Kuppelradsatz. Innenzylinder waagerecht vor dem vorderen Laufradsatz angeordnet; Antrieb auf den 1. Kuppelradsatz. Kurbelversetzung 120°, rechte Kurbel eilt der mittleren voraus, linke Kurbel eilt der mittleren nach. Einschienige Kreuzkopfführung. Einströmrohre durch die Rauchkammer geführt. Selbsttätige Luftsaugeventile.
Steuerung: Innen-/außenliegende Heusinger-Steuerung mit in Aufwurfstein geführtem Schieberschubstangenende für alle drei Zylinder getrennt. Schiebergehäuse auf den Zylindern. Kolbenschieber mit innerer Einströmung, 200 mm Durchmesser.
Bremsausrüstung: Handbremse. Lokomotiven des Direktionsbezirks Altona mit Druckluftbremse Bauart Schleifer, Lokomotiven des Direktionsbezirks Berlin mit Druckluftbremse Bauart Westinghouse. Räder des 1. und 2. Kuppelradsatzes beidseitig abgebremst. Luftpumpe senkrecht rechts neben der Rauchkammer.
Allgemeine Einrichtungen: Druckluftsandstreuer, die Räder des 2. Kuppelradsatzes von vorn und hinten besandend. Viereckiger Sandkasten auf dem 3. Kesselschuß.
Vorratsbehälter: Je ein seitlicher Wasserkasten. Ein Kohlekasten hinter dem Führerhaus.

T 7

3/3 G. T. L.
Bauart der Rheinischen Eisenbahn

C n2t

1876

Techn. Daten: Seite 229

Im Jahre 1876 hatte die Rheinische Eisenbahn bei der Lokomotivfabrik Borsig sechs C n2-Tenderlokomotiven bauen lassen, die als „Bergzugs-Lokomotiven" bezeichnet wurden. Belpaire-Stehkessel, zylindrischer Schornstein mit Krempe und Federwaag-Sicherheitsventil auf dem Dampfdom waren einige charakteristische Merkmale für den Lokomotivpark der Rheinischen Eisenbahn.
Im Jahre 1881 fielen alle sechs Maschinen dem Direktionsbezirk Coeln linksrheinisch zu, wo sie zunächst unter den Bahnnummern Coeln linksrheinisch 1708 bis 1713 geführt und 1882 in Coeln linksrheinisch 1715 bis 1720 umgezeichnet wurden. In den Jahren 1882 und 1883 bezog die Eisenbahn-Direktion Coeln linksrheinisch weitere sieben Lokomotiven dieses Typs. Unterschiede zur ersten Bauform bestanden lediglich bei einigen Abmessungen und konstruktiven Details, wie in der größeren Rostfläche (ca. 1 750 mm × 1 050 mm) und der Verwendung eines Prüsmann-Schornsteines. Bereits ab Werk oder erst später hatten die Lokomotiven Druckluftbremse erhalten. Die Luftpumpe lag waagerecht auf dem 1. Kesselschuß. Zumindest ein Teil der Maschinen war mit Bedienungseinrichtung für Seilbremse ausgestattet. Bezeichnet wurden die von der Eisenbahn-Direktion Coeln linksrheinisch beschafften

Borsig 1876/3513, Rheinische Eisenbahn MÄRZBERG, ab 1881 Coeln linksrheinisch 1711, ab 1882 Coeln linksrheinisch 1718, am 1. Juli 1892 in der Betriebswerkstatt Euskirchen beheimatet, ab 1. April 1895 Coeln 1718, ausgemustert 1902. Lieferzustand.
Foto: Werkaufnahme, Sammlung Kutschik

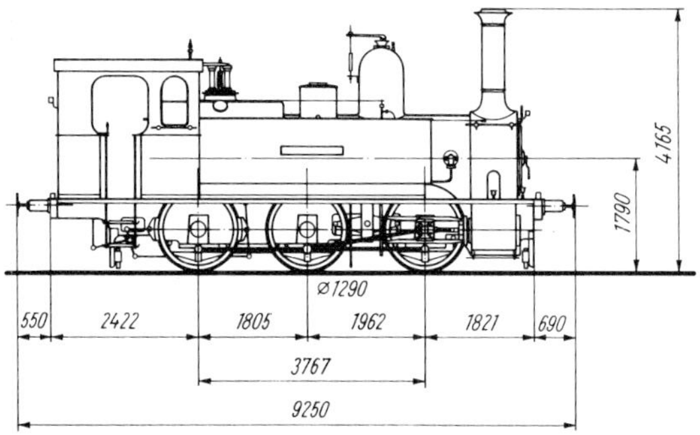

Borsig 1876. Lieferzustand.

Lokomotiven dieses Typs als „Locomotiven für den Schiebedienst".
Der Einsatz der 3/3 G. T. L. Bauart der Rheinischen Eisenbahn erstreckte sich auf den Nachschiebedienst auf verschiedenen Steilrampen, wie Aachen–Ronheide, auf die Eifelbahn Coeln–Euskirchen–Trier und auf den Zubringerdienst für Kohlenzüge auf den Zechenbahnen der ehemaligen Saarbrücker Eisenbahn. Am 1. Juli 1892 verteilten sich die Lokomotiven auf folgende Betriebswerkstätten bzw. Maschinenstationen:

Coeln linksrheinisch 1715, 1718 bis 1720, 1739 und 1740: Betriebswerkstatt Euskirchen;
Coeln linksrheinisch 1716 und 1717: Maschinenstation Andernach;
Coeln linksrheinisch 1729 und 1730: Betriebswerkstatt Eifeltor;
Coeln linksrheinisch 1736 bis 1738: Betriebswerkstatt Jünkerath.

Die indizierte Höchstleistung der 1882 und 1883 gebauten 3/3 G. T. L. Bauart der Rheinischen Eisenbahn betrug 370 kW (490 PS), die günstigste Geschwindigkeit lag bei 49 km/h.
Die von der Rheinischen Eisenbahn stammenden Lokomotiven dieses Typs wurden bei der Neubildung der Direktionsbezirke am 1. April 1895 dem Direktionsbezirk Coeln zugeteilt, dort in Coeln 1715 bis 1720 umgezeichnet und zwischen 1898 und 1905 ausgemustert.
Von den nachbeschafften Lokomotiven kamen die Coeln linksrheinisch 1729, 1730 und 1736 bis 1738 am 1. April 1895 zum Direktionsbezirk Saarbrücken, trugen dort zunächst die Bahnnummern Saarbrücken 1729, 1730 und 1736 bis 1738, ab 1899 die Bahnnummern Saarbrücken 1715 bis 1719 und schieden vor 1906 aus dem Betriebspark aus. Nur zwei 3/3 G. T. L. Bauart der Rheinischen Eisenbahn gelangten noch in den Gruppen- und Bahnnummernplan von 1905: Die beiden unter den Bahnnummern Coeln linksrheinisch 1739 und 1740 in Dienst gestellten, am 1. April 1895 dem Direktionsbezirk Coeln zugefallenen und dort zunächst als Coeln 1739 und 1740 bezeichneten Maschinen erhielten 1907 das Gruppenzeichen T 7 und die Bahnnummern Coeln 6801 und 6802. Ihre Ausmusterungsdaten ließen sich bisher nicht ermitteln, sie dürften aber als ausgesprochene Splittergattung nach 1910 kaum noch zum Lokomotivbestand der Preußisch-Hessischen Staatsbahnen gehört haben.
Vermutlich hatte man die 3/3 G. T. L. Bauart der Rheinischen Eisenbahn in den letzten Betriebsjahren im untergeordneten Dienst und/oder auf Nebenbahnen eingesetzt.

Durch die Rheinische Eisenbahn beschaffte Lokomotiven

Bahnnummern Rheinische E.	Namen Rheinische E.	Übernehmende Staatsbahn-Direktion	Bahn-nummern	Hersteller	Bau-jahr	Fabriknummern	Bemerkungen/ Abmusterung
162	EBERNBURG	Coeln linksrh.	1708	Borsig	1876	3510	+ 1903
163	GUTTENFELS	Coeln linksrh.	1709	Borsig	1876	3511	+ 1905
164	LANDSTUHL	Coeln linksrh.	1710	Borsig	1876	3512	+ 1905
165	MÄRZBERG	Coeln linksrh.	1711	Borsig	1876	3513	+ 1902
166	MANDERSCHEID	Coeln linksrh.	1712	Borsig	1876	3514	+ 1898
167	STAHLECK	Coeln linksrh.	1713	Borsig	1876	3515	+ 1898

Durch die Preußische Staatsbahn beschaffte Lokomotiven

Direktions-bezirk	Bahnnummern	Hersteller	Bau-jahr	Fabriknummern	Bemerkungen/ Ausmusterung
1880...1884					
Coeln linksrh.	1729 und 1730	Borsig	1882	3861 und 3862	
	1736 bis 1740	Borsig	1883	3996 bis 4000	

T7

3/3 G. T. L. (7 t)
Ruhr-Typ
DRG-Baureihe 89^{78}
(→ EFA 1.3)

C n2t

1881

Techn. Daten: Seite 229

Konstruktive Merkmale

Kessel: Unterer Teil des Hinterkessels zwischen den Rahmenwangen eingezogen. Belpaire-Stehkessel, Rückwand senkrecht. Kupferne Feuerbüchse. Ca. 1700 mm langer, 1000 mm breiter, geneigter Rost.
Langkessel aus drei zylindrischen Schüssen zusammengesetzt. Dampfdom auf dem 2. Kesselschuß.
Ca. 750 mm lange, stark erweiterte, durch Winkelring mit dem Langkessel verbundene Rauchkammer. Zylindrischer Schornstein mit Krempe.
Kesselausrüstung: Zwei Dampfstrahlpumpen. Speiseventile in Höhe Kesselmitte am 1. Kesselschuß. Kesselsicherheitsventil ältere Bauart Ramsbottom auf der Stehkesseldecke. Ein Federwaag-Sicherheitsventil auf dem Dampfdom. Dampfsammelrohr vom Hinterkessel zum Dampfdom. Flachschieberregler.
Rahmen: Innenliegender Blechrahmen.
Fahrwerk: Drei- oder Vierpunktabstützung. Alle Tragfedern unterhalb der Achslager, zwischen 1. und 2. Kuppelradsatz durch waagerechte Längsausgleichhebel verbunden, am 3. Kuppelradsatz möglicherweise durch Querausgleichhebel verbunden. Alle Radsätze unverschiebbar im Hauptrahmen gelagert.
Triebwerk: Naßdampf-Zwillings-Triebwerk. Zylinder außen waagerecht vor dem 1. Kuppelradsatz angeordnet. Zweischienige Kreuzkopfführung. Antrieb auf den 2. Kuppelradsatz. Einströmrohre durch die Rauchkammer geführt.
Steuerung: Innenliegende Stephenson-Steuerung. Schieberkästen senkrecht innerhalb der Rahmenwangen. Flachschieber.
Bremsausrüstung: Handbremse. Räder des 3. Kuppelradsatzes beidseitig abgebremst.
Allgemeine Einrichtungen: Handsandstreuer, vor die Treibräder sandend. Viereckiger Sandkasten auf dem 3. Kesselschuß.
Vorratsbehälter: Je ein seitlicher Wasserkasten. Ein Kohlekasten hinten im Führerhaus.

Urheberfirma der erstmals 1881 in den Direktionsbezirk Berlin gelieferten 3/3 G. T. L. (7 t) des Ruhr-Typs war die Lokomotivfabrik Borsig. 1881 wurden sechs dieser Lokomotiven gebaut, die die Bahnnummern Berlin 750 bis 755 bekamen und 1883 in Berlin 1731 bis 1736 umgezeichnet wurden. 1882 folgten weitere vier Maschinen unter den Bahnnummern Berlin 1737 bis 1740. Alle zehn Lokomotiven waren im Güterzugdienst auf der Berliner Ringbahn und auf den Anschlußbahnen des Niederschlesischen Kohlenreviers im Einsatz.
Als die Preußische Staatsbahn im Jahre 1883 die Aufnahme einer C n2-Güterzug-Tenderlokomotive für Hauptbahnen in die Normalien plante, nahm man die 3/3 G. T. L. (7 t) der Eisenbahn-Direktion Berlin, die dieses Projekt zusammen mit der Firma Borsig auch bearbeitete, als Vorbild. An der Konstruktion wurde fast nichts geändert, lediglich Details und Abmessungen paßte man den Normalien an. Das Musterblatt erhielt die Bezeichnung III 5 innerhalb der Gruppe der Normalien für Vollbahnen.
Das Leistungsvermögen der daraufhin beschafften Maschinen dieses

Borsig 1882/771, Berlin 1739, geliefert an die Maschinenstation Schöneberg, ab 1906 T7 Berlin 6809, ausgemustert 1909 in der Betriebswerkstatt Spandau. Als T7 Berlin 6809. Druckluftbremse Bauart Carpenter, Bedienungseinrichtung für Seilbremse.
Foto: Archiv Töpelmann

Typs entsprach jedoch nicht den Erwartungen. Ursache war vor allem die auch im Verhältnis zur Verdampfungsheizfläche und zur Zylinderleistung zu kleine Rostfläche. Verschiedentlich bemängelte man auch, daß die zulässige Achsfahrmasse von 14 t überschritten worden war. Weiterhin trat infolge der engen Rohrteilung oft Rohrlaufen auf, dem die Eisenbahn-Direktion Elberfeld und Magdeburg durch Verminderung der Rohranzahl erfolgreich begegneten. Aus diesen Gründen beauftragte das Ministerium der öffentlichen Arbeiten die Eisenbahn-Direktion Berlin Ende der achtziger Jahre zur Überarbeitung des Musterblattes. Zielstellung war dabei in erster Linie, die Leistungsfähigkeit zu erhöhen. Die Eisenbahn-Direktion Berlin zog die Firma Borsig zu Rate und ließ einen neuen Entwurf ausarbeiten. Man vergrößerte die Feuerbüchse – dadurch erweiterte sich auch die Stegbreite zwischen den Heizrohren – und erhöhte die Rostabmes-

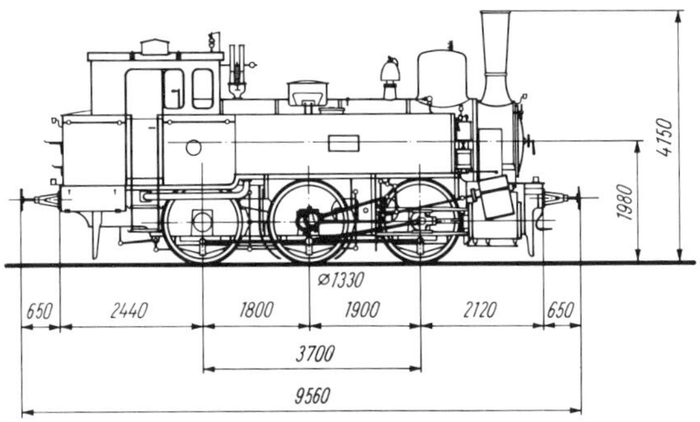

Hohenzollern, Union 1892. Lieferzustand. Verstärkte Ausführung. Druckluftbremse Bauart Westinghouse, Dampfsandstreuer.

Borsig 1884/4070, Magdeburg 1715, geliefert an die Betriebswerkstatt Sangerhausen, ab 1. April 1895 Cassel 1857, ab 1904 Cassel 1607, ab 1906 T7 Cassel 6854, 1916 im M. G. D.-Bezirk Bukarest, M. E. D.-Bezirk 7 Nish, Feld-Betriebswerkstatt Paratschin, ab 1918 T7 Bromberg 6820, ab 1920 T7 Osten 6820, DRG 89 7801, ausgemustert 1926. Beschriftung als Lokomotive der M. G. D. Bukarest. Druckluftbremse Bauart Westinghouse, Druckluftsandstreuer.
Foto: Sammlung Siebert

sungen auf 1 295 mm × 1 020 mm, indem die Feuerbüchsdecke höher gelegt und die Feuerbüchse verlängert und verbreitert wurde. Die Lokomotivbremse veränderte man so, daß die Bremsklötze einseitig von vorn in Höhe der Achsmitten auf die Räder des 2. und 3. Kuppelradsatzes wirkten. Die zulässige Achsfahrmasse von 14 t konnte gerade noch eingehalten werden. In dieser verstärkten Ausführung wurde die 3/3 G. T. L. (7 t) ab 1891 gebaut. Bei beiden Ausführungen betrug der Kesseldruck zum Teil 1,0 MPa, zum Teil 1,2 MPa.

Die indizierte Leistung erhöhte sich wie folgt:
Bauform mit 1,0 MPa Kesseldruck
von 310 kW (410 PS) bei 41 km/h
auf 330 kW (440 PS) bei 44 km/h;
Bauform mit 1,2 MPa Kesseldruck
von 315 kW (420 PS) bei 38 km/h
auf 345 kW (460 PS) bei 42 km/h.

Durch die Preußische Staatsbahn beschaffte Lokomotiven

Direktionsbezirk	Bahnnummern	DRG-Nummern	Hersteller	Baujahr	Fabriknummern	Bemerkungen/ Ausmusterung
1880...1884						
Altona	1700 und 1701	–	HANOMAG	1884	1784 bis 1785	
	1702 und 1703	– 89 7810	Union	1885	312 und 313	
	1704 und 1705	–	Union	1885	314 und 315	
	1706 und 1707	89 7822 –	Union	1889	436 und 437	
	1708 und 1709	89 7823 –	Union	1889	438 und 439	
	1710 bis 1713	–	Union	1890	538 bis 541	
	1714 und 1715	89 7829 –	Union	1890	542 und 543	
	1716 bis 1718	–	HANOMAG	1890	2217 bis 2219	
	1719 und 1720	–	Hohenzollern	1891	603 und 604	
	1721	89 7836	Hohenzollern	1891	605	
	1722 und 1723	– 89 7847	Union	1891	641 und 642	
	1724	–	Union	1891	643	
Berlin	750 bis 755	–	Borsig	1881	3774 bis 3779	
	1737 bis 1740	–	Wöhlert	1882	769 bis 772	
	1741 bis 1746	–	HANOMAG	1883	1577 bis 1582	
	1754	–	Union	1885	297	
	1755 und 1756	89 7806 und 89 7807	Union	1885	298 und 299	
	1757 und 1758	–	Union	1885	300 und 301	
	1813 und 1814	89 7825 –	Hohenzollern	1890	553 und 554	
	1815	89 7826	Hohenzollern	1890	555	
	1816 bis 1818	–	Hohenzollern	1890	556 bis 558	
	1819 und 1820	89 7827 bis 89 7828	Hohenzollern	1890	559 und 560	
	1821 und 1822	–	Hohenzollern	1890	561 und 562	
	1830 und 1831	–	Union	1891	616 und 617	
	1832 und 1833	89 7843 –	Union	1891	618 und 619	
	1834	89 7844	Union	1891	620	
	1835 und 1836	–	Hohenzollern	1891	621 und 622	
	1837	89 7838	Hohenzollern	1891	623	
	1838 und 1839	89 7845 –	Union	1891	624 und 625	
	1840 und 1841	– 89 7839	Hohenzollern	1892	651 und 652	
	1842 bis 1844	–	Hohenzollern	1892	653 bis 655	
	1857 und 1858	–	Union	1892	694 und 695	
	1859	89 7859	Union	1892	696	
	1860 bis 1862	–	Union	1892	697 bis 699	
	1863 und 1864	89 7860 –	Union	1892	700 und 701	
	1865	89 7861	Union	1892	702	
	1866 bis 1869	–	Union	1892	703 bis 706	
Breslau	442 und 443	– 89 7818	Vulcan	1885	903 und 904	
	444 bis 451	–	Vulcan	1885	905 bis 912	
	452 und 453	89 7819 –	Vulcan	1885	913 und 914	
	454 und 455	– 89 7820	Vulcan	1885	915 und 916	
	667 bis 673	–	Vulcan	1885	917 bis 923	

Direktionsbezirk	Bahnnummern	DRG-Nummern	Hersteller	Baujahr	Fabriknummern	Bemerkungen/ Ausmusterung
	1501 bis 1503	–	Union	1891	563 bis 565	
	1504	89 7842	Union	1891	566	
	1505 bis 1512	–	Union	1891	567 bis 574	
	1513 bis 1517	–	Union	1891	646 bis 650	
	1518	89 7848	Union	1891	651	
	1519 und 1520	–	Union	1891	652 und 653	
	1521 bis 1526	–	Union	1891	626 bis 631	
	1527	89 7846	Union	1891	632	
	1528 bis 1535	–	Union	1891	633 bis 640	
	1536 bis 1540	–	Hohenzollern	1892	656 bis 660	
	1541 bis 1543	–	Union	1892	707 bis 709	
	1544	89 7862	Union	1892	710	
	1545 bis 1548	–	Union	1892	711 bis 714	
	1549 und 1550	89 7863 und 89 7864	Union	1892	715 und 716	
	1755 bis 1758	–	Union	1885	273 bis 276	
	1774 bis 1777	–	Hohenzollern	1885	361 bis 364	
	1778	89 7805	Hohenzollern	1885	365	
	1792 und 1793	–	Union	1885	302 und 303	
	1794 und 1795	89 7808 –	Union	1885	304 und 305	
	1796	89 7809	Union	1885	306	
	1797 und 1798	–	HANOMAG	1885	1848 und 1849	
	1799	89 7804	HANOMAG	1885	1850	
	1800 und 1801	–	HANOMAG	1885	1851 und 1852	
	1802 bis 1806	–	Henschel	1887	2435 bis 2439	
	1807 bis 1821	–	Vulcan	1888	1010 bis 1024	
	1822 und 1823	– 89 7821	Vulcan	1889	1070 und 1071	
	1824 bis 1829	–	Vulcan	1889	1072 bis 1077	
	1830 bis 1839	–	Union	1890	528 bis 537	
	1840 und 1841	89 7840 –	Union	1891	556 und 557	
	1842	89 7841	Union	1891	558	
	1843 bis 1846	–	Union	1891	559 bis 562	
Bromberg	1886 bis 1893	–	Union	1892	717 bis 724	
	1894 und 1895	–	Union	1890	544 und 545	
	1896 bis 1899	89 7830 bis 89 7833	Union	1890	546 bis 549	
Coeln linksrh.	1749 bis 1752	–	HANOMAG	1885	1814 bis 1817	
	1753	89 7803	HANOMAG	1885	1818	
	1791 bis 1796	–	HANOMAG	1889	2043 bis 2048	
	1797 bis 1799	–	Hohenzollern	1890	564 bis 566	
	1801	–	Hohenzollern	1891	606	
	1802 und 1803	89 7837 –	Hohenzollern	1891	607 und 608	
	1804 bis 1808	–	Hohenzollern	1892	609 bis 613	
	1818	89 7857	Union	1892	683	
	1819 bis 1825	–	Union	1892	684 bis 690	
Coeln rechtsrh.	1793 bis 1795	–	HANOMAG	1885	1809 bis 1811	
	1796 und 1797	89 7802 –	HANOMAG	1885	1812 und 1813	
	1810 bis 1813	–	Henschel	1887	2325 bis 2328	
	1849 und 1850	–	Hohenzollern	1891	588 und 589	
	1851 und 1852	89 7834 und 89 7835	Hohenzollern	1891	590 und 591	
	1853	–	Hohenzollern	1891	592	
	1856 bis 1858	–	Hohenzollern	1892	682 bis 684	
	1859 und 1860	89 7853 –	Hohenzollern	1892	685 und 686	
	1861 und 1862	89 7854 –	Hohenzollern	1892	687 und 688	
	1863 und 1864	89 7855 –	Hohenzollern	1892	689 und 690	
	1865 und 1866	– 89 7856	Hohenzollern	1892	691 und 692	
	1867 und 1868	–	Hohenzollern	1892	693 und 694	
Elberfeld	1728 bis 1732	–	Grafenstaden	1885	3564 bis 3568	
	1733 bis 1737	–	HANOMAG	1885	1804 bis 1808	
	1744 bis 1747	–	Hohenzollern	1886	390 bis 393	

Direktionsbezirk	Bahnnummern	DRG-Nummern	Hersteller	Baujahr	Fabriknummern	Bemerkungen/ Ausmusterung
	1753 bis 1756	–	Henschel	1887	2388 bis 2391	
	1757	89 7815	Henschel	1887	2392	
	1773 bis 1775	–	Vulcan	1888	1007 bis 1009	
	1858 bis 1867	–	Hohenzollern	1891	593 bis 602	
	1868 und 1869	–	Grafenstaden	1892	4347 und 4348	
	1870 und 1871	89 7849 und 89 7850	Grafenstaden	1892	4349 und 4350	
	1872 und 1873	– 89 7851	Grafenstaden	1892	4351 und 4352	
	1874 und 1875	– 89 7852	Grafenstaden	1892	4353 und 4354	
	1876 und 1877	–	Union	1892	691 und 692	
	1878	89 7858	Union	1892	693	
Erfurt	1708 bis 1712	–	Union	1885	307 bis 311	
	1716 und 1717	–	Henschel	1887	2393 und 2394	
	1728 und 1729	–	Henschel	1889	2827 und 2828	
	1730 bis 1733	–	Henschel	1890	2829 bis 2832	
	1734	89 7824	Henschel	1890	2833	
	1741 bis 1744	–	Henschel	1890	2954 bis 2957	
	1745	89 7814	HANOMAG	1890	2141	
	1746 bis 1756	–	HANOMAG	1890	2142 bis 2152	
Hannover	1800 bis 1802	89 7811 bis 89 7813	HANOMAG	1886	1889 bis 1891	
	1803	–	HANOMAG	1886	1892	
Magdeburg	1712 bis 1714	–	Borsig	1884	4067 bis 4069	
	1715	89 7801	Borsig	1884	4070	

Durch Privatbahnen, Werkbahnen und die Hessische Ludwigsbahn beschaffte Lokomotiven

Bahn	Bahnnummern	Namen	Übernehmende Staatsbahn-Direktion	Bahnnummern	DRG-Nummern	Hersteller	Baujahr	Fabriknummern	Bemerkungen/ Ausmusterung
Breslau-Warschauer Eisenbahn	7 und 8	–	Breslau	1807 und 1808	89 7816 und 89 7817	Henschel	1887	2540 und 2541	
Dortmund-Gronau-Enscheder E.	31 und 32	–	Essen	1783 und 1784	–	Vulcan	1887	972 und 973	
	33 und 34	–	Essen	1787 und 1788	–	Hohenzollern	1882	492 und 493	
	35	–	Essen	1785	–	Vulcan	1895	1474	
	36	–	Essen	1786	89 7865	Vulcan	1896	1551	
	37	–	Essen	1789	89 7866	Hohenzollern	1898	1022	
Hessische Ludwigsbahn	23	SENKENBERG	Frankfurt	1869	–	Güstrow	1893	128	
	44	HANAU	Frankfurt	1870	–	Güstrow	1893	132	
	191	NIDDA	Frankfurt	1861	–	HANOMAG	1889	2019	
	192	IFFLER	Frankfurt	1862	–	HANOMAG	1892	2020	
	193	SPESSART	Frankfurt	1863	–	HANOMAG	1889	2021	
Oberhessische Eisenbahn	24	–	Frankfurt	1859	–	Krauss	1888	1805	
	25	–	Frankfurt	1860	–	Krauss	1892	2559	
Meurostollen	–	MEURO	Halle	1849	89 7867	HANOMAG	1900	3451	
Senftenberg	–	RAUNO	Halle	1848	89 7868	HANOMAG	1900	3452	
Weimar-Geraer E.	21 bis 23	–	Erfurt	1705 bis 1707	–	Henschel	1886	2192 bis 2194	

Eine der Lokomotiven aus dem Lieferlos Vulcan 1887/1007 bis 1009, Elberfeld 1773 bis 1775, geliefert an die Betriebswerkstatt Remscheid. Das auf dem Bild sichtbare – falsche – Nummernschild war nur zu Fotografierzwecken an der Lokomotive angebracht worden. Sonderausführung, Wasserkastendecke im vorderen Drittel geneigt.
Foto: Werkaufnahme, Archiv Töpelmann

Die Lokomotiven der verstärkten Normalbauart mit 1,2 MPa Kesseldruck konnten in der Ebene einen Güterzug von 1 040 t Masse mit einer Geschwindigkeit von 40 km/h, auf der Steigung 1:100 einen Güterzug von 510 t Masse mit ihrer Reibungsgeschwindigkeit von 12 km/h befördern.

Insgesamt bezog die Preußische Staatsbahn 371 3/3 G. T. L. (7 t) des Ruhr-Typs, die Beschaffung wurde 1892 eingestellt. Auch an Privatbahnen und Werkbahnen wurden einige Maschinen dieses Typs, zum Teil mit geringen konstruktiven Abweichungen, geliefert. Das Musterblatt trug seit 1890 die Bezeichnung III 4c.

Bei einigen Maschinen befanden sich die Speiseventile in Höhe Kesselmitte am 1. Kesselschuß statt an der Stehkesselrückwand. Verschiedentlich waren die Lokomotiven auch mit Dampfbremse oder mit Druckluftbremse Bauart Carpenter ausgestattet. Die Luftpumpe lag rechts oben neben der Rauchkammer (Foto). Später verwendete man die Druckluftbremse Bauart Westinghouse mit rechts neben dem vorderen Ende des 1. Kesselschusses angeordneter Luftpumpe. Ein Teil der Maschinen hatte Bedienungseinrichtung für Seilbremse erhalten, zum Teil verwendete man Handsandstreuer, nach 1900 auch Druckluftsandstreuer anstelle der Dampfsandstreuer. Einige Maschinen trugen ein Dampfläutewerk.

Eingesetzt wurde die Cn2-Tenderlokomotive des Ruhr-Typs vor allem im schweren Rangier- und Anschlußbahndienst auf den Anschlußbahnen des rheinisch-westfälischen und des oberschlesischen Industriegebietes, im Güterzugdienst auf der Berliner Ringbahn, als Schiebelokomotive für Güterzüge auf Steilrampen, im Rangierdienst auf größeren Güterbahnhöfen, im Nahgüterzugdienst über kurze Entfernungen, seltener auch im Personenzugdienst. Die Bezeichnung Ruhr-Typ war durch die hohe Stückzahl der im rheinisch-westfälische Industriegebiet beheimateten Lokomotiven dieses Typs zustande gekommen. Daneben bezeichnete man die Maschinen auch als 3/3 G. T. L. (7 t) Normalbauart bzw. Verstärkte Normalbauart.

Als die Leistungsanforderungen in ihrem ursprünglichen Einsatzgebiet stiegen, wanderten sie teilweise auf Nebenbahnen ab oder fanden Verwendung im leichten Rangierdienst und in anderen untergeordneten Diensten.

Im Gruppenplan von 1905 war der 3/3 G. T. L. (7 t) Ruhr-Typ das Gruppenzeichen T 7 und die Bahnnummernreihe 6 801 bis 7 000 zugedacht. Abweichende Umzeichnungen gab es nicht. Während des ersten Weltkrieges standen einige Maschinen im Dienst der Deutschen Heeresbahn, nach Kriegsende fiel ein Teil der 3/3 G. T. L. (7 t) Ruhr-Typ ausländischen Eisenbahnen zu. Die DRG nahm noch 137 nach Musterblatt III 4c gebaute T 7 als 89 7801 bis 89 7937 in den 2. Umzeichnungsplan aus dem Jahre 1923 und noch 68 Lokomotiven dieses Typs als 89 7801 bis 89 7868 in den 3. Umzeichnungsplan aus dem Jahre 1925 auf.

Sonderausführungen

Vulcan 1887/1007 bis 1009 Elberfeld 1773 bis 1775

Vorratsbehälter: Wasserkastendecke im vorderen Drittel geneigt.

Lokomotiven der Dortmund-Gronau-Enscheder Eisenbahn
Steuerung: Innenliegende Allan-Steuerung. Schieberkästen senkrecht innerhalb der Rahmenwangen.
Allgemeine Einrichtungen: Handsandstreuer, die Treibräder von vorn besandend. Runder Sandkasten auf dem 3. Kesselschuß.

—
3/3 G. T. L. mit Wellrohrkessel Bauart Pohlmeyer
C n2t
U 1887/1888 bis 1905
Techn. Daten: Seite 230

Die erste mit Wellrohrkessel ausgestattete Lokomotive bei der Preußischen Staatsbahn war eine von der Coeln-Mindener Eisenbahn übernommene, zunächst als Coeln rechtsrheinisch 1709, ab 1882 als Coeln rechtsrheinisch 1713 bezeichnete C n2-Güterzug-Tenderlokomotive. Den Wellrohrkessel, gebaut in der Centralwerkstatt Dortmund, hatte sie dort in den Jahren 1887/1888 durch einen Umbau erhalten.
Versuche mit Wellrohrkesseln waren durch die Firma Schultz-Knaudt in Essen, alleiniger Hersteller der bereits in größerem Umfang bei Land- und Schiffsdampfkesseln angewendeten Wellrohre, angeregt worden, indem sie sich mit Eisenbahn-Direktor Pohlmeyer, Leiter der Centralwerkstatt Dortmund, in Verbindung gesetzt hatte. Die Entwürfe für den Kessel hatte Eisenbahn-Direktor Pohlmeyer ausgearbeitet, nach ihm wurde diese Kesselbauart benannt.
Nach Beendigung des Umbaus führte man umfangreiche Versuchsfahrten, unter anderem auf der Strecke Deutzerfeld–Eitorf, durch. Über den Versuchsbetrieb mit der im Juni 1888 in Dienst gestellten Maschine berichtete die Eisenbahn-Direktion Coeln rechtsrheinisch, die Maschine habe sich gegenüber gleichartigen Lokomotiven mit gewöhnlichem Kessel als leistungsfähiger erwiesen, verbrauche aber mehr Kohle. Ungünstig sei, daß die große Fläche der Hinterkesselrückwand sehr viel Wärme ausstrahle und daher das Lokomotivpersonal stark belästigt werde. Überreißen von Kesselwasser sei nicht aufgetreten, so daß sich die gewählte Konstruktion, den Hinterkessel stark zu überhöhen, um noch einen ausreichend großen Dampfraum zu erhalten, bewährt habe. Als ausgesprochen günstig für das Leistungsvermögen sei der große Wasserraum des Kessels. Das Auswechseln der Feuerbüchse sei wesentlich einfacher als beim herkömmlichen Lokomotivkessel, der Anschaffungspreis liege um etwa 3000 Mark niedriger.
Die üblichen Mängel, die dem Wellrohrkessel anhafteten, dürften sich schon bald herausgestellt haben. Der Wellrohrkessel Bauart Pohlmeyer ist wahrscheinlich nicht wieder verwendet worden, bei der Fortsetzung der Versuche mit Wellrohrkesseln zu Beginn der neunziger Jahre entschied man sich vorzugsweise für die Bauart Lentz.
Nach der Verfügung des Ministeriums der öffentlichen Arbeiten aus dem Jahre 1894, alle Lokomotiven mit Wellrohrkesseln außer Betrieb zu nehmen, wurde auch die Coeln rechtsrheinisch 1713 vorübergehend abgestellt. Sie erhielt noch 1894 einen in der Centralwerkstatt Dortmund gebauten, dem Kessel der 3/3 G. T. L. (7 t) Ruhr-Typ entsprechenden Ersatzkessel, wurde wieder in Dienst gestellt und fiel bei der Neubildung der Direktionsbezirke dem Direktionsbezirk Essen zu. Dort lief sie bis zu ihrer Ausmu-

Name Coeln-Mindener Eisenbahn	Übernehmende Staatsbahn-Direktion	Bahn-nummer	Hersteller	Bau-jahr	Fabrik-nummer	Bemerkungen/ Ausmusterung
HALTERN	Coeln rechtsrh.	1709	Borsig	1872	2876	+ 1905

sterung im Jahre 1905 unter der Bahnnummer Essen 1713.

Konstruktive Merkmale

Kessel: Wellrohrkessel Bauart Pohlmeyer.
Zylindrischer, stark überhöhter Rundkessel (Innendurchmesser 1900 mm, Länge 2600 mm) bildet den Hinterkessel. Rückwand senkrecht. Einschüssiges, waagerecht angeordnetes flußeisernes Wellrohr (Länge ca. 2600 mm, Innendurchmesser 1200/1300 mm) ersetzt die sonst übliche Feuerbüchse. Verankerung des Hinterkessels durch Längsanker zwischen Vorderwand und Rückwand. Ca. 1400 mm langer, 900 mm breiter, schwach nach vorn ansteigender Rost, vorn durch vertikale Feuerbüchse begrenzt. Daran anschließender, ca. 1000 mm langer Verbrennungsraum. Sekundärluftzuführung durch die Feuerbüchse. Dampfdom auf dem vorderen Ende des Hinterkesselscheitels.
Langkessel aus zwei zylindrischen Schüssen zusammengesetzt (größter Innendurchmesser 1185 mm), im Betriebszustand vollständig mit Wasser gefüllt.
695 mm lange, nach oben und sehr stark nach unten erweiterte, durch Winkelring mit dem Langkessel verbundene Rauchkammer. Prüsmann-Schornstein.
Kesselausrüstung: Zwei Dampfstrahlpumpen. Kesselsicherheitsventil Bauart Ramsbottom auf dem Hinterkesselscheitel hinter dem Dampfdom. Luftkanal mit Aschesack am hinteren Ende des Wellrohres, zwischen 3. Kuppelradsatz und Kuppelkasten hinabreichend. Ein weites Löscherohr am Boden des Verbrennungsraumes. Flachschieberregler.
Rahmen: Innenliegender Blechrahmen.
Fahrwerk: Abstützung auf den 1. und 2. Kuppelradsatz über je eine zwischen 1. und 2. Kuppelradsatz in Höhe Achsmitte liegende Blattfeder auf jeder Lokomotivseite, Federspannschrauben und je einen oberhalb des Hauptrahmens liegenden, in der Mitte am Hauptrahmen gelagerten und sich mit den Enden auf die Achslager stützenden Längsausgleichhebel. Alle Radsätze unverschiebbar im Hauptrahmen gelagert.
Triebwerk: Naßdampf-Zwillings-Triebwerk. Zylinder außen vor dem 1. Kuppelradsatz angeordnet.
Steuerung: Innenliegende Stephenson-Steuerung. Schieberkästen senkrecht innerhalb der Rahmenwangen. Flachschieber.
Bremsausrüstung: Handbremse.
Vorratsbehälter: Je ein seitlicher Wasserkasten.

T 8

3/3 H. T. L.
DRG-Baureihe 89⁰
(→ EFA 1.3)

C h2t

1906

Techn. Daten: Seite 231

Im Jahre 1902 hatte der Ausschuß für Lokomotiven über den Entwurf einer im Typenprogramm für Heißdampflokomotiven enthaltenen 3/3 H.T.L. beraten, das Projekt aber abgelehnt, weil bereits die Beschaffung der 1'C h2-Tenderlokomotive (T 12) genehmigt worden war, deren Achsfahrmasse den Wert von 14 t nicht überschritt und die somit auch für militärische Zwecke verwendbar war. Kurze Zeit später stellte die Eisenbahn-Direktion Hannover den Antrag zur Beschaffung einer dreifach gekuppelten Tenderlokomotive mit einem Kuppelraddurchmesser von 1350 mm. Sie benötigte solche Lokomotiven für den Einsatz auf Nebenbahnen, die für eine Streckengeschwindigkeit von 50 km/h zugelassen waren, da die 3/3 T. L. (5 t) Normalbauart (T 3) sich nicht für die Beförderung von Personenzügen mit dieser Geschwindigkeit eignete. Auch die Eisenbahn-Direktion Erfurt meldete entsprechenden Bedarf an.
Da die in Frage kommenden Nebenbahnen für eine zulässige Achsfahrmasse von 14 t ausgelegt waren, konnte man diesen Wert auch bei der Konstruktion der geforderten Lokomotive zugrunde legen.

Linke 1906/363, bestellt als Altona 1729 (Gruppenschild T 3), vorgesehen als T 8 Altona 7001, in Dienst gestellt als T 8 Berlin 7005, Heimat-Betriebswerkstatt Pankow, ab ca. 1914 T 8 Halle 7006. Erste Bauform. Lieferzustand. *Foto: Werkaufnahme, Sammlung Siebert*

Die relativ guten Erfahrungen ließen die Anwendung der Dampfüberhitzung als wünschenswert erscheinen. Im Jahre 1904 legte Robert Garbe die ersten, von der Maschinenbauanstalt Breslau ausgearbeiteten Entwürfe vor. Man entschied sich für die Ausstattung mit Rauchrohr-Überhitzer und gab den Bau der ersten Lokomotiven bei der Maschinenbauanstalt Breslau in Auftrag. Im Jahre 1906 wurden sie als Magdeburg 2001, T 8 Magdeburg 7002 und 7003, T 8 Berlin 7004 bis 7008 und Halle 1767 bis 1769 geliefert. Die Lokomotiven T 8 Berlin 7004 bis 7006 waren ursprünglich unter den Bahnnummern Danzig 2000, Altona 1729 und Bromberg 1870, die Lokomotiven T 8 Berlin 7007 und 7008 unter den Bahnnummern Hannover 1920 und 1921 bestellt worden. Die Lokomotiven Halle 1767 bis 1769 zeichnete man kurz nach ihrer Anlieferung in T 8 Halle 7001 bis 7003 um.

Nach Indienststellung der ersten Maschinen des neuen Typs führten die Preußich-Hessischen Staatsbahnen Vergleichsfahrten zwischen einer 3/3 T. L. (5 t) Normalbauart (T 3), einer 3/3 H. T. L. (T 8) und einer 3/4 G. T. L. dr. kr. (T 9^3) durch. Dabei zeigte sich die T 8 den beiden anderen Lokomotiven sowohl in der Leistungsfähigkeit und der Zugkraft als auch in der Wirtschaftlichkeit des Brennstoff- und Wasserverbrauchs überlegen. Ihr gutes Beschleunigungsvermögen ließ sie für den Berliner Stadt-, Ring- und Vorortbahndienst geeignet erscheinen. Das Ministerium der öffentlichen Arbeit wies deshalb den probeweisen Einsatz im Berliner Personennahverkehr an. Daraufhin wurden die Lokomotiven Magdeburg 2001, die kurz nach ihrer Anlieferung in T 8 Magdeburg 7001 umgezeichnet worden war, T 8 Magdeburg 7002 und T 8 Magdeburg 7003 in den Direktionsbezirk Berlin abgegeben und in T 8 Berlin 7001 bis 7003 umbenannt. Zusammen mit den durch die Eisenbahn-Direktion Berlin selbst beschafften T 8 standen ab 1908 23 Lokomotiven dieses Typs in den Dienst der Eisenbahn-Direktion Berlin, die sämtlich auf den Nordring-Strecken eingesetzt waren. Dort bewährten sie sich jedoch nicht. Die großen Überhänge führten bei höheren Geschwindigkeiten – im Personenzugdienst auf dem Nordring mußten Geschwindigkeiten bis 60 km/h gefahren werden – zu starken Schlinger- und Nickbewegungen. Hinzu kamen die durch den unzureichenden Ausgleich der hin- und hergehenden Massen verursachten störenden Bewegungen. Deshalb zog man die Maschinen nach fünf bis sechs Jahren aus dem Ringbahndienst zu-

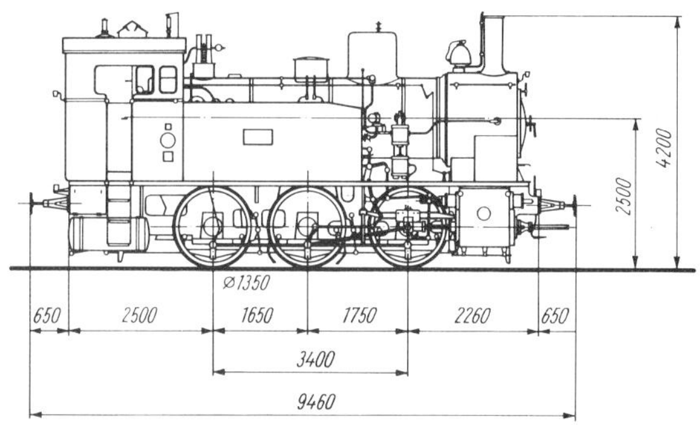

Linke 1906/1907. Lieferzustand. Erste Bauform.

Direktionsbezirk	Bahnnummern	DRG-Nummern	Hersteller	Baujahr	Fabriknummern	Bemerkungen/ Ausmusterung
1895/1896						
Altona	T8 7002	89025	Orenstein	1907	1911	
	T8 7003	89029	HANOMAG	1907	4856	
	T8 7004 und 7005	89052 und 89053	Orenstein	1907	2120 und 2121	
Berlin	T8 7004 und 7005	89003 und 89004	Linke	1906	362 und 363	
	T8 7006	–	Linke	1906	364	
	T8 7007 und 7008	–	Linke	1906	368 und 369	
	T8 7009 bis 7014	89046 bis 89051	Orenstein	1907	2114 bis 2119	
	T8 7015 bis 7017	89038 bis 89040	Linke	1907	461 bis 463	
	T8 7018	–	Linke	1907	464	
	T8 7019	89068	Orenstein	1908	2571	
	T8 7020 und 7021	–	Orenstein	1908	2572 und 2573	
	T8 7022 und 7023	89069 und 89070	Orenstein	1908	2574 und 2575	
Breslau	T8 7001 und 7002	89017 und 89018	Linke	1907	449 und 450	
	T8 7003 und 7004	–	Orenstein	1907	2122 und 2123	
	T8 7005 bis 7008	89056 bis 89059	Linke	1908	503 bis 506	
	T8 7009 bis 7011	89074 bis 89076	Linke	1909	632 bis 634	
Bromberg	T8 7001 und 7002	– 89055	Orenstein	1907	2125 und 2126	
	T8 7003 bis 7005	89071 bis 89073	Orenstein	1908	2576 bis 2578	
Coeln	T8 7001 und 7002	89026 und 89027	HANOMAG	1907	4851 und 4852	
	T8 7003	–	HANOMAG	1907	4853	
	T8 7004 und 7005	89028 –	HANOMAG	1907	4854 und 4855	
Danzig	T8 7001 und 7002	–	Linke	1907	457 und 458	
Elberfeld	T8 7001 bis 7004	89008 bis 89011	Linke	1907	396 bis 399	
	T8 7005 und 7006	89030 und 89031	HANOMAG	1907	4857 und 4858	
	T8 7007 und 7008	89064 und 89065	Linke	1908	511 und 512	
Essen	T8 7001 und 7002	89032 –	HANOMAG	1907	4859 und 4860	
	T8 7003	89033	HANOMAG	1907	4861	
	T8 7004 und 7005	– 89077	Linke	1909	635 und 636	
	T8 7006 und 7007	– 89078	Linke	1909	637 und 638	
Frankfurt	T8 7001 und 7002	89019 –	Linke	1907	451 und 452	
	T8 7003	89020	Linke	1907	453	
Halle	1767 bis 1769	89005 bis 89007	Linke	1906	365 bis 367	
	T8 7004	89021	Linke	1907	454	
Hannover	T8 7003 bis 7006	89042 bis 89045	Orenstein	1907	1912 bis 1915	
	T8 7007 und 7008	89012 und 89013	Linke	1907	400 und 401	
	T8 7009 bis 7012	89034 bis 89037	HANOMAG	1907	4862 bis 4865	
	T8 7013 bis 7016	89060 bis 89063	Linke	1908	507 bis 510	
Magdeburg	2001	89001	Linke	1906	359	
	T8 7001[II]	89022	Linke	1907	455	
	T8 7002 und 7003	89002 –	Linke	1906	360 und 361	
Mainz	T8 7001	89016	Linke	1907	405	
	T8 7002	–	Linke	1907	456	
	T8 7003 und 7004	89023 und 89024	Linke	1907	459 und 460	
Münster	T8 7001 und 7002	89014 und 89015	Linke	1907	402 und 403	
	T8 7003	–	Linke	1907	404	
Posen	T8 7001	89041	Linke	1907	465	
	T8 7002	89054	Orenstein	1907	2124	
	T8 7003 und 7004	89066 –	Linke	1908	513 und 514	
	T8 7005 und 7006	– 89067	Linke	1908	515 und 516	

Linke 1909/633, T8 Breslau 7010, geliefert an die Betriebswerkstatt Breslau, 1925 im Bw Dresden Altstadt beheimatet, DRG 89075. Aufgenommen als T8 Breslau 7010 im Bw Dresden Altstadt. Zweite Bauform.
Foto: Sammlung Siebert

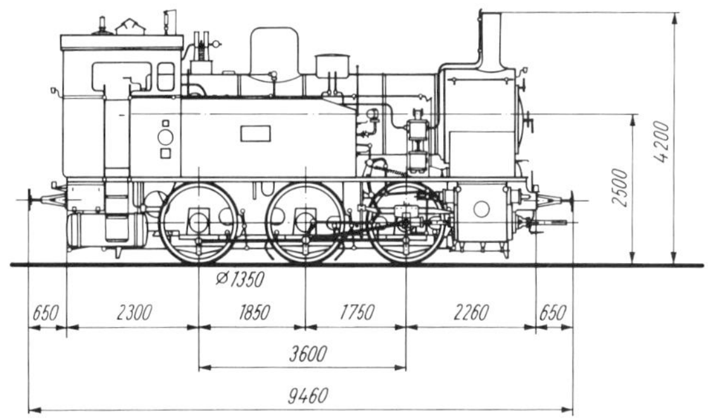

Linke 1908/1909. Lieferzustand. Zweite Bauform.

rück und gab sie in andere Direktionsbezirke ab.
Doch auch für den ursprünglich vorgesehenen Verwendungszweck, den Nebenbahndienst, eignete sich die T8 nicht. Trotz aller Bemühungen, die man für eine möglichst leichte Bauweise aufgewendet hatte, wurde die zulässige Achsfahrmasse von 14t um rund 1,5t überschritten. Die T8 kam somit nur für den Einsatz auf Hauptbahnen und Nebenlinien mit einer zulässigen Achsfahrmasse ab 16t in Frage. Trotzdem wurden 100 Lokomotiven dieser Gattung gebaut und vor allem im schweren Rangierdienst, zur Bedienung großer Werkanschlußbahnen und im Nahgüterzugdienst über kurze Entfernungen, also für ähnliche Aufgaben wie die T7 (7t) Ruhr-Typ, eingesetzt. Später wechselten die Maschinen oft den Direktionsbezirk; Direktionsbezirke mit industriellen Ballungsgebieten, wie Elberfeld, Breslau und Kattowitz, „sammelten" sie regelrecht.
Die T8 wies die für die Heißdampflokomotiven der Preußisch-Hessischen Staatsbahnen typischen Merkmale auf: Einen schmalen, zwischen den Rahmenwangen eingezogenen Hinterkessel, eine stark erweiterte, durch einen Winkelring mit dem Langkessel verbundene Rauchkammer, einen innenliegenden Blechrahmen, dessen Wangendicke 12 mm betrug, außenliegende Heusinger-Steuerung mit Hängeeisen und Druckluftbremse Bauart Knorr oder Westinghouse. Einige Maschinen stattete man mit Bedienungseinrichtung für Seilbremse aus. Die Rauchrohre lagen in zwei Reihen. Der Wasservorrat war in zwei seitlichen Wasserkästen, der Kohlenvorrat in einem auf der Heizerseite zwischen Wasserkasten und Führerhaus liegenden Kohlenkasten untergebracht. Auf einen hinteren Kohlenkasten hatte man verzichtet, um die überhängenden Massen nicht noch weiter anwachsen zu lassen.
Bei den ab 1908 gebauten Maschinen war der Dampfdom, vermutlich um den Schwerpunkt mehr zur Lokomotivmitte hin zu verschieben, vom 1. auf den 2. Kesselschuß und damit der Sandkasten vor den Dampfdom verlegt worden. Die gleichzeitig vorgenommene Verlegung des 3. Kuppelradsatzes nach

hinten diente der Verminderung der überhängenden Massen. Im Zusammenhang damit wurden die Spurkränze des 2. Kuppelradsatzes geschwächt.
Die indizierte Höchstleistung betrug 490 kW (690 PS) bei einer Geschwindigkeit von 46 km/h. In der Ebene konnte die T 8 mit einem Güterzug von 1320 t Masse eine Beharrungsgeschwindigkeit von 40 km/h erreichen. Über die Steigung 1:100 konnte sie einen Güterzug von 650 t Masse mit ihrer Reibungsgeschwindigkeit von 14 km/h ziehen.
Sämtliche Maschinen trugen das Gruppenzeichen T 8, die ursprünglich für diese Gruppe vorgesehene Bahnnummernreihe 7001 bis 7200 schränkte man später, da die gebaute Stückzahl unter den Erwartungen geblieben war, auf die Nummernreihe 7001 bis 7050 ein. Das um 1910 für die T 8 aufgestellte Musterblatt erhielt die Bezeichnung XIV 4.
Die DRG übernahm noch 80 T 8 als 89 001 bis 89 080 in den 2. Umzeichnungsplan aus dem Jahre 1923. Bis zur Aufstellung des 3. Umzeichnungsplanes im Jahre 1925 hatte sich die Anzahl nur um zwei Maschinen verringert. Vorgesehen waren die endgültigen DRG-Betriebsnummern 89 001 bis 89 078. Die entsprechenden Schilder sollen allerdings nur 37 T 8 erhalten haben, die übrigen werden kurz nach 1925 ausgemustert worden sein.

Sonderausführungen

HANOMAG 1907/4862 und 4863 T 8 Hannover 7009 und 7010; DRG 89 034 und 89 035.
Steuerung: Ventilsteuerung Bauart Lentz. Vor 1925 durch Schiebersteuerung ersetzt.

T 9

3/4 T. L. dr. kr.
Bauart Elberfeld
DRG-Baureihe 90^1
(→ EFA 1.3)

C1′ n2t

1891 bis 1923

Techn. Daten: Seite 231

Ende der achtziger Jahre begann sich abzuzeichnen, daß die vorhandenen Normallokomotiven für Nebenbahnen mit den steigenden Leistungsanforderungen nicht mehr auf allen Strecken mitzuhalten vermochten. Im Direktionsbezirk Elberfeld konnte die T 3 (5 t) Normalbauart auf den als Nebenbahnen angelegten Bergstrecken die Zugmassen oft nicht bewältigen. Man setzte deshalb an ihrer Stelle die G 3 Normalbauart, die P 2 (Ruhr-Sieg Typ) und die T 7 (7 t) Ruhr-Typ ein, war jedoch mit keinem dieser Lokomotivtypen dabei zufrieden, weil die Zugkraft bei den ersteren nicht ausreichte und bei der letzteren die Kesselnenndampfleistung zu gering war.
Aus diesem Grund bestellte die Eisenbahn-Direktion Elberfeld bei der Lokomotivfabrik Krauss zwei C1′ n2-Tenderlokomotiven nach dem Muster der bereits durch die Bayerische Staatsbahn beschafften, für die Nebenstrecke Reichenhall–Berchtesgaden bestimmten späteren Gattung D VIII^c der Bayerischen Staatsbahn, der Lokomotivgattung, an der man erstmals das Krauss-Lenkgestell anwendete. Beide Maschinen wurden 1891 geliefert und für den Einsatz auf der Strecke Elberfeld–Kronenberg, die Steigungen bis 1:40 und Bogenhalbmesser bis 180 m herab aufwies, in der Betriebswerkstatt Elberfeld stationiert.
Sie bewährten sich in ihrem Einsatzgebiet. Trotz des geringen Kuppelraddurchmessers von 1 080 mm liefen sie aufgrund der günstigen Achsanordnung auch bei 45 km/h noch ruhig und erwiesen sich als sehr leistungsfähig, so daß die Eisenbahn-Direktion Elberfeld bald weitere Lokomotiven dieses Typs in Auftrag gab.
Im Jahre 1892 lieferte die Firma Krauss an die Betriebswerkstatt Hagen zwei Maschinen unter den Bahnnummern 2002 und 2003, die der gegenüber der Gattung D VIII^c verstärkten Gattung D VIIIe der Bayerischen Staatsbahn entsprachen. Kesseldurchmesser, Verdampfungsheizfläche und Zylinderdurchmesser waren größer, die Rauchkammerlänge betrug 1 460 mm. Den Rahmen und den Achsstand hatte man verlängert, waagerechte Längsausgleichhebel verbanden alle Tragfedern der Kuppelradsätze, so daß sich die Lokomotive in drei Punkten abstützte. Die Kreuzköpfe wurden zweischienig geführt. Die Gegendruckbremse war entfallen, dafür hatten die Lokomotiven Druckluftbremse der Bauart Westinghouse erhalten, deren Luftpumpe rechts neben der Rauchkammer lag. Nachträglich rüstete man auch die Probelokomotiven mit Druckluftbremse aus. Die Türöffnungen des Führerhauses waren im oberen Teil nach vorn erweitert, hinzugekommen war je ein vor der Türöffnung liegendes Seitenfenster, ebenso ein Dampfläutewerk, das die vorher gelieferten Lokomotiven nachträglich bekamen. In-

Krauss 1891/2206, Elberfeld 2001, geliefert an die Betriebswerkstatt Elberfeld für die Strecke Elberfeld–Kronenberg, ab 1905 T9 Elberfeld 7242. Erste Bauform. Lieferzustand. *Foto: Werkaufnahme, Sammlung Wagner*

folge der Verlängerung der Wasserkästen und der Verlegung des Kohlenkastens hinter das Führerhaus konnten größere Wasser- und Kohlevorräte aufgenommen werden. Die zulässige Achsfahrmasse von 14 t hatte man voll ausgenutzt, so daß gegenüber den ersten beiden Maschinen, bei denen die Achsfahrmasse nur 13 t betrug, Reibungszugkraft hinzugewonnen wurde.

Die folgenden 23 Maschinen baute die Firma Henschel. Anstelle der geraden Schwingen Bauart Helmholtz bekamen sie gebogene Schwingen gewöhnlicher Bauart. Ab oder nach 1895 rüstete man einige Maschinen ab Werk mit Restarting-Injektoren der Bauart Friedmann aus. Ein Teil der Lokomotiven war nicht mit Bedienungseinrichtung für Seilbremse ausgestattet. Bei den ab 1899 gebauten Lokomotiven wurden Rahmen und verschiedene Triebwerksteile verstärkt ausgeführt.

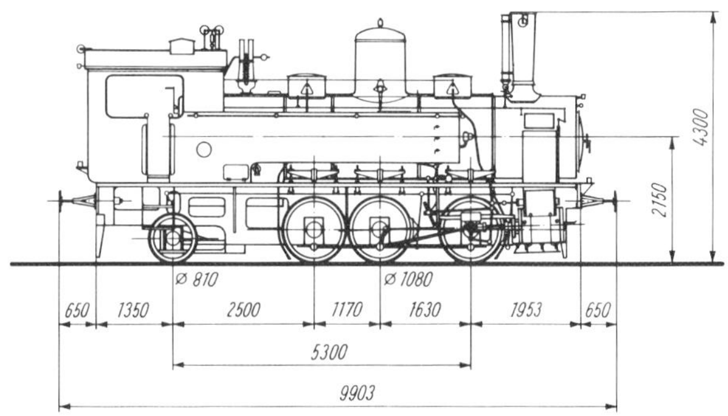

Krauss, 1891, Elberfeld 2000 und 2001. Lieferzustand.

Geliefert wurden diese 23 Lokomotiven an folgende Betriebswerkstätten:

Elberfeld 2004 und 2005 an die Betriebswerkstatt Brügge;
Elberfeld 2006, 2007, 2012 und 2013 an die Betriebswerkstatt Dieringshausen;
Elberfeld 2008 bis 2011 an die Betriebswerkstatt Olpe;
Elberfeld 2014 und 2015 an die Betriebswerkstatt Siegburg;
Elberfeld 2016 bis 2019 an die Betriebswerkstatt Erndtebrück;
Elberfeld 2020, 2023 und 2025 an die Betriebswerkstatt Altenhundem;
Elberfeld 2021, 2022, 2024 und 2026 an die Betriebswerkstatt Siegen

Zum Einsatz kamen sie vor allem auf den Gebirgsstrecken im Rheinufergebiet.

Im Jahre 1899 bezogen auch die Eisenbahn-Direktionen Cassel, Erfurt und Frankfurt insgesamt zehn C1′n2-Tenderlokomotiven Bauart Elberfeld, so daß zusammen mit den Elberfelder Maschinen 37 Lokomotiven dieses Typs bei den Preußisch-Hessischen Staatsbahnen im Dienst standen. Die Lokomotiven Cassel 1460 bis 1462 wurden in der Betriebswerkstatt Frankenberg, die Lokomotiven Erfurt 1801 bis 1803 in der Maschinenstation Sonneberg, die Lokomotiven Erfurt 1804 und 1805 in der Maschinenstation Grimmenthal und die Lokomotiven Frankfurt 1920 und 1921 in der Betriebswerkstatt Wiesbaden, letztere für den Einsatz auf der Strecke

Krauss 1892/2849, Elberfeld 2002, geliefert an die Betriebswerkstatt Hagen, DRG 90351 vorläufig, ausgemustert vor der endgültigen Umzeichnung. Zweite Bauform. Lieferzustand.
Foto: Werkaufnahme, Sammlung Umlauft

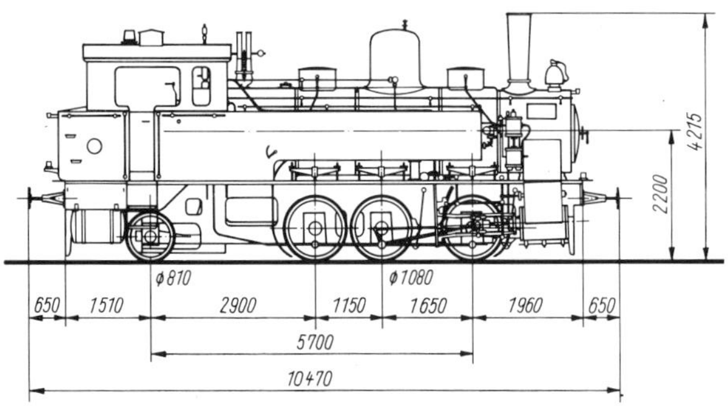

Henschel 1895. Lieferzustand.

Wiesbaden–Langenschwalbach, stationiert. Die Casseler Maschinen trugen ab 1904 die Bahnnummern Cassel 1600 bis 1602.
Die indizierte Höchstleistung der C1′ n2 Bauart Elberfeld der letzten Bauform betrug 420 kW (560 PS) bei einer günstigsten Geschwindigkeit von 45 km/h. Auf der Steigung 1:100 konnten diese Lokomotiven einen aus zwei- und dreiachsigen Wagen gebildeten Zug von 550 t Masse mit ihrer Reibungsgeschwindigkeit von 13 km/h befördern.
Im Laufe der Zeit beheimatete man die Lokomotiven zum Teil oft um. In den Gruppen- und Bahnnummernplan von 1905 wurden sie als T 9 Cassel 7291 bis 7293, T 9 Elberfeld 7241, 7242 und 7261 bis 7285, T 9 Erfurt 7241 bis 7245 und T 9 Frankfurt 7248 und 7249 eingereiht.
13 T 9 Bauart Elberfeld nahm die DRG unter den Betriebsnummern 90 351 bis 90 363 in den 2. Umzeichnungsplan von 1923, eine T 9 Bauart Elberfeld unter der Betriebsnummer 90 116 in den 3. Umzeichnungsplan von 1925 auf. Die 1922 in T 9 Stettin 7227 umgezeichnete ehemalige T 9 Elberfeld 7276 war nach ihrer 1923 erfolgten Ausmusterung an die Kaligrube Volkenroda als Werklokomotive verkauft worden.

Konstruktive Merkmale

Kessel: Unterer Teil des Hinterkessels zwischen den Rahmenwangen eingezogen. Stehkesseldecke halbzylindrisch gewölbt, Rückwand senkrecht. Kupferne Feuerbüchse. 1700 mm langer, 1000 mm breiter, geneigter Rost.
Langkessel aus drei zylindrischen Schüssen. Dampfdom auf dem 2. Kesselschuß.
1300 mm lange, nicht erweiterte Rauchkammer. Prüsmann-Schornstein.
Kesselausrüstung: Zwei saugende Dampfstrahlpumpen. Speiseventile in Höhe Kesselmitte am 1. Kesselschuß. Kesselsicherheitsventil Bauart Ramsbottom auf dem Stehkesselscheitel. Flachschieberregler.
Rahmen: Innenliegender Blechrahmen mit 10 mm dicken Wangen, zwischen 1. und 2. Kuppelradsatz als Rahmenwasserkasten ausgebildet.
Fahrwerk: Fünfpunktabstützung. Tragfedern der Kuppelradsätze

Direktionsbezirk	Bahnnummern	DRG-Nummern	Hersteller	Baujahr	Fabriknummern	Bemerkungen/ Ausmusterung
1880...1884						
Elberfeld	2000 und 2001	–	Krauss	1891	2505 und 2506	
	2002 und 2003	–	Krauss	1892	2849 und 2850	
1895/1896						
Cassel	1460 bis 1462	–	Henschel	1899	5228 bis 5230	
Elberfeld	2004 bis 2007	–	Henschel	1895	4107 bis 4110	
	2008 bis 2011	–	Henschel	1897	4571 bis 4574	
	2012 bis 2015	–	Henschel	1898	4777 bis 4780	
	2016 bis 2020	–	Henschel	1899	4943 bis 4947	
	2021 bis 2026	–	Henschel	1900	5338 bis 5343	
Erfurt	1801 bis 1805	–	Henschel	1899	5233 bis 5237	
Frankfurt	1920 und 1921	90116 –	Henschel	1899	5231 und 5232	

T9

3/4 T. L. m. h. L.
Bauart Langenschwalbach

C1′n2t

1892

Techn. Daten: Seite 232

oberhalb des Hauptrahmens, zwischen 2. und 3. Kuppelradsatz durch waagerechte Längsausgleichhebel verbunden. Belastung des Laufradsatzes durch querliegende Blattfeder oberhalb der Achslager. Hinteres Krauss-Lenkgestell, 3. Kuppelradsatz ±25 mm seitenverschiebbar, Laufradsatz radial verschiebbar. Spurkränze des 3. Kuppelradsatzes geschwächt (vermutlich nachträgliche Änderung).

Triebwerk: Naßdampf-Zwillings-Triebwerk. Zylinder außen schwach geneigt vor dem 1. Kuppelradsatz angeordnet. Einschienige Kreuzkopfführung. Antrieb auf den 2. Kuppelradsatz. Einströmrohre durch die Rauchkammer geführt.

Steuerung: Außenliegende Heusinger-Steuerung mit Hängeeisen, gerader Schwinge Bauart Helmholtz und Schieberschubstange mit Pendelaufhängung. Schieberkästen auf den Zylindern. Flachschieber.

Bremsausrüstung: Handbremse. 1. und 2. Kuppelradsatz von vorn abgebremst. Gegendruckbremse Bauart Riggenbach. Bedienungseinrichtung für Seilbremse.

Allgemeine Einrichtungen: Handsandstreuer, die Räder des 1. Kuppelradsatzes von vorn, die Räder des 3. Kuppelradsatzes von hinten besandend. Ein viereckiger Sandkasten auf dem 1. Kesselschuß, ein viereckiger Sandkasten auf dem 3. Kesselschuß.

Vorratsbehälter: Je ein seitlicher Wasserkasten. Ein Rahmenwasserkasten im vorderen Rahmenteil zwischen 1. und 2. Kuppelachse. Ein seitlicher Kohlekasten auf der Heizerseite zwischen Wasserkasten und Führerhaus.

Im Jahre 1899 wurde die im Direktionsbezirk Frankfurt liegende Taunusbahn Wiesbaden–Schwalbach (später Langenschwalbach) eröffnet. Diese als Nebenbahn angelegte Strecke wies Steigungen bis 1:30 auf. Der Verkehr nahm innerhalb kurzer Zeit einen solchen Aufschwung, daß die anfangs eingesetzten T3 (5t) Normalbauart bald nicht mehr den Anforderungen genügten. Sie vermochten nur fünf Personenwagen, entsprechend einer Wagenzugmasse von 70 t, mit einer Geschwindigkeit von 16 km/h zu befördern. Versuchsweise setzte man die T7 (7t) Ruhr-Typ ein, die jedoch aufgrund zu geringer Kesselnenndampfleistung die erforderliche Mehrleistung nicht aufbrachte. Notwendig war eine Tenderlokomotive, die Personenzüge von 100 t Wagenzugmasse bergwärts mit einer Geschwindigkeit von 20 km/h befördern konnte.

Die Eisenbahn-Direktion Frankfurt betraute die Maschinenfabrik Esslingen, die bereits über Erfahrungen im Bau von Tenderlokomotiven für Gebirgsstrecken verfügte, mit der Entwicklung und dem Bau eines solchen Lokomotivtyps. Bei der Konstruktion standen die von der

B. M. A. G. 1895/2207, Frankfurt 1919, geliefert an die Betriebswerkstatt Limburg, ausgemustert vor 1923. Lieferzustand. *Foto: Werkaufnahme, Archiv transpress*

Firma Esslingen an die Rübelandbahn gelieferten Zahnradlokomotiven Pate. Der Kessel war diesen Maschinen weitgehend nachgebildet, auch die geneigte Feuerbüchsdecke behielt man bei. Es entstand eine dreifach gekuppelte Tenderlokomotive mit hinterer Laufachse, die nach ihrem ersten Einsatzraum als Bauart Langenschwalbach bezeichnet wurde. Die ersten zehn Maschinen, 1892 und 1893 von der Maschinenfabrik Esslingen und der B. M. A. G. gebaut, kamen zur Strecke Wiesbaden–Schwalbach/Zollhaus. Die Lokomotiven Frankfurt 1901 bis 1903, 1905 und 1907 bis 1910 wurden in der Betriebswerkstatt Wiesbaden, die Lokomotiven Frankfurt 1904 und 1906 in der Maschinenstation Schwalbach beheimatet.

Im Jahre 1895 baute die B. M. A. G. nochmals neun Lokomotiven dieses Typs, von denen die Frankfurt 1911 bis 1913 an die Betriebswerkstatt Wetzlar, die Frankfurt 1914 bis 1916 an die Betriebswerkstatt Gelnhausen und die Frankfurt 1917 bis 1919 an die Betriebswerkstatt Limburg gingen.

Die durch die B. M. A. G. gebauten Maschinen wiesen einige Abweichungen von den Esslinger Lokomotiven auf. Der Zylinderdurchmesser war von 450 mm auf 430 mm verringert, der Kolbenhub von 600 mm auf 630 mm vergrößert worden. Die Treibräder wurden von vorn und hinten besandet. Der Sandkasten befand sich auf dem 2. Kesselschuß. Die Rauchkammer war bei allen oder den 1895 gebauten Maschinen von der B. M. A. G. 1 400 mm lang. Die 1895 gebauten Lokomotiven hatten einen kurzen, rechteckigen Lüftungsaufsatz.

Später ersetzte man vermutlich die Restarting-Injektoren durch saugende Dampfstrahlpumpen. Ein Teil der Maschinen wurde mit Druckluftbremse Bauart Westinghouse, ein anderer Teil mit Druckluftbremse Bauart Schleifer ausgerüstet. Die Luftpumpe der Bauart Schleifer lag waagerecht auf dem rechten Umlaufblech neben dem 1. Kesselschuß.

Einsatzstrecken waren neben der schon genannten Taunusbahn die Strecken Fulda–Tann/Gersdorf mit Steigungen bis 1:50, wo die C1′n2t Bauart Langenschwalbach ebenfalls die T 3 (5 t) Normalbauart abgelöst hatte.

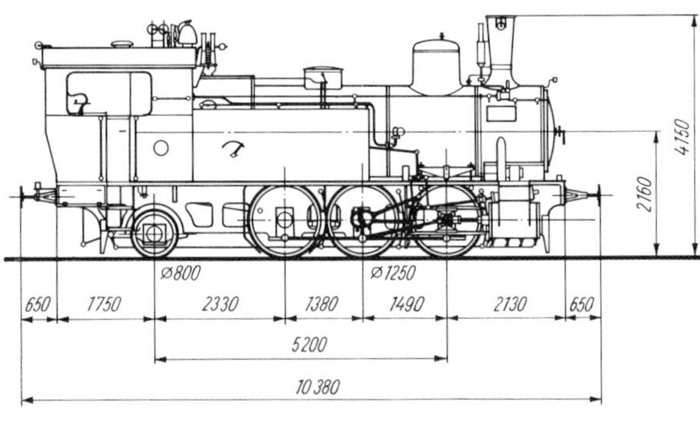

Esslingen 1892, Frankfurt 1901 bis 1908. Lieferzustand.

Direktions-bezirk	Bahnnummern	Hersteller	Bau-jahr	Fabriknummern	Bemerkungen/ Ausmusterung
1880...1884					
Frankfurt	1901 bis 1908	Esslingen	1892	2520 bis 2527	
	1909 und 1910	B. M. A. G.	1893	2099 und 2100	
1895/1896					
Frankfurt	1911 bis 1916	B. M. A. G.	1895	2189 bis 2194	
	1917 bis 1919	B. M. A. G.	1895	2205 bis 2207	

Leistung und Betriebseigenschaften der Maschinen befriedigten. Ihre indizierte Höchstleistung von 465 kW (620 PS) erreichten sie bei einer Geschwindigkeit von 51 km/h. Die Lokomotiven der ersten Bauform konnten einen aus zwei- und dreiachsigen Wagen zusammengesetzten Zug von 560 t Masse mit ihrer Reibungsgeschwindigkeit von 14 km/h über die Steigung 1:100 ziehen. Der Wasservorrat war etwas klein bemessen. Auf der 21 km langen Strecke Wiesbaden–Schwalbach mußte er unterwegs ergänzt werden.

1905 bekamen die Lokomotiven die neuen Bahnnummern Frankfurt 7229 bis 7247 und das Gruppenzeichen T 9. Die Maschinen T 9 Frankfurt 7229 bis 7231 und 7234 wurden 1907 dem Direktionsbezirk Mainz überstellt. Bei der Umzeichnung änderte man nur die Direktionsnamen der Bahnnummern. Die Lokomotiven T 9 Frankfurt 7232 und 7233 kamen 1915 zum Direktionsbezirk Cassel und liefen dort unter den Bahnnummern T 9 Cassel 7232 und 7233.

Drei Maschinen wurden nach der Ausmusterung an Privatbahnen oder Werkbahnen verkauft: Die T 9 Frankfurt 7243 und die T 9 Frankfurt 7246 an die Bremer Hafenbahn, dort trugen sie die Nummern 3 und 4 und gelangten 1930 unter den Betriebsnummern 90 232 und 90 233 in den Bestand der DRG. Die 1917 ausgemusterte T 9 Frankfurt 7244 ging an die Stolper Talbahn, die sie unter der Nummer 41 in ihren Bahnnummernplan einreihte. Später wurde sie an die Pommerschen Landeisenbahnen weiterverkauft und dort mit der Bahnnummer 59 H 3415 bezeichnet. Die T 9 Frankfurt 7241 ging nach 1918 an die Polnischen Staatsbahnen, die sie als Tki 1-6 in ihren Umzeichnungsplan von 1927 einordneten.

Die DRG übernahm noch drei T 9 Bauart Langenschwalbach, die T 9 Mainz 7233, die T 9 Frankfurt 7240 und die T 9 Frankfurt 7242, als 90 002, 90 066 und 90 067 in den 2. Umzeichnungsplan aus dem Jahre 1923. Im 3. Umzeichnungsplan ist keine T 9 Bauart Langenschwalbach mehr genannt.

Konstruktive Merkmale

Kessel: Unterer Teil des Hinterkessels zwischen den Rahmenwangen eingezogen. Stehkesseldecke halbzylindrisch gewölbt und überhöht, Rückwand senkrecht. Kupferne Feuerbüchse. Feuerbüchsdecke nach hinten geneigt. 1 700 mm langer, 1 024 mm breiter, schwach geneigter Rost.

Langkessel aus drei zylindrischen Schüssen zusammengesetzt. Dampfdom auf dem 1. Kesselschuß.

1 200 mm lange, nicht erweiterte Rauchkammer. Blasrohr Bauart Adams mit zwei Ansaugöffnungen im unteren Teil. Prüsmann-Schornstein.

Kesselausrüstung: Zwei Restarting-Injektoren. Speiseventile in Höhe Kesselmitte am 2. Kesselschuß. Kesselsicherheitsventil Bauart Ramsbottom auf dem Stehkesselscheitel. Dampfsammelrohr vom Hinterkessel zum Dampfdom. Wasserabscheider unter dem Dampfdom. Flachschieberregler.

Rahmen: Innenliegender Blechrahmen mit 25 mm dicken Wangen.

Fahrwerk: Sechspunktabstützung. Oberhalb der Achslager liegende Tragfedern des 2. und des 3. Kuppelradsatzes durch waagerechte Längsausgleichhebel verbunden. Tragfedern des 1. Kuppelradsatzes oberhalb des Hauptrahmens, Tragfedern des Laufradsatzes oberhalb der Achslager. Hinterer Laufradsatz Bauart Webb, ±60 mm radial verschiebbar, Rückstellung durch Schraubenfedern. Alle Kuppelradsätze unverschiebbar im Hauptrahmen gelagert.

Triebwerk: Naßdampf-Zwillings-Triebwerk. Zylinder außen waagerecht vor dem 1. Kuppelradsatz angeordnet. Zweischienige Kreuzkopfführung. Antrieb auf den 2. Kuppelradsatz. Einströmrohre durch die Rauchkammer geführt.

Steuerung: Außenliegende Allan-Steuerung. Schieberkästen auf den Zylindern. Flachschieber.

Bremsausrüstung: Handbremse. Alle Kuppelräder einseitig von vorn abgebremst. Gegendruckbremse Bauart Riggenbach. Bedienungseinrichtung für Seilbremse

(Schraubenradbremse Bauart Schmidt).
Allgemeine Einrichtungen: Zum Teil Handsandstreuer, z. T. Dampfsandstreuer, die Räder des 3. Kuppelradsatzes von vorn und hinten besandend. Viereckiger Sandkasten auf dem vorderen Ende des 3. Kesselschusses.
Vorratsbehälter: Je ein seitlicher Wasserkasten. Ein seitlicher Kohlekasten auf der Heizerseite zwischen Wasserkasten und Führerhaus.

T 9[1]

3/4 G. T. L. m. h. L.
DRG-Baureihe 90^{0-2}
(→ EFA 1.3)

C1′ n2t

1893

Techn. Daten: Seite 232

Der in den achtziger Jahren einsetzende Verkehrsaufschwung ließ zu Beginn der neunziger Jahre auch das Bedürfnis nach leistungsfähigeren Güterzug-Tenderlokomotiven für Hauptbahnen aufkommen. Wie bei den Anfang der neunziger Jahre entstandenen Güterzuglokomotivtypen mit Schlepptender (G 5, G 7, G 9) kam es nicht auf eine Erhöhung der Maximalzugkraft an, sondern darauf, höhere Geschwindigkeiten fahren zu können, also das Leistungsvermögen durch die Verwendung größerer Kessel zu steigern. Bei Beibehaltung des dreiachsigen Fahrwerks war das nicht möglich, deshalb mußte die neue Lokomotivgattung, um die zulässige Achsfahrmasse nicht zu überschreiten, zusätzlich einen Laufradsatz erhalten.
Zwei verschiedene Lokomotivtypen entstanden: eine 3/4 G. T. L. mit hinterer Laufachse und eine 3/4 G. T. L. mit vorderer Laufachse. Urheberfirma des erstgenannten Lokomotivtyps war die Lokomotivfabrik Borsig, die die ersten Exemplare 1893 baute. Die Lage des Hinterkessels zwischen 3. Kuppelradsatz und Laufradsatz erlaubte es, die Feuerbüchse tief auszubilden. Die Triebwerksabmessungen entsprachen denen der T 7 (7 t) Ruhr-Typ, auch der Kuppelachsstand war gleich. Den Kessel hatte man gegenüber der T 7 (7 t) vergrößert, die Nenndampfleistung lag um etwa 15 Prozent höher. Hinter den C1′ n2-Tenderlokomotiven der Bauart Elberfeld und Langenschwalbach blieb die 3/4 G. T. L. mit hinterer Laufachse im Leistungsvermögen allerdings zurück. Ihre indizierte Höchstleistung betrug nur 400 kW (530 PS) bei einer günstigsten Geschwindigkeit von 48 km/h. In der Ebene konnte sie einen Güterzug von 1040 t Masse mit einer Geschwindigkeit von 40 km/h, auf der Steigung 1:100 einen Güterzug von 500 t Masse mit ihrer Reibungsgeschwindigkeit von 14 km/h befördern.
Auf die Anwendung des Krauss-Lenkgestells hatte man wegen der damit verbundenen Masseerhöhung verzichtet. Der Laufradsatz war als Adamsachse ausgebildet, die durch eine querliegende Blattfeder belastet wurde. Waagerechte Längsausgleichhebel verbanden die Tragfedern der unverschiebbar im Hauptrahmen gelagerten Kuppelradsätze, so daß sich die Loko-

Borsig 1893. Lieferzustand.

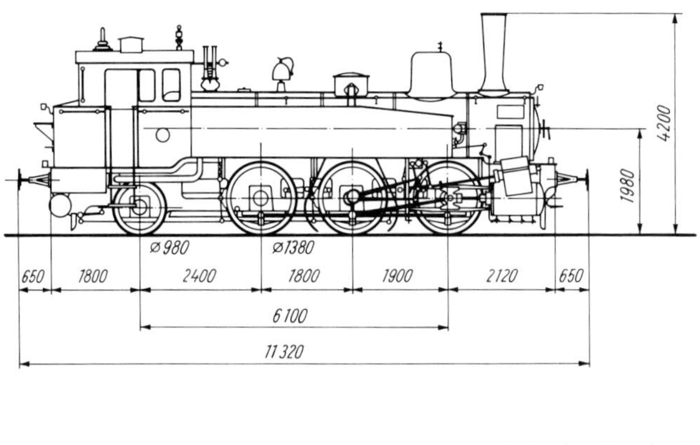

Schichau 1901/1155, Stettin 1932, geliefert an die Betriebswerkstatt Swinemünde für die Strecke Swinemünde–Misdroy, ab 1907 T 9 Stettin 7216, DRG 90 227. Druckluftbremse Bauart Schleifer, Bedienungseinrichtung für Seilbremse. Lieferzustand. *Foto: Werkaufnahme, Archiv Töpelmann*

motive in drei Punkten abstützte. Die Steuerung war als außenliegende Allan-Steuerung ausgeführt, die Schieberkästen befanden sich auf den Zylindern. Unterschiedlich war die Bremsausrüstung: Dampfbremse, Druckluftbremsbedienungseinrichtung Bauart Westinghouse für den Wagenzug, Druckluftbremse Bauart Westinghouse, ab 1897 auch Bauart Schleifer, Bedienungseinrichtung für Seilbremse. Ein Teil der Lokomotiven bekam lediglich die obligatorische Handbremse. Die Luftpumpe der Bauart Westinghouse befand sich rechts neben dem hinteren Ende der Rauchkammer, die Luftpumpe der Bauart Schleifer lag waagerecht auf dem rechten Umlaufblech vor dem Wasserkasten. Zunächst waren alle Kuppelräder einseitig von hinten abgebremst. Ab etwa 1897 wurden bei einem Teil der Maschinen der 2. und der 3. Kuppelradsatz von vorn, beim anderen Teil der 2. Kuppelradsatz beidseitig und der 3. Kuppelradsatz von hinten abgebremst. Neben den seitlichen Wasserkästen erhielt die 3/4 G. T. L. mit hinterer Laufachse einen unterhalb des Führerstandes liegenden Rahmenwasserkasten. Der Kohlevorrat war in einem Kasten hinter dem Führerhaus untergebracht.

Der Bau der T 9^1 (3/4 G. T. L. mit hinterer Laufachse) für die Staatsbahnen erstreckte sich auf den Zeitraum von 1893 bis 1901, insgesamt

Borsig 1897/4564, Posen 2003, geliefert an die Betriebswerkstatt Meseritz für die Strecke Meseritz–Landsberg (Warthe), ab 1907 T 9 Posen 7204, ausgemustert vor 1923. Als T 9 Posen 7204. Bedienungseinrichtung für Seilbremse. *Foto: Sammlung Siebert*

Borsig 1896/4502, Magdeburg 1807, geliefert an die Betriebswerkstatt Sangerhausen, ab 1897 Erfurt 1849, Betriebswerkstatt Saalfeld, ab 1906 T 9 Erfurt 7211, 1910 im Bezirk des Maschinenamtes Meiningen beheimatet, ausgemustert 1923 im Bw Schmalkalden. Als T 9 Erfurt 7211. Druckluftbremse Bauart Westinghouse oder Knorr
Foto: Leonhardt-Postkarte, Sammlung Franz

Durch die Preußische Staatsbahn bzw. die Preußisch-Hessischen Staatsbahnen beschaffte Lokomotiven

Direktionsbezirk	Bahnnummern	DRG-Nummern	Hersteller	Baujahr	Fabriknummern	Bemerkungen/ Ausmusterung
1880 ... 1884						
Berlin	1871	90 001	Borsig	1893	4412	
	1872 bis 1874	90 002 bis 90 004	Borsig	1893	4417 bis 4419	
	1875	–	Borsig	1893	4420	
	1884 und 1885	90 012 und 90 013	Borsig	1894	4443 und 4444	
	1886	–	Borsig	1894	4445	
	1887 und 1888	90 014 und 90 015	Borsig	1894	4446 und 4447	
	1889 bis 1892	–	Borsig	1894	4448 bis 4451	
	1893	90 016	Borsig	1894	4452	
	1904	90 031	HANOMAG	1895	2631	
	1905 und 1906	–	HANOMAG	1895	2632 und 2633	
	1907 und 1908	90 032 und 90 033	HANOMAG	1895	2634 und 2635	
Coeln linksrh.	1826 und 1827	90 005 –	Borsig	1893	4421 und 4422	
	1828 bis 1830	90 006 bis 90 008	Borsig	1893	4423 bis 4425	
	1831	–	Borsig	1893	4426	
	1832	–	Borsig	1893	4430	
	1833 und 1834	90 009 –	Borsig	1893	4431 und 4432	
	1835 und 1836	90 010 und 90 011	Borsig	1893	4433 und 4434	
	1837 bis 1840	–	Borsig	1893	4435 bis 4438	
	1844 bis 1847	–	Union	1895	815 bis 818	
	1848 bis 1853	90 048 bis 90 053	Union	1895	819 bis 824	
	1875 bis 1877	90 018 bis 90 020	HANOMAG	1893	2548 bis 2550	
	1878	–	HANOMAG	1893	2551	
	1879 und 1880	90 021 –	HANOMAG	1893	2552 bis 2553	
Erfurt	1850	90 017	Borsig	1894	4453	
	1851 bis 1853	–	Borsig	1894	4454 bis 4456	
Magdeburg	1800 und 1801	90 024 –	Union	1894	773 bis 774	
	1802 und 1803	90 025 und 90 026	Union	1894	775 und 776	
	1804 und 1805	– 90 027	Union	1894	777 und 778	

Direktions-bezirk	Bahnnummern	DRG-Nummern	Hersteller	Baujahr	Fabriknummern	Bemerkungen/ Ausmusterung
1895/1896						
Altona	1750	–	HANOMAG	1895	2705	
	1751 bis 1753	90 035 bis 90 037	HANOMAG	1895	2706 bis 2708	
Berlin	1903 und 1904^{II}	–	Union	1895	779 und 800	
	1833 und 1834	90 009 –	Borsig	1893	4423 bis 4425	
	1905^{II} und 1906^{II}	90 043 –	Union	1895	801 und 802	
	1907^{II} und 1908^{II}	90 044 –	Union	1895	803 und 804	
	1909 und 1910	–	Borsig	1896	4543 und 4544	
	1911 und 1912	90 079 –	Borsig	1896	4545 und 4546	
	1913	90 080	Borsig	1896	4547	
	1914 bis 1917	90 059 bis 90 062	Union	1896	855 bis 858	
	1918 und 1919	–	Union	1896	859 und 860	
	1920 bis 1922	90 098 bis 90 100	Borsig	1897	4599 bis 4601	
	1955 und 1956	90 111 und 90 112	Borsig	1900	4768 und 4769	
	1957 und 1958	– 90 113	Borsig	1900	4770 und 4771	
	1963 und 1964	– 90 148	Hohenzollern	1901	1420 und 1421	
	1965 bis 1972	–	Borsig	1901	4938 bis 4945	
Breslau	1507 und 1508	– 90 045	Union	1895	805 und 806	
	1509 und 1510	–	Union	1895	807 und 808	
	1511	90 046	Union	1895	809	
	1516 und 1517	90 198 und 90 199	Union	1901	1096 und 1097	
	1518 bis 1519	– 90 200	Union	1901	1098 bis 1099	
	1520 und 1521	90 201 –	Union	1901	1100 und 1101	
	1522 bis 1531	90 205 bis 90 214	Union	1900	1124 bis 1133	
	1532 bis 1535	90 218 bis 90 221	Schichau	1901	1145 bis 1148	
	1561 und 1562	– 90 034	HANOMAG	1895	2638 und 2639	
Bromberg	1900 bis 1904	–	Union	1901	1153 bis 1157	
Cassel	1400 und 1401	–	Union	1896	839 und 840	
	1402 bis 1404	–	Borsig	1896	4553 bis 4555	
	1405	90 086	Borsig	1896	4556	
	1406 und 1407	– 90 097	Borsig	1897	4597 und 4598	
	1411 und 1412	–	Hohenzollern	1899	1127 und 1128	
	1411^{II} und 1412^{II}	90 202 und 90 203	Union	1901	1113 und 1114	
	1413	90 204	Union	1901	1115	
	1414 und 1415	– 90 166	Henschel	1901	5534 und 5535	
	1416 und 1417	– 90 167	Henschel	1901	5536 und 5537	
	1418 und 1419	90 215 und 90 216	Union	1900	1134 und 1135	
	1420 und 1421	– 90 217	Union	1900	1136 und 1137	
	1422 und 1423	90 173 und 90 174	Henschel	1901	5767 und 5768	
	1424	–	Henschel	1901	5769	
Coeln	1831 und 1832	90 137 und 90 138	Hohenzollern	1900	1276 und 1277	
	1837 bis 1840	90 117 bis 90 120	Hohenzollern	1900	1231 bis 1234	
	1841	–	Hohenzollern	1900	1235	
	1842 und 1843	90 121 und 90 122	Hohenzollern	1900	1236 und 1237	
	1844 bis 1847	90 139 bis 90 142	Hohenzollern	1900	1278 bis 1281	
	1854 bis 1857	90 039 bis 90 042	Hohenzollern	1895	847 bis 850	
	1858	–	Hohenzollern	1896	912	
	1859 bis 1863	90 092 bis 90 096	Hohenzollern	1896	913 bis 917	
	1864 bis 1867	–	Hohenzollern	1896	918 bis 921	
	1864^{II} bis 1866^{II}	90 106 bis 90 108	Union	1898	918 und 920	
	1867^{II}	90 147	Union	1898	921	
	1868	–	Grafenstaden	1897	4794	
	1869 und 1870	90 101 und 90 102	Grafenstaden	1897	4795 und 4796	
	1878	–	Hohenzollern	1899	1129	
	1879 bis 1881	90 131 bis 90 133	Borsig	1900	4845 bis 4847	
	1882	–	Borsig	1900	4848	
	1883	–	Henschel	1901	5616	

Direktions-bezirk	Bahnnummern	DRG-Nummern	Hersteller	Baujahr	Fabriknummern	Bemerkungen/ Ausmusterung
	1884 bis 1888	90 168 bis 90 172	Henschel	1901	5616 bis 5620	
	1889 bis 1891	90 175 bis 90 177	Henschel	1901	5770 bis 5772	
	1892 bis 1894	90 183 bis 90 185	Hohenzollern	1901	1456 bis 1458	
	1895 und 1896	– 90 186	Hohenzollern	1901	1459 bis 1460	
Danzig	1894 bis 1896	–	Union	1901	1108 bis 1110	
Elberfeld	1900 und 1901	–	HANOMAG	1895	2636 und 2637	
	1902 bis 1908	–	Borsig	1895	4484 bis 4490	
	1909	–	Union	1896	841	
	1910 bis 1915	–	Borsig	1897	4602 bis 4607	
Erfurt	1512 und 1513	– 90 038	HANOMAG	1895	2709 und 2710	
	1845	–	Borsig	1901	4903	
	1846 und 1847	90 149 und 90 150	Borsig	1901	4904 und 4905	
	1854 und 1855	– 90 030	Borsig	1895	4491 und 4492	
	1856 bis 1858	90 067 bis 90 069	Borsig	1895	4493 bis 4495	
	1859 und 1860	90 054 und 90 055	Union	1895	825 und 826	
	1861	–	Hohenzollern	1897	980	
	1862 bis 1864	90 103 bis 90 105	Hohenzollern	1897	981 bis 983	
	1865	–	Hohenzollern	1897	984	
	1869	–	Hohenzollern	1899	1124	
	1870 und 1871	91 088 und 91 089	Hohenzollern	1899	1125 und 1126	
Essen	1538 bis 1543	–	Hohenzollern	1898	985 bis 990	
	1803 und 1804	90 135 und 90 136	Hohenzollern	1900	1271 und 1272	
	1805 bis 1807	–	Hohenzollern	1900	1273 bis 1275	
	1814 und 1815	90 125 –	Borsig	1900	4833 bis 4834	
	1816 bis 1819	90 126 bis 90 129	Borsig	1900	4835 bis 4838	
	1820 und 1821	90 110 –	Borsig	1900	4839 bis 4840	
	1866	–	Hohenzollern	1901	1410	
	1867 und 1868	90 143 und 90 144	Hohenzollern	1901	1411 und 1412	
	1869 bis 1873	–	Hohenzollern	1901	1413 bis 1417	
	1874 und 1875	90 145 und 90 146	Hohenzollern	1901	1418 und 1419	
	1876 und 1877	90 187 und 90 188	Hohenzollern	1901	1461 und 1462	
	1878 bis 1880	–	Hohenzollern	1901	1463 bis 1465	
	1881	90 189	Hohenzollern	1901	1466	
	1882 bis 1885	–	Hohenzollern	1901	1467 bis 1470	
	1889 und 1890	–	Borsig	1897	4557 und 4558	
	1891 bis 1895	–	Borsig	1895	4477 bis 4481	
	1896 und 1897	90 028 und 90 029	Borsig	1895	4482 und 4483	
	1898 und 1899	–	Borsig	1897	4559 und 4560	
Frankfurt	1896 und 1897	– 90 114	Borsig	1900	4777 und 4778	
	1898 und 1899	90 115 –	Borsig	1900	4779 und 4780	
	1939 und 1940	90 190 und 90 191	Union	1901	1085 und 1086	
	1941 und 1942	– 90 192	Union	1901	1087 und 1088	
	1943 und 1944	90 193 –	Union	1901	1089 und 1090	
	1945 bis 1948	90 194 bis 90 197	Union	1901	1091 bis 1094	
	1949	–	Union	1901	1095	
Halle	1850 bis 1852	90 070 bis 90 072	Borsig	1896	4496 bis 4498	
	1853 und 1854	– 90 073	Borsig	1896	4499 und 4500	
	1864	90 151	Borsig	1901	4906	
	1865	91 301	Borsig	1901	4907	
	1866 bis 1868	90 152 bis 90 154	Borsig	1901	4908 bis 4910	
	1869 und 1870	– 90 155	Borsig	1901	4946 und 4947	
	1871	90 156	Borsig	1901	4948	
	1872	90 302	Borsig	1901	4949	
Hannover	2000 bis 2003	90 157 bis 90 160	Borsig	1901	4950 bis 4953	
Kattowitz	1556	90 047	Union	1895	810	
	1557 bis 1560	–	Union	1895	811 bis 814	
	1561 bis 1563	–	Union	1896	852 bis 854	

Direktionsbezirk	Bahnnummern	DRG-Nummern	Hersteller	Baujahr	Fabriknummern	Bemerkungen/ Ausmusterung
	1564 und 1565	–	Union	1896	861 und 862	
	1566 und 1567	90 063 und 90 064	Union	1896	863 und 864	
	1586 bis 1588	–	Borsig	1900	4772 bis 4774	
	1589 und 1590	– 90 109	Union	1901	1102 und 1103	
	1591 und 1592	–	Union	1901	1104 und 1105	
Königsberg	1951 bis 1954	–	Union	1901	1158 bis 1161	
Magdeburg	1806 und 1807	–	Borsig	1896	4501 und 4502	
	1808 bis 1812	90 074 bis 90 078	Borsig	1896	4503 bis 4507	
	1813	–	Union	1896	835	
	1814 bis 1816	90 056 bis 90 058	Union	1896	836 bis 838	
	1817 und 1818	90 081 und 90 082	Borsig	1896	4548 und 4549	
	1819 bis 1821	90 083 bis 90 085	Borsig	1896	4550 bis 4552	
	1832 und 1833	–	Borsig	1900	4775 und 4776	
	1834 und 1835	–	Union	1901	1111 und 1112	
Mainz	1850 und 1815	–	Henschel	1901	5773 und 5774	
Münster	1800 bis 1804	90 087 bis 90 091	Hohenzollern	1895	851 bis 855	
	1805	–	Union	1896	865	
	1806 und 1807	90 065 und 90 066	Union	1896	866 und 867	
	1805II und 1806II	–	Borsig	1901	4954 und 4955	
	1807II	90 182	Henschel	1901	5780	
	1808 bis 1810	90 178 bis 90 180	Henschel	1901	5775 bis 5777	
	1811 und 1812	– 90 181	Henschel	1901	5778 und 5779	
Posen	2000 bis 2003	–	Borsig	1897	4561 bis 4564	
	2009 und 2010	91 110 und 91 111	Union	1901	1106 und 1107	
	2011 bis 2013	91 112 bis 91 114	Union	1901	1162 bis 1164	
	2014 und 2015	– 90 222	Schichau	1901	1149 und 1150	
Saarbrücken	1841 bis 1844	–	Grafenstaden	1897	4760 bis 4763	
	1845 bis 1851	–	Grafenstaden	1898	4797 bis 4803	
	1869 und 1870	–	Borsig	1900	4841 und 4842	
	1871 und 1872	90 130 –	Borsig	1900	4843 und 4844	
Stettin	1902 und 1903	–	Borsig	1896	4508 und 4509	
	1928 bis 1933	90 223 bis 90 228	Schichau	1901	1151 bis 1156	
	1934 bis 1938	90 161 bis 90 165	Borsig	1901	4956 bis 4960	

bezogen die Preußische Staatsbahn bzw. die Preußisch-Hessischen Staatsbahnen 426 Lokomotiven dieses Typs. Hinzu kommen fünf Maschinen der Cronenberger Eisenbahn, die die Eisenbahn-Direktion Frankfurt bei der Verstaatlichung dieser Privatbahn am 31. Juli 1914 übernahm. In die Normalien wurden die 3/4 G. T. L. mit hinterer Laufachse unter der Musterblatt-Bezeichnung III 4f aufgenommen.

Eingesetzt wurden die Maschinen für gleiche Aufgaben wie die T 7 Ruhr-Typ, also im Nahgüterzugdienst über kurze Entfernungen, im Anschlußbahndienst, im Nachschiebedienst auf Steilrampen, im schweren Rangierdienst und auch im Gemischtzugdienst und im reinen Personenzugdienst.

Durch die Cronenberger Eisenbahn beschaffte Lokomotiven

Bahnnummern Cronenberger Eisenbahn	Übernehmende Staatsbahn-Direktion	Bahnnummern	DRG-Nummern	Hersteller	Baujahr	Fabriknummern	Bemerkungen/ Ausmusterung
5	Frankfurt	T 9 7201	90 109	HANOMAG	1899	3040	
6	Frankfurt	T 9 7202	90 134	HANOMAG	1900	3424	
7	Frankfurt	T 9 7203	90 229	Henschel	1903	6504	
8	Frankfurt	T 9 7204	90 230	Henschel	1907	7963	
9	Frankfurt	T 9 7205II	90 231	Henschel	1909	9718	

Ein Teil der Lokomotiven wanderte, als leistungsfähigere Güterzug-Tenderlokomotiven zur Verfügung standen und das Transportaufkommen immer höhere Anforderungen

an das Leistungsvermögen und die Zugkraft der Lokomotiven stellte, aus dem schweren Hauptbahndienst in den untergeordneten Hauptbahndienst und den Nebenbahndienst ab.
Bei der Einführung des Gruppen- und Bahnnummernplanes aus dem Jahre 1905 erhielten alle Maschinen das Gruppenzeichen T 9, die zugehörige Bahnnummernreihe war zunächst auf die Nummernfolge 7201 bis 7400 beschränkt und wurde später, unter Aussparung der der T 8 zugedachten Nummernreihe, auf die Nummernfolge 7051 bis 7400 erweitert.
Infolge des ersten Weltkrieges gelangte ein Teil der Maschinen zu ausländischen Eisenbahnen. Einige T 9^1 waren im ersten Weltkrieg der Deutschen Heeresbahn zur Verfügung gestellt worden.
Im 2. Umzeichnungsplan der DRG aus dem Jahre 1923 sind 328 Lokomotiven als T 9^1 unter den Betriebsnummern 90 001 bis 90 328 aufgeführt, darunter befinden sich jedoch auch einige falsch eingereihte T 9^2 und drei T 9 der Bauart Langenschwalbach. Der 3. Umzeichnungsplan der DRG von 1925 nennt 236 T 9^1, davon waren die Lokomotiven mit den Betriebsnummern 90 001 bis 90 021, 90 024 bis 90 115, 90 117 bis 90 122 und 90 125 bis 90 231 richtig als T 9^1, die Lokomotiven mit den Betriebsnummern 91 088, 91 089 und 91 109 bis 91 114 fälschlicherweise als T 9^2 und die Lokomotiven mit den Betriebsnummern 91 301 und 91 302 fälschlicherweise als T 9^3 eingeordnet worden. Die Lokomotiven 90 109, 90 229 bis 90 231 und 90 134 stammen ursprünglich von der Cronenberger Eisenbahn.

T 9^2

3/4 G. T. L.
DRG-Baureihe $91^{0\text{-}1}$
(→ EFA 1.3)

1'C n2t

1892

Techn. Daten: Seite 233

Bei der 3/4 G. T. L. mit hinterer Laufachse (T 9^1) wurde die Laufachse durch eine querliegende Blattfeder belastet. Es gab Befürchtungen – die sich später allerdings als grundlos herausstellten –, daß es dadurch beim Befahren von Gleisunebenheiten und Brechpunkten zu Entlastungen des Laufradsatzes und damit zu Entgleisungen kommen könnte. Deshalb beschafften die Preußische Staatsbahn bzw. die Preußisch-Hessischen Staatsbahnen neben der 3/4 G. T. L. mit hinterer Laufachse noch die 3/4 G. T. L. nach Musterblatt III 4k, bei der der Laufradsatz vor den Kuppelradsätzen lag. Entwürfe und Werkszeichnungen hatte die Union-Gießerei Königsberg ausgearbeitet. Im Jahre 1892 begann der Bau dieses Lokomotivtyps.
Wie bei der T 9^1 war der Laufradsatz als Adamsachse ausgebildet, die jedoch über zwei seitliche Blattfedern belastet wurde. Waagerechte Längsausgleichhebel verbanden die Tragfedern zwischen Laufradsatz und 1. Kuppelradsatz sowie zwischen 2. und 3. Kuppelradsatz. Die Maschine stützte sich also in vier Punkten ab. Der Kessel mußte höher als bei der T 9^1 gelegt werden, weil sich der Hinterkessel über dem 3. Kuppelradsatz befand.
Triebwerksabmessungen und Kesselabmessungen stimmten nahezu mit der T 9^1 überein. Lediglich der Abstand zwischen den Rohrwänden war etwas kleiner, dafür hatte man die Anzahl der Heizrohre erhöht. Bei einem Teil der Maschinen wurde der 1. Kuppelradsatz von vorn und hinten besandet, der Sandkasten lag auf dem 2. Kesselschuß; beim anderen Teil mündeten die Sandfallrohre vor und hinter den 2. Kuppelradsatz, und der Sandkasten befand sich auf dem 3. Kesselschuß. Auf den Rahmenwasserkasten hatte man verzichtet.
Die Preußische Staatsbahn und die Preußisch-Hessischen Staatsbahnen beschafften insgesamt 231 T 9^2. Der Bau wurde im Jahre 1901 eingestellt. Für den Betriebsmaschinendienst, den Verbleib, das Leistungsvermögen und die Bremsausrüstung dieses Lokomotivtyps trifft in den Grundzügen das gleiche zu wie für die T 9^1. Die Luftpumpe der Bauart Westinghouse hatte man jedoch rechts neben dem vorderen Ende des 1. Kesselschusses angeordnet. In der Laufruhe soll die T 9^2 der letzteren etwas überlegen gewesen sein, dafür eignete sich die T 9^1 aufgrund ihres geringeren Achsstandes besser für die Bedienung von Werkanschlußbahnen, die oft enge Bogenhalbmesser aufwiesen.
Ab 1905 ordnete man alle 3/4 G. T. L. in die Gruppe T 9 ein; es galten die gleichen Bahnnummernreihen wie für die 3/4 G. T. L. mit hinterer Laufachse.
Die DRG übernahm 163 Lokomotiven als T 9^2 in den 2. Umzeichnungsplan von 1923, für die die Betriebsnummern 91 001 bis 91 163 vorgesehen waren. Darunter befanden sich

Borsig 1898/4643, Berlin 1940, geliefert an die Betriebswerkstatt Lichtenberg für die Strecke Lichtenberg–Werneuchen, ab 1906 T 9 Berlin 7218, ab 1913 T 9 Münster 7362, ab 1914 T 9 Posen 7338, Reparationsabgabe 1919 an Polen (PKP Tki 2-14), ab 1941 DRG 91 146^{II}, ab 1946 PKP Tki 2-1. Lieferzustand.
Foto: Werkaufnahme, Zeitschrift „Die Lokomotive"

allerdings einige falsch eingereihte T 9^1 und zwei von drei T 9^2, die die Preußisch-Hessischen Staatsbahnen 1917/1918 an die Mecklenburgische Friedrich-Franz-Eisenbahn abgegeben hatte.
Noch 111 T 9^2 gelangten unter den Betriebsnummern 91 001 bis 91 087, 91 090 bis 91 108, 91 115, 90 022, 90 023, 90 123 und 90 124 in den 3. Umzeichnungsplan aus dem Jahre 1925. Davon waren die 91 002 und die 91 003 die von der Mecklenburgischen Friedrich-Franz-Eisenbahn übernommenen Lokomotiven, die 90 022, die 90 023, die 90 123 und die 90 124 hatte man irrtümlich als T 9^1 eingereiht.

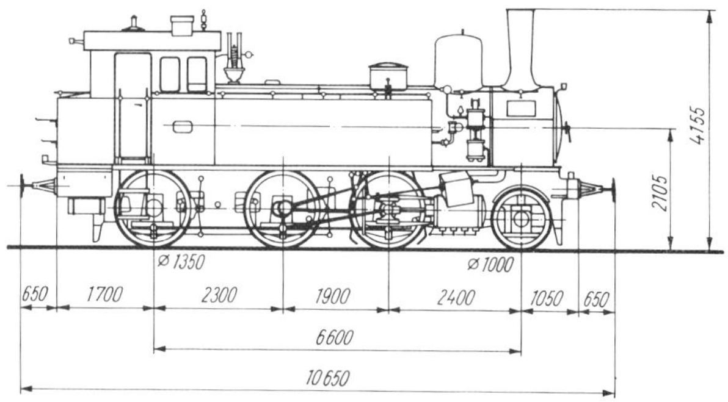

Hohenzollern 1900. Mainz 1830 bis 1834. Lieferzustand. Druckluftbremse Bauart Westinghouse.

HANOMAG 1899/3337 Frankfurt 1893, geliefert an die Betriebswerkstatt Friedberg (Hessen) für die Strecke Friedberg–Friedrichsdorf, ab 1905 T 9 Frankfurt 7222, DRG 91 086, ausgemustert 1926. Als T 9 Frankfurt 7222.
Foto: Leonhardt-Postkarte, Sammlung Siebert

Direktionsbezirk	Bahnnummern	DRG-Nummern	Hersteller	Baujahr	Fabriknummern	Bemerkungen/ Ausmusterung
1880...1884						
Berlin	1870	–	Union	1892	1731	
	1881 und 1882	91 005 –	Union	1894	751 und 752	
	1883	91 006	Union	1894	753	
Breslau	1551 und 1552	–	Union	1892	762 und 727	
	1553 und 1554	90 022 –	Union	1892	728 und 729	
	1555	90 023	Union	1894	754	
	1556	91 007	Union	1894	758	
	1557 und 1558	–	Union	1894	759 und 760	
	1559 und 1560	91 008 und 91 009	Union	1894	761 und 762	
Coeln rechtsrh.	1800	–	Union	1893	730	
	1801 bis 1803	91 001 bis 91 003	Union	1893	731 bis 733	
	1804 und 1805	– 91 004	Union	1893	734 und 735	
	1881 bis 1886	–	Union	1894	763 bis 768	
	1887	90 010	Union	1894	769	
Elberfeld	1940 bis 1942	–	Union	1894	770 bis 772	
1895/1896						
Altona	1754 und 1755	90 066 und 91 067	Union	1898	984 und 985	
Berlin	1926 und 1927	– 91 014	Union	1897	906 und 907	
	1928 bis 1931	–	Union	1897	906 bis 911	
	1932 bis 1935	–	Borsig	1898	4635 bis 4638	
	1936 bis 1939	91 019 bis 91 022	Borsig	1898	4639 bis 4642	
	1940	–	Borsig	1893	4420	
	1941 und 1942	91 031 –	Borsig	1898	4675 und 4676	
	1943 und 1944	91 032 –	Borsig	1898	4677 und 4678	
	1947 und 1948	91 076 –	Borsig	1899	4735 und 4736	
	1949 und 1950	– 91 077	Borsig	1899	4737 und 4738	
	1951 und 1952	91 078 –	Borsig	1899	4739 und 4740	
	1953 und 1954	91 079 und 91 080	Borsig	1899	4741 und 4742	
Breslau	1561 bis 1564	91 052 bis 91 055	Union	1898	924 bis 927	
	1565	–	Union	1898	928	
	1566 und 1567	– 91 025	Borsig	1898	4665 und 4666	
	1568 und 1569	91 069 –	Union	1898	992 und 993	
	1570	91 070	Union	1898	994	
	1571 bis 1578	91 094 bis 91 101	Union	1899	1020 bis 1027	
Cassel	1408 und 1409	91 026 und 91 027	Borsig	1898	4667 und 4668	
	1410	–	Borsig	1898	4669	
	1443	91 093	Union	1899	1019	
Coeln	1871 und 1872	–	Borsig	1898	4624 und 4625	
	1873 und 1874	91 015 und 91 016	Borsig	1898	4626 und 4627	
	1875	–	Grafenstaden	1898	4850	
	1876 und 1877	91 081 und 91 082	Grafenstaden	1898	4851 und 4852	
Elberfeld	1943 und 1944	–	Union	1897	897 und 898	
	1945 bis 1952	–	HANOMAG	1898	3116 bis 3123	
Erfurt	1866	–	Borsig	1898	4679	
	1867 und 1868	91 033 und 91 034	Borsig	1898	4680 und 4681	
	1872 und 1873	–	Hohenzollern	1899	1238 und 1239	
	1874 und 1875	91 103 –	Hohenzollern	1899	1240 und 1241	
	1876	91 104	Hohenzollern	1893	1242	
Essen	1544	91 017	Borsig	1898	4628	
	1545 bis 1547	–	Borsig	1898	4629 bis 4631	
	1548	91 018	Borsig	1898	4632	
	1549 und 1550	–	Borsig	1898	4633 und 4634	
	1551 bis 1554	–	Union	1898	956 bis 959	
	1800	91 108	Hohenzollern	1900	1257	
	1801 und 1802	–	Hohenzollern	1900	1258 und 1259	
	1851 und 1852	91 105 –	Hohenzollern	1899	1243 und 1244	
	1853	91 106	Hohenzollern	1899	1245	

Direktions-bezirk	Bahnnummern	DRG-Nummern	Hersteller	Bau-jahr	Fabriknummern	Bemerkungen/ Ausmusterung
	1854 und 1855	–	Hohenzollern	1899	1246 und 1247	
	1879 und 1880	–	Union	1898	990 und 991	
Frankfurt	1881 und 1882	–	Grafenstaden	1898	4844 und 4845	
	1888 und 1889	91 083 –	HANOMAG	1899	3332 und 3333	
	1890 und 1891	91 084 und 91 085	HANOMAG	1899	3334 und 3335	
	1892 und 1893	– 91 086	HANOMAG	1899	3336 und 3337	
	1894 und 1895	91 087 –	HANOMAG	1899	3338 und 3339	
	1920 bis 1924	91 039 bis 91 043	Grafenstaden	1898	4813 bis 4814	
Halle	1852 und 1853	– 91 056	Union	1898	929 und 930	
	1854 und 1855	91 057 –	Union	1898	931 und 932	
	1856	91 058	Union	1898	933	
	1860 und 1861	–	Borsig	1898	4682 und 4683	
	1862	–	Borsig	1899	4725	
	1863 bis 1866	91 035 bis 91 038	Borsig	1899	4726 bis 4729	
Kattowitz	1568 und 1569	– 91 060	Union	1898	935 und 936	
	1570 und 1571	–	Union	1898	937 und 938	
	1572 und 1573	91 028 –	Borsig	1898	4670 und 4671	
	1574 und 1575	91 029 –	Borsig	1898	4672 und 4673	
	1576	91 030	Borsig	1898	4674	
	1577 und 1578	– 91 068	Union	1898	986 und 987	
	1579 und 1580	–	Union	1898	988 und 989	
	1581 bis 1585	–	Union	1899	1009 bis 1013	
Magdeburg	1822 und 1823	91 062 und 91 063	Union	1898	979 und 980	
	1824	–	Union	1898	981	
	1825 und 1826	91 071 und 91 072	Borsig	1899	4730 und 4731	
Mainz	1830 und 1831	– 91 107	Hohenzollern	1900	1248 und 1249	
	1832 bis 1834	–	Hohenzollern	1900	1250 bis 1252	
Münster	1808 und 1809	–	Union	1897	899 und 900	
	1810 bis 1812	91 011 bis 91 013	Union	1897	901 bis 903	
	1813 und 1814	–	Union	1897	904 und 905	
	1815 und 1816	91 044 –	Grafenstaden	1898	4818 und 4819	
	1817	91 045	Grafenstaden	1898	4820	
	1818	–	Grafenstaden	1898	4846	
	1819 bis 1821	91 049 bis 91 051	Grafenstaden	1898	4847 bis 4849	
	1822 und 1823	91 061 –	Union	1898	977 und 978	
Posen	2004 und 2005	–	Union	1899	1014 und 1015	
	2006 bis 2008	91 090 bis 91 092	Union	1899	1016 bis 1018	
	2014 und 2015	91 115 –	Schichau	1901	1149 und 1150	
Saarbrücken	1852 und 1853	– 91 046	Grafenstaden	1898	4821 und 4822	
	1854 und 1855	– 91 047	Grafenstaden	1898	4823 und 4824	
	1856 und 1857	–	Grafenstaden	1898	4841 und 4842	
	1858	91 048	Grafenstaden	1898	4843	
	1859 bis 1862	–	Hohenzollern	1900	1253 bis 1256	
	1863	90 123	Union	1899	1028	
	1864 bis 1867	–	Union	1899	1029 bis 1032	
	1868	91 124	Union	1899	1033	
Stettin	1919	91 059	Borsig	1898	934	
	1920 und 1921	91 023 und 91 024	Borsig	1898	4662 und 4663	
	1922	–	Borsig	1898	4664	
	1923 und 1924	91 064 und 91 065	Union	1898	982 und 983	
	1925 bis 1927	91 073 bis 91 075	Borsig	1899	4732 bis 4734	

T 9³

3/4 G. T. L. dr. kr.
DRG-Baureihe 91^{3-18}
(→ EFA 1.3)

1'C n2t

1901

Techn. Daten: Seite 233

Die $T\,9^1$ und die $T\,9^2$ befriedigten zwar hinsichtlich der Zugkraft, des Leistungsvermögens und der Bogenlaufeigenschaften, bei Geschwindigkeiten über 50 km/h ließ jedoch ihre Laufruhe zu wünschen übrig. Da man die Maschinen oft im Personenzugdienst, wo Geschwindigkeiten von 60 km/h gefahren werden mußten, einsetzte, fiel dieser Mangel, wie auch bei der $G\,5^1$ und der $G\,5^2$, deutlich ins Gewicht. Abhilfe versprach die Verwendung des Krauss-Lenkgestells anstelle der Adamsachse.

Erste Erwägungen, eine 1'C mit Krauss-Lenkgestell zu beschaffen, gab es bereits im Jahre 1897. Doch der von der Union-Gießerei Königsberg ausgearbeitete Entwurf wurde erst nach mehrfacher Überarbeitung im Jahre 1899 vom Ausschuß für Lokomotiven befürwortet. Im Jahre 1901 stellten die Preußisch-Hessischen Staatsbahnen die ersten Lokomotiven des neuen Typs in Dienst.
Man hatte an eine Universallokomotive gedacht, das heißt, die 1'C-Lokomotive mit Krauss-Lenkgestell sollte vielseitig verwendbar sein. Die überhängenden Massen waren im Hinblick auf den Einsatz im Personenzugdienst gering gehalten worden. Die Höchstgeschwindigkeit legte man zunächst auf 60 km/h fest, bei den mit Druckluftbremse ausgestatteten Maschinen konnte sie 1910 auf 65 km/h erhöht werden. Der Kessel lag höher als bei der $T\,9^1$ und bei der $T\,9^2$. Das hatte eine tiefe Ausbildung des Hinterkessels erlaubt. Der Langkessel war nur noch aus zwei statt aus drei Schüssen zusammengesetzt. Rostfläche und Heizfläche waren nahezu gleich geblieben; deshalb ergab sich auch das gleiche Leistungsvermögen wie bei der $T\,9^1$ und $T\,9^2$. Am Triebwerk hatte man lediglich den Zylinderdurchmesser von 430 mm auf 450 mm vergrößert. Um das zwanglose Durchfahren von Gleisbögen bis zu einem Halbmesser von 180 m herab zu ermöglichen, waren der Achsstand auf 6000 mm beschränkt und die Spurkränze des 2. Kuppelradsatzes geschwächt. An Stelle der Allan-Steuerung war die Heusinger-Steuerung in der Bauform mit Hängeeisen getreten. Die als $T\,9^3$ bezeichnete Lokomotive erhielt die gleichen Bremsbauarten wie die $T\,9^1$ und $T\,9^2$. Der Wasservorrat lagerte in zwei seitlichen Wasserkästen und einem im vorderen Rahmenteil liegenden Rahmenwasserkasten. Für den Bau der $T\,9^3$ galt das Musterblatt III 4 I.
Im Jahre 1905 wies man der 3/4 G. T. L. dr. kr. das Gruppenzeichen T 9 zu. Es waren die gleichen Bahnnummernreihen verbindlich wie für die anderen Lokomotiven

Union 1901/1119, Elberfeld 2103, ab 1905 T 9 Elberfeld 7304, Reparationsabgabe 1919 an Belgien (SNCB 9304). Zweischienige Kreuzkopfführung, Druckluftbremse, Bedienungseinrichtung für Seilbremse. Lieferzustand.
Foto: Werkaufnahme, Sammlung Wagner

Hohenzollern 1910/2631, T 9 Halle 7377, geliefert an die Maschinenstation Delitzsch, DRG 91 1377. Als T 9 Halle 7377. Einschienige Kreuzkopfführung, Druckluftbremse.
Foto: Leonhardt-Postkarte, Archiv transpress

der Gruppe T 9. Für den Betriebsmaschinendienst trifft in den Grundzügen das bereits zur T 9^1 Gesagte zu.
Als nachteilig erwies sich, daß die Lokomotiven schwerer ausgefallen waren als geplant. Die Achsfahrmasse betrug 15 t; sie konnten deshalb auf vielen Nebenbahnen nicht eingesetzt werden. Die Anwendung des Krauss-Lenkgestells führte, wie

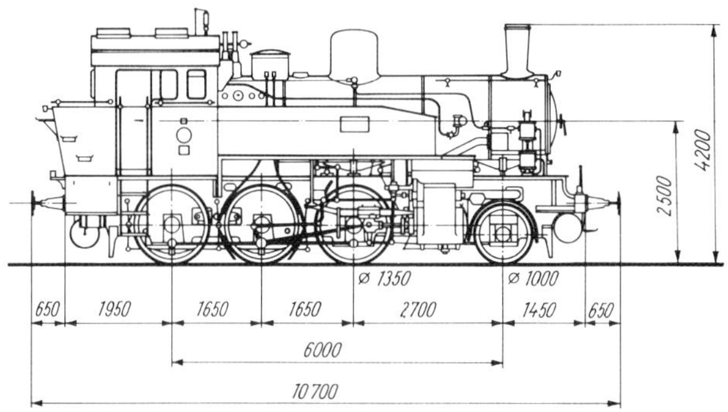

Bauform ab etwa 1910. Flachschieber, Druckluftbremse.

Hohenzollern 1911/2758, T 9 Coeln 7364, DRG 91 1535, ausgemustert 1931. Druckluftbremse. Lieferzustand.
Foto: Werkaufnahme, Sammlung Siebert

Orenstein 1908/2720, T9 Berlin 7334, Reparationsabgabe 1919. Als T9 Berlin 7334. Sonderausführung mit Kolbenschiebern. *Foto: Hubert, Sammlung Wagner*

die Betriebserfahrungen zeigten, zu den üblichen Nachteilen: Schlechtere Bogenlaufeigenschaften und erheblich stärkere Spurkranzabnutzung als bei Lokomotiven mit Bissel-Gestell oder Adamsachse. Die Mängel verminderte man später, indem man die Federstützen mit Keilrückstellung versah. Ansonsten befriedigten die Maschinen.

Während der Beschaffungszeit gab es einige weitere konstruktive Änderungen. Bereits seit 1902 wurden zwecks Sichtverbesserung die Stirn- und Rückwandfenster größer und die Wasserkastendecken im vorderen Teil geneigt ausgeführt. Seit 1903 wendete man statt der bisher zweischienigen einschienige Kreuzkopfführung an. Die ab etwa 1911 gebauten T 9^3 bekamen zum Teil Naßdampf-Ventilregler Bauart Schmidt & Wagner und vermutlich auch zweistufige Luftpumpen.

Vier im Jahre 1904 gebaute Lokomotiven mit den Bahnnummern Berlin 1991 bis 1994, ab 1906 T9 Berlin 7296 bis 7299, ab 1914 T9 Stettin 7338 bis 7341, waren als Heißdampflokomotiven mit Rauchkammer-Überhitzer Bauart Schmidt bestellt worden. Ob sie in dieser Ausführung oder als Naßdampflo-

Eine T 9^3 als Panzerzuglokomotive. Gekuppelt mit einem Tender als Wasserwagen. *Foto: Postkarte, Sammlung Glanert*

komotiven geliefert worden sind, ließ sich bis heute nicht klären.
Insgesamt beschafften die Preußisch-Hessischen Staatsbahnen 2052 $T\,9^3$ bis 1914, davon die letzten Baulose nur noch für den Einsatz im leichten Rangierdienst und im Nebenbahndienst. Hinzu kommen sechs für die Ostpreußische Südbahn gebaute Maschinen, die die Eisenbahn-Direktion Königsberg bei der Verstaatlichung dieser Privatbahn am 1. Juli 1903 übernahm.
Ausmusterungen gab es bis 1925 kaum. Einige $T\,9^3$ taten im ersten Weltkrieg bei der Deutschen Heeresbahn Dienst, viele Lokomotiven dieses Typs blieben nach Kriegsende im ehemals besetzten Territorium stehen oder kamen infolge der Gebietsabtretungen und durch die Reparationslieferungen zu ausländischen Eisenbahnen. Im 3. Umzeichnungsplan der DRG von 1925 sind 1503 $T\,9^3$ als 91 303 bis 91 1805 aufgeführt. Davon sind die 91 1012, die 91 1164 und die 91 1205 Lokomotiven, die 1917/1918 an die Mecklenburgische Friedrich-Franz-Eisenbahn abgegeben worden waren; bei den Lokomotiven 91 303 bis 91 305, 91 544, 91 656, 91 745, 91 1245 und 91 1694 handelt es sich um $T\,9^3$ der Reichseisenbahnen Elsaß-Lothringen, die nach dem ersten Weltkrieg in Deutschland stehengeblieben und durch die Preußisch-Hessischen Staatsbahnen übernommen worden waren.

Sonderausführungen

Ein Teil der bis ca. 1908 gebauten Lokomotiven
Triebwerk: Druckausgleichvorrichtung und/oder Luftsaugeventile.
Steuerung: Kolbenschieber unterschiedlicher Bauarten.

Einige während des ersten Weltkrieges bei der Deutschen Heeresbahn eingesetzte Lokomotiven
Während des ersten Weltkrieges in Panzerzuglokomotiven umgebaut.
Sondereinrichtungen: Verkleidung durch Panzerplatten.
Zum Teil mit Tender als Wasserwagen gekuppelt.

Durch die Preußisch-Hessischen Staatsbahnen beschaffte Lokomotiven

Direktionsbezirk	Bahnnummern	DRG-Nummern	Hersteller	Baujahr	Fabriknummern	Bemerkungen/ Ausmusterung
1895/1896						
Altona	1757	91 391	Jung	1902	528	
	1757 und 1758	91 326 und 91 327	Henschel	1902	6135 und 6136	
	1759	–	Henschel	1902	6137	
	1760 und 1761	91 328 und 91 329	Henschel	1902	6138 und 6139	
	1762	91 330	Henschel	1903	6140	
	1763 bis 1765	91 455 bis 91 457	Hohenzollern	1903	1651 bis 1653	
	1766	91 514	Orenstein	1903	1000	
	1767 bis 1771	91 530 bis 91 534	HANOMAG	1904	4213 bis 4217	
	1772 und 1773	91 715 und 91 716	Orenstein	1905	1426 und 1427	
	1777 und 1778	– 91 755	Henschel	1906	7670 und 7671	
	1779 und 1780	91 756	Henschel	1906	7672 und 7673	
	T9 7274 bis 7278	91 830 bis 91 834	Henschel	1907	7912 bis 7916	
	T9 7279 und 7280	91 1100 und 91 1101	Orenstein	1907	2551 und 2552	
	T9 7281	91 939	Henschel	1908	8279	
	T9 7282 und 7283	91 1023	Hohenzollern	1908	2380 und 2381	
	T9 7284 bis 7291	91 1024 bis 91 1031	Hohenzollern	1908	2382 bis 2389	
	T9 7292	91 1048	Hagans	1908	583	
	T9 7293 bis 7301	91 1113 bis 91 1121	Orenstein	1908	3021 bis 3029	
	T9 7302	91 1354	Orenstein	1908	3030	
	T9 7303	91 1122	Orenstein	1908	3031	
	T9 7304	91 1176	Hohenzollern	1909	2474	
	T9 7305 bis 7316	91 1193 bis 91 1204	Hohenzollern	1909	2498 bis 2509	
	T9 7319 und 7320	–	Hohenzollern	1910	2564 und 2565	
	T9 7321	91 1352	Hohenzollern	1910	2566	
	T9 7322 und 7323	91 1401 –	Hagans	1909	632 und 633	
	T9 7324 und 7325	91 1402 und 91 1403	Hagans	1909	634 und 635	
	T9 7326	–	Hagans	1909	636	
	T9 7327 und 7328	91 1404 und 91 1405	Hagans	1909	637 und 638	

Direktionsbezirk	Bahnnummern	DRG-Nummern	Hersteller	Baujahr	Fabriknummern	Bemerkungen/ Ausmusterung
	T9 7329	–	HANOMAG	1911	6138	
	T9 7330 bis 7335	91 1481 bis 91 1486	HANOMAG	1911	6139 bis 6144	
	T9 7336 bis 7338	91 1592 bis 91 1594	Hohenzollern	1912	2845 bis 2847	
	T9 7339	91 1691	Orenstein	1912	5284	
	T9 7340 und 7341	91 1692 und 91 1693	Orenstein	1912	5344 und 5345	
	T9 7342 bis 7346	91 1781 bis 91 1785	Orenstein	1912	5905 bis 5909	
	T9 7347 bis 7353	91 1709 bis 91 1715	Union	1913	2094 bis 2100	
	T9 7354 bis 7356	91 1725 bis 91 1727	Hagans	1913	725 bis 727	
Berlin	1700	91 821	Orenstein	1905	1801	
	1701	–	Orenstein	1906	1802	
	1702 und 1703	91 822 und 91 823	Orenstein	1906	1803 und 1804	
	1704 und 1705	91 918 und 91 919	Orenstein	1906	1901 und 1902	
	1975 bis 1978	91 354 bis 91 357	Union	1902	1191 bis 1194	
	1979	–	Union	1902	1195	
	1980 bis 1982	91 358 bis 91 360	Union	1902	1196 bis 1198	
	1985 bis 1990	91 518 bis 91 523	Borsig	1904	5294 bis 5299	
	1991 und 1992	91 614 –	Orenstein	1904	1200 und 1201	
	1993 und 1994	91 615 und 91 616	Orenstein	1904	1202 und 1203	
	1995 und 1996	– 91 723	Orenstein	1905	1556 und 1557	
	1997 und 1998	–	Orenstein	1905	1558 und 1559	
	T9 7310 und 7311	91 1103 –	Orenstein	1908	2561 und 2562	
	T9 7312 und 7313	91 1104 und 91 1105	Orenstein	1908	2563 und 2564	
	T9 7314 bis 7316	–	Orenstein	1908	2565 bis 2567	
	T9 7317 und 7318	91 1106 und 91 1107	Orenstein	1908	2568 und 2569	
	T9 7319	–	Orenstein	1908	2570	
	T9 7320 und 7321	– 91 1063	Jung	1908	1106 und 1107	
	T9 7322 und 7323	91 1084	Jung	1908	1108 und 1109	
	T9 7324 bis 7326	–	Jung	1908	1110 bis 1112	
	T9 7327	91 955	Henschel	1908	8304	
	T9 7328 und 7329	91 1108 und 91 1109	Orenstein	1908	2711 und 2712	
	T9 7330 bis 7333	–	Orenstein	1908	2713 bis 2716	
	T9 7334 bis 7336	–	Orenstein	1908	2720 bis 2722	
	T9 7337	91 1110	Orenstein	1908	2723	
	T9 7338 und 7339	– 91 1126	Henschel	1909	9154 und 9155	
	T9 7340 bis 7342	–	Henschel	1909	9156 bis 9158	
	T9 7343 und 7344	91 1127 –	Henschel	1909	9159 und 9160	
	T9 7345 und 7346	– 91 1128	Henschel	1909	9161 und 9162	
	T9 7347 und 7348	–	Henschel	1909	9163 und 9164	
	T9 7349	91 1251	Jung	1909	1259	
	T9 7350	–	Orenstein	1909	3220	
	T9 7351 und 7352	–	Orenstein	1909	3393 und 3394	
	T9 7353	–	Orenstein	1909	3561	
	T9 7354 und 7355	91 1291 und 91 1292	Orenstein	1909	3562 und 3563	
	T9 7358 und 7359	–	Henschel	1910	9904 und 9905	
	T9 7360	91 1324	Henschel	1910	9906	
	T9 7361 und 7362	91 1464 und 91 1465	Orenstein	1910	3913 und 3914	
	T9 7363	–	Orenstein	1910	3915	
	T9 7364 und 7365	91 1802 –	Orenstein	1910	3916 und 3917	
	T9 7366	–	Hagans	1910	652	
	T9 7367 und 7368	91 1416 und 91 1417	Hagans	1910	653 und 654	
	T9 7369 und 7370	–	Hagans	1910	655 und 656	
	T9 7371 und 7372	91 1466 und 91 1467	Orenstein	1910	4301 und 4302	
	T9 7373	–	Orenstein	1910	4303	
	T9 7374 bis 7377	91 1468 bis 91 1471	Orenstein	1910	4304 bis 4307	
Breslau	1491 und 1492	–	Orenstein	1906	1903 und 1904	
	1493 und 1494	91 920 und 91 921	Orenstein	1906	1905 und 1906	
	1536 bis 1538	91 666 bis 91 668	Hohenzollern	1905	1819 bis 1821	
	1539	91 710	Schichau	1905	1386	

Direktions-bezirk	Bahnnummern	DRG-Nummern	Hersteller	Bau-jahr	Fabriknummern	Bemerkungen/ Ausmusterung
	1540	91 709	Schichau	1905	1387	
	1541 und 1542	91 791 und 91 720	Orenstein	1905	1551 und 1552	
	1543	–	Orenstein	1905	1553	
	1544 und 1545	91 721 und 91 722	Orenstein	1905	1554 und 1555	
	1546 bis 1550	91 727 bis 91 731	Henschel	1906	7331 bis 7335	
	1551 und 1552	91 828 und 91 829	Orenstein	1906	1812 und 1813	
	1554	91 923	Orenstein	1906	1963	
	1579 bis 1588	91 483 bis 91 492	Schichau	1903	1230 bis 1239	
	1589 bis 1592	91 472 bis 91 475	Humboldt	1903	170 bis 173	
	1593 bis 1597	91 499 bis 91 503	Schichau	1903	1270 bis 1274	
	1598 und 1599	91 581 –	Union	1904	1308 und 1309	
	1600 und 1601	91 582 und 91 583	Union	1904	1310 und 1311	
	1602	–	Union	1904	1312	
	1603 bis 1609	91 621 bis 91 627	Orenstein	1904	1307 bis 1313	
	1610 und 1611	91 713 und 91 714	Orenstein	1904	1314 und 1315	
	1612	91 628	Orenstein	1904	1316	
	1613 und 1614	91 634 –	HANOMAG	1904	4226 und 4227	
	1615	91 635	HANOMAG	1904	4228	
	1616 und 1617	91 711 und 91 712	Schichau	1905	1388 und 1389	
	T9 7051	91 1728	Hagans	1913	728	
	T9 7052 und 7053	91 1800 und 91 1801	Hagans	1913	729 und 730	
	T9 7054	91 1729	Hagans	1913	731	
	T9 7055 und 7056	– 91 1730	Hagans	1913	732 und 733	
	T9 7057 und 7058	91 1747 und 91 1748	Hagans	1913	753 und 754	
	T9 7336	91 868	Hagans	1907	542	
	T9 7342 und 7343	– 91 956	Henschel	1908	8305 und 8306	
	T9 7344 und 7345	91 957 –	Henschel	1908	8307 und 8308	
	T9 7346 bis 7348	91 1032 bis 91 1034	Union	1908	1639 bis 1641	
	T9 7349	–	Union	1908	1642	
	T9 7350	–	Henschel	1909	9165	
	T9 7351	91 1234	Hagans	1909	607	
	T9 7352 und 7353	91 1280 und 91 1281	Orenstein	1909	3380 und 3381	
	T9 7354	–	Orenstein	1909	3382	
	T9 7355 bis 7358	91 1238 bis 91 1241	Hagans	1909	624 bis 627	
	T9 7359 und 7360	– 91 1242	Hagans	1909	628 und 629	
	T9 7361	–	Henschel	1910	9882	
	T9 7362 bis 7364	91 1310 und 91 1312	Henschel	1910	9883 bis 9885	
	T9 7365 und 7366	– 91 1313	Henschel	1910	9886 und 9887	
	T9 7367 bis 7369	91 1325 bis 91 1327	Henschel	1910	9907 bis 9909	
	T9 7370 und 7371	–	Henschel	1910	9910 und 9911	
	T9 7372 bis 7374	91 1328 bis 91 1330	Henschel	1910	9912 bis 9914	
	T9 7375 bis 7380	91 1517 bis 91 1522	Hohenzollern	1910	2684 bis 2689	
	T9 7387	–	Henschel	1911	10497	
	T9 7388 und 7389	91 1514 –	Henschel	1911	10498 und 10499	
	T9 7390 und 7391	91 1515 und 91 1516	Henschel	1911	10500 und 10501	
	T9 7392 und 7393	91 1634 und 91 1635	Hagans	1912	706 und 707	
	T9 7394 und 7395	91 1684 und 91 1685	Orenstein	1912	5371 und 5272	
	T9 7396	91 1704	Union	1913	2057	
	T9 7397 und 7398	91 1778 und 91 1779	Orenstein	1912	5901 und 5902	
	T9 7399 und 7400	– 91 1780	Orenstein	1912	5903 und 5904	
Bromberg	1905 bis 1907	–	Schichau	1901	1179 bis 1181	
	1908	91 316	Schichau	1901	1182	
	1909	91 405	Schichau	1901	1183	
	1910 bis 1914	–	Schichau	1903	1240 bis 1244	
	1915 und 1916	91 810 –	Henschel	1905	7173 und 7174	
	1917	91 645	Henschel	1905	7175	
	1918 bis 1920	–	Henschel	1905	7176 bis 7178	
	1921	91 646	Henschel	1905	7179	

Direktions-bezirk	Bahnnummern	DRG-Nummern	Hersteller	Baujahr	Fabriknummern	Bemerkungen/ Ausmusterung
	1922 und 1923	–	Henschel	1905	7180 und 7181	
	1924 und 1925	–	Orenstein	1906	1805 und 1806	
	T9 7227	–	Union	1907	1553	
	T9 7228	91 931	Orenstein	1907	2200	
	T9 7229	91 866	Union	1907	1559	
	T9 7230	–	Orenstein	1907	2555	
	T9 7231 bis 7233	–	Hohenzollern	1908	2294 bis 2296	
	T9 7234 und 7235	–	Union	1908	1643 und 1644	
	T9 7236	91 1049	Hagans	1908	584	
	T9 7237 bis 7240	–	Hagans	1908	585 bis 588	
	T9 7241 und 7242	91 1093 –	Jung	1908	1235 und 1236	
	T9 7243 und 7244	91 1111 und 91 1112	Orenstein	1908	3001 und 3002	
	T9 7245 bis 7249	–	Orenstein	1908	3003 bis 3007	
	T9 7250 und 7251	91 1129 und 91 1130	Henschel	1909	9166 und 9167	
	T9 7252	91 1279	Orenstein	1909	3221	
	T9 7253 und 7254	–	Orenstein	1909	3383 und 3384	
	T9 7255 und 7256	91 1295 und 91 1296	Orenstein	1909	3571 und 3572	
	T9 7257 bis 7259	91 1338 bis 91 1340	Henschel	1910	9923 bis 9925	
	T9 7260 bis 7262	–	Hohenzollern	1910	2690 bis 2692	
	T9 7263 bis 7266	91 1487 bis 91 1490	HANOMAG	1911	6145 bis 6148	
	T9 7267	–	HANOMAG	1911	6149	
	T9 7268 und 7269	91 1491 und 91 1492	HANOMAG	1911	6150 und 6151	
	T9 7270 und 7271	– 91 1584	Orenstein	1911	4602 und 4603	
	T9 7272 und 7273	– 91 1585	Orenstein	1911	4604 und 4605	
	T9 7274 und 7275	91 1586 –	Orenstein	1911	4606 und 4607	
	T9 7276	–	Orenstein	1911	4601	
	T9 7277 und 7278	– 91 1564	Hagans	1911	677 und 678	
	T9 7279 und 7280	– 91 1565	Hagans	1911	679 und 680	
	T9 7281	91 1587	Orenstein	1911	5001	
	T9 7282	–	Union	1911	2007	
	T9 7283	91 1798	Hagans	1914	764	
Cassel	1463 bis 1465	91 311 bis 91 313	Union	1901	1165 bis 1167	
	1466 und 1467	–	Union	1901	1168 und 1169	
	1468	91 314	Union	1901	1170	
	1469	–	Henschel	1902	6150	
	1470 und 1471	91 427 und 91 428	Henschel	1903	6151 und 6152	
	1472 bis 1476	91 422 bis 91 426	Borsig	1903	5233 bis 5237	
	1477 und 1478	91 535 und 91 536	HANOMAG	1904	4218 und 4219	
	1479 und 1480	91 629 und 91 630	Borsig	1904	5415 und 5416	
	1481	–	Borsig	1904	5417	
	1482 bis 1484	91 631 bis 91 633	Borsig	1904	5418 bis 5420	
	1485 bis 1490	91 636 bis 91 641	Henschel	1905	7163 bis 7168	
	1491	–	Henschel	1905	7169	
	1492 bis 1494	91 642 bis 91 644	Henschel	1905	7170 bis 7172	
	1495 bis 1497	91 732 bis 91 734	Henschel	1906	7336 bis 7338	
	T9 7051 und 7052	91 1512 und 91 1513	Henschel	1911	10495 und 10496	
	T9 7053 und 7054	91 1624 und 91 1625	Hagans	1912	694 und 695	
	T9 7055 und 7056	91 1686 und 91 1687	Orenstein	1912	5273 und 5274	
	T9 7057 und 7058	– 91 1688	Orenstein	1912	5275 und 5276	
	T9 7059 und 7060	– 91 1756	Jung	1913	1838 und 1839	
	T9 7066 und 7067	91 1731 –	Hagans	1913	734 und 735	
	T9 7068 bis 7070	91 1732 bis 91 1734	Hagans	1913	736 bis 738	
	T9 7071	91 1749	Hagans	1914	755	
	T9 7072	91 1792	Hagans	1914	756	
	T9 7331 und 7332	91 943 und 91 944	Henschel	1908	8291 und 8292	
	T9 7333 bis 7335	91 757 bis 91 759	Henschel	1906	7674 bis 7676	
	T9 7336 und 7337	91 771 –	Hohenzollern	1906	1992 und 1993	
	T9 7338 bis 7343	91 842 bis 91 847	Hohenzollern	1907	2158 bis 2163	

Direktions-bezirk	Bahnnummern	DRG-Nummern	Hersteller	Bau-jahr	Fabriknummern	Bemerkungen/ Ausmusterung
	T9 7344 bis 7346	91 879 bis 91 881	Hagans	1907	558 bis 560	
	T9 7347 und 7348	91 911 und 91 912	Jung	1907	1046 und 1047	
	T9 7349 bis 7351	91 913 bis 91 915	Jung	1907	1099 bis 1101	
	T9 7352 und 7353	91 945 –	Henschel	1908	8293 und 8294	
	T9 7354 bis 7362	91 946 bis 91 954	Henschel	1908	8295 bis 8303	
	T9 7363 und 7364	91 1078 und 91 1079	Jung	1908	1176 und 1177	
	T9 7365 und 7366	– 91 1080	Jung	1908	1178 und 1179	
	T9 7367	–	Henschel	1908	9040	
	T9 7368 bis 7372	91 961 bis 91 965	Henschel	1908	9041 bis 9045	
	T9 7373	91 1089	Jung	1908	1231	
	T9 7374 bis 7377	91 1131 bis 91 1134	Henschel	1908	9168 bis 9171	
	T9 7378	91 1177	Hohenzollern	1909	2476	
	T9 7379	–	Jung	1909	1326	
	T9 7380 und 7381	91 1263 –	Jung	1909	1327 und 1328	
	T9 7382 und 7383	91 1349 –	Hohenzollern	1910	2560 und 2561	
	T9 7384 und 7385	91 1350 und 91 1351	Hohenzollern	1910	2562 und 2563	
	T9 7386 bis 7388	91 1321 bis 91 1323	Henschel	1910	9899 bis 9901	
	T9 7395 und 7396	91 1507 –	Henschel	1911	10489 und 10490	
	T9 7397 bis 7400	91 1508 bis 91 1511	Henschel	1911	10491 bis 10494	
Coeln	1600 bis 1610	–	Humboldt	1902	144 bis 154	
	1611 und 1612	91 379 und 91 380	Humboldt	1902	155 und 156	
	1613 und 1614	91 451 –	Hohenzollern	1903	1637 und 1638	
	1615 und 1616	91 481 –	Jung	1903	644 und 645	
	1617	–	Jung	1903	649	
	1618 und 1619	91 545 –	Hohenzollern	1903	1689 und 1690	
	1620 und 1621	91 546 und 91 547	Hohenzollern	1904	1691 und 1692	
	1622 und 1623	91 556 und 91 557	Hohenzollern	1904	1741 und 1742	
	1624 und 1625	– 91 558	Hohenzollern	1904	1743 und 1744	
	1626 und 1627	91 559 –	Hohenzollern	1904	1745 und 1746	
	1628 und 1629	91 685 –	Jung	1905	774 und 775	
	1630 und 1631	– 91 686	Jung	1905	776 und 777	
	1632 bis 1634	91 673 bis 91 675	Hohenzollern	1905	1860 bis 1862	
	1635 bis 1638	91 697 bis 91 700	Jung	1905	835 bis 838	
	1639 bis 1644	91 735 bis 91 740	Henschel	1906	7339 bis 7344	
	1645 und 1646	91 807 und 91 808	Jung	1906	898 und 899	
	1647	–	Jung	1906	900	
	T9 7248 bis 7256	91 761 bis 91 769	Hohenzollern	1906	1982 bis 1990	
	T9 7257 und 7258	91 776 und 91 777	Hohenzollern	1906	1997 und 1998	
	T9 7259 bis 7261	91 850 bis 91 852	Hohenzollern	1907	2166 bis 2168	
	T9 7262	91 900	Jung	1907	1018	
	T9 7334 und 7335	91 901 und 91 902	Jung	1907	1091 und 1020	
	T9 7336 und 7337	–	Jung	1907	1021 und 1022	
	T9 7338	91 903	Jung	1907	1023	
	T9 7339 bis 7341	91 853 bis 91 855	Hohenzollern	1907	2255 bis 2257	
	T9 7442 bis 7347	91 1000 bis 91 1005	Hohenzollern	1908	2349 bis 2354	
	T9 7348 und 7349	91 1053 und 91 1054	Humboldt	1908	516 und 517	
	T9 7350	–	Hohenzollern	1909	2447	
	T9 7351 bis 7355	91 1169 bis 91 1173	Hohenzollern	1909	2448 bis 2452	
	T9 7356 und 7357	–	Hohenzollern	1911	2750 und 2751	
	T9 7358	91 1530	Hohenzollern	1911	2752	
	T9 7356[II] bis 7358[II]	91 1595 bis 91 1597	Hohenzollern	1912	2848 bis 2850	
	T9 7359 und 7360	91 1531 und 91 1532	Hohenzollern	1911	2753 und 2754	
	T9 7361 und 7362	–	Hohenzollern	1911	2755 und 2756	
	T9 7363 bis 7369	91 1533 bis 91 1539	Hohenzollern	1911	2757 bis 2763	
	T9 7370 und 7371	91 1666 und 91 1667	Jung	1912	1763 und 1764	
	T9 7372 bis 7374	91 1753 bis 91 1755	Jung	1913	1835 bis 1837	
	T9 7375 und 7376	91 1774 und 91 1775	Jung	1913	1944 und 1945	
	T9 7377	91 1773	Jung	1913	1940	

Direktionsbezirk	Bahnnummern	DRG-Nummern	Hersteller	Baujahr	Fabriknummern	Bemerkungen/ Ausmusterung
	T9 7378 bis 7380	–	Jung	1913	1941 bis 1943	
	T9 7381	–	Hagans	1913	744	
	T9 7382 bis 7385	91 1739 bis 91 1742	Hagans	1913	745 bis 748	
Danzig	1914 und 1915	91 493 –	Schichau	1903	1245 und 1246	
	1916	91 494	Schichau	1903	1247	
	1917 und 1918	–	Schichau	1903	1248 und 1249	
	1919 bis 1922	–	Schichau	1903	1285 bis 1288	
	1923	91 511	Schichau	1903	1289	
	1924 und 1925	–	Hohenzollern	1904	1747 und 1748	
	1926 bis 1928	91 560 bis 91 562	Hohenzollern	1904	1749 bis 1751	
	1929 und 1930	– 91 587	Union	1904	1333 und 1334	
	1931 und 1932	– 91 588	Union	1904	1335 und 1336	
	1933 und 1934	– 91 589	Union	1904	1337 und 1338	
	1935 bis 1938	–	Union	1904	1339 bis 1342	
	1939	–	Schichau	1905	1371	
	1940 und 1941	91 702 –	Schichau	1905	1372 und 1373	
	1942 und 1943	91 703 und 91 704	Schichau	1905	1374 und 1375	
	1941^{II}	91 705	Schichau	1905	1376	
	1942^{II} und 1943^{II}	–	Schichau	1905	1377 und 1378	
	1942^{III} und 1943^{III}	91 824 –	Orenstein	1906	1807 und 1808	
	1944 und 1945	91 706 –	Schichau	1905	1379 und 1380	
	1949	91 726	Orenstein	1905	1564	
	1950 und 1951	– 91 788	Union	1906	1443 und 1444	
	T9 7201 bis 7204	–	Henschel	1911	10476 bis 10479	
	T9 7205 und 7206	91 1499 und 91 1500	Henschel	1911	10480 und 10481	
	T9 7207 bis 7209	–	Union	1911	1933 bis 1935	
	T9 7210 und 7211	91 1598 –	Hohenzollern	1912	2851 und 2852	
	T9 7212 und 7213	91 1599 –	Hohenzollern	1912	2853 und 2854	
	T9 7214	91 1600	Hohenzollern	1912	2855	
	T9 7215 und 7216	–	Hohenzollern	1912	2856 und 2857	
	T9 7217	–	Orenstein	1911	5002	
	T9 7218 bis 7220	91 1588 bis 91 1590	Orenstein	1911	5003 und 5005	
	T9 7221 bis 7223	–	Union	1913	2058 bis 2060	
	T9 7324 und 7325	91 1708 –	Union	1913	2061 und 2062	
	T9 7226	91 1786	Union	1914	2101	
	T9 7227 und 7228	–	Union	1914	2102 und 2103	
	T9 7229 und 7230	91 1796 und 91 1797	Hagans	1914	762 und 763	
	T9 7338 bis 7340	–	Henschel	1906	7650 bis 7652	
	T9 7341 und 7342	91 746 –	Henschel	1906	7653 und 7654	
	T9 7343 und 7344	– 91 747	Henschel	1906	7655 und 7656	
	T9 7345 bis 7348	–	Henschel	1906	7657 bis 7660	
	T9 7349 und 7350	–	Hagans	1907	548 und 549	
	T9 7351 und 7352	–	Orenstein	1907	2102 und 2103	
	T9 7356	–	Henschel	1907	7925	
	T9 7357 und 7358	– 91 865	Union	1907	1557 und 1558	
	T9 7359	–	Hohenzollern	1907	2266	
	T9 7360 bis 7362	91 971 bis 91 973	Hohenzollern	1907	2267 bis 2269	
	T9 7363 und 7364	– 91 974	Hohenzollern	1907	2270 und 2271	
	T9 7365 und 7366	91 975 –	Hohenzollern	1907	2272 und 2273	
	T9 7367 und 7368	– 91 994	Hohenzollern	1908	2301 und 2302	
	T9 7369 bis 7371	–	Hohenzollern	1908	2303 bis 2305	
	T9 7372 bis 7374	–	Hohenzollern	1908	2344 bis 2346	
	T9 7375	–	HANOMAG	1909	5446	
	T9 7376 und 7377	–	Henschel	1909	9172 und 9173	
	T9 7378	91 1135	Henschel	1909	9174	
	T9 7379	–	Orenstein	1909	3222	
	T9 7380 bis 7382	–	Union	1908	1749 bis 1751	
	T9 7383 und 7384	91 1218 und 91 1219	Union	1908	1752 und 1753	

Direktionsbezirk	Bahnnummern	DRG-Nummern	Hersteller	Baujahr	Fabriknummern	Bemerkungen/ Ausmusterung
	T9 7385 und 7386	91 1282 und 91 1283	Orenstein	1909	3385 und 3386	
	T9 7388 und 7389	–	Union	1908	1775 und 1776	
	T9 7390 und 7391	91 1231 –	Union	1908	1777 und 1778	
	T9 7392 und 7393	91 1232 –	Union	1908	1779 und 1780	
	T9 7394	–	Orenstein	1909	3573	
	T9 7395 und 7396	91 1610 und 91 1611	Union	1911	2008 und 2009	
	T9 7397 bis 7399	–	Union	1914	2104 bis 2106	
	T9 7400	91 1787	Union	1914	2107	
Elberfeld	2100 und 2101	91 306 und 91 307	Union	1901	1116 und 1117	
	2102 und 2103	–	Union	1901	1118 und 1119	
	2104 und 2105	91 308 und 91 309	Union	1901	1120 und 1121	
	2106 und 2107	– 91 310	Union	1901	1171 und 1172	
	2108 und 2109	91 376 und 91 377	Humboldt	1902	121 und 122	
	2110 und 2111	91 381 –	Humboldt	1902	157 und 158	
	2112 und 2113	91 382 –	Humboldt	1902	159 und 160	
	2114 und 2115	91 383 –	Humboldt	1902	161 und 162	
	2116 und 2117	91 384 und 91 385	Humboldt	1902	163 und 164	
	2118 und 2119	91 449 und 91 450	Hohenzollern	1903	1593 und 1594	
	2120	91 454	Hohenzollern	1903	1641	
	2121 und 2122	91 554 –	Hohenzollern	1904	1701 und 1702	
	2123 und 2124	91 555 –	Hohenzollern	1904	1703 und 1704	
	2125 bis 2128	91 601 bis 91 604	Jung	1904	724 bis 727	
	T9 7051	91 1777	Jung	1913	2006	
	T9 7330 und 7331	91 848 und 91 849	Hohenzollern	1907	2164 und 2165	
	T9 7332 und 7333	91 984 und 91 985	Hohenzollern	1908	2288 und 2289	
	T9 7334	–	Hohenzollern	1908	2290	
	T9 7335 und 7336	– 91 1799	Humboldt	1908	518 und 519	
	T9 7337	91 989	Hohenzollern	1909	2453	
	T9 7338	–	Hohenzollern	1908	2339	
	T9 7339 bis 7342	91 995 bis 91 998	Hohenzollern	1908	2340 bis 2343	
	T9 7343 und 7344	91 1174 und 91 1175	Hohenzollern	1909	2454 und 2455	
	T9 7345 und 7346	–	Hohenzollern	1909	2456 und 2457	
	T9 7347 bis 7354	91 1185 bis 91 1192	Hohenzollern	1909	2489 bis 2496	
	T9 7355	–	Hohenzollern	1909	2497	
	T9 7356 bis 7358	–	Hohenzollern	1910	2552 bis 2554	
	T9 7359 bis 7363	91 1344 bis 91 1348	Hohenzollern	1910	2555 bis 2559	
	T9 7364 bis 7366	91 1366 bis 91 1368	Hohenzollern	1910	2619 bis 2621	
	T9 7367	–	Hohenzollern	1910	2622	
	T9 7368 bis 7370	91 1369 bis 91 1371	Hohenzollern	1910	2623 bis 2625	
	T9 7371	–	Hohenzollern	1910	2626	
	T9 7372 bis 7374	91 1372 bis 91 1374	Hohenzollern	1910	2627 bis 2629	
	T9 7375 bis 7377	91 1523 bis 91 1525	Hohenzollern	1910	2693 bis 2695	
	T9 7378 und 7379	91 1762 und 91 1763	Jung	1912	1730 und 1731	
	T9 7380 und 7381	91 1655 und 91 1656	Jung	1912	1732 und 1733	
	T9 7382	–	Jung	1912	1828	
	T9 7383 bis 7385	91 1676 bis 91 1678	Jung	1912	1829 bis 1831	
	T9 7386 bis 7393	91 1757 bis 91 1764	Jung	1913	1920 bis 1927	
	T9 7394 und 7395	– 91 1765	Jung	1913	1928 und 1929	
	T9 7396 bis 7399	91 1743 bis 91 1746	Hagans	1913	749 bis 752	
	T9 7400	91 1776	Jung	1913	2005	
Erfurt	1799 und 1800	91 797 und 91 798	Hagans	1906	536 und 537	
	1806 bis 1810	91 349 bis 91 353	Hohenzollern	1902	1520 bis 1524	
	1811	–	Jung	1902	527	
	1812 und 1813	91 317 –	Henschel	1902	6125 und 6126	
	1814 bis 1821	91 318 bis 91 325	Henschel	1902	6127 bis 6134	
	1822 und 1823	– 91 1803	Jung	1903	640 und 641	
	1824	91 480	Jung	1903	642	
	1825	–	Jung	1903	646	

Direktions-bezirk	Bahnnummern	DRG-Nummern	Hersteller	Bau-jahr	Fabriknummern	Bemerkungen/ Ausmusterung
	1826	91 482	Jung	1903	650	
	1827	91 595	Jung	1904	673	
	1828 und 1829	91 597 und 91 598	Jung	1904	675 und 676	
	1830 und 1831	91 1804 –	Jung	1904	679 und 680	
	1832 und 1833	91 1805 –	Henschel	1904	6829 und 6830	
	1834 und 1835	91 542 und 91 543	Henschel	1904	6831 und 6832	
	1836 bis 1839	91 662 bis 91 665	Hohenzollern	1905	1815 bis 1818	
	1840 bis 1842	91 680 bis 91 682	Hagans	1904	511 bis 513	
	1843 und 1844	91 653 und 91 654	Henschel	1905	7191 und 7192	
	1863 und 1864	91 655 –	Henschel	1905	7193 und 7194	
	1877 und 1878	91 690 und 91 691	Jung	1905	827 und 828	
	1879	–	Jung	1905	829	
	T9 7297 bis 7299	–	Hagans	1907	544 bis 546	
	T9 7300 und 7301	91 877 und 91 878	Hagans	1907	556 und 557	
	T9 7302 bis 7304	91 883 bis 91 885	Hagans	1907	562 bis 564	
	T9 7305 bis 7308	–	Hagans	1908	576 bis 579	
	T9 7309 und 7310	–	Hagans	1908	592 und 593	
	T9 7311 und 7312	91 1050 und 91 1051	Hagans	1908	594 und 595	
	T9 7313	91 1233	Hagans	1909	606	
	T9 7314 und 7315	91 1183 und 91 1184	Hohenzollern	1909	2487 und 2488	
	T9 7316 und 7317	91 1235 und 91 1236	Hagans	1909	613 und 614	
	T9 7318 und 7319	91 1216 und 91 1217	Hohenzollern	1910	2550 und 2551	
	T9 7320 bis 7324	91 1272 bis 91 1276	Jung	1909	1366 bis 1370	
	T9 7325 bis 7328	91 1430 bis 91 1433	Jung	1910	1383 bis 1386	
	T9 7329 bis 7332	91 1408 bis 91 1411	Hagans	1910	643 bis 646	
	T9 7333 bis 7335	–	Hagans	1910	657 bis 659	
	T9 7336 bis 7339	91 1560 bis 91 1563	Hagans	1911	673 bis 676	
	T9 7340 und 7341	91 1616 und 91 1617	Hagans	1911	681 und 682	
Essen	1604	–	Hohenzollern	1903	1568	
	1605 bis 1613	91 430 bis 91 438	Hohenzollern	1903	1569 und 1577	
	1614 bis 1618	91 458 bis 91 462	Hohenzollern	1903	1654 bis 1658	
	1619	91 548	Hohenzollern	1903	1693	
	1620 bis 1623	91 549 bis 91 552	Hohenzollern	1904	1694 bis 1697	
	1624	–	Hohenzollern	1904	1698	
	1625 bis 1638	91 563 bis 91 576	Hohenzollern	1904	1752 bis 1765	
	1644 und 1645	91 669 –	Hohenzollern	1905	1854 und 1855	
	1646 und 1647	91 670 und 91 671	Hohenzollern	1905	1856 und 1857	
	1648 und 1649	– 91 672	Hohenzollern	1905	1858 und 1859	
	1650 und 1651	91 741 und 91 742	Henschel	1906	7345 und 7346	
	1886	91 378	Humboldt	1902	123	
	1887 und 1888	91 389 und 91 390	Jung	1902	524 und 525	
	1889	–	Jung	1902	526	
	T9 7353 und 7354	91 772 und 91 773	Hohenzollern	1906	1994 und 1995	
	T9 7355	–	Hohenzollern	1906	1996	
	T9 7356	91 774	Hohenzollern	1906	1999	
	T9 7357	91 775	Hohenzollern	1906	2074	
	T9 7358 und 7359	91 835 und 91 836	Henschel	1907	7917 und 7918	
	T9 7360 und 7361	91 871 und 91 872	Hagans	1907	550 und 551	
	T9 7362 bis 7364	91 897 bis 91 899	Jung	1907	1051 bis 1017	
	T9 7365 bis 7368	91 926 bis 91 929	Orenstein	1907	2105 bis 2108	
	T9 7369 bis 7371	91 856 bis 91 858	Hohenzollern	1907	2258 bis 2260	
	T9 7372 bis 7374	91 986 bis 91 988	Hohenzollern	1908	2291 bis 2293	
	T9 7375 bis 7378	91 1009 bis 91 1012	Hohenzollern	1908	2358 bis 2361	
	T9 7379 und 7380	–	Hohenzollern	1908	2362 und 2363	
	T9 7381 bis 7383	91 1013 bis 91 1015	Hohenzollern	1908	2364 bis 2366	
	T9 7384 und 7385	–	Hohenzollern	1908	2367 und 2368	
	T9 7386 bis 7388	91 1016 bis 91 1018	Hohenzollern	1908	2369 bis 2371	
	T9 7389	–	Hohenzollern	1908	2372	

Direktionsbezirk	Bahnnummern	DRG-Nummern	Hersteller	Baujahr	Fabriknummern	Bemerkungen/Ausmusterung
	T9 7390 bis 7392	91 1019 bis 91 1021	Hohenzollern	1908	2373 bis 2375	
	T9 7393	91 1055	Humboldt	1908	520	
	T9 7394 bis 7396	–	Hohenzollern	1908	2376 bis 2378	
	T9 7397	91 1022	Hohenzollern	1908	2379	
	T9 7398 und 7399	– 91 1154	Hohenzollern	1909	2428 bis 2429	
	T9 7400 und 7401	91 1155 –	Hohenzollern	1909	2430 und 2431	
	T9 7402 bis 7407	91 1156 bis 91 1161	Hohenzollern	1909	2432 bis 2437	
	T9 7408	–	Hohenzollern	1909	2438	
	T9 7409 und 7410	91 1162 –	Hohenzollern	1909	2439 und 2440	
	T9 7411 bis 7416	91 1163 bis 91 1168	Hohenzollern	1909	2441 bis 2446	
	T9 7417 bis 7419	91 1178 bis 91 1180	Hohenzollern	1909	2477 bis 2479	
	T9 7420	91 1210	Hohenzollern	1909	2510	
	T9 7421 und 7422	–	Hohenzollern	1909	2511 und 2512	
	T9 7423 und 7424	91 1205 –	Hohenzollern	1909	2513 und 2514	
	T9 7425 bis 7428	91 1206 bis 91 1209	Hohenzollern	1909	2515 bis 2518	
	T9 7429	91 1288	Orenstein	1909	3391	
	T9 7430	91 1353	Hohenzollern	1910	2567	
	T9 7431 und 7432	91 1355 und 91 1356	Hohenzollern	1910	2568 und 2569	
	T9 7433	–	Hohenzollern	1910	2570	
	T9 7434 bis 7436	91 1357 bis 91 1359	Hohenzollern	1910	2571 bis 2573	
	T9 7437 bis 7441	91 1382 bis 91 1386	Hohenzollern	1910	2639 bis 2643	
	T9 7442 und 7443	91 1526 –	Hohenzollern	1910	2696 und 2697	
	T9 7444	91 1527	Hohenzollern	1910	2698	
Frankfurt	1922 bis 1924	91 692 bis 91 694	Jung	1905	830 bis 832	
	1925 bis 1927	91 611 bis 91 613	Jung	1904	737 bis 739	
	1928	91 596	Jung	1904	674	
	1929 und 1930	91 599 und 91 600	Jung	1904	677 und 678	
	1931 und 1932	91 331 und 91 332	Henschel	1902	6141 und 6142	
	1933	91 333	Henschel	1902	6143	
	1934	–	Hohenzollern	1903	1588	
	1935 und 1936	91 447 –	Hohenzollern	1903	1589 und 1590	
	1937 und 1938	91 448 –	Hohenzollern	1903	1591 und 1592	
	T9 7282 bis 7287	91 748 bis 91 753	Henschel	1906	7661 bis 7666	
	T9 7288	91 770	Hohenzollern	1906	1991	
	T9 7289 und 7290	91 816 und 91 817	Jung	1906	962 und 963	
	T9 7291 bis 7293	91 818 bis 91 820	Jung	1906	974 bis 976	
	T9 7294 und 7295	91 875 und 91 876	Hagans	1906	554 und 555	
	T9 7296 und 7297	91 1065 und 91 1066	Jung	1908	1113 und 1114	
	T9 7298 bis 7302	91 1094 bis 91 1098	Jung	1908	1245 bis 1249	
	T9 7303 bis 7308	91 1081 bis 91 1086	Jung	1908	1180 bis 1185	
	T9 7309	91 1099	Jung	1908	1250	
	T9 7310	91 1253	Jung	1909	1286	
	T9 7311 bis 7315	91 1264 bis 91 1268	Jung	1909	1329 bis 1333	
	T9 7316 bis 7319	91 1425 bis 91 1428	Jung	1910	1377 bis 1380	
	T9 7322 und 7323	91 1297 –	Grafenstaden	1910	6092 und 6093	
	T9 7324 bis 7330	91 1298 bis 91 1304	Grafenstaden	1910	6094 bis 6100	
	T9 7331	91 1305	Grafenstaden	1910	6201	
	T9 7332 bis 7335	91 1435 bis 91 1438	Jung	1910	1465 bis 1468	
	T9 7336 bis 7340	91 1448 bis 91 1452	Jung	1910	1531 bis 1535	
	T9 7341	–	Jung	1910	1536	
	T9 7342	91 1457	Jung	1910	1541	
	T9 7343 und 7344	91 1459 –	Jung	1910	1543 und 1544	
	T9 7345 und 7346	91 1460 und 91 1461	Jung	1910	1545 bis 1546	
	T9 7347	91 1493	HANOMAG	1911	6152	
	T9 7348 bis 7352	91 1566 bis 91 1570	Jung	1911	1606 bis 1610	
	T9 7353	–	Jung	1911	1611	
	T9 7354 bis 7363	91 1571 bis 91 1580	Jung	1911	1612 bis 1621	
	T9 7364 bis 7366	91 1581 bis 91 1583	Jung	1911	1660 bis 1662	

Direktions-bezirk	Bahnnummern	DRG-Nummern	Hersteller	Bau-jahr	Fabriknummern	Bemerkungen/ Ausmusterung
	T9 7367 bis 7373	91 1641 bis 91 1647	Jung	1912	1663 bis 1669	
	T9 7374	–	Jung	1912	1670	
	T9 7375 bis 7378	91 1648 bis 91 1651	Jung	1912	1671 bis 1674	
	T9 7387 bis 7389	91 1478 bis 91 1480	Grafenstaden	1911	6274 bis 6276	
	T9 7390 bis 7393	91 1657 bis 91 1660	Jung	1912	1734 bis 1737	
	T9 7394 bis 7395	–	Jung	1912	1738 und 1739	
	T9 7396	91 1661	Jung	1912	1740	
	T9 7397 bis 7399	91 1750 bis 91 1752	Jung	1912	1832 bis 1834	
Halle	1873 bis 1876	91 468 bis 91 471	Union	1903	1249 bis 1252	
	1877 bis 1880	91 334 bis 91 337	Henschel	1902	6144 bis 6147	
	1881 und 1882	– 91 338	Henschel	1902	6148 und 6149	
	1883 bis 1887	91 504 bis 91 508	Schichau	1903	1275 bis 1279	
	1888 bis 1893	91 524 bis 91 529	Borsig	1904	5300 bis 5305	
	1894 und 1895	91 537 –	HANOMAG	1904	4220 und 4221	
	1896	91 538	HANOMAG	1904	4222	
	1897 und 1898	91 660 und 91 661	Hohenzollern	1905	1812 und 1813	
	1899	–	Hohenzollern	1905	1814	
	1900 bis 1903	91 647 bis 91 650	Henschel	1905	7182 bis 7185	
	1904	–	Henschel	1905	7186	
	1905 und 1906	91 743 und 91 744	Henschel	1906	7347 und 7348	
	T9 7051 bis 7054	91 1540 bis 91 1543	Hohenzollern	1911	2764 bis 2767	
	T9 7055 und 7056	91 1554 –	Hagans	1911	666 und 667	
	T9 7057 bis 7061	91 1555 bis 91 1559	Hagans	1911	668 bis 672	
	T9 7062 bis 7067	91 1618 bis 91 1623	Hagans	1912	683 bis 688	
	T9 7068 bis 7073	91 1626 bis 91 1631	Hagans	1912	696 bis 701	
	T9 7074 bis 7078	91 1636 bis 91 1640	Hagans	1912	708 bis 712	
	T9 7079 bis 7081	91 1716 bis 91 1718	Hagans	1912	713 bis 715	
	T9 7082 und 7083	91 1769 und 91 1770	Jung	1913	1934 und 1935	
	T9 7084 und 7085	91 1766 und 91 1767	Jung	1913	1930 und 1931	
	T9 7086 und 7087	– 91 1768	Jung	1913	1932 und 1933	
	T9 7088	91 1793	Hagans	1914	757	
	T9 7315	–	Hohenzollern	1906	2075	
	T9 7316 bis 7319	91 778 bis 91 781	Hohenzollern	1906	2076 bis 2079	
	T9 7320 bis 7322	91 799 bis 91 801	Hagans	1906	538 bis 540	
	T9 7323	91 867	Hagans	1906	541	
	T9 7324	91 869	Hagans	1907	543	
	T9 7325	91 812	Jung	1906	954	
	T9 7326	91 813	Jung	1906	958	
	T9 7327 bis 7329	91 889 bis 91 891	Jung	1907	1003 bis 1005	
	T9 7330	–	Jung	1907	1006	
	T9 7331 bis 7333	91 837 bis 91 839	Henschel	1907	7919 bis 7921	
	T9 7334 und 7335	91 873 und 91 874	Hagans	1907	552 und 553	
	T9 7336 und 7337	91 936 und 91 937	Orenstein	1907	2208 und 2209	
	T9 7338	91 968	Hohenzollern	1907	2263	
	T9 7339	91 882	Hagans	1907	561	
	T9 7340 bis 7342	91 886 bis 91 888	Hagans	1907	565 bis 567	
	T9 7343 bis 7346	91 1043 bis 91 1046	Hagans	1907	568 bis 571	
	T9 7347 bis 7351	91 1035 bis 91 1039	Union	1908	1645 bis 1649	
	T9 7352 und 7353	91 1087 und 91 1088	Jung	1908	1186 und 1187	
	T9 7354 und 7355	91 1090 und 91 1091	Jung	1908	1232 und 1233	
	T9 7356 bis 7359	91 1136 bis 91 1139	Henschel	1909	9175 bis 9178	
	T9 7360 und 7361	– 91 1140	Henschel	1909	9179 und 9180	
	T9 7362 und 7363	91 1052 –	Hagans	1909	596 und 597	
	T9 7364	91 1255	Jung	1909	1288	
	T9 7365 bis 7369	91 1258 bis 91 1262	Jung	1909	1321 bis 1325	
	T9 7370 bis 7372	91 1360 bis 91 1362	Hohenzollern	1910	2574 bis 2576	
	T9 7373 und 7374	–	Hohenzollern	1910	2630 und 2631	
	T9 7375 bis 7381	91 1375 bis 91 1381	Hohenzollern	1910	2632 bis 2638	

Direktionsbezirk	Bahnnummern	DRG-Nummern	Hersteller	Baujahr	Fabriknummern	Bemerkungen/ Ausmusterung
	T9 7382 bis 7384	91 1413 bis 91 1415	Hagans	1910	648 bis 650	
	T9 7385 und 7386	91 1406 und 91 1407	Hagans	1910	641 und 642	
	T9 7387 bis 7394	91 1387 bis 91 1394	Hohenzollern	1910	2670 bis 2677	
Hannover	2020 bis 2022	91 409 bis 91 411	Schichau	1902	1187 bis 1189	
	2023 bis 2025	91 346 bis 91 348	Hohenzollern	1902	1517 bis 1519	
	2026 und 2027	91 439 –	Hohenzollern	1903	1578	
	2028 und 2029	91 440 –	Hohenzollern	1903	1580 und 1581	
	2030	91 441	Hohenzollern	1903	1582	
	T9 7216	91 754	Henschel	1906	7667	
	T9 7217 und 7218	–	Henschel	1906	7668 und 7669	
	T9 7219 und 7220	91 782 und 91 783	Hohenzollern	1906	2080 und 2081	
	T9 7221	91 811	Jung	1906	951	
	T9 7222	–	Henschel	1908	8309	
	T9 7223 bis 7225	91 958 bis 91 960	Henschel	1908	8310 bis 8312	
	T9 7226 bis 7230	91 1072 bis 91 1076	Jung	1908	1170 bis 1174	
	T9 7231	91 1077	Jung	1908	1251	
	T9 7232 und 7233	91 1246 –	Jung	1909	1252 und 1253	
	T9 7234 und 7235	91 1061 und 91 1062	Humboldt	1908	528 und 529	
	T9 7236 und 7237	91 1181 und 91 1182	Hohenzollern	1909	2480 und 2481	
	T9 7238 bis 7241	91 1284 bis 91 1287	Orenstein	1909	3387 bis 3390	
	T9 7242 und 7243	91 1211 und 91 1212	Hohenzollern	1910	2544 und 2545	
	T9 7244	–	Hohenzollern	1910	2546	
	T9 7245 bis 7250	91 1331 bis 91 1336	Henschel	1910	9915 bis 9920	
	T9 7251 und 7252	– 91 1337	Henschel	1910	9921 und 9922	
	T9 7253 und 7254	91 1314 –	Henschel	1910	9888 und 9889	
	T9 7255 und 7256	91 1315 –	Henschel	1910	9890 und 9891	
	T9 7257 und 7258	91 1316 und 91 1317	Henschel	1910	9892 und 9893	
	T9 7259 und 7260	–	Henschel	1910	9894 und 9895	
	T9 7261 bis 7263	91 1318 bis 91 1320	Henschel	1910	9896 bis 9898	
	T9 7264 bis 7266	91 1306 bis 91 1308	HANOMAG	1910	5812 bis 5814	
	T9 7267	–	HANOMAG	1910	5815	
	T9 7268 und 7269	91 1309 –	HANOMAG	1910	5816 und 5817	
	T9 7270 bis 7275	91 1395 bis 91 1400	Hohenzollern	1910	2678 bis 2683	
	T9 7276	–	HANOMAG	1911	6153	
	T9 7277 und 7278	91 1494 –	HANOMAG	1911	6154 und 6155	
	T9 7279 bis 7281	91 1495 bis 91 1497	HANOMAG	1911	6156 bis 6158	
	T9 7282 und 7283	91 1601 und 91 1602	Hohenzollern	1912	2858 und 2859	
	T9 7284 und 2785	– 91 1603	Hohenzollern	1912	2860 und 2861	
	T9 7286 und 7287	–	Jung	1912	1741 und 1742	
	T9 7288	91 1664	Jung	1912	1743	
	T9 7289 und 7290	–	Jung	1912	1744 und 1745	
	T9 7291 und 7292	91 1674 und 91 1675	Jung	1912	1826 und 1827	
	T9 7293 bis 7298	91 1719 bis 91 1724	Hagans	1913	716 bis 721	
	T9 7301 bis 7304	91 1735 bis 91 1738	Hagans	1913	739 bis 742	
	T9 7305 und 7306	91 1794 und 91 1795	Hagans	1914	758 und 759	
Kattowitz	1478 bis 1481	–	Union	1902	1187 bis 1190	
	1487	91 495	Schichau	1903	1250	
	1488 und 1489	–	Schichau	1903	1251 und 1252	
	1490 und 1491	91 496 –	Schichau	1903	1253 und 1254	
	1600 und 1601	– 91 315	Union	1901	1173 und 1174	
	1611 und 1612	– 91 1591	Borsig	1903	5230 und 5231	
	1613	91 421	Borsig	1903	5232	
	1614 bis 1616	–	Union	1904	1313 bis 1315	
	1617 und 1618	– 91 620	Orenstein	1904	1305 und 1306	
	1619 bis 1621	–	Vulcan	1905	2119 bis 2121	
	1622 und 1623	91 792 und 91 793	Hagans	1906	530 und 531	
	1624	91 938	Hagans	1906	532	
	1625 und 1626	–	Henschel	1905	7187 und 7188	

Direktions-bezirk	Bahnnummern	DRG-Nummern	Hersteller	Baujahr	Fabriknummern	Bemerkungen/ Ausmusterung
	1627	91 724	Orenstein	1905	1560	
	1628 und 1629	91 930 –	Orenstein	1905	1561 und 1562	
	1630 und 1631	–	Union	1906	1445 und 1446	
	T 9 7303 und 7304	–	Union	1906	1447 und 1448	
	T 9 7305 bis 7307	91 789 bis 91 791	Union	1906	1449 bis 1451	
	T 9 7308	91 760	Henschel	1906	7677	
	T 9 7309 bis 7311	–	Henschel	1906	7678 bis 7680	
	T 9 7312 und 7313	–	Orenstein	1906	1907 und 1908	
	T 9 7314 und 7315	– 91 922	Orenstein	1906	1961 und 1962	
	T 9 7316 und 7317	– 91 892	Jung	1907	1007 und 1008	
	T 9 7318 und 7319	– 91 893	Jung	1907	1009 und 1010	
	T 9 7320 und 7321	91 894 –	Jung	1907	1011 und 1012	
	T 9 7322	–	Orenstein	1907	2104	
	T 9 7323 und 7324	91 840 –	Henschel	1907	7922 und 7923	
	T 9 7325	91 841	Henschel	1907	7924	
	T 9 7326 und 7327	91 859 und 91 860	Union	1907	1548 und 1549	
	T 9 7328	–	Union	1907	1550	
	T 9 7329 und 7330	91 861 und 91 862	Union	1907	1551 und 1552	
	T 9 7331 und 7332	91 1102 –	Orenstein	1907	2553 und 2554	
	T 9 7333 bis 7335	–	Henschel	1908	8280 bis 8282	
	T 9 7336	91 940	Henschel	1908	8283	
	T 9 7337 bis 7340	–	Henschel	1908	8284 bis 8287	
	T 9 7341 und 7342	91 941 –	Henschel	1908	8288 und 8289	
	T 9 7343	91 942	Henschel	1908	8290	
	T 9 7344 und 7345	– 91 1047	Hagans	1908	572 und 573	
	T 9 7346 und 7347	–	Hagans	1908	574 und 575	
	T 9 7348 bis 7350	–	Orenstein	1908	2717 bis 2719	
	T 9 7351 und 7352	– 91 1141	Henschel	1909	9181 und 9182	
	T 9 7353 und 7354	– 91 1142	Henschel	1909	9183 und 9184	
	T 9 7355 und 7356	91 1143 –	Henschel	1909	9185 und 9186	
	T 9 7357 und 7358	91 1144 und 91 1145	Henschel	1909	9187 und 9188	
	T 9 7359 und 7360	– 91 1146	Henschel	1909	9189 und 9190	
	T 9 7361	91 1237	Hagans	1909	615	
	T 9 7362 bis 7364	–	Hagans	1909	616 bis 618	
	T 9 7365	91 1293	Orenstein	1909	3564	
	T 9 7366 bis 7370	–	Orenstein	1909	3565 bis 3569	
	T 9 7371 und 7372	–	Henschel	1910	9902 und 9903	
	T 9 7373 bis 7376	91 1439 bis 91 1442	Jung	1910	1469 bis 1472	
	T 9 7377	–	Hohenzollern	1910	2699	
	T 9 7378 und 7379	91 1528 und 91 1529	Hohenzollern	1910	2700 und 2701	
Königsberg	1955	–	Union	1902	1226	
	1956 und 1957	91 364 –	Union	1902	1227 und 1228	
	1958 und 1959	91 365 –	Union	1902	1229 und 1230	
	1960 bis 1962	91 366 bis 91 368	Union	1902	1231 bis 1233	
	1963	91 370	Union	1902	1234	
	1964	91 369	Union	1902	1235	
	1965 bis 1969	91 371 bis 91 375	Union	1902	1236 bis 1240	
	1976 und 1977	91 584 –	Union	1904	1327 und 1328	
	1978 und 1979	– 91 585	Union	1904	1329 und 1330	
	1980 und 1981	91 586 –	Union	1904	1331 und 1332	
	1982 und 1983	91 707 und 91 708	Schichau	1905	1381 und 1382	
	1984 bis 1986	91 676 bis 91 678	Schichau	1905	1383 bis 1385	
	1987	91 725	Orenstein	1905	1563	
	T 9 7290	–	Union	1908	1754	
	T 9 7291 bis 7293	91 1220 bis 91 1222	Union	1908	1755 bis 1757	
	T 9 7294 bis 7296	91 1228 bis 91 1230	Union	1908	1772 bis 1774	
	T 9 7297 und 7298	– 91 1615	Union	1911	2013 und 2014	
Magdeburg	1836 bis 1838	91 406 bis 91 408	Schichau	1902	1184 bis 1186	

Direktions-bezirk	Bahnnummern	DRG-Nummern	Hersteller	Bau-jahr	Fabriknummern	Bemerkungen/ Ausmusterung
	1839 und 1840	91 497 und 91 498	Schichau	1903	1255 und 1256	
	1841	–	Schichau	1903	1257	
	1842 bis 1849	91 413 bis 91 420	Borsig	1903	5222 bis 5229	
	1850 bis 1850	91 539 bis 91 541	HANOMAG	1904	4223 bis 4225	
	1853	91 679	Vulcan	1905	2122	
	1854 und 1855	91 651 und 91 652	Henschel	1905	7189 und 7190	
	1856	91 794	Hagans	1906	533	
	T9 7256	91 870	Hagans	1907	547	
	T9 7257 und 7258	– 91 932	Orenstein	1907	2201 und 2202	
	T9 7260	91 1092	Jung	1908	1234	
	T9 7261	91 1147	Henschel	1909	9191	
	T9 7262 und 7263	– 91 1256	Jung	1909	1317 und 1318	
	T9 7264	–	Jung	1910	1381	
	T9 7265	91 1412	Hagans	1910	647	
	T9 7266 und 7267	91 1462 und 91 1463	Orenstein	1910	3911 und 3912	
Mainz	1870 und 1871	– 91 386	Jung	1902	519 und 520	
	1872 und 1873	91 387 –	Jung	1902	521 und 522	
	1874	91 388	Jung	1902	523	
	1875 bis 1877	91 401 bis 91 403	Jung	1902	580 bis 582	
	1878 bis 1880	91 392 bis 91 394	Jung	1902	568 bis 570	
	1881	91 395	Jung	1902	572	
	1882	–	Jung	1902	574	
	1883	91 397	Jung	1902	576	
	1884	91 399	Jung	1902	578	
	1885 und 1886	91 593 –	Jung	1904	670 und 671	
	1887	91 594	Jung	1904	672	
	1888 und 1889	91 577 –	Hohenzollern	1904	1766 bis 1767	
	1890 und 1891	91 683 –	Jung	1905	771 und 772	
	1892	91 684	Jung	1905	773	
	1893 und 1894	91 687 –	Jung	1905	778 und 779	
	1895 und 1896	91 695 und 91 696	Jung	1905	833 und 834	
	1897	91 701	Jung	1905	839	
	1898 bis 1900	91 804 bis 91 806	Jung	1906	895 bis 897	
	1901	91 809	Jung	1906	901	
	1902 bis 1904	–	Jung	1906	902 bis 904	
	T9 7336 und 7337	91 895 und 91 896	Jung	1907	1013 und 1014	
	T9 7338 und 7339	91 904 und 91 905	Jung	1907	1038 und 1039	
	T9 7340 und 7341	– 91 906	Jung	1907	1040 und 1041	
	T9 7348	91 1008	Hohenzollern	1908	2357	
	T9 7349	91 1254	Jung	1908	1287	
	T9 7350	–	Grafenstaden	1910	6202	
	T9 7351 und 7352	91 1472 und 91 1473	Grafenstaden	1910	6203 und 6204	
	T9 7353 und 7354	91 1341 –	Henschel	1910	10191 und 10192	
	T9 7355 und 7356	91 1342 und 91 1343	Henschel	1910	10193 und 10194	
Münster	1858 bis 1862	91 442 bis 91 446	Hohenzollern	1903	1583 bis 1587	
	1863 und 1864	91 452 und 91 453	Hohenzollern	1903	1639 und 1640	
	1865 bis 1867	–	Hohenzollern	1903	1659 bis 1661	
	1868 und 1869	91 463 und 91 464	Hohenzollern	1903	1662 und 1663	
	1870 bis 1872	91 515 bis 91 517	Borsig	1904	5291 bis 5293	
	1873 und 1874	– 91 553	Hohenzollern	1904	1699 und 1700	
	1875 und 1876	91 605 –	Jung	1904	728 und 729	
	1877	91 606	Jung	1904	730	
	T9 7321 und 7322	91 966 und 91 967	Hohenzollern	1907	2261 und 2262	
	T9 7323 und 7324	91 969 und 91 970	Hohenzollern	1907	2264 und 2265	
	T9 7325 bis 7328	91 990 bis 91 993	Hohenzollern	1908	2297 bis 2300	
	T9 7329 bis 7331	91 981 bis 91 983	Hohenzollern	1908	2285 bis 2287	
	T9 7332 und 7333	91 1006 und 91 1007	Hohenzollern	1908	2355 und 2356	
	T9 7334 bis 7337	91 1150 bis 91 1153	Hohenzollern	1908	2424 bis 2427	

Direktions-bezirk	Bahnnummern	DRG-Nummern	Hersteller	Baujahr	Fabriknummern	Bemerkungen/ Ausmusterung
	T9 7338 bis 7340	91 1123 bis 91 1125	HANOMAG	1909	5443 bis 5445	
	T9 7341	–	Humboldt	1908	521	
	T9 7342 bis 7345	91 1056 bis 91 1059	Humboldt	1908	522 bis 525	
	T9 7346 und 7347	– 91 1060	Humboldt	1908	526 und 527	
	T9 7348	91 1289	Orenstein	1909	3392	
	T9 7349 bis 7351	91 1363 bis 91 1365	Hohenzollern	1910	2577 bis 2579	
	T9 7352 bis 7354	91 1213 bis 91 1215	Hohenzollern	1910	2547 bis 2549	
	T9 7355 bis 7361	91 1544 bis 91 1550	Hohenzollern	1910	2768 bis 2774	
	T9 7362 bis 7364	91 1551 bis 91 1553	Hohenzollern	1911	2775 bis 2777	
	T9 7365 und 7366	91 1604 und 91 1605	Hohenzollern	1912	2862 und 2863	
	T9 7367 und 7368	– 91 1606	Hohenzollern	1912	2864 und 2865	
	T9 7369 und 7370	– 91 1607	Hohenzollern	1912	2866 und 2867	
	T9 7371 und 7372	91 1632 –	Hagans	1912	702 und 703	
	T9 7373	91 1633	Hagans	1912	704	
	T9 7374 bis 7379	91 1668 bis 91 1673	Jung	1912	1820 bis 1825	
Posen	2016 und 2017	91 412 –	Schichau	1902	1190 und 1191	
	2018 und 2019	–	Union	1903	1241 und 1242	
	2020 und 2021	– 91 509	Schichau	1903	1280 und 1281	
	2022 und 2023	–	Schichau	1903	1282 und 1283	
	2024	91 510	Schichau	1903	1284	
	2025 und 2026	– 91 579	Union	1904	1303 und 1304	
	2027 und 2028	–	Union	1904	1305 und 1306	
	2029	91 580	Union	1904	1307	
	2030 und 2031	91 590 und 91 591	Union	1904	1343 und 1344	
	2032 und 2033	– 91 592	Union	1904	1345 und 1346	
	T9 7236 und 7237	91 976 und 91 977	Hohenzollern	1907	2274 und 2275	
	T9 7238 und 7239	– 91 978	Hohenzollern	1907	2276 und 2277	
	T9 7240 und 7241	– 91 979	Hohenzollern	1907	2278 und 2279	
	T9 7242 und 7243	–	Hohenzollern	1907	2280 und 2281	
	T9 7244	91 980	Hohenzollern	1907	2282	
	T9 7245 und 7246	–	Hohenzollern	1907	2283 und 2284	
	T9 7247 und 7248	91 1041 und 91 1042	Union	1907	1652 und 1653	
	T9 7249 und 7250	91 1148 und 91 1149	Henschel	1909	9192 und 9193	
	T9 7251	91 1252	Jung	1909	1260	
	T9 7252	–	Hagans	1909	608	
	T9 7253 und 7254	91 1257 –	Jung	1910	1319	
	T9 7255 bis 7259	–	Hagans	1909	619 bis 623	
	T9 7260 bis 7268	–	Union	1908	1758 bis 1766	
	T9 7269 bis 7273	91 1223 bis 91 1227	Union	1908	1767 bis 1771	
	T9 7274 bis 7276	91 1443 bis 91 1445	Jung	1910	1473 bis 1475	
	T9 7277 bis 7279	91 1418 bis 91 1420	Hagans	1910	660 bis 662	
	T9 7294 und 7295	91 1501 und 91 1502	Henschel	1911	10482 und 10483	
	T9 7296	–	Henschel	1911	10484	
	T9 7297 bis 7299	91 1503 bis 91 1505	Henschel	1911	10485 bis 10487	
	T9 7300	91 1679	Orenstein	1912	5006	
	T9 7301 bis 7305	–	Orenstein	1912	5007 bis 5011	
	T9 7306 bis 7309	91 1680 bis 91 1683	Orenstein	1912	5012 bis 5015	
	T9 7310 und 7311	– 91 1498	HANOMAG	1911	6159 und 6160	
	T9 7312 bis 7315	–	HANOMAG	1911	6161 bis 6164	
	T9 7318 bis 7322	–	Orenstein	1912	5277 bis 5281	
	T9 7323	–	Union	1913	2046	
	T9 7324 und 7325	91 1695 –	Union	1913	2047 und 2048	
	T9 7326 bis 7333	91 1696 bis 91 1703	Union	1913	2049 bis 2056	
	T9 7334 bis 7337	91 1788 bis 91 1791	Union	1914	2108 bis 2111	
Saarbrücken	1920 und 1921	91 795 und 91 796	Hagans	1906	534 und 535	
	1922 bis 1924	91 825 bis 91 827	Orenstein	1906	1809 bis 1811	
	1925	–	Jung	1906	950	
	1926 und 1927	–	Jung	1906	952 und 953	

Direktionsbezirk	Bahnnummern	DRG-Nummern	Hersteller	Baujahr	Fabriknummern	Bemerkungen/ Ausmusterung
	1928 bis 1930	–	Jung	1906	955 bis 957	
	1931	–	Jung	1906	959	
	1932 und 1933	91 814 und 91 815	Jung	1906	960 und 961	
	1950 bis 1956	91 339 bis 91 345	Hohenzollern	1902	1510 bis 1516	
	1957	–	Jung	1902	571	
	1958	91 396	Jung	1902	575	
	1959	91 398	Jung	1902	577	
	1960	91 400	Jung	1902	579	
	1961	91 402	Jung	1902	581	
	1962	91 404	Jung	1902	583	
	1963 bis 1966	–	Henschel	1903	6153 bis 6156	
	1967 und 1968	91 429 –	Henschel	1903	6157 und 6158	
	1969 bis 1972	91 476 bis 91 479	Jung	1903	635 bis 638	
	1973	–	Jung	1903	639	
	1974	–	Jung	1903	643	
	1975 und 1976	–	Jung	1903	647 und 648	
	1977 bis 1979	91 607 bis 91 609	Jung	1904	731 bis 733	
	1980 und 1981	–	Jung	1904	734 und 735	
	1982	91 610	Jung	1904	736	
	1983 bis 1985	91 657 bis 91 659	Hohenzollern	1905	1806 bis 1808	
	1986 bis 1988	–	Hohenzollern	1905	1809 bis 1811	
	1989	–	Jung	1905	824	
	1990 und 1991	91 688 und 91 689	Jung	1905	825 und 826	
	1992 und 1993	91 802 und 91 803	Jung	1906	891 und 892	
	1994 und 1995	–	Jung	1906	893 und 894	
	T9 7217 und 7218	–	Grafenstaden	1911	6270 und 6271	
	T9 7219 und 7220	91 1476 und 91 1477	Grafenstaden	1911	6272 und 6273	
	T9 7221 und 7222	91 1608 und 91 1609	Hohenzollern	1912	2868 und 2869	
	T9 7223 und 7224	91 1652 und 91 1653	Jung	1912	1675 und 1676	
	T9 7225 und 7226	– 91 1474	Grafenstaden	1911	6266 und 6267	
	T9 7227 und 7228	91 1475 –	Grafenstaden	1911	6268 und 6269	
	T9 7229	91 1654	Jung	1912	1677	
	T9 7230 und 7231	91 1665 –	Jung	1912	1746 und 1747	
	T9 7364 bis 7366	–	Hohenzollern	1906	2149 bis 2151	
	T9 7367 und 7368	–	Hohenzollern	1907	2152 und 2153	
	T9 7369 bis 7372	91 784 bis 91 787	Hohenzollern	1907	2154 bis 2157	
	T9 7373 bis 7376	91 907 bis 91 910	Jung	1907	1042 bis 1045	
	T9 7377 und 7378	–	Orenstein	1907	2203 und 2204	
	T9 7379 und 7380	–	Jung	1907	1097 und 1098	
	T9 7381 und 7382	–	Jung	1907	1102 und 1103	
	T9 7383 und 7384	91 916 und 91 917	Jung	1907	1104 und 1105	
	T9 7385 bis 7388	91 1067 bis 91 1070	Jung	1908	1115 bis 1118	
	T9 7389 und 7390	– 91 1071	Jung	1908	1119 und 1120	
	T9 7391 und 7392	91 999 –	Hohenzollern	1908	2347 und 2348	
	T9 7393 und 7394	91 1249 und 91 1250	Jung	1909	1257 und 1258	
	T9 7395 bis 7397	91 1269 bis 91 1271	Jung	1909	1334 bis 1336	
	T9 7398 und 7399	– 91 1434	Jung	1910	1387 und 1388	
	T9 7400 und 7401	91 1277 und 91 1278	Jung	1909	1371 und 1372	
	T9 7402 bis 7405	91 1421 bis 91 1424	Jung	1909	1373 bis 1376	
	T9 7406 und 7307	91 1243 und 91 1244	Hagans	1909	630 und 631	
	T9 7408	91 1294	Orenstein	1909	3570	
	T9 7409	91 1429	Jung	1910	1382	
	T9 7410 und 7411	91 1446 –	Jung	1910	1476 und 1477	
	T9 7412	91 1447	Jung	1910	1478	
	T9 7413 bis 7416	91 1453 bis 91 1456	Jung	1910	1537 bis 1540	
Stettin	1939 und 1940	91 578 –	Union	1904	1277 und 1278	
	1941	91 466	Union	1902	1245	
	1942	91 467	Union	1903	1246	

Direktions-bezirk	Bahnnummern	DRG-Nummern	Hersteller	Bau-jahr	Fabriknummern	Bemerkungen/ Ausmusterung
	1943 und 1944	91 512 und 91 513	Schichau	1903	1290 und 1291	
	1945 und 1946	91 617 und 91 618	Orenstein	1904	1301 und 1302	
	1947 und 1948	– 91 619	Orenstein	1904	1303 und 1304	
	1949 und 1950	91 717 und 91 718	Orenstein	1905	1428 und 1429	
	T 9 7313 und 7314	91 924 und 91 925	Orenstein	1907	2100 und 2101	
	T 9 7315 und 7316	91 863 und 91 864	Union	1907	1554 und 1555	
	T 9 7317 bis 7319	91 933 bis 91 935	Orenstein	1907	2205 bis 2207	
	T 9 7320 und 7321	91 1040 –	Union	1908	1650 und 1651	
	T 9 7322	–	Jung	1909	2154	
	T 9 7323 und 7324	91 1247 und 91 1248	Jung	1909	1255 und 1256	
	T 9 7325	–	Hohenzollern	1909	2475	
	T 9 7326	91 1290	Orenstein	1909	3395	
	T 9 7328	91 1458	Jung	1910	1542	
	T 9 7329	91 1506	Henschel	1911	10488	
	T 9 7330 bis 7332	91 1612 bis 91 1614	Union	1922	2010 bis 2012	
	T 9 7333 und 7334	91 1689 und 91 1690	Orenstein	1912	5282 und 5283	
	T 9 7335 bis 7337	91 1705 bis 91 1707	Union	1913	2063 bis 2065	
	T 9 7342 und 7343	– 91 1771	Jung	1913	1936 und 1937	
	T 9 7344 und 7345	91 1772 –	Jung	1913	1938 und 1939	
	T 9 7346 und 7347	–	Hagans	1914	760 und 761	

Durch die Ostpreußische Südbahn beschaffte Lokomotiven

Bahnnummern Ostpreußische Südbahn	Übernehmende Staatsbahn-Direktion	Bahnnummern	DRG-Nummern	Hersteller	Bau-jahr	Fabriknummern	Bemerkungen/ Ausmusterung
1	Königsberg	1970	–	Union	1902	1205	
2 bis 4	Königsberg	1971 bis 1973	91 361 bis 91 363	Union	1902	1206 bis 1208	
5 und 6	Königsberg	1974 und 1975	– 91 465	Union	1902	1243 und 1244	

T 10

3/5 H. P. T. L. dr.
DRG-Baureihe 76^0
(→ EFA 1.3)

2'C h2t

1909

Techn. Daten: Seite 233

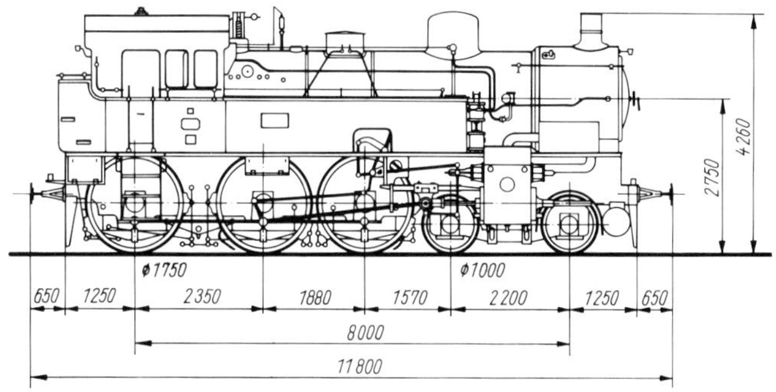

Borsig 1909. Lieferzustand.

Die Lokomotiven der Gattung T 10 waren für einen speziellen Zweck gedacht: Sie sollten Reisezüge auf der 41 km langen Strecke zwischen den Kopfbahnhöfen Wiesbaden und Frankfurt (Main) befördern.
Man wollte dort die beim Einsatz von Schlepptenderlokomotiven zum Drehen notwendige Zeit sowie die damit verbundenen Rangierfahrten einsparen und dadurch auch mit weniger Lokomotiven auskommen. Als Leistungsprogramm forderte der Betriebsmaschinendienst die Beförderung von Schnellzügen von 50 Achsen Zugstärke mit 80 km/h und von Personenzügen von 60 Achsen Zugstärke mit 70 km/h. Die T 12 konnte solchen Ansprüchen nicht gerecht werden. Ihre Kesselnenndampfleistung und ihre Vorräte reichten dazu nicht aus, so daß man einen neuen Lokomotivtyp, die 2'C h2-Tenderlokomotive, Gattung T 10, entwickeln mußte.
Urheberfirma war die Lokomotivfabrik Borsig. Viele Baugruppen, wie das Fahrwerk und das Triebwerk, entlehnte man der P 8. Der Kessel unterschied sich vom Kessel der P 8 durch die etwas kleineren Abmessungen, er entsprach etwa dem Kessel der P 6. In den Jahren 1909 bis 1912 baute die Firma Borsig insgesamt zwölf T 10, die die Bahnnummern Mainz 7401 bis 7412 erhielten. Eigenartigerweise nennt die Rückmeldung zur Zuteilungsverfügung an das Eisenbahn-Zentralamt als erste Heimatdienststelle der Lokomotiven T 10 Mainz 7401

Borsig 1912/8153, T 10 Mainz 7409, geliefert an die Betriebswerkstatt Wiesbaden; DRG 76 008, Betriebswerkstatt Wiesbaden; ausgemustert 1949 im Bw Darmstadt, verkauft an die Osthannoversche Eisenbahn. Als T 10 Mainz 7409.
Foto: Hubert, Sammlung Siebert

bis 7406 die abseits der Strecke Wiesbaden–Frankfurt (Main) gelegene Betriebswerkstatt Darmstadt. Die folgenden sechs Maschinen, T 10 Mainz 7407 bis 7412, kamen für den Einsatz im Schnellzugdienst auf der Strecke Wiesbaden–Frankfurt (Main) zur Betriebswerkstatt Wiesbaden. Möglich ist, daß auch die ersten sechs T 10 bald nach ihrer Anlieferung an die Betriebswerkstatt Wiesbaden abgegeben wurden. Die T 10 Mainz 7403 war 1912 nachweislich dort beheimatet.

Trotz des Charakters einer Speziallokomotive nahm man die T 10 in die Normalien auf. Das Musterblatt erhielt die Bezeichnung XIV 4b.

Das gestellte Leistungsprogramm konnte die T 10 erfüllen: In der Ebene erreichte sie mit einem aus zwölf vierachsigen D-Zug-Wagen gebildeten Schnellzug von 456 t Wagenzugmasse eine Beharrungsgeschwindigkeit von 80 km/h. Kesselnenndampfleistung und Zylinderleistung waren im Hinblick auf das der T 10 zugedachte Einsatzgebiet allerdings nicht sehr günstig aufeinander abgestimmt. Ihre indizierte Höchstleistung von 750 kW (1 000 PS) erzielte die T 10 bereits bei 67 km/h.

Nicht erfüllen konnte die T 10 die anderen in sie gesetzten Erwartungen. Der Kohlevorrat reichte nicht aus, die Strecke Wiesbaden–Frankfurt (Main) mehrmals ohne Kohlenachladen zurückzulegen. Wegen des großen Kuppelraddurchmessers und des fehlenden hinteren Laufradsatzes waren die Laufeigenschaften bei Rückwärtsfahrt sehr schlecht, es bestand Entgleisungsgefahr. Das Lokpersonal ließ deshalb die Lokomotiven auf den Endbahnhöfen drehen, zumal die Betriebswerkstätten ohnedies zum Kohleladen angefahren werden mußten.

Bereits die ersten T 18 verdrängten 1912 die T 10 aus ihrem ursprünglichen Einsatzgebiet. Die T 10 wanderten in den Personenzugdienst und in andere Betriebswerkstätten ab.

Eine T 10, die Mainz 7404, gelangte nach dem ersten Weltkrieg zur Französischen Nordbahn und wurde dort als NORD 3.887 bezeichnet. Die anderen Maschinen übernahmen die DRG in den 3. Umzeichnungsplan aus dem Jahre 1925 und gab ihnen die Betriebsnummern 76 001 bis 76 011.

T 11

3/4 P. T. L. dr. kr.
DRG-Baureihe 74^{0-3}
(→ EFA 1.3)

1'C n2t (h2t)

1903

Techn. Daten: Seite 233

Die Anfang der neunziger Jahre entstandenen, auf kürzeren Strecken auch zur Bespannung von Personenzügen verwendeten C1'- und 1'C-Güterzug-Tenderlokomotiven (T 9^1 und T 9^2) befriedigten zwar im Leistungsvermögen und in der Zugkraft, den wachsenden Ansprüchen, die der Nahverkehrs-Personenzugdienst auf vielen Hauptbahnen hinsichtlich der Fahrgeschwindigkeit stellte, vermochten sie um die Jahrhundertwende jedoch aufgrund der ungenügenden Laufruhe nicht mehr gerecht zu werden. Auch die als Universallokomotive seit 1901 beschaffte T 9^3 war nicht auf allen Strecken als Personenzug-Tenderlokomotive geeignet, weil ihre zulässige Höchstgeschwindigkeit nur 60 km/h betrug; und bei den vorhandenen, zweifach gekuppelten Personenzug-Tenderlokomo-

Direktionsbezirk	Bahnnummern	DRG-Nummern	Hersteller	Baujahr	Fabriknummern	Bemerkungen/ Ausmusterung
1895/1896						
Mainz	T 10 7401 bis 7403	76 011 bis 76 003	Borsig	1909	6941 bis 6943	
	T 10 7404 und 7405	– 76 004	Borsig	1909	6944 und 6945	
	T 10 7406	76 005	Borsig	1910	7288	
	T 10 7407 bis 7412	76 006 bis 76 001	Borsig	1912	8151 bis 8156	

Hohenzollern 1905/1873, Mainz 1658, ab 1906 T 11 Mainz 7509, DRG 74 078, ausgemustert 1926. Langer Lüftungsaufsatz. Lieferzustand. *Foto: Werkaufnahme, Archiv transpress*

tiven reichte das Leistungsvermögen oft nicht mehr aus.

Gefordert wurde eine Lokomotive, die Personenzüge mit einer Reisegeschwindigkeit von 65 km/h befördern konnte. Zur Ausarbeitung der Entwürfe und Werkszeichnungen wurde die Union-Gießerei Königsberg beauftragt. Man nahm die T 9^3 als Vorbild und entwickelte daraus eine 1′C n2-Personenzug-Tenderlokomotive mit Krauss-Lenkgestell, deren erste Exemplare im Jahre 1903 die Montagehalle der Union-Gießerei verließen. Bereits 1902 waren vier Heißdampf-Personenzug-Tenderlokomotiven in sonst gleicher Ausführung gebaut worden.

Gegenüber der T 9^3 hatte man den Kuppelraddurchmesser von 1 350 mm auf 1 500 mm, die Rostfläche von 1,53 m^2 auf 1,73 m^2 und die Verdampfungsheizfläche von 109 m^2 auf 124 m^2 vergrößert. Ansonsten gab es keine wesentlichen Unterschiede in den konstruktiven Merkmalen und den Abmessungen. Die indizierte Höchstleistung betrug 480 kW (645 PS), die günstigste Geschwindigkeit lag bei 53 km/h. In der Ebene konnte die 3/4 P. T. L. dr. kr. (1′C n2t) einen aus 15 zweiachsigen Wagen zusammengesetzten Zug von 330 t Wagenzugmasse mit einer Geschwindigkeit von 70 km/h und auf der Steigung 1:100 einen aus gleichen Wagen gebildeten Zug von 540 t Masse mit ihrer Reibungsgeschwindigkeit von 15 km/h befördern.

Die Preußisch-Hessischen Staatsbahnen ließen insgesamt 470 Lokomotiven dieses Typs bauen. Davon sind durch die Eisenbahn-Direktion Berlin allein 141 Maschinen beschafft worden, die einen Teil des Personennahverkehrs auf den Berliner Stadt-, Ring- und Vorortbahnen bedienten. Die Beschaffung wurde 1910 zugunsten der 1905 als T 12 eingereihten Heißdampfausführung eingestellt. Die Lokomotiven der Naßdampfausführung trugen seit der Einführung des 1905 aufgestellten Gruppen- und Bahnnummernplanes das Gruppenzeichen T 11 und Bahnnummern aus der zugehörigen Reihe 7501 bis 7700. In die Normalien hatte man die T 11 unter

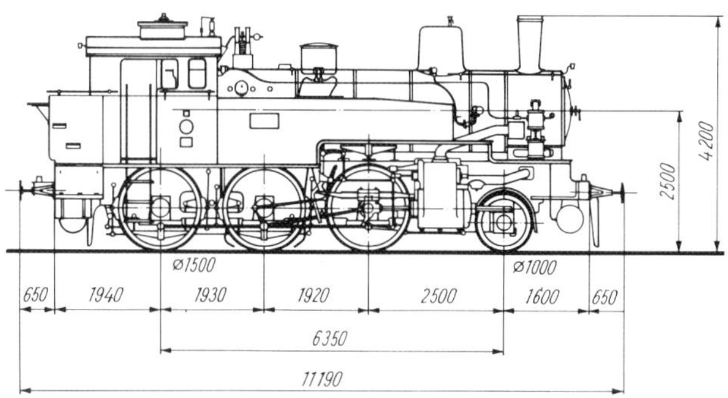

Bauform mit Flachschiebern.

Union 1903/1258, Berlin 2106, geliefert an die Betriebswerkstatt Grunewald, ab 1906 T 11 Berlin 7303, 1915 in der Betriebswerkstatt Pankow beheimatet, vom gleichen Jahr an T 11 Kattowitz 7519, ab 1920 T 11 Oppeln 7519, ausgemustert vor 1923. Aufgenommen auf dem Anhalter Güterbahnhof in Berlin. Kurzer Lüftungsaufsatz, Dampfläutewerk.
Foto: Hubert, Sammlung Siebert

der Musterblatt-Bezeichnung III 4o aufgenommen.
Verwendung fand die T 11 vor allem im Personennahverkehr, wie auf den bereits genannten Berliner Strecken, aber auch im Vorortzugdienst anderer großer Städte, im lokalen Personenzugdienst sowohl auf bedeutenden Hauptstrecken als auch auf Nebenlinien und teilweise auch im Eilgüterzugdienst. In den späteren Jahren setzte man sie auch im leichten Nahgüterzugdienst und im Rangierdienst ein.

Einige Maschinen mußten infolge des ersten Weltkrieges und dessen Ergebnissen ausländischen Eisenbahnen überlassen werden. Die DRG nahm 369 T 11 unter den Betriebsnummern 74 001 bis 74 369 in den 2. Umzeichnungsplan von 1923 auf. Bis zur Aufstellung des 3. Umzeichnungsplanes hatte sich die Anzahl auf 358 Maschinen verringert, die die endgültigen Betriebsnummern 74 001 bis 74 358 erhielten.
Bereits zur Zeit der Preußisch-Hessischen Staatsbahnen hatte die Eisenbahn-Direktion Berlin zwei T 11 mit Kleinrohr-Überhitzer Bauart Schmidt ausstatten lassen. Ab 1923 rüstete die DRG weitere Lokomotiven dieser Gattung mit Rauchrohr-Überhitzer Bauart Schmidt in der Bauform als Großrohr-Überhitzer aus.

Sonderausführungen

Ein Teil der bis ca. 1908 gebauten Lokomotiven
Triebwerk: Druckausgleichvorrichtung und/oder Luftsaugeventile.
Steuerung: Kolbenschieber unterschiedlicher Bauarten.

Direktionsbezirk	Bahnnummern	DRG-Nummern	Hersteller	Baujahr	Fabriknummern	Bemerkungen/ Ausmusterung
1895/1896						
Altona	1520 und 1521	74 007 –	Union	1903	1275 und 1276	1275 U: h2
	1522 bis 1524	74 020 bis 74 022	Union	1903	1300 bis 1302	
	1525 bis 1527	74 030 bis 74 032	Borsig	1904	5429 bis 5431	
	1528 und 1529	– 74 033	Borsig	1904	5432 und 5433	
	1538	74 086	Hohenzollern	1905	1881	
	1539	–	Hohenzollern	1906	1941	
	T 11 7513 bis 7515	74 186 bis 74 188	Union	1907	1522 bis 1524	
	T 11 7516 bis 7520	74 199 bis 74 203	Union	1907	1566 bis 1570	
	T 11 7521 und 7522	– 74 204	Union	1907	1571 und 1572	
	T 11 7529 bis 7535	74 348 bis 74 354	Union	1909	1818 bis 1824	
	T 11 7536 bis 7538	–	Union	1909	1825 bis 1827	
	T 11 7539 und 7540	74 356 –	Union	1910	1852 und 1853	
	T 11 7541 und 7542	74 357 und 74 358	Union	1910	1854 und 1855	

Direktionsbezirk	Bahnnummern	DRG-Nummern	Hersteller	Baujahr	Fabriknummern	Bemerkungen/ Ausmusterung
Berlin	2104 bis 2106	–	Union	1903	1256 bis 1258	
	2107 und 2108	74 001 –	Union	1903	1259 und 1260	1259 U: h2
	2109	74 002	Union	1903	1265	
	2110 bis 2113	–	Union	1903	1266 bis 1269	
	2114 bis 2116	74 003 bis 74 005	Union	1903	1270 bis 1272	1270 U: h2
	2117 und 2118	– 74 006	Union	1903	1273 und 1274	
	2119 und 2120	– 74 008	Union	1904	1279 und 1280	
	2121 und 2122	– 74 009	Union	1904	1281 und 1282	
	2123 und 2124	–	Union	1904	1283 und 1284	
	2125 und 2126	74 010 –	Union	1904	1285 und 1286	
	2127 bis 2129	74 011 bis 74 013	Union	1904	1287 bis 1289	
	2130	–	Vulcan	1903	2030	
	2131 bis 2133	74 023 bis 74 025	Vulcan	1903	2031 bis 2033	
	2134 bis 2142	74 035 bis 74 043	Union	1904	1317 bis 1325	1321, 1324, 1325 U: h2
	2143	–	Union	1904	1326	
	2144 und 2145	74 056 und 74 057	Vulcan	1904	2075 und 2076	2076 U: h2
	2146	–	Vulcan	1904	2077	
	2147 und 2148	74 044 und 74 045	Union	1904	1347 und 1348	
	2149	–	Union	1904	1349	
	2150 bis 2159	74 046 bis 74 055	Union	1904	1350 bis 1359	1353 U: h2
	2160	74 026	Borsig	1904	5421	
	2161 bis 2163	–	Borsig	1904	5422 bis 5424	
	2161 bis 2166	74 027 bis 74 029	Borsig	1904	5425 bis 5427	5427 U: h2
	2167	–	Borsig	1904	5428	
	2186 bis 2190	74 088 bis 74 092	Union	1905	1380 bis 1384	1384 U: h2
	2191	–	Union	1905	1385	
	2192 und 2193	74 093 –	Union	1905	1386 und 1387	
	2194 und 2195	74 094 und 74 095	Union	1905	1388 und 1389	
	2196 und 2197	– 74 096	Union	1905	1390 und 1391	
	2198 und 2199	–	Union	1905	1392 und 1393	
	2200 und 2201	74 097 –	Union	1905	1394 und 1395	
	2202 bis 2205	74 098 bis 74 101	Union	1905	1396 bis 1399	
	2206 und 2207	–	Union	1905	1400 und 1401	
	2208 bis 2212	74 102 bis 74 106	Union	1905	1402 bis 1406	
	2213	74 087	Hohenzollern	1905	1882	
	2214 bis 2217	74 145 bis 74 148	Union	1906	1434 bis 1437	1436 U: h2
	2230 bis 2233	74 134 bis 74 137	Hohenzollern	1906	1947 bis 1950	
	T 11 7601 und 7602	–	Union	1907	1525 und 1526	
	T 11 7603 bis 7611	74 189 bis 74 197	Union	1907	1527 bis 1535	
	T 11 7612	74 222	Union	1907	1585	
	T 11 7613 und 7614	–	Union	1907	1586 und 1587	
	T 11 7615 bis 7617	74 223 bis 74 225	Union	1907	1588 bis 1590	
	T 11 7618 und 7619	–	Union	1907	1591 und 1592	
	T 11 7620 bis 7626	74 240 bis 74 246	Union	1908	1613 bis 1619	1619 U: h2
	T 11 7627 und 7628	– 74 247	Union	1908	1620 und 1621	
	T 11 7629	–	Union	1908	1679	
	T 11 7630 bis 7637	74 281 bis 74 288	Union	1908	1680 bis 1687	
	T 11 7638 bis 7641	74 294 bis 74 297	Union	1908	1703 bis 1706	
Breslau	1721	74 110	Union	1905	1415	
	1722	74 150	Union	1906	1440	
	1723	74 181	Vulcan	1906	2188	
	1724 bis 1727	74 161 bis 74 164	Union	1906	1468 bis 1471	
Bromberg	T 11 7501 bis 7504	–	Union	1907	1593 bis 1596	
	T 11 7505 bis 7509	74 235 bis 74 239	Union	1908	1608 bis 1612	1610, 1611 U: h2
	T 11 7510 bis 7516	–	Union	1908	1688 bis 1694	
Coeln	1700 und 1701	74 082 und 74 083	Hohenzollern	1905	1877 und 1878	
	1702 und 1703	74 125 und 74 126	Hohenzollern	1906	1936 und 1937	

Direktionsbezirk	Bahnnummern	DRG-Nummern	Hersteller	Baujahr	Fabriknummern	Bemerkungen/ Ausmusterung
	T 11 7505 und 7506	74 233 und 74 234	Union	1908	1604 und 1605	
	T 11 7507 bis 7510	74 289 bis 74 292	Union	1908	1698 bis 1701	1698 U: h2
	T 11 7511 und 7512	74 308 und 74 309	Union	1909	1724 und 1725	
	T 11 7513	74 337	Union	1909	1796	
Danzig	T 11 7501 bis 7503	–	Union	1907	1573 bis 1575	
	T 11 7504 und 7505	–	Union	1908	1606 und 1607	
	T 11 7506 bis 7508	–	Union	1908	1695 bis 1697	
Elberfeld	1961 und 1962	74 084 und 74 085	Hohenzollern	1905	1879 und 1880	
	1963 bis 1968	74 115 bis 74 120	Hohenzollern	1906	1926 bis 1931	
	T 11 7509 bis 7514	74 208 bis 74 213	Hohenzollern	1908	2306 bis 2311	
Erfurt	T 11 7501 bis 7503	74 312 bis 74 314	Union	1909	1728 bis 1730	
	T 11 7504 und 7505	– 74 315	Union	1909	1731 und 1732	
	T 11 7506 bis 7508	74 331 bis 74 333	Union	1909	1789 bis 1791	
	T 11 7509 bis 7511	74 345 bis 74 347	Union	1909	1815 bis 1817	
Essen	1550 und 1551	74 130 –	Hohenzollern	1906	1942 und 1943	
	T 11 7503 und 7504	–	Hohenzollern	1906	1951 und 1952	
	T 11 7505 und 7506	– 74 138	Hohenzollern	1906	1971 und 1972	
	T 11 7507 und 7508	–	Hohenzollern	1906	1973 und 1974	
	T 11 7509 und 7510	74 170 und 74 171	Union	1906	1491 und 1492	
	T 11 7515	74 252	Union	1908	1629	
	T 11 7516 bis 7518	–	Union	1908	1630 bis 1632	
	T 11 7519 und 7520	74 253 und 74 254	Union	1908	1633 und 1534	
	T 11 7521 bis 7524	74 276 bis 74 279	Union	1908	1672 bis 1675	
	T 11 7525 und 7526	–	Union	1908	1676 und 1677	
	T 11 7527	74 280	Union	1908	1678	
	T 11 7528	74 293	Union	1908	1702	
	T 11 7529	–	Union	1909	1719	
	T 11 7530 bis 7533	74 304 bis 74 307	Union	1909	1720 bis 1723	
	T 11 7534	–	Union	1909	1792	
	T 11 7535 bis 7537	74 334 bis 74 336	Union	1909	1793 bis 1795	
Frankfurt	1500 bis 1505	74 014 bis 74 019	Union	1903	1294 bis 1299	
	1506	–	Vulcan	1904	2078	
	1507 bis 1510	74 058 bis 74 061	Vulcan	1904	2079 bis 2082	
	1511	–	Vulcan	1904	2083	
	1512 und 1513	74 127 und 74 128	Hohenzollern	1906	1938 und 1939	
	T 11 7517 bis 7519	74 226 bis 74 228	Union	1907	1597 bis 1599	
	T 11 7520 bis 7523	74 299 bis 74 302	Union	1909	1714 bis 1717	
	T 11 7525 bis 7527	74 338 bis 74 340	Union	1909	1797 bis 1799	
Halle	1438 und 1439	74 149 –	Union	1906	1438 und 1439	
	1678 bis 1680	74 165 bis 74 167	Union	1906	1472 bis 1474	
	T 11 7506	74 172	Union	1906	1493	
	T 11 7507 und 7508	74 310 und 74 311	Union	1909	1726 und 1727	
	T 11 7509 und 7510	74 329 und 74 330	Union	1909	1787 und 1788	
Hannover	3000 bis 3007	74 068 bis 74 075	Hohenzollern	1905	1863 bis 1870	
	3008	74 129	Hohenzollern	1906	1940	
	T 11 7510 bis 7513	74 229 bis 74 232	Union	1908	1600 bis 1603	
Kattowitz	1495 und 1496	–	Union	1906	1441 und 1442	
	1497 und 1498	– 74 111	Union	1905	1416 und 1417	
	1499 und 1500	74 034 –	Borsig	1904	5434 und 5435	
	T 11 7507 und 7508	–	Union	1906	1475 und 1476	
	T 11 7509 und 7510	74 183 –	Union	1907	1517 und 1518	
	T 11 7511 bis 7515	–	Union	1907	1560 bis 1564	
	T 11 7516	74 198	Union	1907	1565	
Königsberg	T 11 7501 bis 7503	74 205 bis 74 207	Union	1907	1576 bis 1578	
	T 11 7504 bis 7507	74 255 bis 74 258	Union	1908	1635 bis 1638	
	T 11 7508 bis 7511	74 272 bis 74 275	Union	1908	1668 bis 1671	
	T 11 7512	74 298	Union	1908	1707	

Direktionsbezirk	Bahnnummern	DRG-Nummern	Hersteller	Baujahr	Fabriknummern	Bemerkungen/ Ausmusterung
	T 11 7513 bis 7515	74 320 bis 74 322	Union	1909	1737 bis 1739	
	T 11 7516 bis 7518	74 323 bis 74 235	Union	1909	1781 bis 1783	
Magdeburg	1451 und 1452	74 131 und 74 132	Hohenzollern	1906	1944 und 1945	
	T 11 7501 bis 7503	74 139 bis 74 141	Hohenzollern	1906	1875 bis 1977	
	T 11 7504 und 7505	74 220 und 74 221	Union	1907	1583 und 1584	
	T 11 7506	74 219	Union	1907	1582	
	T 11 7507 und 7508	74 248 und 74 249	Union	1908	1622 und 1623	1623 U: h2
	T 11 7509 und 7510	74 268 und 74 269	Union	1908	1664 und 1665	
	T 11 7511 und 7512	74 316 und 74 317	Union	1909	1733 und 1734	
	T 11 7513	74 328	Union	1909	1786	
	T 11 7514	74 355	Union	1909	1828	
Mainz	1650 bis 1655	74 062 bis 74 067	Vulcan	1904	2084 bis 2089	
	1656 bis 1659	74 076 bis 74 079	Hohenzollern	1905	1871 bis 1874	
	1660 bis 1663	74 121 bis 74 124	Hohenzollern	1906	1932 bis 1935	
	T 11 7515 und 7516	74 142 und 74 143	Hohenzollern	1906	1978 und 1979	
	T 11 7517 bis 7520	74 173 bis 74 176	Union	1906	1494 bis 1497	
	T 11 7521	74 184	Union	1907	1519	
	T 11 7522 und 7523	74 214 und 74 215	Hohenzollern	1908	2312 und 2313	
	T 11 7524	74 303	Union	1909	1718	
Münster	1750 und 1751	74 080 und 74 081	Hohenzollern	1905	1875 und 1876	
	1752	74 133	Hohenzollern	1906	1946	
Posen	1950 bis 1952	74 107 bis 74 109	Union	1905	1409 bis 1411	1409, 1411 U: h2
	1953 bis 1955	–	Union	1905	1412 bis 1414	
	1956 und 1957	–	Union	1905	1407 bis 1408	
	T 11 7509	74 151	Union	1906	1452	
	T 11 7510 bis 7514	–	Union	1906	1453 bis 1457	
	T 11 7515 bis 7517	74 152 bis 74 154	Union	1906	1458 bis 1460	
	T 11 7518	–	Union	1906	1461	
	T 11 7519 bis 7524	74 155 bis 74 160	Union	1906	1462 bis 1467	
	T 11 7525 und 7526	– 74 251	Union	1908	1627 und 1628	
	T 11 7527 und 7528	74 270 und 74 271	Union	1908	1666 und 1667	
	T 11 7529 und 7530	74 259 und 74 260	Union	1908	1654 und 1655	
Saarbrücken	1550 und 1551	74 144 –	Hohenzollern	1906	1980 und 1981	
	T 11 7503 und 7504	74 177 und 74 178	Union	1906	1498 und 1499	
Stettin	1851 bis 1853	74 112 bis 74 114	Vulcan	1905	2151 bis 2153	
	1854 und 1855	74 179 und 74 180	Vulcan	1906	2186 und 2187	
	1856 und 1857	74 168 und 74 169	Union	1906	1477 und 1478	
	T 11 7508 und 7509	– 74 182	Union	1907	1500 und 1501	
	T 11 7510 und 7511	– 74 185	Union	1907	1520 und 1521	
	T 11 7512 bis 7514	74 216 bis 74 218	Union	1907	1579 bis 1581	
	T 11 7515	74 250	Union	1908	1624	
	T 11 7516 und 7517	–	Union	1908	1625 und 1626	
	T 11 7518 bis 7520	74 265 bis 74 267	Union	1908	1661 bis 1663	
	T 11 7521 bis 7523	74 261 bis 74 263	Union	1908	1656 bis 1658	
	T 11 7524 und 7525	– 74 264	Union	1908	1659 und 1660	
	T 11 7522^{II} und 7523^{II}	74 318 und 74 319	Union	1909	1735 und 1736	1735 U: h2
	T 11 7524^{II} und 7525^{II}	74 326 und 74 327	Union	1909	1784 und 1785	1784 U: h2
	T 11 7526 bis 7529	74 314 bis 74 344	Union	1909	1811 bis 1814	

T 12

3/4 H. P. T. L. dr. kr.
DRG-Baureihe 74^{4-13}
(→ EFA 1.3)

1'C h2t

1902

Techn. Daten: Seite 233

Im Jahre 1902, noch vor dem Bau der Naßdampfausführung, begann der Bau der Heißdampfausführung der mit Krauss-Lenkgestell ausgestatteten 1'C-Personenzug-Tenderlokomotive, die sich von der Naßdampfvariante im wesentlichen nur durch die Modifikationen, die die Anwendung der Dampfüberhitzung mit sich brachte, unterschied. In die Wege geleitet worden war die Beschaffung der 1'C h2t im Rahmen des nach der Jahrhundertwende aufgestellten Typenprogramms auf Heißdampflokomotiven.

Zunächst blieb es bei vier Exemplaren, die die Bahnnummern Berlin 1984 bis 1987 bekamen und im Probebetrieb auf den Berliner Stadt-, Ring- und Vorortbahnen liefen. Dort fiel die Wasserersparnis, die sich aus der Anwendung der Dampfüberhitzung ergab, besonders ins Gewicht.

Erst 1905 wurden weitere 41 Heißdampf-Tenderlokomotiven gebaut. Sie unterschieden sich von den Prototypen durch die von 1 850 mm auf 1 950 mm verlängerte Rauchkammer, den im Durchmesser kleineren und nur noch schwach konisch ausgeführten Schornstein, den dreifachen Dampfdurchgang beim Überhitzer, den von 520 mm auf 540 mm vergrößerten Zylinderdurchmesser und den längeren Lüftungsaufsatz. Im Gruppen- und Bahnnummernplan von 1905 wies man der 3/4 H. P. T. L. dr. kr. das Gruppenzeichen T 12 und die Bahnnummernreihe 7701 bis 7900 zu, die 1911, weil diese Bahnnummern nicht mehr ausreichten, um die Nummernfolge 8201 bis 8400 erweitert wurde. Bis 1910 hatte sich die Stückzahl der T 12 auf 435 Maschinen erhöht. Bis 1916 stieg der Bestand auf 929 Maschinen. Im gleichen Jahr stellten die Preußisch-Hessischen Staatsbahnen die Beschaffung dieses Lokomotivtyps ein.

Seit 1907 verwendete man anstelle des Rauchkammer-Überhitzers den Rauchrohr-Überhitzer Bauart Schmidt. Gleichzeitig verkürzte man die Rauchkammer auf 1 450 mm und versetzte den Schornstein vom hinteren auf den vorderen Teil des Rauchkammerscheitels. Die Rauchrohre waren zunächst in zwei Reihen angeordnet. Die ab 1908/1909 gebauten T 12 bekamen statt des Flachschieberreglers den Naßdampf-Ventilregler Bauart Schmidt & Wagner. Ab 1910 bis 1913 traten zweistufige Luftpumpen an die Stelle der einstufigen Luftpumpen.

Gleich mehrere konstruktive Änderungen führte man in den Jahren 1912 und 1913 in zwei Etappen ein. Die ab 1912 gebauten T 12 erhielten statt der Hängeeisen, die nur eine Füllung von maximal 60 Prozent erlaubten, Kuhnsche Schleifen. Durch diese Maßnahme erhöhte

Union 1902/1223, Berlin 1985, geliefert an die Betriebswerkstatt Grunewald (mit Gruppenschild T 10), im gleichen Jahr umgezeichnet in Berlin 2101, ab 1906 T 12 Berlin 7702, 1917 in der Betriebswerkstatt Lichtenberg beheimatet, DRG 74 402. Erste Bauform, Rauchkammer-Überhitzer. Lieferzustand.
Foto: Werkaufnahme, Sammlung Walluhn

Borsig 1905/5488, Berlin 2175, geliefert an die Betriebswerkstatt der Stadtbahn zu Berlin in Stralau (mit Gruppenschild T 10), ab 1906 T 12 Berlin 7712, DRG 74 412 vorläufig, ausgemustert vor der endgültigen Umzeichnung. Zweite Bauform, Rauchkammer-Überhitzer. Lieferzustand.
Foto: Werkaufnahme, Sammlung Siebert

sich die größte Füllung auf 70 Prozent. Der Umlauf wurde nicht mehr abgesetzt, sondern glatt durchgeführt, der Absatz des Wasserkastenbodens über der Schwinge durch eine Blende verdeckt. Dazu kamen die bei allen Heißdampflokomotiven eingeführten Neuerungen. Ab 1913 wurde der Schornstein mit größerer Konizität und größerem Durchmesser ausgeführt. Da mit dem zweireihigen Überhitzer nur Heißdampftemperaturen von 270 °C bis 300 °C erreicht wurden, im Interesse der Wirtschaftlichkeit und der Ausschöpfung des möglichen Leistungsvermögens aber die optimale Heißdampftemperatur von 350 °C angestrebt werden sollte, erhöhte man die Anzahl der Rauchrohre und ordnete sie nunmehr in drei Reihen an. Gleichzeitig entfielen die Überhitzerklappen. Ein Teil der Maschinen bekam Speisewasser-Vorwärmeranlage. Die Speisewasser-Kolbenpumpe Bauart Knorr befand sich rechts neben der Rauchkammer. Zunächst hatte man sich für die Verwendung des flachen Abdampf-Oberflächenvorwärmers Bauart Knorr entschieden, der längs auf dem Langkesselscheitel zwischen Dampfdom und Sandkasten angeordnet und mit einer vom Dampfdom bis zum Sandkasten reichenden Verkleidung versehen wurde. Ab Ende 1913 oder Anfang 1914 verwendete man den an gleicher Stelle liegenden zylindrischen Abdampf-Oberflächenvorwärmer Bauart Knorr. Aus Platzgründen mußte dabei der viereckige Sandkasten zwei ebenfalls viereckigen, jedoch links und rechts neben dem Vorwärmer auf dem Hinterkessel angebrachten Sandkästen weichen. Die Luftpumpe rückte – vermutlich nur bei den mit Vorwärmeranlage ausgestatteten Lokomotiven – von ihrem ursprünglichen Platz rechts neben dem 1. Kesselschuß rechts neben die Rauchkammer. Die ohne Speisewasser-Vorwärmeranlage gelieferten T 12 erhielten diese Einrichtung größtenteils nachträglich.

Um oder kurz nach 1910 war die T 12 in die Normalien aufgenommen worden, das Musterblatt trug die Bezeichnung XIV 4 a.

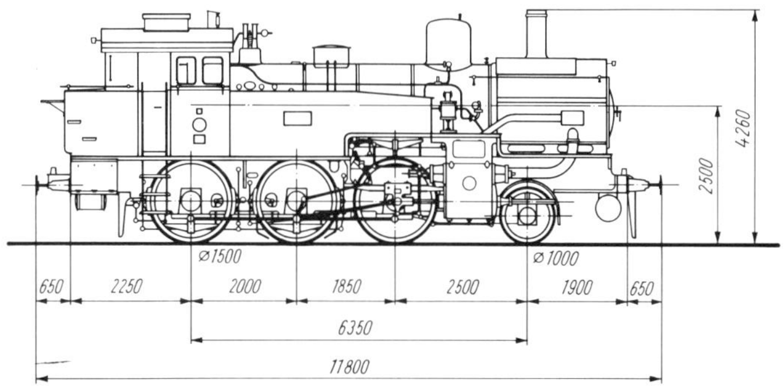

Borsig 1905. Lieferzustand. Rauchkammer-Überhitzer.

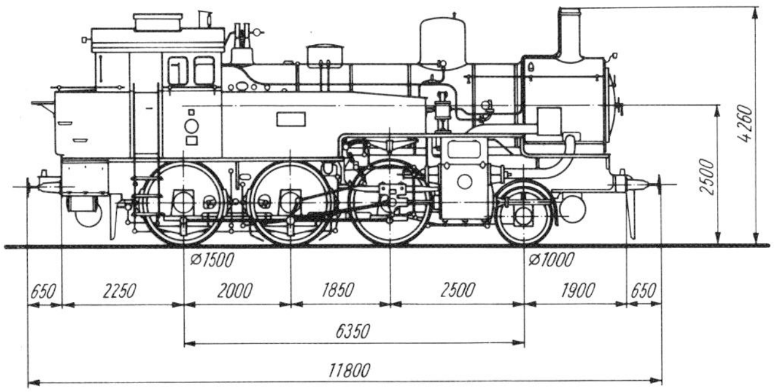

Borsig 1907. Lieferzustand. Rauchrohr-Überhitzer.

Im Leistungsvermögen befriedigte die T 12 vollauf. Im Berliner Stadt-, Ring- und Vorortbahn-Personenzugdienst konnte ihre Höchstleistung nicht einmal voll ausgeschöpft werden. Die Maschinen der letzten Bauform mit Speisewasser-Vorwärmanlage konnten mit einem aus zweiachsigen Wagen gebildeten Zug von 670 t Masse in der Ebene eine Beharrungsgeschwindigkeit von 70 km/h erreichen. Auf der Steigung 1:100 vermochten sie mit ihrer Reibungsgeschwindigkeit von 18 km/h einen aus gleichen Wagen bestehenden Zug von 700 t Masse zu ziehen. Die indizierte Höchstleistung betrug 750 kW (1 000 PS), die zugehörige günstigste Geschwindigkeit 65 km/h. Vergleichsfahrten auf der Strecke Grunewald–Nedlitz im Jahre 1905 hatten eine Wasserersparnis von 40 Prozent und eine Kohleersparnis von 34 Prozent gegenüber der T 11 ergeben. Im gewöhnlichen Betriebsdienst erreichte die durchschnittliche Kohleersparnis Werte zwischen 14 und 27 Prozent.

Die T 12 wurde für die gleichen Zwecke wie die T 11 verwendet. Die höchste Stückzahl von allen Eisenbahn-Direktionen hatte Berlin mit 507 Lokomotiven dieses Typs. Um 1923 wurde der Personennahverkehr auf den Berliner Stadt-, Ring- und Vorortbahnen von der T 12 bedient. Im Vorortzugdienst mußten die Maschinen Personenzüge von 360 t Wagenzugmasse mit 60 km/h Höchstgeschwindigkeit befördern. Da die Anzahl der vorhandenen T 12 des Direktionsbezirks Berlin nicht mehr ausreichte, wurde der Bestand durch Zuführung von T 12

T 12 ... 7729 vor dem Lokschuppen der Maschinenstation Heringsdorf (Usedom). Bauform 1907.
Foto: Hubert, Sammlung Siebert

Borsig 1913/8670, T 12 Berlin 8269, geliefert an die Betriebswerkstatt der Stadtbahn zu Berlin in Stralau, DRG 74 982, 1945 an DR. Bauform 1913. Flacher Abdampf-Oberflächenvorwärmer Bauart Knorr. Lieferzustand. *Foto: Leonhardt-Postkarte, Sammlung Franz*

aus anderen Direktionsbezirken ab 1920 und den Nachbau von 40 T 12 für den Direktionsbezirk Berlin im Jahre 1921 aufgestockt. Von den 1920 gebauten Maschinen hatten einige zusätzlich zum Naßdampf-Ventilregler Heißdampfregler erhalten, die jedoch wegen Schwergängigkeit bald wieder ausgebaut werden mußten.

Wie bei der T 11 hatten die Kriegsereignisse, die Reparationslieferungen und die Gebietsabtretungen auch bei der T 12 zu Lokomotivverlusten geführt. Die DRG übernahm 899 T 12 unter den Betriebsnummern 74 401 bis 74 543 und 74 545 bis 74 1300 in den 3. Umzeichnungsplan.

Davon waren 896 Maschinen durch die Preußisch-Hessischen Staats-

Hohenzollern 1913/3090, T 12 Altona 7755. Sonderausführung, Rauchgas-Vorwärmer Bauart Borsig, Braunkohle-Funkenfänger Bauart Thiel, Windleitbleche. *Foto: Hubert, Sammlung Siebert*

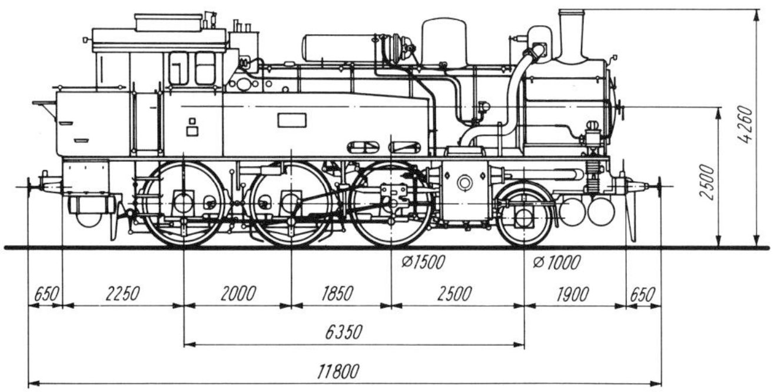

Borsig 1921. Lieferzustand. Letzte Bauform. Speisewasser-Vorwärmeranlage. Sonderausführung mit Heißdampfregler.

bahnen und die DRG in Dienst gestellt worden; bei den anderen drei Maschinen, der 74785, der 74786 und der 741254 handelte es sich um nach dem ersten Weltkrieg in Deutschland stehengebliebene T12 der ehemaligen Reichseisenbahnen Elsaß-Lothringens. Die Lücke in der Betriebsnummernfolge war dadurch entstanden, daß die für diese Betriebsnummer vorgesehene Lokomotive 1925 an die Belgische Staatsbahn abgetreten wurde.

Sonderausführungen

Borsig 1906/5976 Berlin 2254; geliefert an die Betriebswerkstatt Grunewald; ab 1906 T12 Berlin 7753; DRG 74474; 1945 an DB
Kesselausrüstung: Abdampf-Oberflächenvorwärmer Bauart Dennet & Didier in der Rauchkammer. 1924 ausgebaut.

Eine 1907 gebaute Lokomotive
Triebwerk: Selbsttätige Druckausgleicher Bauart Höhner. Später durch Druckausgleichvorrichtung gewöhnlicher Bauart ersetzt.

Eine Lokomotive
Kesselausrüstung: Ab etwa 1911 Wirbelringe Bauart Pielock. Später wieder ausgebaut.

Eine Lokomotive
Kesselausrüstung: Ab etwa 1913 Zugregler Bauart Schultz. Später wieder ausgebaut.

Borsig 1921/11066, T12 Berlin 8750, geliefert an die Betriebswerkstatt Berlin Potsdamer Ringbahnhof. Sonderausführung, Heißdampfregler
Foto: Hubert, Sammlung Siebert

Borsig 1916/9519, T 12 Berlin 8499, geliefert an die Betriebswerkstatt Rummelsburg, DRG 74 1226. Eine der nachträglich mit Speisedom ausgerüsteten Lokomotiven.
Foto: Hubert, Sammlung Siebert

Borsig 1913/8400 und 8401 T 12 Altona 7750 und 7751; DRG 74 876 und 74 877.
Steuerung: Kammerschieber vereinfachte Bauart Hochwaldt mit einfacher innerer Einströmung und schmalen federnden Ringen, 220 mm Durchmesser. Etwa 1915 durch Kolbenschieber mit schmalen federnden Ringen, 220 mm Durchmesser, ersetzt.

Borsig 1914/8675 bis 8679 T 12 Berlin 8274 bis 8278; DRG 74 988 bis 74 992
Borsig 1914/8680 T 12 Berlin 8279
Borsig 1914/8681 und 8682 T 12 Berlin 8280 und 8281; DRG 74 993 und 74 994
Sondereinrichtungen: Sammelbehälter für das Kondenswasser des Abdampf-Oberflächenvorwärmers im linken Wasserkasten.

Hohenzollern 1913/3090 T 12 Altona 7755; DRG 74 937
Umbau nach 1918:
Kessel: Sehr weiter Schornstein.
Kesselausrüstung: Dem Abdampf-Oberflächenvorwärmer nachgeschalteter Rauchgasvorwärmer Bauart Borsig, Braunkohlen-Funkenfänger Bauart Thiel.
Allgemeine Einrichtungen: Windleitbleche neben der Rauchkammer.
Später wieder in Normalform zurückgebaut.

Einige 1921 gebaute Lokomotiven Rauchrohr-Überhitzer z. T. in der Ausführung als Mittelrohr-Überhitzer, z. T. in der Ausführung als Kleinrohr-Überhitzer.

Borsig 1921/11031 bis 11035 T 12 Berlin 8715 bis 8719; DRG 74 1261 bis 74 1265
Borsig 1921/11066 bis 11070 T 12 Berlin 8750 bis 8754; DRG 74 1296 bis 74 1300
Kessel: T 12 Berlin 8715 bis 8719; Rauchrohr-Überhitzer in der Bauform als vierreihiger, verkleinerter Großrohr-Überhitzer. T 12 Berlin 8750 bis 8754: Rauchrohr-Überhitzer in der Bauform als Kleinrohr-Überhitzer.
Kesselausrüstung: Zusätzlich zum Naßdampf-Ventilregler zwischen den Überhitzer und die Einströmrohre geschalteter Heißdampf-Ventilregler Bauart Borsig auf dem hinteren Teil des Rauchkammerscheitels. Betätigung durch Seitenzug.
Triebwerk: Einströmrohre vom Heißdampfregler außen am Kessel zu den Schieberkästen geführt.
Später Heißdampfregler ausgebaut, Einströmrohre durch die Rauchkammer geführt.

Eine 1921 gebaute Lokomotive
Kesselausrüstung: Naßdampf-Ventilregler Bauart Zara.

Direktions-bezirk	Bahnnummern	DRG-Nummern	Hersteller	Baujahr	Fabriknummern	Bemerkungen/ Ausmusterung
1895/1896						
Altona	1530 und 1531	– 74 412	Borsig	1905	5491 und 5492	
	1532		Borsig	1905	5493	
	1533 bis 1537	74 413 bis 74 417	Borsig	1905	5494 bis 5498	
	T 12 7709 bis 7714	74 614 bis 74 619	Borsig	1908	6711 bis 6716	
	T 12 7715 bis 7721	74 647 bis 74 653	Borsig	1909	7015 bis 7021	
	T 12 7722 und 7723	74 669 und 74 670	Borsig	1909	7138 und 7139	
	T 12 7724 bis 7733	74 675 bis 74 684	Borsig	1909	7175 bis 7184	
	T 12 7734 bis 7743	74 703 bis 74 712	Borsig	1909	7309 bis 7318	
	T 12 7744 bis 7749	74 835 bis 74 840	Borsig	1912	8303 bis 8308	
	T 12 7750 und 7751	74 846 und 74 877	Borsig	1913	8400 und 8401	
	T 12 7752 bis 7757	74 934 bis 74 839	Hohenzollern	1913	3087 bis 3092	
	T 12 7758 bis 7765	74 995 bis 74 1002	Borsig	1913	8683 bis 8690	
	T 12 7766 bis 7771	74 1109 bis 74 1114	Hohenzollern	1914	3265 bis 3270	
	T 12 7772 bis 7776	74 1255 bis 74 1259	Grafenstaden	1915	6852 bis 6856	
	T 12 7777 bis 7781	74 1242 bis 74 1246	Borsig	1916	9535 bis 9539	
Berlin	1984 bis 1987	74 401 bis 74 404	Union	1902	1222 bis 1225	
	2168 und 2169	74 405 –	Borsig	1905	5481 und 5482	
	2170 bis 2174	74 706 bis 74 710	Borsig	1905	5483 bis 5487	
	2175 und 2176	–	Borsig	1905	5488 und 5489	
	2177	74 411	Borsig	1905	5490	
	2178 bis 2185	74 418 bis 74 425	Borsig	1905	5499 bis 5506	
	2218 bis 2229	74 440 bis 74 451	Borsig	1906	5823 bis 5834	
	2234 bis 2241	74 452 bis 74 459	Borsig	1906	5840 bis 5847	
	T 12 7743 bis 7760	74 462 bis 74 479	Borsig	1906	5965 bis 5982	
	T 12 7761 und 7762	– 74 480	Borsig	1906	5983 und 5984	
	T 12 7763 bis 7768	74 496 bis 74 501	Borsig	1907	6093 bis 6098	
	T 12 7769	–	Borsig	1907	6099	
	T 12 7770 bis 7772	74 502 bis 74 504	Borsig	1907	6100 bis 6102	
	T 12 7773 bis 7778	74 515 bis 74 520	Borsig	1907	6117 bis 6122	
	T 12 7779 bis 7782	74 526 bis 74 529	Borsig	1907	6129 bis 6132	
	T 12 7783 und 7784	74 534 und 74 535	Borsig	1907	6137 und 6138	
	T 12 7785 bis 7787	74 541 bis 74 543	Borsig	1907	6212 bis 6214	
	T 12 7788 bis 7790	74 549 bis 74 551	Borsig	1907	6221 bis 6223	
	T 12 7791 bis 7797	74 552 bis 74 558	Borsig	1907	6346 bis 6352	
	T 12 7798 bis 7803	74 563 bis 74 568	Borsig	1907	6357 bis 6362	
	T 12 7804 bis 7809	74 582 bis 74 587	Borsig	1908	6379 bis 6384	
	T 12 7810 bis 7815	74 591 bis 74 596	Borsig	1908	6390 bis 6395	
	T 12 7816 bis 7827	74 602 bis 74 613	Borsig	1908	6699 bis 6710	
	T 12 7828 bis 7833	74 625 bis 74 630	Borsig	1909	6923 bis 6928	
	T 12 7834 bis 7844	74 636 bis 74 646	Borsig	1909	7004 bis 7014	
	T 12 7845	74 671	Borsig	1909	7140	
	T 12 7846 bis 7851	74 685 bis 74 690	Borsig	1909	7185 bis 7190	
	T 12 7852 und 7853	– 74 691	Borsig	1909	7191 und 7192	
	T 12 7854 und 7855	74 692 –	Borsig	1909	7193 und 7194	
	T 12 7856 bis 7858	74 693 bis 74 695	Borsig	1909	7195 bis 7197	
	T 12 7859 bis 7863	74 713 bis 74 717	Borsig	1909	7319 bis 7323	
	T 12 7364 bis 7367	74 718 bis 74 721	Borsig	1910	7324 bis 7327	
	T 12 7868	–	Borsig	1910	7328	
	T 12 7869 und 7870	74 722 und 74 723	Borsig	1910	7329 und 7330	
	T 12 7871 bis 7880	74 730 bis 74 739	Borsig	1910	7484 bis 7493	
	T 12 7881 bis 7885	74 755 bis 74 759	Borsig	1910	7627 bis 7631	
	T 12 7886	–	Borsig	1910	7632	
	T 12 7887 bis 7897	74 760 bis 74 770	Borsig	1910	7633 bis 7643	
	T 12 8201 bis 8207	74 797 bis 74 803	Borsig	1911	7909 bis 7915	
	T 12 8208 und 8209	– 74 804	Borsig	1911	7916 und 7917	
	T 12 8210 bis 8219	74 846 bis 74 855	Hohenzollern	1912	2935 bis 2944	
	T 12 8220	–	Borsig	1913	8402	

Direktions-bezirk	Bahnnummern	DRG-Nummern	Hersteller	Bau-jahr	Fabriknummern	Bemerkungen/ Ausmusterung
	T12 8221 bis 8223	74 878 bis 74 880	Borsig	1913	8403 bis 8405	
	T12 8224 und 8225	74 885 und 74 886	Borsig	1913	8513 und 8514	
	T12 8226	–	Borsig	1913	8515	
	T12 8227 bis 8241	74 887 bis 74 901	Borsig	1913	8516 bis 8530	
	T12 8242 bis 8259	74 940 bis 74 957	Hohenzollern	1913	3093 bis 3110	
	T12 8260 bis 8278	74 974 bis 74 992	Borsig	1913	8661 bis 8679	
	T12 8279	–	Borsig	1913	8680	
	T12 8280 und 8281	74 993 und 74 994	Borsig	1913	8681 und 8682	
	T12 8282 bis 8297	74 958 bis 74 973	Hohenzollern	1913	3157 bis 3172	
	T12 8298 bis 8307	74 1049 bis 74 1058	Hohenzollern	1913	3173 bis 3182	
	T12 8312 und 8313	74 1098 –	Hohenzollern	1914	3253 und 3254	
	T12 8314 bis 8323	74 1099 bis 74 1108	Hohenzollern	1914	3255 bis 3264	
	T12 8324	–	Borsig	1914	8839	
	T12 8325 bis 8330	74 1003 bis 74 1008	Borsig	1914	8840 bis 8845	
	T12 8331 und 8332	–	Borsig	1914	8846 und 8847	
	T12 8333 bis 8342	74 1009 bis 74 1018	Borsig	1914	8848 bis 8857	
	T12 8343	–	Borsig	1914	8858	
	T12 8344 bis 8361	74 1019 bis 74 1036	Borsig	1914	8859 bis 8876	
	T12 8362	–	Borsig	1914	8877	
	T12 8363 bis 8374	74 1037 bis 74 1048	Borsig	1914	8878 bis 8889	
	T12 8375 bis 8396	74 1076 bis 74 1097	Hohenzollern	1914	3231 bis 3252	
	T12 8397 bis 8437	74 1134 bis 74 1174	Borsig	1915	9091 bis 9131	
	T12 8438 bis 8441	74 1119 bis 74 1122	Hohenzollern	1914	3344 bis 3347	
	T12 8442 und 8443	– 74 1123	Hohenzollern	1914	3348 und 3349	
	T12 8444 und 8445	74 1124 –	Hohenzollern	1914	3350 und 3351	
	T12 8446 bis 8449	74 1125 bis 74 1128	Hohenzollern	1914	3352 bis 3355	
	T12 8450	–	Hohenzollern	1914	3356	
	T12 8451 bis 8455	74 1129 bis 74 1133	Hohenzollern	1914	3357 bis 3361	
	T12 8456 bis 8479	74 1178 bis 74 1201	Hohenzollern	1915	3362 bis 3385	
	T12 8480 bis 8489	74 1202 bis 74 1211	Borsig	1916	9431 bis 9440	
	T12 8490 bis 8500	74 1217 bis 74 1227	Borsig	1916	9510 bis 9520	
	T12 8701 bis 8714	74 1228 bis 74 1241	Borsig	1916	9521 bis 9534	
	T12 8715 bis 8754	74 1261 bis 74 1300	Borsig	1921	11031 bis 11070	
Breslau	1731 bis 1733	74 426 bis 74 428	Borsig	1905	5594 bis 5596	
	T12 7704 bis 7710	74 481 bis 74 487	Borsig	1906	5985 bis 5991	
	T12 7711 bis 7715	74 505 bis 74 509	Borsig	1906	6103 bis 6107	
	T12 7716 bis 7719	74 536 bis 74 539	Borsig	1907	6139 bis 6142	
	T12 7720 und 7721	74 569 und 74 570	Borsig	1907	6363 und 6364	
	T12 7722 und 7723	74 571 und 74 572	Borsig	1908	6365 und 6366	
	T12 7724	74 631	Borsig	1909	6929	
	T12 7725 bis 7727	74 696 bis 74 698	Borsig	1909	7198 bis 7200	
	T12 7728 bis 7730	74 724 bis 74 726	Borsig	1910	7331 bis 7333	
	T12 7731 bis 7733	74 881 bis 74 883	Borsig	1913	8406 bis 8408	
Coeln	T12 7701	–	Borsig	1907	6108	
	T12 7702 und 7703	–	Borsig	1907	6215 und 6216	
	T12 7704 und 7705	– 74 574	Borsig	1907	6368 und 6369	
	T12 7706 und 7707	–	Borsig	1907	6370 und 6371	
	T12 7708	74 669	Borsig	1909	7201	
	T12 7709	74 727	Borsig	1910	7334	
	T12 7710	–	Grafenstaden	1911	6253	
	T12 7711 und 7712	74 829 und 74 830	Grafenstaden	1911	6254 und 6255	
Danzig	T12 7701 und 7702	–	Borsig	1907	6109 und 6110	
	T12 7703 und 7704	–	Borsig	1910	7494 und 7495	
	T12 7705 bis 7707	–	Borsig	1910	7644 bis 7646	
	T12 7708 bis 7710	–	Borsig	1914	8890 bis 8892	
	T12 7711 und 7712	–	Grafenstaden	1915	6857 und 6858	
	T12 7713 bis 7715	–	Borsig	1916	9502 bis 9504	
Elberfeld	1981 und 1982	74 429 –	Borsig	1905	5597 und 5598	

Direktions-bezirk	Bahnnummern	DRG-Nummern	Hersteller	Baujahr	Fabriknummern	Bemerkungen/ Ausmusterung
	1983 bis 1988	74 430 bis 74 435	Borsig	1905	5599 bis 5604	
	1989 und 1990	74 460 und 74 461	Borsig	1906	5848 und 5849	
	T12 7711 bis 7714	74 488 bis 74 491	Borsig	1906	5992 bis 5995	
	T12 7715 und 7716	74 521 –	Borsig	1907	6123 und 6124	
	T12 7717 bis 7720	74 522 bis 74 525	Borsig	1907	6125 bis 6128	
	T12 7721 bis 7724	74 530 bis 74 533	Borsig	1907	6133 bis 6136	
	T12 7725 und 7726	74 559 und 74 560	Borsig	1907	6353 und 6354	
	T12 7727	74 573	Borsig	1907	6367	
	T12 7728 bis 7732	74 575 bis 74 579	Borsig	1908	6372 bis 6376	
	T12 7733 bis 7736	74 597 bis 74 600	Borsig	1908	6693 bis 6696	
	T12 7737 bis 7740	74 632 bis 74 635	Borsig	1909	6930 bis 6933	
	T12 7741 bis 7745	74 654 bis 74 658	Borsig	1909	7022 bis 7026	
	T12 7746 und 7747	74 740 und 74 741	Borsig	1910	7496 und 7497	
	T12 7748 bis 7750	74 787 bis 74 789	Grafenstaden	1910	6084 bis 6086	
	T12 7751	74 771	Borsig	1910	7647	
	T12 7752 und 7753	74 815 und 74 816	Grafenstaden	1910	6213 und 6214	
	T12 7754 und 7755	74 827 und 74 828	Grafenstaden	1911	6251 und 6252	
	T12 7756 und 7757	74 856 und 74 857	Hohenzollern	1912	2945 und 2946	
	T12 7758 bis 7760	74 921 bis 74 923	Hohenzollern	1913	3074 bis 3076	
	T12 7761 und 7762	74 919 und 74 920	Hohenzollern	1913	3072 und 3073	
	T12 7763 bis 7766	74 1067 bis 74 1070	Hohenzollern	1914	3191 bis 3194	
Erfurt	T12 7701 bis 7704	74 823 bis 74 826	Grafenstaden	1911	6247 bis 6250	
	T12 7705 bis 7712	74 902 bis 74 909	Hohenzollern	1913	3017 bis 3024	
	T12 7713 und 7714	74 841 –	Borsig	1912	8309 und 8310	
	T12 7715 bis 7718	74 842 bis 74 845	Borsig	1912	8311 bis 8314	
	T12 7719 bis 7722	74 928 bis 74 931	Hohenzollern	1913	3081 bis 3084	
	T12 7723 bis 7726	74 924 bis 74 927	Hohenzollern	1913	3077 bis 3080	
	T12 7727 bis 7734	74 1059 bis 74 1066	Hohenzollern	1914	3183 bis 3190	
	T12 7735 und 7736	74 1115 und 74 1116	Hohenzollern	1914	3271 und 3272	
	T12 7737 und 7738	– 74 1117	Hohenzollern	1914	3273 und 3274	
	T12 7739 und 7740	74 1175 –	Borsig	1915	9132 und 9133	
	T12 7741 und 7742	74 1176 und 74 1177	Borsig	1915	9134 und 9135	
Essen	1500 bis 1503	74 436 bis 74 439	Borsig	1905	5605 bis 5608	
	T12 7705 und 7706	74 545 und 74 546	Borsig	1907	6217 und 6218	
	T12 7707 und 7708	74 580 und 74 581	Borsig	1908	6377 und 6378	
	T12 7709	74 620	Borsig	1908	6217	
	T12 7710 und 7711	74 659 und 74 660	Borsig	1909	7027 und 7028	
	T12 7712 und 7713	74 742 und 74 743	Borsig	1910	7489 und 7499	
	T12 7714 bis 7716	74 772 bis 74 774	Borsig	1910	7648 bis 7650	
	T12 7717 und 7718	– 74 821	Grafenstaden	1911	6243 und 6244	
	T12 7719 und 7720	74 822 –	Grafenstaden	1911	6245 und 6246	
	T12 7721 bis 7726	74 910 bis 74 915	Hohenzollern	1913	3025 bis 3030	
	T12 7727 bis 7734	74 860 bis 74 867	Borsig	1912	8315 bis 8322	
	T12 7735 und 7736	74 916 und 74 917	Hohenzollern	1913	3031 und 3032	
	T12 7737 und 7738	– 74 1118	Hohenzollern	1914	3275 und 3276	
	T12 7739	74 1260	Grafenstaden	1915	6859	
Frankfurt	T12 7701 bis 7703	74 492 bis 74 494	Borsig	1906	5996 bis 5998	
	T12 7704 bis 7705	74 540 –	Borsig	1907	6143	
	T12 7706 und 7707	74 661 und 74 662	Borsig	1909	7029 und 7030	
	T12 7708 und 7709	74 621 und 74 622	Borsig	1908	6718 und 6719	
	T12 7710	74 672	Borsig	1909	7031	
	T12 7711	74 673	Borsig	1909	7141	
	T12 7712 bis 7714	74 744 bis 74 746	Borsig	1910	7500 bis 7502	
	T12 7715 bis 7717	74 775 bis 74 777	Borsig	1910	7651 bis 7653	
	T12 7718 und 7719	74 818 und 74 819	Grafenstaden	1910	6217 und 6218	
Halle	T12 7701 und 7702	74 747 und 74 748	Borsig	1910	7503 und 7504	
	T12 7703 bis 7705	74 790 bis 74 792	Grafenstaden	1910	6087 bis 6089	

Direktions-bezirk	Bahnnummern	DRG-Nummern	Hersteller	Bau-jahr	Fabriknummern	Bemerkungen/ Ausmusterung
	T12 7706 bis 7711	74 778 bis 74 783	Borsig	1910	7654 bis 7659	
	T12 7712 bis 7717	74 805 bis 74 810	Borsig	1911	7918 bis 7923	
	T12 7718 bis 7725	74 868 bis 74 875	Borsig	1913	8323 bis 8330	
	T12 7726	74 884	Borsig	1913	8409	
	T12 7727	74 918	Hohenzollern	1913	3033	
	T12 7730	74 784	Grafenstaden	1910	6034	
Hannover	T12 7701	74 820	Grafenstaden	1911	6242	
	T12 7702 und 7703	74 858 und 74 859	Hohenzollern	1912	2947 und 2948	
	T12 7704	–	Hohenzollern	1912	2949	
	T12 7705	74 932	Hohenzollern	1913	3085	
	T12 7706 bis 7708	74 1071 bis 74 1073	Hohenzollern	1914	3195 bis 3197	
	T12 7709 bis 7713	74 1212 bis 74 1216	Borsig	1916	9505 bis 9509	
Kattowitz	T12 7701 und 7702	74 601 –	Borsig	1908	6697 und 6698	
	T12 7703 bis 7705	74 663 bis 74 665	Borsig	1909	7032 bis 7034	
	T12 7706 und 7707	74 700 –	Borsig	1909	7202 und 7203	
	T12 7708	74 701	Borsig	1909	7204	
	T12 7709 und 7710	– 74 728	Borsig	1910	7335 und 7336	
	T12 7711	74 811	Borsig	1911	7924	
	T12 7712 und 7713	–	Borsig	1911	7925 und 7926	
	T12 7714 bis 7716	74 1247 bis 74 1249	Borsig	1916	9540 bis 9542	
	T12 7717	–	Borsig	1916	9543	
	T12 7718 bis 7721	74 1250 bis 74 1253	Borsig	1916	9544 bis 9547	
Magdeburg	T12 7701	74 933	Hohenzollern	1913	3086	
	T12 7702 und 7703	74 1074 und 74 1075	Hohenzollern	1914	3207 und 3208	
Münster	T12 7701	74 495	Borsig	1906	5999	
	T12 7702 bis 7704	74 510 bis 74 512	Borsig	1907	6111 bis 6113	
	T12 7705	–	Borsig	1907	6114	
	T12 7706 und 7707	74 513 und 74 514	Borsig	1907	6115 und 6116	
	T12 7708 und 7709	74 547 und 74 548	Borsig	1907	6219 und 6220	
	T12 7710 und 7711	74 561 und 74 562	Borsig	1907	6355 und 6356	
	T12 7712 bis 7714	74 588 bis 74 590	Borsig	1908	6385 bis 6387	
	T12 7715 und 7716	74 623 und 74 624	Borsig	1908	6720 und 6721	
	T12 7717 und 7718	74 666 –	Borsig	1909	7035 und 7036	
	T12 7719	74 674	Borsig	1909	7142	
	T12 7720	74 702	Borsig	1909	7205	
	T12 7721	74 729	Borsig	1910	7337	
Saarbrücken	T12 7701 und 7702	–	Borsig	1908	6388 und 6389	
	T12 7703	–	Borsig	1908	6396	
	T12 7704	–	Borsig	1908	6722	
	T12 7705 und 7706	74 667 und 74 668	Borsig	1909	7037 und 7038	
	T12 7707 bis 7709	–	Borsig	1909	7206 bis 7208	
	T12 7710	–	Borsig	1910	7338	
	T12 7711 und 7712	74 749 und 74 750	Borsig	1910	7505 und 7506	
	T12 7713 und 7714	–	Borsig	1910	7660 und 7661	
	T12 7715 und 7716	– 74 817	Grafenstaden	1910	6215 und 6216	
Stettin	T12 7705	74 751	Borsig	1910	7507	
	T12 7706 und 7707	–	Borsig	1910	7508 und 7509	
	T12 7708 und 7709	74 752 und 74 753	Borsig	1910	7510 und 7511	
	T12 7710 und 7711	74 793 und 74 794	Grafenstaden	1910	6090 und 6091	
	T12 7712	74 754	Borsig	1911	7662	
	T12 7713 und 7714	74 795 und 74 796	Borsig	1911	7663 und 7664	
	T12 7715 bis 7717	74 812 bis 74 814	Borsig	1911	7927 bis 7929	
	T12 7718	–	Borsig	1911	7930	
	T12 7719 bis 7722	74 831 bis 74 834	Borsig	1912	8299 bis 8302	

T 13

**4/4 G. T. L.
Bauart Hagans**

D n2t

1899

Techn. Daten: Seite 235

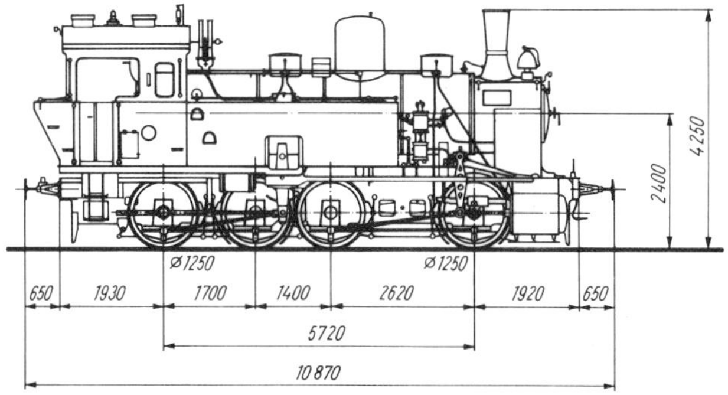

Henschel 1899 bis 1902. Lieferzustand. Druckluftbremse Bauart Westinghouse.

Zwei Jahre nach der Indienststellung der ersten 5/5 G. T. L. Bauart Hagans (T 15), im Jahre 1899, erschien die kleinere Variante dieser Bauart, die 4/4 G. T. L. Bauart Hagans (T 13). Sie sollte ebenfalls auf krümmungs- und steigungsreichen Strecken mit größerem Verkehrsumfang eingesetzt werden, und zwar dort, wo die Verwendung der 5/5 G. T. L. Bauart Hagans aufgrund geringerer Leistungs- und Zugkraftanforderungen bereits unwirtschaftlich gewesen wäre.
Die Entwürfe arbeitete wie bei der 5/5 G. T. L. die Firma Hagans aus, den Bau übernahm die Lokomotivfabrik Henschel, die bis 1902 29 Lokomotiven dieses Typs in die Direktionsbezirke Breslau, Erfurt, Frankfurt und Magdeburg lieferte. Die Breslauer Maschinen wurden in den Betriebswerkstätten Hirschberg und Dittersbach, die Erfurter Maschinen in den Betriebswerkstätten Arnstadt, Probstzella, Suhl und der Maschinenstation Sonneberg, die Frankfurter Maschinen in der Betriebswerkstatt Fulda und die Magdeburger Maschinen für den Einsatz auf den zum Harz führenden Strecken in der Betriebswerkstatt Goslar stationiert. Die Breslauer 4/4 G. T. L. Bauart Hagans waren unter den Bahnnummern Saarbrücken 1950 bis 1956 bestellt worden und liefen zeitweise, nachweislich im Juni 1901, im Direktionsbezirk Saarbrücken, allerdings unter Breslauer Bahnnummern.
In der Ebene konnte die T 13 Bauart Hagans mit einem Güterzug von 1 040 t Wagenzugmasse eine Beharrungsgeschwindigkeit von 40 km/h erreichen. Auf der Steigung 1:100 zog sie mit ihrer Reibungsgeschwindigkeit von 13 km/h noch einen Güterzug von 520 t Masse.

Eine der 4/4 G. T. L. Bauart Hagans des Direktionsbezirks Erfurt nach ihrer Außerdienststellung. *Foto: Sammlung Glanert*

Henschel 1899/5059, Erfurt 1452, geliefert an die Betriebswerkstatt Arnstadt, ab 1906 T 13 Erfurt 7902, ausgemustert 1920 in der Betriebswerkstatt Arnstadt, 1922 verkauft an die Brandenburgische Städtebahn (dort Nr. 20). Abbildung als T 13 Erfurt 7902 mit Druckluftbremse
Foto: Sammlung Siebert

Ihre indizierte Höchstleistung von 405 kW (540 PS) erzielte sie erst bei einer Geschwindigkeit von 46 km/h, war also auf den vorgesehenen Verwendungszweck nicht sehr günstig abgestimmt.

Wie die T 15 Bauart Hagans war sie sehr störanfällig, erforderte einen hohen Unterhaltungsaufwand und fand deshalb keine große Verbreitung.

Ab 1905 reihte man die 4/4 G. T. L. Bauart Hagans in die Gruppe T 13 ein und gab ihnen die neuen Bahnnummern Breslau 7901 bis 7907, Erfurt 7901 bis 7915, Frankfurt 7901 und 7902 und Magdeburg 7901 bis 7905. Später wanderten sie größtenteils in den untergeordneten Dienst und auf Nebenbahnen ab.

Möglich ist, daß einige T 13 Bauart Hagans nach dem ersten Weltkrieg in den Bestand von ausländischen Eisenbahnen gelangten. Die DRG übernahm 1923 noch fünf Lokomotiven dieses Typs unter den Betriebsnummern 92 501 bis 92 505 in den 2. Umzeichnungsplan. Der 3. Umzeichnungsplan aus dem Jahre 1925 führt keine T 13 Bauart Hagans mehr auf.

Konstruktive Merkmale

Kessel: Unterer Teil des Hinterkessels zwischen den Rahmenwangen eingezogen. Stehkesseldecke halbzylindrisch gewölbt, Rückwand senkrecht. Kupferne Feuerbüchse. 1 800 mm langer, 920 mm breiter, geneigter Rost.

Langkessel aus drei zylindrischen Schüssen zusammengesetzt. Dampfdom auf dem 2. Kesselschuß.

1 350 mm lange, nicht erweiterte Rauchkammer. Prüsmann-Schornstein.

Kesselausrüstung: Zwei saugende Dampfstrahlpumpen. Speiseventile in Höhe Kesselmitte am 1. Kesselschuß. Kesselsicherheitsventil Bauart Ramsbottom, auf dem Stehkesselscheitel, Flachschieberregler.

Rahmen: Innenliegender Blechrahmen.

Fahrwerk: Vierpunktabstützung. Alle Tragfedern unterhalb der Achslager, zwischen 1. und 2. Kuppelrad-

Direktionsbezirk	Bahnnummern	Hersteller	Baujahr	Fabriknummern	Bemerkungen/ Ausmusterung
1895/1896					
Breslau	1621 bis 1624	Henschel	1899	5061 bis 5064	
	1625 bis 1627	Henschel	1900	5238 bis 5240	
Erfurt	1450 bis 1452	Henschel	1899	5058 bis 5060	
	1453 bis 1455	Henschel	1900	5241 bis 5243	
	1456 und 1457	Henschel	1900	5540 und 5541	
	1458 bis 1460	Henschel	1902	5951 bis 5953	
	1461 bis 1464	Henschel	1902	6192 bis 6195	
Frankfurt	1650 und 1651	Henschel	1901	5954 und 5955	
Magdeburg	1900	Henschel	1900	5542	
	1901 und 1902	Henschel	1901	5543 und 5544	
	1903 und 1904	Henschel	1901	5956 und 5957	

satz durch waagerechte Längsausgleichhebel verbunden. 3. und 4. Kuppelradsatz in einem Innenrahmen-Deichselgestell gelagert. Abstützung des Hauptrahmens auf das Deichselgestell über je einen seitlichen Kugelzapfen und Kugelpfanne, zugleich als Rückstelleinrichtung wirkend.
Triebwerk: Naßdampf-Zwillings-Triebwerk. Zylinder außen waagerecht vor dem 1. Kuppelradsatz angeordnet. Einschienige Kreuzkopfführung. 1. und 2. sowie 3. und 4. Kuppelradsatz jeweils durch Kuppelstangen verbunden. Antrieb der vorderen Radsatzgruppe über Treibstangen auf den 2. Kuppelradsatz; Antrieb der hinteren Radsatzgruppe über Schwinghebel-Gestänge Bauart Hagans auf den 4. Kuppelradsatz. Einströmrohre durch die Rauchkammer geführt.
Steuerung: Innenliegende Allan-Steuerung, vom 2. Kuppelradsatz aus angetrieben. Schieberkästen senkrecht innerhalb der Rahmenwangen. Flachschieber.
Bremsausrüstung: Handbremse. Zum Teil Druckluftbremse Bauart Westinghouse. 1. und 3. Kuppelradsatz von hinten, 2. und 4. Kuppelradsatz von vorn abgebremst. Luftpumpe rechts neben dem 1. Kesselschuß. Zum Teil Bedienungseinrichtung für Seilbremse.
Allgemeine Einrichtungen: Zum Teil Handsandstreuer, z. T. Druckluftsandstreuer, den 1. und den 3. Kuppelradsatz von vorn und hinten besandend. Ein viereckiger Sandkasten auf dem 1. Kesselschuß, ein viereckiger Sandkasten auf dem 3. Kesselschuß. Zum Teil Dampfläutewerk.
Vorratsbehälter: Je ein seitlicher Wasserkasten. Ein Kohlekasten hinter dem Führerhaus.

T 13

4/4 G. T. L.
Bauart Union
DRG-Baureihe 92^{5-10}
(→ EFA 1.3)

D n2t (h2t)

1909

Techn. Daten: Seite 235

Die Entwicklung des Gütertransportaufkommens stellte nicht nur an die im Streckendienst eingesetzten Lokomotiven, sondern auch an die im Rangierdienst stehenden Maschinen immer höhere Anforderungen. Seit der Jahrhundertwende reichte die Zugkraft der dreifach gekuppelten Lokomotiven für den schweren Rangierdienst nicht mehr aus. Es kam darauf an, die Maximalzugkraft zu erhöhen. Man verwendete die 4/4 G. L. (G 7^1), mußte dabei allerdings die Nachteile einer Schlepptenderlokomotive in Kauf nehmen: schlechtere Sichtverhältnisse bei Rückwärtsfahrt, höhere Beschaffungs-, Unterhaltungs- und Betriebskosten, größere Eigenmasse. Der Einsatz von Tenderlokomotiven im Rangierdienst war wirtschaftlicher, auf den Wasservorrat brauchte, da er jederzeit ergänzt werden konnte, keine Rücksicht genommen werden.
Die Eisenbahn-Direktionen forderten deshalb zunehmend die Entwicklung einer schweren, vierfach gekuppelten Tenderlokomotive für den Verschubdienst auf großen Verkehrsknotenpunkten und die Bedienung großer Anschlußbahnen. Der erste, von der Union-Gießerei Königsberg ausgearbeitete Entwurf für einen solchen Lokomotivtyp lag bereits 1907 vor. Es traten jedoch Meinungsverschiedenheiten darüber auf, ob die Dampfüberhitzung im Rangierdienst Vorteile mit sich bringe und deshalb angewendet werden solle. Robert Garbe hielt die Ausführung als Naßdampflokomotive für unzeitgemäß, zumal, weil die Maschinen möglichst leistungsfähig und auch im Streckendienst einsetzbar sein sollten. Er konnte sich im Ausschuß für Lokomotiven durchsetzen, der dem Ministerium der öffentlichen Arbeiten den Bau des neuen Lokomotivtyps als Heißdampflokomotive empfahl. Das Ministerium lehnte jedoch die Ausstattung mit Überhitzer ab: Die für eine wesentliche Verbesserung der Wirtschaftlichkeit erforderliche Dampftemperatur könne wegen der kurzen Fahrtdauer, ständig wechselnder Belastung und häufiger Betriebspausen nicht erreicht werden, die Anwendung großer Füllungen, wie sie im Rangierdienst gang und gäbe sei, begünstige das Überreißen von Kesselwasser, die Bedienung der dann erforderlichen Druckausgleicheinrichtung wirke im Rangierdienst behindernd, und die große Dampfmenge zwischen Regler und Zylinder infolge des Überhitzers wirke nach Schließen des Reglers weiter und erfordere große Geschicklichkeit beim Heranfahren an die Wagen. Diese Nachteile und die höheren Beschaffungs- und Unterhaltungskosten wögen die geringfügigen Vorteile bei weitem auf.
Zwischen 1909 und 1916 beschafften die Preußisch-Hessischen Staatsbahnen insgesamt 515 4/4 G. T. L., die nach der Urheberfirma als Bauart Union bezeichnet wurden. Das für den Bau verbindli-

Eine T13 Bauart Union ohne Druckluftbremse. Das Schild am Wasserkasten bezeichnet das Kennwort des Herstellers für diesen Lokomotivtyp. Lieferzustand.
Foto: Werkaufnahme, Zeitschrift „Die Lokomotive"

che Musterblatt trug die Bezeichnung III 4q. Sämtliche Maschinen bekamen das Gruppen- bzw. Gattungszeichen T 13, die ursprünglich dieser Gruppe zugeordnete Bahnnummernreihe 7901 bis 7950 reichte bald nicht mehr aus und wurde 1912 auf die Nummernfolge 7901 bis 8000 ausgedehnt.

Im Jahre 1922 lieferten die Firmen Henschel und Union nochmals 72 T 13 Bauart Union, die Bahnnummern nach dem Gattungsbezirk Königsberg erhielten, aber in verschiedenen Direktionsbezirken beheimatet wurden. Damit erhöhte sich die Gesamtstückzahl der durch die Preußisch-Hessischen Staatsbahnen bzw. durch DRG mit preußischen Bahnnummern in Dienst gestellten T 13 Bauart Union auf 587 Maschinen. Weitere Lokomotiven waren durch andere deutsche Bahnen beschafft worden.

Eingesetzt wurde die T 13 Bauart Union vor allem im Rangierdienst, im Anschlußbahndienst, im Nahgüterzugdienst über kurze Entfernungen und auch im Nebenbahndienst. Die anteilmäßig meisten T 13 Bauart Union hatten die Eisenbahn-Direktion Berlin mit 52 Maschinen, die Eisenbahn-Direktion Essen mit 90 Maschinen und die Eisenbahn-Direktion Kattowitz mit 82 Maschinen beschafft. Die Berliner Maschinen erledigten den Güterzugdienst auf der Berliner Ringbahn, dort hatten sie die T 9 abgelöst. Die Kattowitzer und Essener Maschinen versahen Anschlußbahndienst auf den in diesen Direktionsbezirken zahlreich vorhandenen Zechen- und Werkanschlußbahnen und schweren Rangierdienst.

Mit ihrem Blechrahmen, dem schmalen, zwischen den Rahmenwangen eingezogenen Hinterkessel, der außenliegenden Heusinger-Steuerung und den Flachschiebern wies die T 13 Bauart Union die für die letzten Naßdampflokomotiv-Neuentwicklungen der Preußisch-Hessischen Staatsbahnen typischen Merkmale auf. Der Wasservorrat befand sich in zwei seitlichen Wasserkästen und einem im Bereich des 2. Kuppelradsatzes liegenden Rahmenwasserkasten. Die Treibstangen wirkten auf den 2. Kuppelradsatz. Die meisten Maschinen waren mit Druckluftbremse der Bauarten Westinghouse oder Knorr ausgestattet worden, einige Lokomotiven hatte man mit Bedienungseinrichtung für Seilbremse ausgerüstet.

An konstruktiven Änderungen während der Bauzeit sind die Verwendung einer zweistufigen Luftpumpe anstelle der einstufigen Luftpumpe und der Ersatz des Flachschieberreglers durch den Naßdampf-Ventilregler Bauart Schmidt & Wagner, an Umbauten unter anderem die Ausstattung mit Speisewasser-Vorwärmeranlage zu nennen. Die Speisewasser-Kolbenpumpe Bauart Knorr befand sich links neben der Rauchkammer, der zylindrische Abdampf-Oberflächenvorwärmer Bauart Knorr längs auf dem Langkesselscheitel hinter dem Dampfdom. Der Sandkasten lag bei einem Teil dieser Lokomotiven zwischen dem Schornstein und dem Dampfdom und besandete den 1. Kuppelradsatz von vorn und hinten, beim anderen Teil auf dem Stehkesselscheitel und besandete den 3. Kuppelradsatz in gleicher Weise.

Die Achsanordnung war für das der T 13 Bauart Union zugedachte Ein-

T 13 ... 7923. Druckluftbremse, Dampfläutewerk. Lieferzustand. *Foto: Werkaufnahme, Sammlung Siebert*

satzgebiet ungünstig, daher durchliefen die Maschinen enge Gleisbögen nur unter Zwängen, die Spurkränze nutzten sich schnell ab, und die Gleise wurden in Mitleidenschaft gezogen. Bei starker Beanspruchung, besonders im Streckendienst, arbeitete die T 13 Bauart Union unwirtschaftlich. Deshalb rüstete man einige Maschinen später mit Kleinrohr-Überhitzer Bauart Schmidt aus, bei dem die Überhitzung schneller eintrat als beim Großrohr-Überhitzer. Im Direktionsbezirk Berlin zeigte sich ein weiterer Nachteil: Die T 13 Bauart Union konnte wegen ihrer auf 40 km/h begrenzten Höchstgeschwindigkeit nicht wie vordem die T 9 im Sonntagsverkehr verwendet werden.

In der Ebene vermochte die T 13 Bauart Union einen Güterzug von 1 200 t Masse mit einer Geschwindigkeit von 40 km/h, auf der Steigung 1:100 einen Güterzug von 680 t Masse mit ihrer Reibungsgeschwindigkeit von 12 km/h zu befördern. Ihre indizierte Höchstleistung von 465 kW (620 PS) erreichte sie bei 41 km/h.

Für den schweren Rangierdienst langte die Zugkraft der T 13 Bauart Union nicht überall aus, man mußte deshalb dort auf die 5/5 H. G. T. L. Bauart Gölsdorf, die 5/5 H. G. T. L. Normalbauart und die E-H. G. T. L. verstärkte Normalbauart (T 16, T 16^{1}) zurückgreifen.

Trotz ihrer Mängel war die T 13 Bauart Union ein langlebiger und für den Rangierdienst und den Nebenbahndienst durchaus brauchbarer Lokomotivtyp. Während des ersten Weltkrieges mußten einige Lokomotiven dieses Typs an die Deutsche Heeresbahn abgegeben werden. Ein Teil dieser Maschinen blieb nach Kriegsende im ehemals besetzten Territorium stehen, andere T 13 Bauart Union gelangten infolge der Gebietsabtretungen und der Reparationslieferungen an ausländische Eisenbahnen. Die DRG nahm von den durch die Preußisch-Hessischen Staatsbahnen bzw. die DRG unter preußischen Bahnnummern in Dienst gestellten T 13 der Bauart Union 509 Lokomotiven in den 3. Umzeichnungsplan von 1925 auf. Sie erhielten die Betriebsnummern 92 501 bis 92 584, 92 589 bis

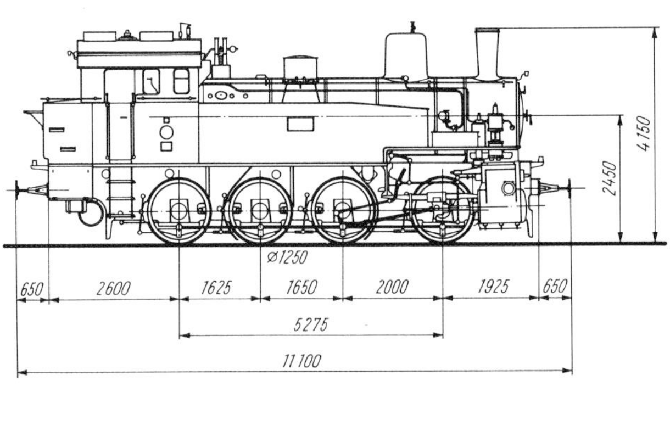

Union 1909/1910. Lieferzustand. Druckluftbremse.

92 605, 92 608 bis 92 731, 92 739 bis 92 909, 92 914 bis 92 954 und 92 1001 bis 92 1072. Bei den Lokomotiven 92 1001 bis 92 1072 handelte es sich um 1922 gebaute Maschinen, die infolge der verstärkten Ausführung einiger Bauteile eine um 1 t höhere Achsfahrmasse aufwiesen. Die freien Stellen im Bereich der Betriebsnummern 92 501 bis 92 954 waren durch T 13 Bauart Union, die von den Oldenburgischen Staatsbahnen und den ehemaligen Reichseisenbahnen Elsaß-Lothringens übernommen worden waren, belegt.

Sonderausführungen

Hagans 1914/788 T 13 Breslau 7929; DRG 92 804
Vermutlich weitere während des ersten Weltkrieges bei der Deutschen Heeresbahn eingesetzte Lokomotiven
Während des ersten Weltkrieges in Panzerzuglokomotiven umgebaut.
Sondereinrichtungen: Verkleidung durch Panzerplatten.

Direktionsbezirk	Bahnnummern	DRG-Nummern	Hersteller	Baujahr	Fabriknummern	Bemerkungen/ Ausmusterung
1895/1896						
Altona	T 13 7901	–	Union	1912	1936	
	T 13 7902 bis 7904	92 612 bis 92 614	Union	1912	1937 bis 1939	
	T 13 7907 und 7908	92 708 und 92 709	Union	1913	2041 und 2042	
Berlin	T 13 7901	92 839	Union	1910	1829	
	T 13 7902 bis 7904	–	Union	1910	1830 bis 1832	
	T 13 7905 und 7906	92 510 und 92 511	Union	1910	1833 und 1834	
	T 13 7907 bis 7909	92 551 bis 92 553	Union	1910	1884 bis 1886	
	T 13 7910	–	Union	1911	1924	
	T 13 7911 bis 7913	92 579 bis 92 581	Union	1911	1925 bis 1927	
	T 13 7914	–	Union	1912	1940	
	T 13 7915 bis 7917	92 615 bis 92 617	Union	1912	1941 bis 1943	
	T 13 7918	–	Union	1912	1944	
	T 13 7919 bis 7922	92 618 bis 92 621	Union	1912	1945 bis 1948	
	T 13 7923 bis 7927	92 601 bis 92 605	HANOMAG	1912	6413 bis 6417	
	T 13 7928	–	HANOMAG	1912	6418	
	T 13 7929 und 7930	– 92 652	Union	1912	1976 und 1977	
	T 13 7931 und 7932	92 653 –	Union	1912	1978 und 1979	
	T 13 7933 bis 7935	92 690 bis 92 692	Union	1912	2017 bis 2019	
	T 13 7936 und 7937	–	Union	1912	2020 und 2021	
	T 13 7938 und 7939	92 693 und 92 694	Union	1912	2022 und 2023	
	T 13 7940	–	Union	1912	2024	
	T 13 7941 und 7942	92 695 und 92 696	Union	1912	2025 und 2026	
	T 13 7943 und 7944	–	Union	1912	2027 und 2028	
	T 13 7945 und 7946	92 697 und 92 698	Union	1912	2029 und 2030	
	T 13 7947 und 7948	– 92 699	Union	1912	2031 und 2032	
	T 13 7949 und 7950	– 92 762	Union	1914	2154 und 2155	
	T 13 7951 und 7952	92 763 –	Union	1914	2156 und 2157	
Breslau	T 13 7911 und 7912	92 622 –	Union	1912	1949 und 1950	
	T 13 7913 und 7914	92 623 und 92 624	Union	1912	1951 und 1952	
	T 13 7915 und 7916	–	Union	1912	1980 und 1981	
	T 13 7917 und 7918	92 654 und 92 655	Union	1912	1982 und 1983	
	T 13 7919 und 7920	92 700 und 92 701	Union	1913	2033 und 2034	
	T 13 7921 und 7922	92 713 und 92 714	Union	1913	2066 und 2067	
	T 13 7923 bis 7925	92 746 bis 92 748	Union	1914	2136 bis 2138	
	T 13 7926 bis 7928	92 764 bis 92 766	Union	1914	2158 bis 2160	
	T 13 7929 bis 7932	92 804 bis 92 807	Hagans	1914	788 bis 791	
	T 13 7933 und 7934	92 856 und 92 857	Hagans	1915	816 und 817	
	T 13 7935 bis 7937	92 860 bis 92 862	Hagans	1915	823 bis 825	

Direktionsbezirk	Bahnnummern	DRG-Nummern	Hersteller	Baujahr	Fabriknummern	Bemerkungen/ Ausmusterung
	T13 7938 bis 7942	92 890 bis 92 894	Hagans	1916	837 bis 841	
	T13 7943	–	Hagans	1916	856	
	T13 7944 bis 7947	92 901 bis 92 904	Hagans	1916	857 bis 860	
Bromberg	T13 7901 und 7902	–	Union	1912	1953 und 1954	
	T13 7903 und 7904	92 625 –	Union	1912	1955 und 1956	
	T13 7905 und 7906	–	Union	1914	2161 und 2162	
	T13 7907 bis 7909	–	Union	1915	2224 bis 2226	
	T13 7910	–	Hagans	1915	818	
	T13 7911	–	Hagans	1916	828	
Cassel	T13 7901 bis 7903	92 576 bis 92 578	Union	1911	1921 bis 1923	
	T13 7904 bis 7908	92 639 bis 92 643	Hohenzollern	1912	2921 bis 2925	
	T13 7909 bis 7914	92 702 bis 92 707	Union	1913	2035 bis 2040	
	T13 7915 bis 7918	92 852 bis 92 855	Hagans	1915	812 bis 815	
	T13 7919	–	Hohenzollern	1915	3447	
	T13 7920 bis 7924	92 865 bis 92 869	Hohenzollern	1915	3448 bis 3452	
	T13 7925 bis 7929	92 896 bis 92 900	Hagans	1916	846 bis 850	
Coeln	T13 7901	–	Union	1910	1844	
	T13 7902 bis 7910	92 525 bis 92 533	Union	1910	1856 bis 1864	
	T13 7911	92 785	Hagans	1914	770	
	T13 7912 und 7913	92 828 und 92 829	Hohenzollern	1915	3386 und 3387	
Danzig	T13 7901 bis 7905	–	Hagans	1916	851 bis 855	
Elberfeld	T13 7901 und 7902	92 608 und 92 609	Hohenzollern	1912	2870 und 2871	
	T13 7903 bis 7905	92 644 bis 92 646	Hohenzollern	1912	2926 bis 2928	
	T13 7906 und 7907	92 682 und 92 683	Hohenzollern	1912	3008 und 3009	
	T13 7908 bis 7910	92 715 bis 92 717	Union	1913	2068 bis 2070	
	T13 7911 und 7912	– 92 718	Union	1913	2071 und 2072	
	T13 7913 bis 7917	92 749 bis 92 753	Union	1914	2139 bis 2143	
	T13 7918 und 7919	92 767 –	Union	1914	2163 und 2164	
	T13 7920 bis 7922	92 768 bis 92 770	Union	1914	2165 bis 2167	
	T13 7923 bis 7927	92 808 bis 92 812	Hagans	1914	792 bis 796	
	T13 7928 bis 7930	92 845 bis 92 847	Hohenzollern	1915	3422 bis 3424	
	T13 7931	–	Hohenzollern	1915	3425	
	T13 7932 und 7933	92 877 und 92 878	Hohenzollern	1915	3487 und 3488	
	T13 7934	–	Hohenzollern	1915	3489	
	T13 7935 bis 7939	92 879 bis 92 883	Hohenzollern	1915	3490 bis 3494	
Essen	T13 7901 bis 7907	92 503 bis 92 509	Union	1909	1803 bis 1809	
	T13 7908	–	Union	1910	1840	
	T13 7909 bis 7911	92 517 bis 92 519	Union	1910	1841 bis 1843	
	T13 7912 bis 7920	92 534 bis 92 542	Union	1910	1865 bis 1873	
	T13 7921 bis 7925	92 568 bis 92 572	Union	1911	1912 bis 1916	
	T13 7926	–	Union	1911	1917	
	T13 7927 bis 7929	92 573 bis 92 575	Union	1911	1918 bis 1920	
	T13 7930 bis 7934	92 589 bis 92 593	HANOMAG	1912	6396 bis 6400	
	T13 7935 bis 7937	92 595 bis 92 597	HANOMAG	1912	6405 bis 6407	
	T13 7938	–	HANOMAG	1912	6408	
	T13 7939 und 7940	–	Hohenzollern	1912	2872 und 2873	
	T13 7941 und 7942	92 610 und 92 611	Hohenzollern	1912	2874 und 2875	
	T13 7943 bis 7947	92 647 bis 92 651	Hohenzollern	1912	2929 bis 2933	
	T13 7948 und 7949	92 560 und 92 561	Union	1912	1984 und 1985	
	T13 7950	–	Union	1912	1986	
	T13 7951 bis 7956	92 676 bis 92 681	Hohenzollern	1912	3002 bis 3007	
	T13 7957 und 7958	92 719 –	Union	1913	2073 und 2074	
	T13 7959 und 7960	92 720 –	Union	1913	2075 und 2076	
	T13 7961 und 7962	92 721 –	Union	1913	2077 und 2078	
	T13 7963	92 722	Union	1913	2079	
	T13 7964 bis 7966	92 739 bis 92 741	Union	1914	2126 bis 2128	
	T13 7967	–	Union	1914	2129	
	T13 7968 bis 7970	92 742 bis 92 744	Union	1914	2130 bis 2132	

Direktions-bezirk	Bahnnummern	DRG-Nummern	Hersteller	Bau-jahr	Fabriknummern	Bemerkungen/ Ausmusterung
	T13 7971 bis 7975	92786 bis 92790	Hagans	1914	771 bis 775	
	T13 7976	–	Hagans	1914	776	
	T13 7977 bis 7980	92791 bis 92794	Hagans	1914	777 bis 780	
	T13 7981 bis 7987	92830 bis 92836	Hohenzollern	1915	3388 bis 3394	
	T13 7988	–	Hohenzollern	1915	3395	
	T13 7989 und 7990	92837 und 92838	Hohenzollern	1915	3396 und 3397	
Halle	T13 7901	92626	Union	1912	1957	
	T13 7902 und 7903	92656 und 92657	Union	1912	1987 und 1988	
	T13 7904	92723	Union	1913	2080	
	T13 7905	92761	Union	1914	2153	
	T13 7906	92776	Union	1914	2173	
	T13 7907 und 7908	92821 und 92822	Grafenstaden	1915	6835 und 6836	
Hannover	T13 7901	92524	Union	1910	1849	
	T13 7902 bis 7904	92548 bis 92550	Union	1910	1881 bis 1883	
	T13 7905 und 7906	92564 und 92565	Union	1911	1908 und 1909	
	T13 7907 und 7908	92598 –	HANOMAG	1912	6409 und 6410	
	T13 7909 und 7910	92599 und 92600	HANOMAG	1912	6411 und 6412	
	T13 7911 und 7912	92566 und 92567	Union	1911	1910 und 1911	
	T13 7913 bis 7916	92727 bis 92730	Union	1913	2086 bis 2089	
	T13 7917	–	Union	1914	2147	
	T13 7918 bis 7920	92756 bis 92758	Union	1914	2148 bis 2150	
	T13 7921 bis 7925	92771 bis 92775	Union	1914	2168 bis 2172	
	T13 7926 und 7927	92813 –	Hagans	1915	797 und 798	
	T13 7928 und 7929	92814 –	Hagans	1915	799 und 800	
	T13 7930 und 7931	92815 und 92816	Hagans	1915	801 und 802	
	T13 7932 und 7933	92848 und 92849	Hagans	1915	808 und 809	
	T13 7934 bis 7937	92870 bis 92873	Hohenzollern	1915	3453 bis 3456	
Kattowitz	T13 7901	–	Union	1910	1850	
	T13 7902 bis 7905	92556 bis 92559	Union	1911	1889 bis 1892	
	T13 7906 bis 7908	–	Union	1911	1897 bis 1899	
	T13 7909	92562	Union	1911	1900	
	T13 7910 bis 7914	–	Union	1911	1901 bis 1905	
	T13 7915 und 7916	92563 –	Union	1911	1906 und 1907	
	T13 7917	–	Union	1912	1970	
	T13 7918 bis 7920	–	Union	1912	1958 bis 1960	
	T13 7921 bis 7925	92627 bis 92631	Union	1912	1961 bis 1965	
	T13 7926 und 7927	92594 –	HANOMAG	1912	6401 und 6402	
	T13 7928 bis 7931	92632 bis 92635	Union	1912	1966 bis 1969	
	T13 7932 bis 7937	92658 bis 92663	Union	1912	1989 bis 1994	
	T13 7938	–	Union	1912	1995	
	T13 7939 bis 7941	92664 bis 92666	Union	1912	1996 bis 1998	
	T13 7942 und 7943	– 92667	Union	1912	1999 und 2000	
	T13 7944 bis 7946	92710 bis 92712	Union	1913	2043 bis 2045	
	T13 7947	–	Union	1913	2083	
	T13 7948 und 7949	92725 und 92726	Union	1913	2084 und 2085	
	T13 7950	–	Union	1914	2133	
	T13 7951 und 7952	92745 –	Union	1914	2134 und 2135	
	T13 7953 bis 7956	92777 bis 92780	Union	1915	2174 bis 2177	
	T13 7957 und 7958	–	Union	1915	2178 und 2179	
	T13 7959 und 7960	92800 und 92801	Union	1915	2227 und 2228	
	T13 7961 und 7962	– 92802	Union	1915	2229 und 2230	
	T13 7963 und 7964	–	Union	1915	2231 und 2232	
	T13 7965	92803	Union	1915	2233	
	T13 7969 und 7970	92850 und 92851	Hagans	1915	810 und 811	
	T13 7971 und 7972	–	Hagans	1915	819 und 820	
	T13 7973 und 7974	92858 und 92859	Hagans	1915	821 und 822	
	T13 7975 und 7976	92884 und 92885	Hagans	1916	829 und 830	
	T13 7977	–	Hagans	1916	831	

Direktions-bezirk	Bahnnummern	DRG-Nummern	Hersteller	Baujahr	Fabriknummern	Bemerkungen/ Ausmusterung
	T 13 7978 bis 7981	92 886 bis 92 889	Hagans	1916	832 bis 835	
	T 13 7982	–	Hagans	1916	836	
Königsberg	T 13 7901 bis 7903	–	Hagans	1916	842 bis 844	
	T 13 7904	92 895	Hagans	1916	845	
Magdeburg	T 13 7911 bis 7915	92 512 bis 92 516	Union	1910	1835 bis 1839	
	T 13 7916 bis 7919	92 544 bis 92 547	Union	1910	1877 bis 1880	
	T 13 7920 und 7921	92 582 und 92 583	Union	1911	1928 und 1929	
	T 13 7922	92 636	Union	1912	1971	
	T 13 7923 bis 7925	92 668 bis 92 670	Union	1912	2001 bis 2003	
	T 13 7926 bis 7929	92 686 und 92 689	Hohenzollern	1912	3013 bis 3016	
	T 13 7930 und 7931	– 92 724	Union	1913	2081 und 2082	
	T 13 7932 und 7933	92 759 und 92 760	Union	1914	2151 und 2152	
	T 13 7934 bis 7937	92 781 bis 92 784	Union	1915	2180 bis 2183	
	T 13 7938 bis 7940	92 817 bis 92 819	Hagans	1915	803 bis 805	
	T 13 7941 und 7942	– 92 820	Hagans	1915	806 und 807	
	T 13 7943 und 7944	92 863 und 92 864	Hagans	1916	826 und 827	
Mainz	T 13 7901 und 7902	92 674 und 92 675	Union	1912	2015 und 2016	
	T 13 7903 und 7904	92 684 und 92 685	Hohenzollern	1912	3010 und 3011	
	T 13 7905 und 7906	– 92 731	Union	1913	2090 und 2091	
	T 13 7907 und 7908	92 754 und 92 755	Union	1914	2144 und 2145	
	T 13 7909 und 7910	92 795 und 92 796	Hagans	1914	781 und 782	
	T 13 7911 bis 7913	92 840 bis 92 842	Hohenzollern	1915	3398 bis 3400	
Münster	T 13 7901	–	Union	1909	1800	
	T 13 7902 und 7903	92 501 und 92 502	Union	1909	1801 und 1802	
	T 13 7904 bis 7906	92 521 bis 92 523	Union	1910	1846 bis 1848	
	T 13 7907 bis 7909	92 797 bis 92 799	Hagans	1914	783 bis 785	
	T 13 7910 bis 7914	92 823 bis 92 827	Grafenstaden	1915	6837 bis 6841	
	T 13 7917 und 7918	92 843 und 92 844	Hohenzollern	1915	3420 und 3421	
	T 13 7919 bis 7921	92 874 bis 92 876	Hohenzollern	1915	3457 bis 3459	
	T 13 7922 bis 7926	92 905 bis 92 909	Hagans	1916	861 bis 865	
Saarbrücken	T 13 7901	92 520	Union	1910	1845	
	T 13 7902	–	Union	1910	1874	
	T 13 7903 und 7904	92 543 –	Union	1910	1875 und 1876	
	T 13 7905 und 7906	–	Union	1911	1931 und 1932	
	T 13 7907 und 7908	–	HANOMAG	1912	6403 und 6404	
	T 13 7909	–	Hohenzollern	1912	2934	
	T 13 7910	–	Hohenzollern	1912	3012	
	T 13 7911 und 7912	–	Union	1913	2092 und 2093	
	T 13 7913		Union	1914	2146	
	T 13 7914 und 7915	–	Hagans	1914	786 und 787	
	T 13 7916 und 7917	–	Grafenstaden	1915	6842 und 6843	
	T 13 7918 und 7919	–	Hohenzollern	1915	3460 und 3461	
	T 13 7920 bis 7923	–	Hohenzollern	1915	3483 bis 3486	
Stettin	T 13 7901 und 7902	92 554 und 92 555	Union	1910	1887 und 1888	
	T 13 7903	92 584	Union	1911	1930	
	T 13 7904	–	Union	1912	1972	
	T 13 7905 und 7906	92 637 und 92 638	Union	1912	1973 und 1974	
	T 13 7907 bis 7909	92 671 bis 92 673	Union	1912	2004 bis 2006	
Gattungsbezirke Königsberg	T 13 7914 bis 7925	92 1001 bis 92 1012	Henschel	1922	18899 bis 18910	
	T 13 7926 bis 7963	92 1013 bis 92 1050	Union	1922	2671 bis 2708	
	T 13 7964 bis 7985	92 1051 bis 92 1072	Henschel	1922	19308 bis 19329	

T 13[1]

D-H. G. T. L.
DRG-Baureihe 92^4
(→ EFA 1.3)

D h2t

1921

Techn. Daten: Seite 235

HANOMAG 1921/9758, Oldenburgische Staatsbahnen 288, DRG 92 403. Die von der Gruppenverwaltung Preußen beschafften Lokomotiven wiesen das gleiche Aussehen auf.
Foto: Sammlung Weisbrod

In den Jahren 1921 und 1922 beschafften die Gruppenverwaltungen Preußen und Oldenburg der DRG insgesamt 13 D h2-Tenderlokomotiven nach dem Vorbild der T 13 Bauart Union.
Von der T 13 Bauart Union unterschieden sich diese Lokomotiven lediglich durch den Rauchrohr-Überhitzer Bauart Schmidt, der als Kleinrohr-Überhitzer ausgeführt war, die Ventilsteuerung Bauart Lentz in der Bauform mit stehenden Ventilen und waagerechter Nockenstange, die Anlenkung des Hängeeisens der Steuerung hinter der Schwinge, die auf den 1. Kuppelradsatz von hinten und auf den 2., den 3. und den 4. Kuppelradsatz von vorn wirkende Druckluftbremse Bauart Knorr, die zweistufige, rechts neben dem vorderen Ende des 1. Kesselschusses angeordnete Luftpumpe und die zwei rechts und links des Stehkesselscheitels liegenden Sandkästen.
Vier Maschinen erhielt Oldenburg, die anderen neun, mit Bahnnummern nach dem Gattungsbezirk Königsberg in Dienst gestellten Lokomotiven kamen in den Direktionsbezirk Altona. Die letzteren waren am 31. Oktober in den Betriebswerkstätten Eidelstedt (T13[1] Königsberg 7905 bis 7907, 7910 und 7913) und Emden (T 13[1] Königsberg 7908, 7909, 7911 und 7912) beheimatet und wurden als Verschublokomotiven auf den Hafenbahnen Hamburg und Emden eingesetzt.
Im Leistungsvermögen zeigten sie sich der Naßdampfausführung be-

Direktionsbezirk	Bahnnummern	DRG-Nummern	Hersteller	Baujahr	Fabriknummern	Bemerkungen/ Ausmusterung
Gattungsbezirk Königsberg	T 13 7905 bis 7910	92 405 bis 92 410	HANOMAG	1921	9760 bis 9765	
	T 13 7911 bis 7913	92 411 bis 92 413	HANOMAG	1922	9936 bis 9938	

deutend überlegen. Ihre indizierte Höchstleistung von 720 kW (950 PS) erreichten sie jedoch erst bei 56 km/h, ein Wert, der über der zulässigen Höchstgeschwindigkeit von 45 km/h lag. 1925 erhielten die durch die Gruppenverwaltungen Preußen beschafften T 13[1] die Betriebsnummern 92 405 bis 92 413 nach dem 3., endgültigen Umzeichnungsplan.

T 14

1D1-H. P. T. L. 3zyl.

1'D1'h3t

1913 bis 1919

Techn. Daten: Seite 235

Nach 1910 mehrten sich die Stimmen derer, die die Auffassung vertraten, daß die T 12 im Berliner Stadt-, Ring- und Vorortbahnverkehr an der Grenze ihres Leistungsvermögens angelangt, eine höhere Zugfolge als 24 Züge pro Stunde sie überfordere und die Elektrifizierung der Berliner Stadt-, Ring- und Vorortbahnen deshalb unumgänglich sei. Im Jahre 1912 brachte das Ministerium der öffentlichen Arbeiten eine entsprechende Regierungsvorlage in das preußische Abgeordnetenhaus ein, die die Befürworter des Dampflokomotivbetriebes auf den Plan rief. Professor Obergethmann stellte Berechnungen an, nach denen die T 12 in der Lage war, einen vollbesetzten Stadtbahnzug aus 13 dreiachsigen Wagen, entsprechend 300 t Wagenzugmasse, mit 0,2 m/s^2 zu beschleunigen, was eine Zugfolge von 30 bis 32 Zügen pro Stunde ermöglichte. Der Verband Norddeutscher Lokomotivfabriken ließ bei der Firma Henschel auf seine Kosten eine 1'D1' h3-Tenderlokomotive für den Berliner Stadtbahnbetrieb entwikkeln und bauen, mit der bewiesen werden sollte, daß die Dampftraktion auch in diesem Einsatzgebiet noch auf lange Sicht allen Ansprüchen gerecht zu werden vermochte. Anfang des Jahres 1913 verließ diese Maschine die Lokomotivfabrik Henschel und wurde den Preußisch-Hessischen Staatsbahnen für Versuchszwecke zur Verfügung gestellt. Ihre Konstruktion war speziell auf den Einsatz im Berliner Stadt-, Ring- und Vorortbahnverkehr zugeschnitten. Um der Lokomotive ein hohes Beschleunigungsvermögen zu verleihen, hatte man sie mit einem Drillings-Triebwerk ausgestattet. Der Kessel war

Henschel 1913. Lieferzustand.

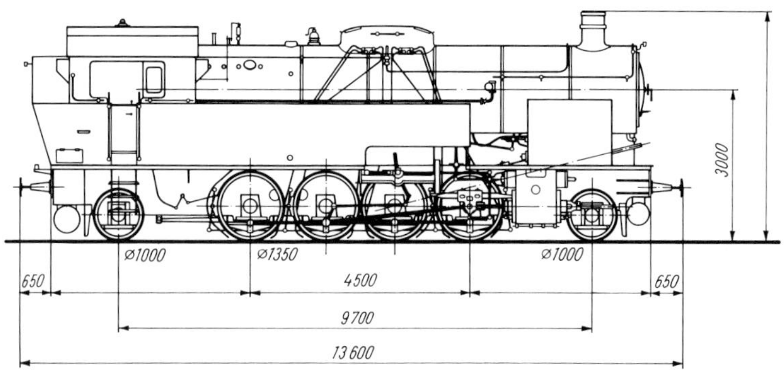

Henschel 1913/11692, T14 Berlin 8101. Lieferzustand.
Foto: Werkaufnahme, Sammlung Franz

sehr leistungsfähig dimensioniert. Ein in die Abdampfleitung geschalteter „Windkessel" dämpfte die Auspuffgeräusche, die Ölzusatzfeuerung ermöglichte einen weitgehend rauchfreien Betrieb. Mit diesen Maßnahmen wollte man das Argument, der elektrische Bahnbetrieb sei umweltfreundlicher als der Dampflokbetrieb, entkräften. Die zulässige Achsfahrmasse von 17 t war voll ausgenutzt worden.
Im Frühjahr 1913 wurden während der nächtlichen Betriebspausen Versuchsfahrten mit durch Ballast beschwerten Leerzügen vorgenommen. Die planmäßige Fahrzeit der Nordring-Züge, die 86 Minuten betrug, vermochte die „Kampflokomotive", so bezeichnet im Hinblick auf den Wettbewerb zwischen der Dampftraktion und der elektrischen Traktion, um 16 Minuten zu unterbieten. Sie übertraf damit auch das für die elektrische Zugförderung aufgestellte Betriebsprogramm. Die Versuchsfahrten zeigten aber auch, daß mit der T 12 eine Zugfolge von 38 bis 40 Zügen pro Stunde erreichbar war. Trotzdem fiel die Entscheidung zugunsten des elektrischen Zugbetriebes. Infolge des Ausbruchs des ersten Weltkrieges konnte dieses Vorhaben jedoch erst von der DRG verwirklicht werden.
Die „Kampflokomotive" wurde als Einzelstück durch die Eisenbahn-Direktion Berlin übernommen und als T 14 Berlin 8101 in den Gruppen- und Bahnnummernplan eingereiht. Im Jahre 1916 kam sie zum Direktionsbezirk Breslau, erhielt dort die neue Bahnnummer T 14 Breslau 8101 und fand im Güterzugdienst Verwendung. Weil sich der ursprünglich vorhandene Heißdampfregler nicht bewährte, entfernte man ihn später. Die Ölzusatzfeuerung wurde ebenfalls ausgebaut.
Im Jahre 1919 gelangte die Maschine im Rahmen der Reparationsabgaben zur Französischen Ostbahn und bekam dort die Betriebsnummer EST 4651.

Konstruktive Merkmale

Kessel: Unterer Teil des Hinterkessels über den Rahmenwangen. Stehkesseldecke halbzylindrisch gewölbt. Kupferne Feuerbüchse.
Langkessel aus zylindrischen Schüssen zusammengesetzt. Dampfdom auf der hinteren Hälfte des Langkessels.
Lange Rauchkammer. Schwach konischer Schornstein. Rauchrohr-Überhitzer Bauart Schmidt.

Direktionsbezirk	Bahnnummer	Hersteller	Baujahr	Fabriknummer	Bemerkungen/ Ausmusterung
1895/1896 Berlin	T 14 8101	Henschel	1913	11692	Reparationsabgabe 1919

Kesselausrüstung: Drei saugende Dampfstrahlpumpen. Ein Speiseventil rechts in Höhe Kesselmitte am 1. Kesselschuß, zwei Speiseventile links in Höhe Kesselmitte am 1. Kesselschuß. Abdampf-Speisewasservorwärmer im vorderen Teil des linken Wasserkastens, in die Speiseleitung einer Dampfstrahlpumpe geschaltet. Zwei Kesselsicherheitsventile Bauart Coale auf dem hinteren Ende des Langkessels. Naßdampf-Ventilregler Bauart Schmidt & Wagner. Zusätzlich zwischen Überhitzer und Einströmrohre geschalteter, ferngesteuerter Heißdampf-Ventilregler in der Rauchkammer.

Rahmen: Innenliegender Blechrahmen.

Fahrwerk: Vierpunktabstützung. Tragfedern der Laufradsätze oberhalb der Achslager, Tragfedern der Kuppelradsätze unterhalb der Achslager, zwischen vorderem Laufradsatz und 1. und 2. Kuppelradsatz sowie zwischen 3. und 4. Kuppelradsatz und hinterem Laufradsatz jeweils durch waagerechte Längsausgleichhebel verbunden. Vordere und hintere Adamsachse, radial verschiebbar.

Triebwerk: Heißdampf-Drillings-Triebwerk. Außenzylinder waagerecht zwischen vorderem Laufradsatz und 1. Kuppelradsatz angeordnet; Antrieb auf den 3. Kuppelradsatz. Innenzylinder geneigt, 800 mm weiter vorn als die Außenzylinder angeordnet; Antrieb auf den 2. Kuppelradsatz. Einschienige Kreuzkopfführung. Einströmrohre durch die Rauchkammer geführt. Druckluftgesteuerte Luftsaugeventile Bauart Knorr auf den Einströmrohren, Druckausgleichvorrichtung.

Steuerung: Außenliegende Heusinger-Steuerung mit Kuhnscher Schleife für die Außenzylinder. Schieberausweichung der Außensteuerung über an den Voreilhebeln angelenkte Gestänge und zwei übereinanderliegende, von je einer Steuerungsseite bewegte Übertragungswellen auf den Innenschieber übertragen. Schieberausweichung für die Steuerung des Innenzylinders somit aus der Schieberausweichung beider Außenschieber zusammengesetzt. Schiebergehäuse auf den Zylindern. Kolbenschieber.

Bremsausrüstung: Wurfhebelbremse. Druckluftbremse Bauart Knorr oder Westinghouse. Räder des 1. und 2. Kuppelradsatzes von vorn, des 3. und 4. Kuppelradsatzes von hinten abgebremst. Zweistufige Luftpumpe links neben dem vorderen Ende der Rauchkammer.

Allgemeine Einrichtungen: Druckluftsandstreuer, alle Kuppelräder von vorn und hinten besandend. Flacher, langer, den Dampfdom umschließender Sandkasten.

Vorratsbehälter: Je ein seitlicher Wasserkasten. Ein Kohlekasten hinter dem Führerhaus.

Sondereinrichtungen: Schalldämpfer zur Dämpfung der Auspuffgeräusche, aus einem in die Abdampfleitung geschalteten zylindrischen Behälter bestehend. Ölzusatzfeuerung.

T 14

1D1-H. G. T. L.
Normalbauart
DRG-Baureihe 93^{0-4}
(→ EFA 1.3)

1'D1' h2t

1914

Techn. Daten: Seite 235

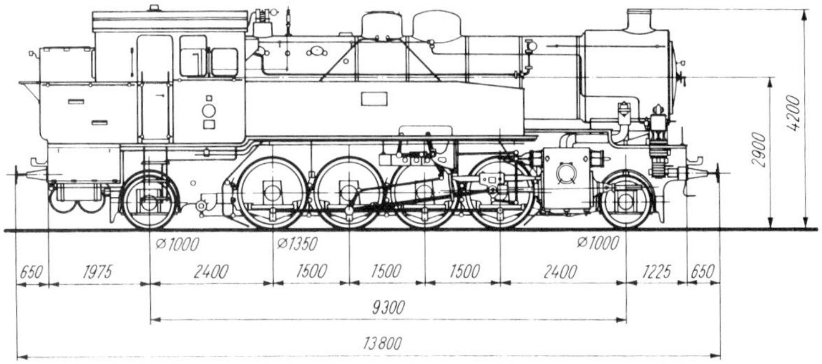

Union 1914. Lieferzustand. Ohne Speisewasser-Vorwärmeranlage.

Um 1910 hatte die Eisenbahn-Direktion Berlin die bis dahin im Güterzugdienst auf der Berliner Ringbahn eingesetzten T 9 durch T 13 Bauart Union ersetzt. Die T 13 Bauart Union, eine Naßdampflokomotive, erwies sich jedoch dort bald ebenfalls als zu leistungsschwach, sie arbeitete im Streckendienst unwirtschaftlich und konnte wegen der geringen Höchstgeschwindigkeit nicht im Sonntags-Ausflugsverkehr verwendet werden.
Deshalb erging an die Union-Gießerei Königsberg der Auftrag zur Entwicklung und zum Bau einer 1'D1'-Heißdampf-Güterzug-Tenderlokomotive, die die T 13 Bauart Union im Direktionsbezirk Berlin ablösen sollte. Die Laufradsätze dienten einerseits dazu, die Laufeigenschaften zu verbessern und damit höhere Fahrgeschwindigkeiten zu erlauben, die Spurkranzabnutzung herabzusetzen und günstigere Bogenlaufeigenschaften zu erzielen. Sie ermöglichten andererseits die Verwendung eines leistungsfähigeren Kessels mit Überhitzer und die Unterbringung größerer Kohlen- und Wasservorräte.
In den Jahren 1914 und 1915 bezog die Eisenbahn-Direktion Berlin insgesamt 98 Lokomotiven des in die Gruppe T 14 mit der Bahnnummernreihe 8501 bis 8700 eingeordneten Typs. Obwohl dieser Lokomotivtyp ursprünglich nur für den genannten Einsatzzweck gedacht war, beschafften ihn seit 1915 auch andere Eisenbahn-Direktionen, vor allem für den Güterzugdienst auf Hauptbahnen. Unter der Musterblattbezeichnung XIV 4 wurde er in die Normalien aufgenommen.
Die Laufradsätze hatte man als Adamsachsen mit Keilrückstellung ausgebildet. Der Wasservorrat war in zwei seitlichen Wasserkästen und je einem Rahmenwasserkasten über dem vorderen Laufradsatz und über dem 1. und 2. Kuppelradsatz untergebracht. Die Maschinen besaßen außenliegende Heusinger-Steuerung. Zur Kesselspeisung dienten zunächst zwei saugende Dampfstrahlpumpen, ab 1915 trat an die Stelle der linken Dampfstrahlpumpe eine Speisewasser-Vorwärmeranlage mit links unterhalb des vorderen Rauchkammerendes angeordneter Speisewasser-Kolbenpumpe Bauart Knorr und zylindrischem, quer auf dem Rahmen oberhalb der Zylinderblöcke liegendem Abdampf-Oberflächenvorwärmer Bauart Knorr. Die ab 1917 gebauten T 14 Normalbauart erhielten anstelle des doppelwandigen Führerhausdaches ein einwandiges, durchgehend abgesetztes Führerhausdach mit seitlichen Lüftungsklappen.
Das Leistungsvermögen der T 14 Normalbauart befriedigte. In der Ebene konnte sie einen Güterzug von 1 400 t Masse mit 60 km/h, auf der Steigung 1:100 einen Güterzug von 830 t Masse mit ihrer Reibungsgeschwindigkeit von 23 km/h befördern. Ihre indizierte Höchstleistung von 1 070 kW (1 430 PS) erzielte sie bei 65 km/h. Damit war die T 14 Normalbauart die bisher stärkste Güterzug-Tenderlokomotive der Preußisch-Hessischen Staatsbahnen.
Hauptmangel war die ungünstige Masseverteilung. Der vordere Laufradsatz hatte 17,3 t aufzunehmen, der hintere Laufradsatz 16,9 t, während die Kuppelradsätze, in der Reihenfolge von vorn, nur mit 16,7 t, 15,7 t, 14,2 t und 16,8 t belastet waren. Nachteilig wirkte sich das vor allem auf die Reibungszugkraft aus. „Erkauft" worden war diese ungünstige Masseverteilung durch die großen Vorräte (11 m^3 Wasser, 4 t

Henschel 1915/13386, T14 Berlin 8553, geliefert an die Betriebswerkstatt Lichtenberg, DRG 93045; 1945 an DR. Speisewasser-Vorwärmeranlage. Lieferzustand.
Foto: Werkaufnahme, Archiv Töpelmann

Kohle). Weitere Mängel bestanden in den etwas zu schwach bemessenen Treib- und Kuppelzapfen – dadurch kam es oft zu Schäden – und der schweren Zugänglichkeit einiger Bauteile, so der Tragfedern der Laufradsätze und der Druckausgleicher.

Zwischen 1914 und 1918 sind insgesamt 547 T 14 Normalbauart durch die Preußisch-Hessischen Staatsbahnen in Dienst gestellt worden, dann stellte man den Bau ein und beschaffte statt der T 14 Normalbauart eine verstärkte 1'D1' h2-Tenderlokomotive, die T 14[1].

Von den 547 Maschinen gingen 147 infolge des ersten Weltkrieges an ausländische Eisenbahnen verloren, davon 56 an die Belgischen Staatsbahnen, 27 an die Französische Ostbahn, 26 an die Polnischen Staatsbahnen, 23 an die Französische Staatsbahn (ETAT), neun an die Saarbahnen und sechs an die Eisenbahnen Elsaß-Lothringens. Die verbliebenen 400 Lokomotiven nahm die DRG zusammen mit sechs nach Kriegsende in Deutschland stehengebliebenen T 14 der ehemaligen Reichseisenbahnen Elsaß-Lothringens in den 3. Umzeichnungsplan von 1925 unter den Betriebsnummern 93 001 bis 93 406 auf. Die von den Reichseisenbahnen stammenden Maschinen trugen die Betriebsnummern 93 094, 93 188 bis 93 191 und 93 237.

Sonderausführungen

Einige Lokomotiven des Direktionsbezirks Berlin

Sondereinrichtungen: Sammelbehälter für das Kondenswasser des Abdampfvorwärmers im vorderen Rahmenwasserkasten.

Direktions-bezirk	Bahnnummern	DRG-Nummern	Hersteller	Bau-jahr	Fabriknummern	Bemerkungen/ Ausmusterung
1895/1896						
Berlin	T 14 8501 bis 8507	93 001 bis 93 007	Union	1914	2112 bis 2120	
	T 14 8508	–	Union	1914	2121	
	T 14 8509 bis 8511	93 008 bis 93 010	Union	1914	2122 bis 2124	
	T 14 8512	–	Union	1914	2125	
	T 14 8513	–	Union	1915	2184	
	T 14 8514 bis 8519	93 011 bis 93 016	Union	1915	2185 bis 2190	
	T 14 8520	–	Union	1915	2191	
	T 14 8521 bis 8523	93 017 bis 93 019	Union	1915	2192 bis 2194	
	T 14 8524	–	Union	1915	2195	
	T 14 8525 bis 8533	93 020 bis 93 028	Union	1915	2192 bis 2194	
	T 14 8524	–	Union	1915	2195	
	T 14 8525 bis 8533	93 020 bis 93 028	Union	1915	2196 bis 2204	
	T 14 8534	–	Union	1915	2205	
	T 14 8535 und 8526	93 029 –	Union	1915	2206 und 2207	
	T 14 8537 und 8538	93 030 –	Union	1915	2208 und 2209	
	T 14 8539 bis 8552	93 031 bis 93 044	Union	1915	2210 bis 2223	
	T 14 8553 und 8554	93 045 –	Henschel	1915	13386 und 13387	
	T 14 8555 bis 8562	93 046 bis 93 053	Henschel	1915	13388 bis 13395	
	T 14 8563 bis 8572	93 064 bis 93 073	Hohenzollern	1916	3426 bis 3435	
	T 14 8573	93 078	Henschel	1915	13533	
	T 14 8574 und 8575	–	Henschel	1915	13534 und 13535	
	T 14 8576 bis 8578	93 079 bis 93 081	Henschel	1915	13536 bis 13538	
	T 14 8579 und 8580	93 087 und 93 088	Union	1915	2235 und 2236	
	T 14 8581	–	Union	1915	2237	
	T 14 8582 und 8583	93 089 –	Union	1914	2238 und 2239	
	T 14 8584 bis 8587	93 090 bis 93 093	Union	1915	2240 bis 2243	
	T 14 8588 bis 8592	93 107 bis 93 111	Hohenzollern	1916	3495 bis 3499	
	T 14 8593	–	Union	1916	2245	
	T 14 8594 bis 8607	93 129 bis 93 142	Union	1916	2246 bis 2259	
	T 14 8608	93 156	Hohenzollern	1916	3556	
	T 14 8609 und 8610	–	Hohenzollern	1916	3557 und 3558	
	T 14 8611 bis 8620	93 157 bis 93 166	Hohenzollern	1916	3559 bis 3568	
	T 14 8621	93 180	Union	1916	2282	
	T 14 8622 bis 8625	93 217 bis 93 220	Union	1917	2298 bis 2301	
	T 14 8626 bis 8628	93 253 bis 93 255	Union	1917	2335 bis 2337	
	T 14 8629 und 8630	– 93 256	Union	1917	2238 und 2239	
	T 14 8631 bis 8638	93 303 bis 93 310	Union	1917	2364 bis 2371	
	T 14 8639 bis 8641	93 350 bis 93 352	Hohenzollern	1918	3825 bis 3827	
	T 14 8642 und 8643	– 93 353	Hohenzollern	1918	3838 und 3829	
	T 14 8644	93 360	Union	1918	2423	
	T 14 8645 bis 8647	–	Union	1918	2424 bis 2426	
	T 14 8648 und 8649	93 361 und 93 362	Union	1918	2427 und 2428	
	T 14 8650	–	Union	1918	2429	
	T 14 8651 bis 8653	93 363 bis 93 365	Union	1918	2430 bis 2432	
	T 14 8654 bis 8663	93 392 bis 93 401	Union	1918	2677 bis 2686	
Breslau	T 14 8501	93 054	Henschel	1915	13396	
	T 14 8502	–	Henschel	1915	13542	
	T 14 8503	–	Hohenzollern	1916	3500	
	T 14 8504 und 8505	93 112 und 93 113	Hohenzollern	1916	3501 und 3502	
	T 14 8506 und 8507	–	Union	1916	2278 und 2279	
	T 14 8509 und 8510	93 221 und 93 222	Union	1917	2302 und 2303	
	T 14 8511	93 261	Union	1917	2344	
	T 14 8512 und 8513	–	Union	1917	2345 und 2346	
	T 14 8514 und 8515	–	Union	1917	2381 und 2382	
	T 14 8516 bis 8519	93 318 bis 93 321	Union	1917	2383 bis 2386	
	T 14 8520 bis 8522	–	Union	1918	2456 bis 2458	
	T 14 8523	93 381	Union	1918	2459	

Direktions-bezirk	Bahnnummern	DRG-Nummern	Hersteller	Baujahr	Fabriknummern	Bemerkungen/ Ausmusterung
	T 14 8524 und 8525	–	Union	1918	2460 und 2461	
	T 14 8526 und 8527	93 390 und 93 391	Union	1918	2473 und 2474	
	T 14 8528 und 8529	–	Union	1918	2475 und 2476	
Bromberg	T 14 8501 bis 8503	93 175 bis 93 177	Union	1916	2271 bis 2273	
	T 14 8504 bis 8506	93 223 bis 93 225	Union	1917	2304 bis 2306	
	T 14 8507 und 8508	93 259 und 93 260	Union	1917	2342 und 2343	
	T 14 8509 und 8510	93 332 und 93 333	Union	1918	2444 und 2446	
	T 14 8511 bis 8513	93 374 bis 93 376	Union	1918	2444 bis 2446	
	T 14 8514	–	Union	1918	2447	
	T 14 8515 bis 8518	93 402 bis 93 405	Union	1918	2487 bis 2490	
Cassel	T 14 8501 bis 8505	93 095 bis 93 099	Henschel	1916	13737 bis 13741	
	T 14 8506	–	Henschel	1916	13742	
	T 14 8507	–	Union	1916	2286	
	T 14 8508 bis 8511	93 184 bis 93 187	Union	1916	2287 bis 2291	
	T 14 8512 und 8513	93 208 und 93 209	Hohenzollern	1917	3616 und 3617	
	T 14 8514	–	Hohenzollern	1917	3618	
	T 14 8515 und 8516	93 210 und 93 211	Hohenzollern	1917	3619 und 3620	
	T 14 8517 und 8518	93 238 und 93 239	Hohenzollern	1917	3665 und 3666	
	T 14 8519	–	Hohenzollern	1917	3667	
	T 14 8520 bis 8522	93 240 bis 93 242	Hohenzollern	1917	3668 bis 3670	
	T 14 8523 bis 8526	93 292 bis 93 295	Hohenzollern	1918	3794 bis 3797	
	T 14 8527 und 8528	–	Hohenzollern	1918	3798 und 3799	
	T 14 8529 bis 8532	93 296 bis 93 299	Hohenzollern	1918	3800 bis 3803	
	T 14 8533 bis 8535	93 343 bis 93 345	Hohenzollern	1918	3815 bis 3817	
	T 14 8536 und 8537	93 382 und 93 383	Union	1918	2462 und 2463	
	T 14 8538	–	Union	1918	2464	
	T 14 8539 und 8549	93 384 und 93 385	Union	1918	2465 und 2466	
Coeln	T 14 8501 bis 8503	93 289 bis 93 291	Hohenzollern	1918	3791 bis 3793	
Danzig	T 14 8501 und 8502	–	Union	1918	2448 und 2449	
Elberfeld	T 14 8501 bis 8504	93 074 bis 93 077	Hohenzollern	1915	3436 bis 3439	
	T 14 8505	–	Hohenzollern	1915	3440	
	T 14 8506 bis 8508	93 083 bis 93 085	Hohenzollern	1915	3441 bis 3443	
	T 14 8509 bis 8512	93 100 bis 93 103	Henschel	1916	13743 bis 13746	
	T 14 8513 und 8514	–	Henschel	1916	13747 und 13748	
	T 14 8515 und 8516	93 151 –	Hohenzollern	1916	3548 und 3549	
	T 14 8517 und 8518	93 152 –	Hohenzollern	1916	3550 und 3551	
	T 14 8519 und 8520	–	Hohenzollern	1916	3596 und 3597	
	T 14 8521 und 8522	93 192 und 93 193	Hohenzollern	1916	3598 und 3599	
	T 14 8523 bis 8527	–	Hohenzollern	1918	3804 bis 3808	
Erfurt	T 14 8501 und 8502	93 055 und 93 056	Henschel	1915	13397 und 13398	
	T 14 8503	–	Henschel	1915	13399	
	T 14 8504	93 082	Henschel	1915	13539	
	T 14 8505 und 8506	–	Henschel	1915	13540 und 13541	
	T 14 8507 und 8508	93 118 und 93 119	Hohenzollern	1916	3507 und 3508	
	T 14 8509	–	Hohenzollern	1916	3509	
	T 14 8510 bis 8512	93 120 bis 93 122	Hohenzollern	1916	3510 bis 3512	
	T 14 8513 und 8514	–	Hohenzollern	1916	3574 und 3575	
	T 14 8515 bis 8517	93 171 bis 93 173	Hohenzollern	1916	3576 bis 3578	
	T 14 8518	–	Union	1917	2307	
	T 14 8519 und 8520	93 226 und 93 227	Union	1914	2308 und 2309	
	T 14 8521 bis 8523	–	Union	1917	2310 bis 2312	
	T 14 8524 bis 8526	93 228 bis 93 230	Union	1917	2313 bis 2315	
	T 14 8527	–	Union	1917	2316	
	T 14 8528 bis 8529	93 196 und 93 197	Hohenzollern	1916	3604 bis 3605	
	T 14 8536 bis 8538	–	Hohenzollern	1917	3779 bis 3781	
	T 14 8530	–	Hohenzollern	1917	3671	
	T 14 8531 bis 8535	93 243 bis 93 247	Hohenzollern	1917	3672 bis 3676	
	T 14 8536 bis 8538	–	Hohenzollern	1917	3779 bis 3781	

Direktionsbezirk	Bahnnummern	DRG-Nummern	Hersteller	Baujahr	Fabriknummern	Bemerkungen/ Ausmusterung
	T14 8539 bis 8545	93 281 bis 93 287	Hohenzollern	1917	3782 bis 3788	
	T14 8546 und 8547	– 93 288	Hohenzollern	1917	3789 und 3790	
	T14 8548 bis 8550	93 377 bis 93 379	Union	1918	2450 bis 2452	
	T14 8581	–	Union	1918	2453	
	T14 8552 und 8553	93 380 –	Union	1918	2454 und 2455	
Essen	T14 8501 bis 8508	93 273 bis 93 280	Hohenzollern	1917	3771 bis 3778	
	T14 8509 und 8510	93 386 und 93 387	Union	1918	2467 und 2468	
	T14 8511	93 406	Union	1918	2491	
Halle	T14 8501	93 057	Henschel	1915	13400	
	T14 8502	–	Hohenzollern	1914	3444	
	T14 8503 und 8504	–	Hohenzollern	1916	3513 und 3514	
	T14 8505 bis 8507	93 311 bis 93 313	Union	1917	2372 bis 2374	
Hannover	T14 8501 und 8502	93 104 –	Henschel	1916	13749 und 13750	
	T14 8503 und 8504	93 105 und 93 106	Henschel	1916	13751 und 13752	
	T14 8505 und 8506	93 167 und 93 168	Hohenzollern	1916	3569 und 3570	
	T14 8507	–	Hohenzollern	1916	3571	
	T14 8508 und 8509	93 169 und 93 170	Hohenzollern	1916	3572 und 3573	
	T14 8510 bis 8512	93 231 bis 93 233	Union	1917	2317 bis 2319	
	T14 8513 und 8514	–	Union	1917	2320 und 2321	
	T14 8515 und 8516	93 248 –	Hohenzollern	1917	3677 und 3678	
	T14 8517 und 8518	93 249 –	Hohenzollern	1917	3679 und 3680	
	T14 8519	93 250	Hohenzollern	1917	3681	
	T14 8520	93 269	Union	1917	2361	
	T14 8521 und 8522	–	Union	1917	2390 und 2391	
	T14 8523	93 325	Union	1918	2392	
	T14 8524 bis 8527	–	Union	1918	2393 bis 2396	
	T14 8528 bis 8533	93 326 bis 93 331	Union	1918	2397 bis 2402	
	T14 8534 und 8535	–	Union	1918	2403 und 2404	
	T14 8536 und 8537	93 346 –	Hohenzollern	1918	3818 und 3819	
	T14 8538	–	Hohenzollern	1918	3824	
	T14 8539 und 8540	–	Union	1918	2419 und 2420	
	T14 8541 und 8542	93 359 –	Union	1918	2421 und 2422	
	T14 8543 und 8544	93 388 und 93 389	Union	1918	2469 und 2470	
	T14 8545 und 8546	–	Union	1918	2471 und 2472	
Kattowitz	T14 8501 und 8502	93 178 und 93 179	Union	1916	2280 und 2281	
	T14 8503 und 8504	93 234 und 93 235	Union	1917	2322 bis 2323	
	T14 8505	–	Union	1917	2347	
	T14 8506 bis 8508	93 262 bis 93 264	Union	1917	2348 bis 2350	
	T14 8509 bis 8511	93 322 bis 93 324	Union	1917	2387 bis 2389	
	T14 8512 und 8513	–	Union	1918	2439 und 2440	
	T14 8514 und 8515	93 372 –	Union	1918	2441 und 2442	
	T14 8516	93 373	Union	1918	2443	
Königsberg	T14 8501 bis 8504	–	Union	1916	2274 bis 2277	
	T14 8505 bis 8508	93 213 bis 93 216	Union	1917	2294 bis 2297	
	T14 8509 und 8510	93 270 und 93 271	Union	1917	2362 und 2363	
	T14 8511 und 8512	93 334 und 93 335	Union	1918	2407 und 2408	
Magdeburg	T14 8501 bis 8503	93 058 bis 93 060	Henschel	1915	13401 bis 13403	
	T14 8504	93 086	Hohenzollern	1915	3545	
	T14 8505 bis 8508	93 114 bis 93 117	Hohenzollern	1916	3503 bis 3506	
	T14 8509 bis 8512	93 265 bis 93 268	Union	1917	2351 bis 2354	
	T14 8513 bis 8518	93 336 bis 93 341	Union	1918	2409 bis 2414	
	T14 8519 und 8520	93 354 und 93 355	Hohenzollern	1918	3830 und 3831	
Mainz	T14 8501 bis 8503	93 300 bis 93 302	Hohenzollern	1918	3809 bis 3811	
	T14 8504 bis 8505	93 347 bis 93 348	Hohenzollern	1918	3820 bis 3821	
	T14 8506 und 8507	93 356 und 93 357	Hohenzollern	1918	3832 und 3833	
Münster	T14 8501 bis 8505	93 123 bis 93 127	Hohenzollern	1916	3515 bis 3519	
	T14 8506 bis 8508	93 148 bis 93 150	Hohenzollern	1916	3543 bis 3545	
	T14 8509 und 8510	–	Hohenzollern	1916	3546 und 3547	

Direktions-bezirk	Bahnnummern	DRG-Nummern	Hersteller	Bau-jahr	Fabriknummern	Bemerkungen/ Ausmusterung
	T 14 8511 bis 8520	93 198 bis 93 207	Hohenzollern	1917	3606 bis 3615	
Posen	T 14 8501 und 8502	93 061 –	Henschel	1915	13404 und 13405	
	T 14 8503 und 8504	– 93 174	Union	1916	2266 und 2267	
	T 14 8505 bis 8507	–	Union	1916	2268 bis 2270	
	T 14 8505	93 212	Union	1917	2291	
	T 14 8509 und 8510	–	Union	1917	2292 und 2293	
	T 14 8511 bis 8516	–	Union	1917	2355 bis 2360	
	T 14 8517 bis 8519	–	Union	1918	2415 bis 2417	
	T 14 8520	93 342	Union	1918	2418	
	T 14 8521 bis 8524	93 368 bis 93 371	Union	1918	2435 bis 2438	
Saarbrücken	T 14 8501	93 062	Henschel	1915	13406	
	T 14 8502	–	Hohenzollern	1915	3446	
	T 14 8503	93 128	Hohenzollern	1916	3520	
	T 14 8504 bis 8506	–	Hohenzollern	1916	3521 bis 3523	
	T 14 8507 und 8508	93 153 und 93 154	Hohenzollern	1916	3552 und 3553	
	T 14 8509 und 8510	– 93 155	Hohenzollern	1916	3554 und 3555	
	T 14 8511 und 8512	93 194 –	Hohenzollern	1916	3600 und 3601	
	T 14 8513 und 8514	93 195 –	Hohenzollern	1916	3602 und 3603	
	T 14 8515 und 8516	93 251 –	Union	1917	2329 und 2330	
	T 14 8517 und 8518	– 93 252	Union	1917	2331 und 2332	
	T 14 8519 und 8520	–	Union	1917	2333 und 2334	
	T 14 8521	93 272	Hohenzollern	1917	3767	
	T 14 8522 bis 8524	–	Hohenzollern	1917	3768 bis 3770	
	T 14 8525 und 8526	93 349 –	Hohenzollern	1918	3822 und 3823	
	T 14 8527 und 8528	– 93 358	Hohenzollern	1918	3834 und 3835	
Stettin	T 14 8501	93 063	Henschel	1915	13407	
	T 14 8502	–	Union	1916	2244	
	T 14 8503 bis 8507	93 143 bis 93 147	Union	1916	2260 bis 2264	
	T 14 8508 bis 8510	93 181 bis 93 183	Union	1916	2283 bis 2285	
	T 14 8511 und 8512	93 236 –	Union	1917	2324 und 2325	
	T 14 8513 und 8514	93 257 und 93 258	Union	1917	2340 und 2341	
	T 14 8515 und 8516	– 93 314	Union	1917	2375 und 2376	
	T 14 8517 und 8518	93 315 –	Union	1917	2377 und 2378	
	T 14 8519 und 8520	93 316 und 93 317	Union	1917	2379 und 2380	
	T 14 8521 und 8522	93 366 und 93 367	Union	1918	2433 und 2434	

T 14¹

1D1-H. G. T. L.
Verstärkte Normalbauart
DRG-Baureihe 93^{5-12}
(→ EFA 1.3)

1'D1' h2t

1918

Techn. Daten: Seite 236

Union 1918/2504, T 14¹ Danzig 8505, ab 1920 T 14¹ Stettin 8541, DRG 93 512. Als T 14¹ Danzig 8505. Bauform mit Speisewasserreiniger Bauart E. Z. A.
Foto: Leonhardt-Postkarte, Archiv Töpelmann

Im Jahre 1918 überarbeitete die Union-Gießerei Königsberg im Auftrag der Preußisch-Hessischen Staatsbahnen die Konstruktion der T 14 Normalbauart mit dem Ziel, das Fassungsvermögen der Wasser- und Kohlevorratsbehälter zu erhöhen. Durch Vergrößerung der seitlichen Wasserkästen und den Einbau eines zusätzlichen Wasserkastens unter dem Kohlekasten erhöhte sich der Wasservorrat von 11 m^3 auf 14 m^3; der Kohlevorrat stieg von 4 t auf 4,5 t. Vorteilhaft für die Arbeit des Heizers war die Verlegung des Kohlekastenbodens nach oben. Bei der Ursprungsausführung mußte die Kohle in Höhe des Führerhausbodens entnommen werden. Weitere Verbesserungen betrafen das Fahrwerk. Der Rahmen wurde geringfügig verlängert. Die Lokomotivmasse nahm erheblich zu. Vermutlich war die Überarbeitung der Konstruktion im Hinblick auf die vorgesehene Oberbauverstärkung auf Hauptbahnen, die eine zulässige Achsfahrmasse von 20 t gestatten sollte, erfolgt. Wie bei der T 14 Normalbauart war die Lokomotivmasse ungünstig verteilt. Es ergaben sich, in der Reihenfolge von der Rauchkammer zum Führerhaus, folgende Achsfahrmassen: Vorderer Laufradsatz 14,9 t, Kuppelradsätze 15,7 t – 17,5 t – 18,4 t – 18,4 t, hinterer Laufradsatz 19,1 t. Damit war zwar die Belastung des vorderen Laufradsatzes wesentlich günstiger ausgefallen, doch der hintere Laufradsatz hatte nach wie vor einen sehr hohen Anteil der Lokomotivmasse aufzunehmen.
Die Anzahl der Rauchrohre, damit der Überhitzerelemente und die Überhitzerheizfläche waren erhöht worden, auch die Rostfläche hatte man um einen geringen Betrag vergrößert. Dadurch ergab sich ein etwas höheres Leistungsvermögen.

Direktionsbezirk	Bahnnummern	DRG-Nummern	Hersteller	Baujahr	Fabriknummern	Bemerkungen/ Ausmusterung
1895 ... 1896						
Altona	T 14^1 8509	–	Union	1918	2498	
	T 14^1 8510 bis 8512	93 507 bis 93 509	Union	1918	2499 bis 2501	
	T 14^1 8513 bis 8516	93 584 bis 93 587	Union	1920	2533 bis 2536	
	T 14^1 8517	–	Union	1920	2537	
	T 14^1 8518 bis 8520	93 588 bis 93 590	Union	1920	2538 bis 2540	
	T 14^1 8521 bis 8524	93 651 bis 93 654	Hohenzollern	1921	4033 bis 4036	
	T 14^1 8525 bis 8527	93 662 bis 93 664	Hohenzollern	1921	4044 bis 4046	
	T 14^1 8528 und 8533	93 572 und 93 577	Union	1920	2521 und 2526	
Berlin	T 14^1 8664 und 8665	93 519 und 93 520	Union	1918	2512 und 2513	
	T 14^1 8666 bis 8670	93 730 bis 93 734	Hohenzollern	1921	4129 bis 4133	
	T 14^1 8671 bis 8680	93 745 bis 93 754	Hohenzollern	1921	4144 bis 4153	
Breslau	T 14^1 8530 bis 8537	93 591 bis 93 598	Union	1920	2541 bis 2548	
	T 14^1 8538 bis 8544	93 718 bis 93 724	Union	1921	2609 bis 2615	
	T 14^1 8545 bis 8552	93 599 bis 93 606	Union	1920	2549 bis 2556	
	T 14^1 8553 bis 8557	93 622 bis 93 626	Union	1920	2572 bis 2576	
	T 14^1 8558 bis 8562	93 735 bis 93 739	Hohenzollern	1921	4134 bis 4138	
Cassel	T 14^1 8551 bis 8553	93 643 bis 93 645	Hohenzollern	1920	4023 bis 4025	
	T 14^1 8554 bis 8558	93 646 bis 93 650	Hohenzollern	1921	4026 bis 4030	
	T 14^1 8559 und 8560	–	Hohenzollern	1921	4031 und 4032	
	T 14^1 8561 bis 8565	93 706 bis 93 710	Union	1921	2597 bis 2601	
Coeln	T 14^1 8504 bis 8507	93 543 bis 93 546	Hohenzollern	1919	3966 bis 3969	
	T 14^1 8508	–	Hohenzollern	1919	3970	
	T 14^1 8509 bis 8513	93 547 bis 93 551	Hohenzollern	1919	3971 bis 3975	
	T 14^1 8514 und 8515	93 660 und 93 661	Hohenzollern	1921	4042 und 4043	
	T 14^1 8516	93 665	Hohenzollern	1921	4047	
	T 14^1 8517 bis 8523	93 671 bis 93 677	Hohenzollern	1921	4053 bis 4059	
	T 14^1 8541 bis 8550	93 552 bis 93 561	Hohenzollern	1919	3976 bis 3985	
	T 14^1 8503 bis 8505	93 552 bis 93 561	Hohenzollern	1919	3976 bis 3985	
Danzig	T 14^1 8503 bis 8505	93 510 bis 93 512	Union	1918	2502 bis 2504	
Erfurt	T 14^1 8554 bis 8556	93 504 bis 93 506	Union	1918	2495 bis 2497	
	T 14^1 8557 bis 8562	93 578 bis 93 583	Union	1920	2527 bis 2532	
	T 14^1 8563 bis 8569	93 711 bis 93 717	Union	1921	2602 bis 2608	
	T 14^1 8570 bis 8574	93 725 bis 93 729	Hohenzollern	1921	4124 bis 4128	
Essen	T 14^1 8512 bis 8514	93 501 bis 93 503	Union	1918	2492 bis 2494	
Halle	T 14^1 8508 und 8509	93 516 –	Union	1918	2508 und 2509	
	T 14^1 8510 und 8511	93 517 und 93 518	Union	1918	2510 und 2511	
	T 14^1 8512 bis 8515	93 614 bis 93 617	Union	1920	2564 bis 2567	
	T 14^1 8516 bis 8519	93 690 bis 93 693	Union	1921	2581 bis 2584	
Hannover	T 14^1 8547 bis 8559	93 523 bis 93 535	Hohenzollern	1918	3946 bis 3958	
	T 14^1 8560	93 627	Hohenzollern	1920	4000	
	T 14^1 8561 bis 8571	93 628 bis 93 638	Hohenzollern	1920	4008 bis 4018	
	T 14^1 8572 bis 8575	93 618 bis 93 621	Union	1920	2568 bis 2571	
	T 14^1 8576 bis 8579	93 694 bis 93 697	Union	1921	2585 bis 2588	
Magdeburg	T 14^1 8521 bis 8523	93 513 bis 93 515	Union	1918	2505 bis 2507	
	T 14^1 8524 bis 8528	93 562 bis 93 566	Hohenzollern	1919	3986 bis 3990	
	T 14^1 8529 bis 8533	93 655 bis 93 659	Hohenzollern	1921	4037 bis 4041	
	T 14^1 8534 bis 8540	93 699 bis 93 705	Union	1921	2590 bis 2596	
	T 14^1 8541	93 698	Union	1921	2589	
Mainz	T 14^1 8508 bis 8512	93 567 bis 93 571	Hohenzollern	1919	3991 bis 3995	
	T 14^1 8513 bis 8517	93 666 bis 93 670	Hohenzollern	1921	4048 bis 4052	
Saarbrücken	T 14^1 8529 bis 8530	93 521 –	Union	1918	2514 bis 2515	
	T 14^1 8531	93 522	Union	1918	2516	
	T 14^1 8532 bis 8538	93 536 bis 93 542	Hohenzollern	1919	3959 bis 3965	
Stettin	T 14^1 8524 bis 8530	93 607 bis 93 613	Union	1920	2557 bis 2563	
	T 14^1 8531 bis 8534	93 639 bis 93 642	Hohenzollern	1920	4019 bis 4022	
	T 14^1 8535 bis 8538	93 686 bis 93 689	Union	1921	2577 bis 2580	

Direktions-bezirk	Bahnnummern	DRG-Nummern	Hersteller	Baujahr	Fabriknummern	Bemerkungen/ Ausmusterung
1920						
Oppeln	T 14[1] 8532 bis 8536	93 740 bis 93 744	Hohenzollern	1921	4139 bis 4143	
Trier	T 14[1] 8539 bis 8546	93 678 bis 93 685	Hohenzollern	1921	4060 bis 4067	
Gattungsbezirk						
Berlin	T 14[1] 8681 bis 8690	93 755 bis 93 764	Hohenzollern	1921	4191 bis 4200	
	T 14[1] 8691 bis 8700	93 785 bis 93 794	Union	1921	2661 bis 2670	
	T 14[1] 8901 bis 8910	93 765 bis 93 774	Hohenzollern	1921	4201 bis 4210	
	T 14[1] 8911 bis 8920	93 775 bis 93 784	Hohenzollern	1921	4237 bis 4246	
	T 14[1] 8921 bis 8925	93 815 bis 93 819	Esslingen	1921	4058 bis 4062	
	T 14[1] 8926 bis 8943	93 851 bis 93 868	HANOMAG	1922	10088 bis 10105	
	T 14[1] 8944 bis 8959	93 869 bis 93 884	HANOMAG	1922	10108 bis 10123	
	T 14[1] 8960 bis 8975	93 919 bis 93 934	Hohenzollern	1922	4319 bis 4334	
	T 14[1] 8976 bis 8991	93 936 bis 93 951	B. M. A. G.	1922	8069 bis 8084	
	T 14[1] 8992 bis 9003	93 820 bis 93 831	Union	1922	2713 bis 2724	
	T 14[1] 9004 bis 9021	93 952 bis 93 969	Union	1922	2725 bis 2742	
	T 14[1] 9022 bis 9027	93 976 bis 93 981	Humboldt	1922	1742 bis 1747	
	T 14[1] 9028 bis 9033	93 986 bis 93 991	Schichau	1922	3020 bis 3025	
	T 14[1] 9035 bis 9040	93 885 bis 93 890	HANOMAG	1922	10124 bis 10129	
	T 14[1] 9041 bis 9052	93 891 bis 93 902	HANOMAG	1922	10156 bis 10167	
	T 14[1] 9053	93 903	HANOMAG	1922	10173	
	T 14[1] 9054 bis 9068	93 904 bis 93 918	Henschel	1922	19606 bis 19620	
	T 14[1] 9069	93 935	Hohenzollern	1922	4357	
	T 14[1] 9070 bis 9075	93 970 bis 93 975	Union	1922	2753 bis 2758	
	T 14[1] 9076 bis 9079	93 982 bis 93 985	Humboldt	1923	1758 bis 1761	
	T 14[1] 9080 bis 9083	93 992 bis 93 995	Schichau	1922	3026 bis 3029	
	T 14[1] 9084 bis 9093	93 996 bis 93 1005	Schichau	1923	3040 bis 3049	
	T 14[1] 9094 bis 9105	93 1006 bis 93 1017	Rheinmetall	1922	679 bis 690	
DRG	57 988 bis 57 996[1])	93 1018 bis 93 1026	Hohenzollern	1923	4358 bis 4366	
	57 997 bis 57 1001[1])	93 1027 bis 93 1031	Union	1923	2760 bis 2764	
	57 1002 bis 57 1008[1])	93 1032 bis 93 1038	Hagans	1923	1107 bis 1113	
	57 1009 bis 57 1017[1])	93 1039 bis 93 1047	Humboldt	1923	1762 bis 1770	
	57 1018 bis 57 1031[1])	93 1048 bis 93 1061	Schichau	1923	3052 bis 3065	
	57 1032 bis 57 1060[1])	93 1062 bis 93 1090	Krupp	1923	668 bis 696	
	–	93 1091 bis 93 1097	Hohenzollern	1923	4432 bis 4438	
	–	93 1098 bis 93 1107	Union	1923	2765 bis 2774	
	–	93 1108 bis 93 1112	Hagans	1923	1117 bis 1121	
	–	93 1113 bis 93 1129	Humboldt	1923	1779 bis 1795	
	–	93 1130 bis 93 1144	Schichau	1923	3066 bis 3080	
	–	93 1145 bis 93 1159	Rheinmetall	1923	858 bis 872	
	–	93 1160 bis 93 1162	Hagans	1923	1122 bis 1124	
	–	93 1163 bis 93 1167	B. M. A. G.	1924	8317 bis 8321	
	–	93 1168 bis 93 1179	Union	1924	2779 bis 2790	
	–	93 1180 bis 93 1189	Hagans	1924	1130 bis 1139	
	–	93 1190 bis 93 1197	Hagans	1924	1141 bis 1148	
	–	93 1198 bis 93 1225	Humboldt	1924	1703 bis 1730	
	–	93 1226 und 93 1227	Humboldt	1924	1801 bis 1802	
	–	93 1228 bis 93 1252	Schichau	1924	3087 bis 3111	
	–	93 1253	B. M. A. G.	1924	8418	
	–	93 1254	Union	1924	2792	
	–	93 1255	Hagans	1924	1152	
	–	93 1256	Schichau	1924	3115	
	–	93 1257 bis 93 1261	B. M. A. G.	1924	8419 bis 8423	

[1]) Betriebsnummern nach dem 1., vorläufigen Umzeichnungsplan 1923

Bezogen auf 400 °C Heißdampftemperatur konnte die 1D1-H. G. T. L. verstärkte Normalbauart, Gattung T 14^1, in der Ebene einen Güterzug von 1470 t Masse mit einer Geschwindigkeit von 60 km/h, auf der Steigung 1 : 100 einen Güterzug von 900 t Masse mit ihrer Reibungsgeschwindigkeit von 22 km/h befördern. Die indizierte Höchstleistung betrug 1180 kW (1570 PS), die zugehörige günstigste Geschwindigkeit 71 km/h.
Zwischen 1918 und 1924 bezogen die Preußisch-Hessischen Staatsbahnen bzw. die DRG 729 Lokomotiven der Gattung T 14^1 nach der für diesen Lokomotivtyp aufgestellten 3. Auflage des Musterblattes XIV 4e. Weitere Lieferungen gingen an Württemberg. Wie die T 14 Normalbauart wurde auch die T 14^1 vorwiegend im Güterzugdienst auf Hauptbahnen eingesetzt, bediente aber auch oft den Vorortverkehr größerer Städte.
Die ab 1921 gebauten Maschinen hatten einen Speisedom mit Winkelrost-Speisewasserreiniger auf dem 1. Kesselschuß erhalten, die Speiseventile befanden sich beiderseits am Speisedom. Gleichzeitig war die Sandstreueinrichtung verändert worden: Zwischen Speisedom und Dampfdom sowie hinter dem Dampfdom saß je ein viereckiger Sandkasten. Die Räder des 1. und 3. Kuppelradsatzes wurden von vorn, die Räder des 2. und des 4. Kuppelradsatzes von hinten besandet. Bei den 1924 gebauten T 14^1 lag der Oberflächenvorwärmer

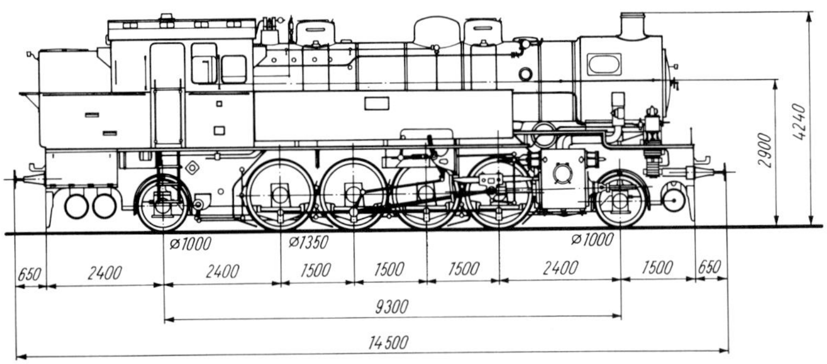

Union 1922/2730, T 14^1 Berlin 9009 (Gattungsbezirk), geliefert an das Bw Dresden Altstadt, DRG 93 957, 1945 an DB. Als T 14^1 Berlin 9009. Speisedom. (oben)
Foto: Leonhardt-Postkarte, Archiv transpress

Union, Hohenzollern 1919/1920. Lieferzustand. Speisewasserreiniger Bauart E. Z. A.

links auf dem Umlauf vor dem Wasserkasten statt, wie bisher, quer auf dem Rahmen oberhalb der Zylinderblöcke. Einige Lokomotiven hatten Gegendruckbremse Bauart Riggenbach bekommen.
Sieben T14[1] waren nach Kriegsende bei den Polnischen Staatsbahnen verblieben oder im Rahmen der Reparationsabgaben dorthin gelangt. Im 3. Umzeichnungsplan der DRG aus dem Jahre 1925 trugen die durch die Preußisch-Hessischen Staatsbahnen bzw. die Gruppenverwaltung Preußen der DRG beschafften T14[1] die Betriebsnummern 93501 bis 93794, 93815 bis 93831 und 93851 bis 931261.

T 15

5/5 G. T. L.
Bauart Hagans

E n2t

1897

Techn. Daten: Seite 236

Bereits in den neunziger Jahren reichten selbst Leistungsvermögen und Zugkraft der neu entwickelten vierfach gekuppelten Güterzuglokomotiven infolge ständig steigender Transportmengen nicht aus, schwere Güterzüge über stark belastete, steigungsreiche Mittelgebirgsstrecken mit nur einer Lokomotive zu befördern. So mußte auch auf der im Direktionsbezirk Erfurt gelegenen Strecke Arnstadt–Ritschenhausen auf den Vorspann- und Nachschiebebetrieb zurückgegriffen werden. Abhilfe konnte nur durch einen fünffach gekuppelten Lokomotivtyp geschaffen werden, mit dem sich eine ausreichend hohe Reibungszugkraft erzielen ließ. Doch befürchtete man, daß sich bei der Lagerung aller fünf Kuppelradsätze im Hauptrahmen das Problem des zwanglosen Durchfahrens enger Gleisbögen nicht würde lösen lassen. Lochner, Maschinentechnischer Direktor der Eisenbahn-Direktion Erfurt, setzte sich mit Christian Hagans, Besitzer der gleichnamigen Erfurter Lokomotivfabrik, in Verbindung, um die Beschaffung einer fünffach gekup-

Henschel 1896/4484, Erfurt 1881, geliefert an die Betriebswerkstatt Arnstadt, ab 1906 T15 Erfurt 8001, ab 1910 T15 Erfurt 8003[II], ausgemustert 1924 im Lokbahnhof Ilmenau. Als T15 Erfurt 8003[II]. Erste Bauform, Dampfdom auf dem 1. Kesselschuß. Ohne Druckluftbremse.
Foto: Archiv Töpelmann

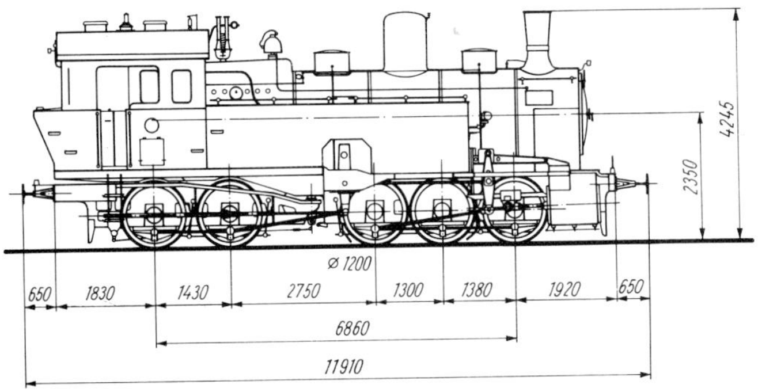

Henschel 1898. Lieferzustand. Zweite Bauform.

pelten Güterzug-Tenderlokomotive in Gestalt einer als Drehschemel- oder Schwinghebellokomotive bezeichneten Bauart nach dessen Patent in die Wege zu leiten. Für die Ausführung als Tenderlokomotive hatte man sich im Hinblick auf das vorgesehene Einsatzgebiet entschieden: Die zu befahrenden Streckenabschnitte waren nicht allzu lang, und die durch den Entfall eines besonderen Tenders erzielte Masseeinsparung konnte der Wagenzugmasse zugute kommen.

Die Konstruktionszeichnungen wurden in der Firma Hagans ausgearbeitet, der Auftrag zum Bau der Lokomotiven erging jedoch an die Firma Henschel, da die Lokomotivfabrik Hagans zum Bau solch großer Maschinen zu klein war. In den Jahren von 1897 bis 1902 beschafften die Eisenbahn-Direktionen Altona, Breslau, Erfurt, Frankfurt, Halle, Kattowitz und Stettin insgesamt 92 5/5 G. T. L. Bauart Hagans (T 15), die in den Betriebswerkstätten bzw. Maschinenstationen Wilhelmsburg (K. E. D. Altona), Dittersbach, Hirschberg, Lauban und Königszelt (K. E. D. Breslau), Arnstadt, Meiningen, Probstzella, Suhl, Sonneberg, Eisenach und Stadtilm (K. E. D. Erfurt), Friedberg und Gießen (K. E. D. Frankfurt), Merseburg und Oberröblingen (K. E. D. Halle), Radibor (K. E. D. Kattowitz) und Stettin Central-Güterbahnhof (K. E. D. Stettin) stationiert wurden. Einsatzgebiete waren vor allem der schwere Güterzugdienst, meist auf Steilrampen, und der schwere Rangierdienst. Einsatzräume waren unter anderem die Mittelgebirgsstrecken in Schlesien, wie Hirschberg–Grünthal, die Mittelgebirgsstrecken in Thüringen, wie Arnstadt–Ritschenhausen, Arnstadt–Saalfeld, Saalfeld–Probstzella–Ludwigstadt.

Die T 15 Bauart Hagans der Eisenbahn-Direktionen Altona und Stettin versahen schweren Rangierdienst auf den Hafenbahnen Hamburg und Stettin. Die letzteren wurden später an die Eisenbahn-Direktion Altona abgegeben und in Altona 2001 und 2002 umgezeichnet.

Bei der Konstruktion des Kessels war der künftige Einsatz als Steilrampenlokomotive berücksichtigt worden. Die Feuerbüchsdecke hatte man sehr tief gelegt, die Stehkesseldecke stark überhöht. Durch diese Maßnahmen konnte ein großer Wasserraum oberhalb der Feuerbüchsdecke erzielt werden. Es war möglich, 3 m³ Wasser zu verdampfen, ohne daß nachgespeist werden mußte. Die Feuerbüchsdecke wurde dabei nicht vom Wasser entblößt. Dadurch ließ sich die Kesselleistung und damit die Lokomotivleistung aufgrund der Ausnutzung der im Kesselwasser gespeicherten Wärmeenergie vorübergehend – beim Befahren von Steilrampen – um etwa 25 Prozent steigern. Um die Metermasse und die Überhänge gering zu halten, waren die Achsstände groß gewählt worden. Der Bodenring lag vorn weit unten, nach hinten stieg er bis über die Höhe der Kuppelräder an. Der Hinterkessel war sehr breit; um ihn umgreifen zu können, hatte man den Rahmen mit einer starken Auskröpfung versehen müssen, die hohe Beanspruchungen aufzunehmen hatte und deshalb eine Schwachstelle bildete.

Von der dritten, 1898 gebauten Lokomotive an lag die hintere Roststabreihe waagerecht, die vordere Roststabreihe war geneigt angeordnet, und der Dampfdom befand sich auf dem 2. Kesselschuß. Die Zylinderblöcke wiesen eine Neigung von 1 : 50 auf. Auf dem 1. und 3. Kesselschuß saß je ein viereckiger Sandkasten. Ab oder nach 1900 erhielten einige Maschinen Druckluftsandstreuer.

Das der Konstruktion zugrunde gelegte Leistungsprogramm verlangte die Beförderung eines Güterzuges von 200 t Masse auf der Steigung 1 : 30 in einem Gleisbogen von 200 m Radius mit 15 km/h und eines Güterzuges von 110 t Masse unter gleichen Streckenverhältnissen mit 30 km/h. Ohne Inanspruchnahme der durch die besondere Kesselbauart verfügbaren Leistungsre-

Henschel 1901/5546, Erfurt 1900, geliefert an die Betriebswerkstatt Suhl, ab 1906 T 15 Erfurt 8020, ausgemustert 1917 in der Betriebswerkstatt Suhl, anschließend verkauft als Schrottlokomotive an das Weberwerk Brandenburg. Lieferzustand zweite Bauform, Dampfdom auf dem 2. Kesselschuß. Bedienungseinrichtung für Seilbremse.
Foto: Werkaufnahme, Sammlung Siebert

serve erreichte die T 15 Bauart Hagans auf ebener Strecke mit einem Güterzug von 1 590 t Masse eine Beharrungsgeschwindigkeit von 40 km/h. Auf der Steigung 1 : 100 vermochte sie mit ihrer Reibungsgeschwindigkeit von 13 km/h einen Güterzug von 810 t Masse zu ziehen. Ihre indizierte Höchstleistung von 600 kW (800 PS) erzielte sie bei 45 km/h.

Was Zugkraft und Leistungsvermögen betraf, war die T 15 Bauart Hagans zu ihrer Zeit und in ihrem Einsatzgebiet ein großer Erfolg. Auch ihre Bogenlaufeigenschaften befriedigten vollauf. Ihr Laufwiderstand in engen Krümmungen war geringer als bei der G 7[1] Normalbauart und der G 7[2] Normalbauart. Auf der Strecke Arnstadt–Ritschenhausen konnte bei den mit T 15 Bauart Hagans bespannten Zügen die Vorspann- bzw. Schiebelokomotive entfallen. Diesen Vorteilen stand der Nachteil gegenüber, daß die Maschinen aufgrund ihrer Vielteiligkeit und der komplizierten Konstruktion des Fahrgestells und des Triebwerks einen sehr großen Unterhaltungsaufwand erforderten. Wegen der dadurch bedingten langen Werkstattaufenthalte mußten andere Lokomotiven eingesetzt und Reservemaschinen bereit gehalten werden. Hinzu kamen die hohen Beschaffungskosten. Die Stückzahl blieb daher auf das unbedingt notwendig erscheinende Maß beschränkt. Von der Beschaffung höherer Stückzahlen sahen die Preußisch-Hessischen Staatsbahnen ebenso ab wie von der Aufnahme der 5/5 G. T. L. Bauart Hagans in die Normalien.

In den Gruppen- und Bahnnummernplan von 1905 ordnete man alle 5/5 G. T. L. Bauart Hagans in die Gruppe T 15 ein. Sie bekamen die neuen Bahnnummern Altona 8001 bis 8018, Breslau 8001 bis 8026, Erfurt 8001 bis 8034, Frankfurt 8001 bis 8006, Halle 8001 bis 8005 und Kattowitz 8001 bis 8003. Nachdem mit der erstmals 1905 gebauten 5/5 G. H. T. L. Bauart Gölsdorf (T. 16) das Problem der Kurvenbeweglichkeit fünffach gekuppelter Lokomotiven auch bei den Preußisch-Hessischen Staatsbahnen auf einfachere Weise als bei der T 15 Bauart Hagans gelöst war und als 1910 die G 10 erschien, wanderten die T 15 Bauart Hagans nach und nach in den Nebenbahndienst und den untergeordneten Hauptbahndienst ab und wurden nach Ablösung durch die T 16 und die G 10 innerhalb des jeweiligen Direktionsbezirkes zum Teil oft umbeheimatet.

Nach dem ersten Weltkrieg mußten fünf T 15 Bauart Hagans an die Französische Nordbahn und sechs an die Belgischen Staatsbahnen als

Reparationsleistung abgegeben werden. Drei Maschinen wurden an die Mahács-Fünfkirchener Eisenbahn in Ungarn verkauft. 22 Maschinen nahm die DRG unter den Betriebsnummern 94 7001 bis 94 7022 in den 2. Umzeichnungsplan von 1923 auf. Bis zur Aufstellung des 3. Umzeichnungsplanes im Jahre 1925 wurden sie ausgemustert. Bei ausländischen Eisenbahnen standen einzelne Lokomotiven dieses Typs noch bis in die vierziger Jahre hinein im Dienst.

Konstruktive Merkmale

Kessel: Unterer Teil des Hinterkessels vom hinteren Rahmenteil umschlossen und nach vorn verbreitert. Stehkesseldecke halbzylindrisch gewölbt und stark überhöht, Rückwand senkrecht. Kupferne Feuerbüchse. Feuerbüchsdecke kurz über der Kesselmitte, nach hinten geneigt. Ca. 2100 mm langer, trapezförmig nach vorn verbreiterter, zweireihiger Rost; hintere Roststabreihe schwach geneigt, vordere Roststabreihe stärker geneigt.
Langkessel aus drei zylindrischen Schüssen zusammengesetzt. Dampfdom auf dem 1. Kesselschuß.
1250 mm lange, schwach erweiterte, über Zwischenring mit dem Langkessel verbundene Rauchkammer. Prüsmann-Schornstein.
Kesselausrüstung: Zwei saugende Dampfstrahlpumpen. Speiseventile in Höhe Kesselmitte am 1. Kesselschuß. Kesselsicherheitsventil Bauart Ramsbottom auf dem Stehkesselscheitel. Dampfsammelrohr vom Hinterkessel zum Dampfdom. Flachschieberregler. Einströmrohre durch die Rauchkammer geführt.
Rahmen: Innenliegender zweiteiliger Blechrahmen mit 25 mm dicken Wangen. Vorderer Rahmenteil bis hinter den 3. Kuppelradsatz reichend. Hinterer Rahmenteil erhöht, stark ausgekröpft und den unteren Teil des Hinterkessels umgreifend.
Fahrwerk: Vierpunktabstützung. Alle Tragfedern unterhalb der Achslager, zwischen 1., 2. und 3. Kuppelradsatz durch waagerechte Längsausgleichhebel verbunden. 4. und 5. Kuppelradsatz in einem Innenrahmen-Deichselgestell gelagert. Drehpunkt der Deichsel 1554 mm vor dem 4. Kuppelradsatz, 5. Kuppelradsatz ±78 mm radial verschiebbar. Abstützung des Hauptrahmens auf das Deichselgestell über durch Winkelhebel und Stangen verbundene Wickelfedern.
Triebwerk: Naßdampf-Zwillings-Triebwerk. Zylinder außen waagerecht vor dem 1. Kuppelradsatz angeordnet; Zylindermitte etwas oberhalb der Achsmitte. Einschienige Kreuzkopfführung. 1., 2. und 3. sowie 4. und 5. Kuppelradsatz jeweils durch Kuppelstangen verbunden. Antrieb der vorderen Achsgruppe durch Treibstangen auf den 3. Kuppelradsatz, Antrieb der hinteren Achsgruppe über Schwinghebel-Gestänge Bauart Hagans auf den 4. Kuppelradsatz.
Steuerung: Innenliegende Allan-Steuerung. Schieberkästen senkrecht innerhalb der Rahmenwangen. Flachschieber.
Bremsausrüstung: Hand-

Direktionsbezirk	Bahnnummern	Hersteller	Baujahr	Fabriknummern	Bemerkungen/ Ausmusterung
1895/1896					
Altona	1660 bis 1664	Henschel	1900	5344 bis 5348	
	1665 bis 1672	Henschel	1902	5958 bis 5965	
	1673 und 1674	Henschel	1902	6196 und 6197	
	1675	Henschel	1904	6557	
Breslau	1601 und 1602	Henschel	1898	4775 und 4776	
	1603 bis 1605	Henschel	1898	4899 bis 4901	
	1606 und 1607	Henschel	1903	6198 und 6199	
	1638 bis 1642	Henschel	1904	6563 bis 6567	
	1643 bis 1647	Henschel	1904	6833 bis 6837	
	1648 bis 1653	Henschel	1905	6911 bis 6916	
	1654 bis 1656	Henschel	1905	7160 bis 7162	
Erfurt	1881 und 1882	Henschel	1897	4484 und 4485	
	1883 bis 1890	Henschel	1898	4902 bis 4909	
	1891 und 1892	Henschel	1899	4910 und 4911	
	1893 bis 1898	Henschel	1899	5244 bis 5249	
	1899 bis 1901	Henschel	1901	5545 bis 5547	
	1902 bis 1906	Henschel	1904	6558 bis 6562	
	1907 bis 1914	Henschel	1905	6917 bis 6924	
Frankfurt	1661 bis 1663	Henschel	1905	6925 bis 6927	
	1664 bis 1666	Henschel	1905	7156 bis 7158	
Halle	1885 bis 1887	Henschel	1900	5349 bis 5351	
	1888 und 1889	Henschel	1902	5966 und 5967	
Kattowitz	1651 und 1652	Henschel	1903	6200 und 6201	
	1653	Henschel	1905	7159	
Stettin	2000 und 2001	Henschel	1903	6202 und 6203	

bremse. Zum Teil Druckluftbremse Bauart Westinghouse. Räder des 1. und 3. Kuppelradsatzes von hinten, des 4. und 5. Kuppelradsatzes von vorn abgebremst. Luftpumpe rechts neben dem 1. Kesselschuß. Zum Teil Bedienungseinrichtung für Seilbremse.
Allgemeine Einrichtungen: Handsandstreuer, die Räder des 2. Kuppelradsatzes von vorn, die des 3. Kuppelradsatzes von hinten besandend. Viereckiger Sandkasten auf dem 2. Kesselschuß. Zum Teil Dampfläutewerk.
Vorratsbehälter: Je ein seitlicher Wasserkasten. Ein Kohlekasten hinter dem Führerhaus.

T 15

5/5 G. T. L.
Bauart Köchy

E n2t (C2′ n2t)

1902 bis 1922

Techn. Daten: Seite 236

Henschel 1902/5968, Coeln 1900.
Lieferzustand.
Werkzeichnung Henschel, Sammlung Glanert

Um die Jahrhundertwende hatte Otto Köchy, Professor an der Technischen Hochschule Aachen, eine vom Hagans-Patent geringfügig abweichende Drehschemel-Konstruktion entwickelt. Der Unterschied zu der von Hagans erfundenen Konstruktion bestand darin, daß die zwangsweise Verkürzung der ideellen Treibstangen des hinteren Triebwerksteiles in den Gleisbögen durch eine Blindwelle bewerkstelligt wurde. Professor Köchy versprach sich davon eine Vereinfachung der Konstruktion, eine Verminderung der Vielteiligkeit und damit geringere Störanfälligkeit und niedrigere Unterhaltungskosten.
Obwohl das Ministerium der öffentlichen Arbeiten dieser Bauart skeptisch gegenüberstand, wurde 1902 eine 5/5 G. T. L. zu Probezwecken nach dem Köchyschen System bei der Firma Henschel beschafft. Bis auf die genannte Abweichung unterschied sie sich kaum von der

Direktionsbezirk	Bahnnummer	Hersteller	Baujahr	Fabriknummer	Bemerkungen/ Ausmusterung
1895/1896 Coeln	1900	Henschel	1902	5968	+ 1922

T 15 Bauart Hagans. Sie kam zum Direktionsbezirk Coeln und erhielt die Bahnnummer Coeln 1900. Im Jahre 1906 ordnete man sie unter der Bahnnummer Coeln 8001 der Gruppe T 15 zu.
Eingesetzt wurde die Maschine zunächst unter anderem auf den krümmungsreichen Strecken der Voreifel und des Hohen Venn wie auf der Luxemburg-Linie. Dabei zeigte sich, daß die Bogenlaufeigenschaften sehr schlecht waren. Deshalb zog man die Lokomotive aus dem Streckendienst zurück und verwendete sie ab 1908 im Rangierdienst am Ablaufberg des Stolberger Hauptbahnhofs. Die Stangen des hinteren Triebwerkteils wurden entfernt, so daß nur noch die ersten drei Kuppelachsen angetrieben waren. Im Jahre 1922 musterte man die T 15 Bauart Köchy im Bw Stolberg aus.

Konstruktive Merkmale

Wie T 15 Bauart Hagans 2. Bauform mit Ausnahme folgender Abweichungen:
T r i e b w e r k: Antrieb der hinteren Achsgruppe über Schwinghebel-Gestänge Bauart Köchy.
B r e m s a u s r ü s t u n g: Ohne Druckluftbremse. 1., 2., 4. und 5. Kuppelradsatz von hinten abgebremst.
V o r r a t s b e h ä l t e r: Wasserkastendecke im vorderen Teil geneigt.

T 16 [1])

3/7 H. S. T. L. dr. 4cyl. v.

2'C 2' h4vt

1904

Techn. Daten: Seite 237

Im Jahre 1903 wandte sich die Firma Henschel mit der Anfrage an das Ministerium der öffentlichen Arbeiten, ob bei den Preußisch-Hessischen Staatsbahnen Interesse an der Übernahme einer schweren 2'C2' h4v-Tenderlokomotive für den Reisezugdienst auf Gebirgsbahnen bestehe, die für die Weltausstellung 1904 in St. Louis gebaut werden solle. Bei einer Umfrage unter den Eisenbahn-Direktionen bekundete insbesondere die K. E. D. Erfurt großes Interesse an dieser Maschine, die ihr für die Abwicklung des Schnellzugdienstes auf der Mittelgebirgsstrecke Erfurt–Meiningen sehr gelegen kam. Die Schnellzüge in der Relation von und nach Stuttgart wurden in Meiningen von Lokomotiven der Bayerischen Staatsbahnen übernommen bzw. dorthin mit diesen Lokomotiven bespannt, so daß wegen der kurzen Entfernung Meiningen–Erfurt von nur 92 km eine Tenderlokomotive vorteilhaft erschien.
Daraufhin erklärte sich das Ministerium gegenüber der Firma Henschel mit dem vorgelegten Entwurf und der Übernahme der 2'C2' h4v-

[1]) Gruppenzeichen nach dem vorläufigen Gruppenplan von 1903

Henschel 1904. Lieferzustand.

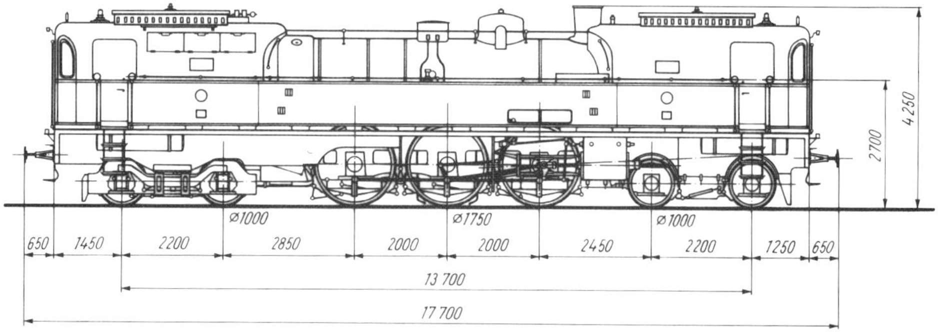

Henschel 1904/6601, Erfurt 1980. Lieferzustand. (unten)
Foto: Sammlung Rammelt

Tenderlokomotive unter der Maßgabe einverstanden, daß die zulässige Achsfahrmasse von 16 t nicht überschritten werden durfte. Das Leistungsprogramm sah die Beförderung von Schnellzügen von 180 bis 200 t Wagenzugmasse auf längeren Streckenabschnitten mit der Steigung 1 : 100 mit einer Geschwindigkeit von 75 km/h vor.
Die Fertigstellung der Maschine zog sich so lange hin, daß sie nicht mehr in St. Louis gezeigt werden konnte und deshalb gleich der Eisenbahn-Direktion Erfurt zur Verfügung gestellt wurde. Das Verwiegen in Erfurt ergab eine um 14 t größere Masse als im Entwurf veran-

schlagt, die zulässige Achsfahrmasse wurde teilweise um 4 t überschritten. Die Verwendung der Maschine im planmäßigen Dienst wäre mit erheblichen Betriebsgefahren verbunden gewesen. Deshalb lehnte man die Übernahme der Lokomotive ab. Sie hatte jedoch eine komplette Beschilderung nach den Normen der Preußisch-Hessischen Staatsbahnen erhalten, trug die Bahnnummer Erfurt 1980 und nach dem Gruppenplan von 1903 das Gruppenzeichen T 16.
Ihre Konstruktion stellte in vielen Baugruppen ein Novum dar. Sie hatte einen Rauchrohr-Überhitzer Bauart Schmidt sowie an jedem Lokomotivende einen Führerstand erhalten. Außergewöhnlich für eine Tenderlokomotive war das Vierzylinder-Verbund-Triebwerk. Das Fahrwerk verlieh der Maschine aufgrund der symmetrischen Achsfolge in beiden Fahrtrichtungen gleich gute Laufeigenschaften. Infolge des großen Kessels wies sie ein sehr hohes Leistungsvermögen auf. Ihre indizierte Höchstleistung betrug etwa 1 580 kW (2 100 PS). Bei Probefahrten beförderte sie 250 t über die Steigung 1 : 100.
Die Firma Henschel trug sich mit mehreren Projekten zum Umbau der Lokomotive, die eine Herabsetzung der Achsfahrmasse und damit die Verwendbarkeit der Lokomotive im planmäßigen Dienst bezwecken sollten. Verwirklicht wurde keines davon. Im Bahnnummernplan von 1905 war die Umzeichnung der Maschine in Erfurt 9051 vorgesehen, die jedoch wegen der Nichtabnahme unterblieb.
Die 2'C2' h4v-Tenderlokomotive war meist in der Hauptwerkstatt Erfurt kalt abgestellt. 1919 soll sie als Reparationsleistung an Frankreich abgegeben worden sein.

Direktionsbezirk	Bahnnummer	Hersteller	Baujahr	Fabriknummer	Bemerkungen/ Ausmusterung
1895/1896 Erfurt	1980	Henschel	1904	6601	

Konstruktive Merkmale

Kessel: Unterer Teil des Hinterkessels verbreitert, vom hinteren Rahmenteil umschlossen. Belpaire-Stehkessel, Rückwand geneigt. Kupferne Feuerbüchse. 2 340 mm langer, 1 750 mm breiter, schwach geneigter Rost. Kipprost in der mittleren Roststabreihe.
Langkessel aus drei zylindrischen Schüssen zusammengesetzt. Dampfdom auf dem 1. Kesselschuß.
2 100 mm lange, schwach erweiterte, über Zwischenring mit dem Langkessel verbundene Rauchkammer. Weiter konischer Schornstein. Zweiflügelige Rauchkammertür. Dreireihiger Rauchrohr-Überhitzer Bauart Schmidt.
Kesselausrüstung: Drei saugende Dampfstrahlpumpen (zwei auf dem hinteren Führerstand, eine auf dem Stirnführerstand). Ein Speiseventil kurz über Kesselmitte rechts am 2. Kesselschuß, zwei Speiseventile kurz über Kesselmitte links am 2. Kesselschuß (davon das vordere für die Dampfstrahlpumpe auf dem Stirnführerstand). Zwei Kesselsicherheitsventile Bauart Ramsbottom auf der Stehkesseldecke. Flachschieberregler.
Rahmen: Zweiteiliger Blechrahmen. Vorderer Rahmenteil als Innenrahmen gestaltet, bis vor die Stehkesselvorderwand reichend, Wangendicke 28 mm. Hinterer Rahmenteil mit größerem Lichtmaß, als den unteren Teil des Hinterkessels umschließender Außenrahmen gestaltet. Wangendicke 27 mm. Je ein Rahmenwasserkasten vor und hinter dem Hinterkessel.
Fahrwerk: Sechspunktabstützung. Unterhalb der Achslager liegende Tragfedern der Kuppelradsätze durch waagerechte Längsausgeichhebel verbunden. Vorderes Innenrahmen-Laufdrehgestell, Abstützung wie beim Laufdrehgestell Bauart Hannover; Drehzapfen 100 mm hinter Drehgestellmitte, Drehzapfenlager ±60 mm seitenverschiebbar. Hinteres Außenrahmen-Laufdrehgestell, Abstützung wie beim Laufdrehgestell Bauart Hannover; Drehzapfen 100 mm vor Drehgestellmitte, Drehzapfenlager ±70 mm seitenverschiebbar. Rückstellung beider Laufdrehgestelle durch längs angeordnete, über Winkelhebel wirkende Kegelfedern.
Triebwerk: Heißdampf-Vierzylinder-Verbund-Triebwerk Bauart de Glehn. HD-Zylinder außen waagerecht zwischen 2. Laufradsatz und 1. Kuppelradsatz angeordnet; Antrieb auf den 2. Kuppelradsatz. ND-Zylinder innen geneigt über dem Drehgestell angeordnet; Antrieb auf den 1. Kuppelradsatz. Kurbelversetzung zwischen HD- und ND-Triebwerk einer Seite 180°, zwischen beiden Triebwerksgruppen 90 °C. ND-Zylinder in einem gemeinsamen Gußstück vereinigt. Zweischienige Kreuzkopfführung.

Einströmrohre durch die Rauchkammer geführt. Verbinder innerhalb des Rahmens. Frischdampfventil für die ND-Zylinder als Anfahrvorrichtung. Luftsaugeventile auf den HD-Schiebergehäusen.
Steuerung: Außenliegende Heusinger-Steuerung mit Hängeeisen für die HD-Zylinder. Steuerung der ND-Zylinder durch Übertragungswellen von der Außensteuerung abgeleitet, eigene Voreilhebel (Bauart v. Borries). Schiebergehäuse auf den Zylindern. Kolbenschieber mit doppelter innerer Einströmung für die HD-Zylinder. Flachschieber mit Entlastungsvorrichtung für die ND-Zylinder.
Bremsausrüstung: Handbremse. Druckluftbremse Bauart Westinghouse. Kuppelräder und Laufräder des hinteren Laufdrehgestells beidseitig, Laufräder des vorderen Laufdrehgestells einseitig von den im Drehgestell einander zugekehrten Seiten her abgebremst. Luftpumpe rechts oder links im Stirnführerhaus.
Allgemeine Einrichtungen: Ein Stirnführerstand und ein Führerstand an üblicher Stelle. Zugang zu jedem Führerstand über seitliche Türen. Alle Armaturen für den Lokomotivführer auf beiden Führerständen vorhanden. Druckluftsandstreuer, die Räder des 2. Kuppelradsatzes von vorn und hinten besandend. Viereckiger Sandkasten auf dem 2. Kesselschuß.
Vorratsbehälter: Je ein seitlicher Wasserkasten. Je ein Rahmenwasserkasten vor und hinter dem Hinterkessel. Je ein seitlicher Kohlekasten neben dem Hinterkessel.

T 16

5/5 H. G. T. L.
Bauart Gölsdorf; Normalbauart
DRG-Baureihe 94^{2-4}
(→ EFA 1.3)

E h2t

1905

Techn. Daten: Seite 237

Fünffach gekuppelte Lokomotiven gab es bis zur Jahrhundertwende nur in Form von Sonderbauarten, weil keine andere Möglichkeit bekannt war, bei Lokomotiven mit fünf Kuppelradsätzen unter herkömmlicher Gestaltung des Lauf- und Triebwerks das zwanglose und sichere Durchfahren von Gleisbögen zu gewährleisten. Diese als Sonderbauarten ausgeführten Maschinen, bei den Preußisch-Hessischen Staatsbahnen die T 15 Bauart Hagans, wiesen jedoch nicht unwesentliche Mängel und Nachteile auf: Sie erforderten einen hohen Unterhaltungsaufwand und waren sehr störanfällig.

Erst Karl Gölsdorf, Oberbaurat bei den Kaiserlich-königlichen österreichischen Staatsbahnen, gelang es, eine zufriedenstellende Lösung zu finden, indem er mehreren Kuppelradsätzen Seitenspiel in den Achslagern gab. 1900 erschien die nach dieser Konstruktion ausgeführte Reihe 180 der Kaiserlich-königlichen österreichischen Staatsbahnen, bei der der 1., der 3. und der 5. Kuppelradsatz seitenverschiebbar im Hauptrahmen gelagert waren und die Treibstangen auf den 4. Kuppelradsatz wirkten.
Auch bei den Preußisch-Hessischen Staatsbahnen interessierte man sich für diese Neuerung. Die Eisenbahn-Direktionen Breslau und Erfurt beabsichtigten, fünffach gekuppelte Lokomotiven mit Gölsdorfscher Achsanordnung zu beschaffen, die statt der T 15 Bauart Hagans im schweren Güterzugdienst auf den steigungsreichen Mittelgebirgsstrecken dieser Direktionsbezirke verwendet werden sollten. Bei der Absicht blieb es zunächst, man verhielt sich abwartend, um weitere Erkenntnisse und

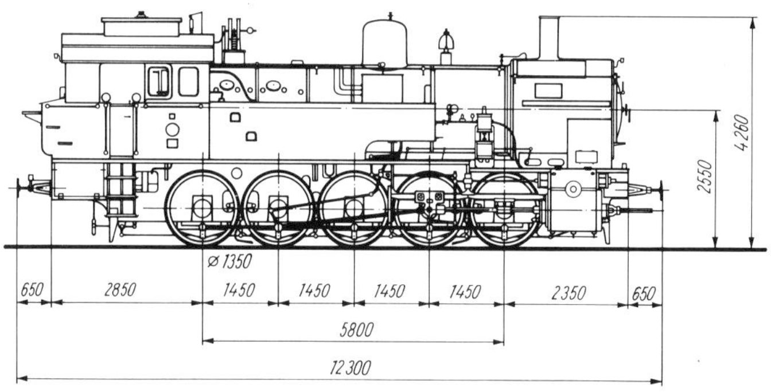

B. M. A. G. 1905, Breslau 1761 und 1762. Lieferzustand. Bauart Gölsdorf. Rauchkammer-Überhitzer. Prototyp.

Erfahrungen mit der Gölsdorfschen Achsanordnung bei den Kaiserlich-königlichen österreichischen Staatsbahnen berücksichtigen zu können.
Verschiedene Projekte wurden vorgelegt: für eine 5/5 G. T. L. v., für eine 5/5 G. T. L. mit Pielock-Dampftrockner, für eine 5/6 H. G. T. L. und für eine 5/5 H. G. T. L. Die Entscheidung fiel schließlich zugunsten des von der B. M. A. G. ausgearbeiteten Entwurfs für die Eh2-Tenderlokomotive mit Gölsdorfscher Fahr- und Triebwerksbauart, wie sie bei der Reihe 180 der Kaiserlich-königlichen österreichischen Staatsbahn angewendet worden war. Die konstruktive Durchbildung entsprach ansonsten dem für die Heißdampflokomotiven der damaligen Zeit üblichen Standard. Die 5/5 H. G. T. L. sollte den Charakter einer Speziallokomotive erhalten.
Im Jahre 1905 lieferte die B. M. A. G. die ersten beiden Maschinen unter den Bahnnummern Breslau 1671 und 1672, die unter anderem auf den Strecken Grunewald–Nedlitz, Hirschberg–Grünthal und auf Thüringer Mittelgebirgsstrecken ausgiebig erprobt wurden. Dabei zeigten sie sich gegenüber der T 15 Bauart Hagans sowohl leistungsmäßig als auch im Verhältnis zwischen indizierter und effektiver Leistung überlegen; ihr Eigenwiderstand war wesentlich geringer. Der spezifische Wasserverbrauch lag bis 39 Prozent und der spezifische Kohleverbrauch bis 25 Prozent niedriger.
Beim Bau der nächsten Lokomotiven im Jahre 1906 berücksichtigte man aus der Erprobung der Prototypen gewonnene Erfahrungen. Anstelle der beiden auf den Wasserkästen angebrachten Sandkästen erhielten sie einen auf dem 2. Kesselschuß hinter dem Dampfdom liegenden viereckigen Sandkasten. Einen Teil der Lokomotiven rüstete man mit Dampfbremse aus, wobei die Druckluftbremse entfiel. Ab der 33., 1907 gebauten Lokomotive verwendete man statt des Rauchkammer-Überhitzers Bauart Schmidt einen dreireihigen Rauchrohr-Überhitzer Bauart Schmidt. Die Rauchkammerlänge betrug bei diesen Lokomotiven nur noch 1 500 mm bis 1 550 mm statt 1 800 mm, und der Schornstein rückte vom hinteren auf den vorderen Teil des Rauchkammerscheitels.
Die langen, schweren Treibstangen erwiesen sich als unzweckmäßig, weil sie das Fahrwerk und das Triebwerk stark belasteten und dadurch erhebliche störende Bewegungen verursachten, so daß die 5/5 H. G. T. L. Bauart Gölsdorf, wie man sie wegen der Achsanordnung bezeichnete, nur für eine Höchstgeschwindigkeit von 50 km/h zugelas-

B. M. A. G. 1906/3615, Essen 1706, ab 1907 T 16 Essen 8107, Reparationsabgabe 1919 an die Französische Nordbahn (NORD 5501). Bauart Gölsdorf. Rauchkammer-Überhitzer, Dampfbremse. Lieferzustand.
Foto: Werkaufnahme, Sammlung Franz

B. M. A. G. 1906/3676, Erfurt 1940, geliefert an die Betriebswerkstatt Meiningen, im gleichen Jahr umgezeichnet in T16 Erfurt 8111, um 1919 in der Betriebswerkstatt Arnstadt beheimatet. DRG 94212, nach 1945 Tm-2122, UdSSR. Abbildung als T16 Erfurt 8111. Bauart Gölsdorf. Rauchrohr-Überhitzer (Umbau), Druckluftbremse.
Foto: Hubert, Sammlung Siebert

sen werden konnte. Im Jahre 1908 legte Robert Garbe einen neuen Entwurf für die Eh2-Tenderlokomotive vor, nach dem der Antrieb auf den 3. Kuppelradsatz erfolgen sollte. Die Seitenverschiebbarkeit des 3. Kuppelradsatzes mußte dadurch entfallen, zum Ausgleich hatte man für diesen Radsatz eine Spurkranzschwächung von 5 mm vorgesehen, die dann mit 10 mm ausgeführt wurde. Die bisher üblichen Brillenführungen der Kolbenstangen und der Schieberstangen konnten entfallen. Die Räder des 3. Kuppelradsatzes wurden beidseitig, die Räder des 2. Kuppelradsatzes einseitig von vorn und die Räder des 4. Kuppelradsatzes einseitig von hinten abgebremst. Die Wasserkästen waren kürzer, ihre Böden liefen glatt durch. Der Entwurf fand die Zustimmung des Ausschusses für Lokomotiven und des Ministeriums der öffentlichen Arbeiten, so daß die 5/5 H. G. T. L. ab der 95. Lokomotive 1909 danach ausgeführt wurde. Einige dieser Maschinen bekamen statt des viereckigen Sandkastens einen runden Sandkasten. Ab etwa 1910 verwendete man statt der einstufigen Luftpumpen zweistufige Luftpumpen. Die Höchstgeschwindigkeit konnte aufgrund der kürzeren Treibstangen auf 60 km/h erhöht werden.
Um das Jahr 1910 nahm man die 5/5 H. G. T. L. in dieser Ausführung in die Normalien auf, das Musterblatt erhielt die Bezeichnung

B. M. A. G. 1909. Lieferzustand. Normalbauart. Druckluftbremse, runder Sandkasten.

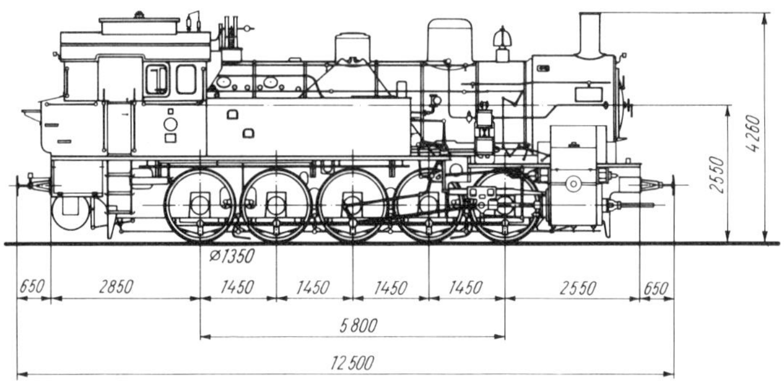

XIV 4c. Seit Einführung des Gruppen- und Bahnnummernplanes aus dem Jahre 1905 trugen die Maschinen das Gruppenzeichen T 16 und Bahnnummern aus der Reihe 8101 bis 8200.

Die T 16 Bauart Gölsdorf Normalbauart war eine im Betriebsmaschinendienst allgemein beliebte Lokomotivgattung. Sie fand vor allem im schweren Güterzugdienst – zunächst fast ausschließlich auf Strecken mit starken Neigungen, später auch im Nahgüterzugdienst im Flachland – im Nachschiebedienst auf Steilrampen, im Anschlußbahndienst und im schweren Rangierdienst Verwendung. Bemängelt wurde die Bremsklotzanordnung. Wegen der kurzen Achsabstände hatte man die Bremsklötze unterhalb der Achsmitte anbringen müssen, so daß sich, infolge der Achsabsenkungen bei Gleisunebenheiten die Handbremse oft nicht ohne Nachstellen anziehen ließ oder von selbst in die Bremsstellung fiel. Der Rahmen war zu schwach ausgefallen, es kam öfter zu Schäden.

In der Ebene konnte die T 16 Normalbauart einen Güterzug von 1 000 t Masse mit einer Beharrungsgeschwindigkeit von 60 km/h befördern. Auf der Steigung 1 : 100 bewältigte sie mit ihrer Reibungsgeschwindigkeit von 15 km/h noch einen Güterzug von 1 030 t Masse. Ihre indizierte Höchstleistung, die sie bei 51 km/h erzielte, betrug 880 kW (1 170 PS). Der Beschaffungszeitraum erstreckte sich auf die Jahre von 1905 bis 1913, in denen insgesamt 343 T 16 Bauart Gölsdorf (Normalbauart) für die Preußisch-Hessischen Staatsbahnen gebaut worden sind, davon 158 zwischen 1905 und 1910 und 185 zwischen 1911 und 1913. Im ersten Weltkrieg taten einige Maschinen bei der Deutschen Heeresbahn Dienst; per 31. Dezember 1917 gehörten 27 T 16 zu ihrem Bestand. Nach dem ersten Weltkrieg verblieben nachweislich 65 T 16 Bauart Gölsdorf im Ausland oder mußten als Reparationsleistung dorthin abgegeben werden. Davon erhielten die Polnischen Staatsbahnen 22, die Belgischen Staatsbahnen 17, die Paris-Lyon-Mittelmeer-Bahn zwölf, die Bulgarischen Staatsbahnen zehn und die Französische Nordbahn vier. Drei Maschinen musterte man zwischen 1922 und 1925 aus. Die DRG nahm 262 T 16 Bauart Gölsdorf (Normalbauart) unter den Betriebsnummern 94 201 bis 94 467 und 94 501 in den 3. Umzeichnungs-

T 16 ...8101. Normalbauart. Druckluftbremse.
Foto: Sammlung Umlauft

B. M. A. G. 1912/4756, T 16 Stettin 8108, geliefert an die Maschinenstation Heringsdorf (Usedom), Reparationsabgabe 1919 an Polen (PKP Tkw 1-5), ab 1941 DRG 94 473, Bw Morgenroth, 1945 im Heizhaus Graz (ÖStB) beheimatet, 1946 an Polen. Als T 16 Stettin 8101 vor dem Lokschuppen der Maschinenstation Heringsdorf. Normalbauart. Druckluftbremse, runder Sandkasten.
Foto: Hubert, Sammlung Siebert

plan von 1925 auf. Dabei handelte es sich bei den Lokomotiven mit den Betriebsnummern 94 462 bis 94 464 um in Deutschland stehengebliebene T 16 Normalbauart der ehemaligen Reichseisenbahnen Elsaß-Lothringen. Die 94 465 bis 94 467 waren falsch eingeordnete T 16[1].
Die T 16 Essen 8104, geliefert als Essen 1703, hatte nach einem Unfall einen neuen, dem der T 16[1] entsprechenden Rahmen und ein Triebwerk der T 16 im Ausbesserungswerk Dortmund erhalten und war deshalb als 94 501 in die der T 16[1] zugedachten DRG-Betriebsnummernreihe eingeordnet worden.

Direktionsbezirk	Bahnnummern	DRG-Nummern	Hersteller	Baujahr	Fabriknummern	Bemerkungen/ Ausmusterung
1895/1896						
Altona	T 16 8101 und 8102	94 215 –	B. M. A. G.	1907	3731 und 3732	
	T 16 8103	94 223	B. M. A. G.	1907	3783	
	T 16 8104 und 8105	94 226 und 94 227	B. M. A. G.	1907	3900 und 3901	
	T 16 8106 und 8107	94 239 und 94 240	B. M. A. G.	1907	4092 und 4093	
	T 16 8108	–	B. M. A. G.	1909	4265	
	T 16 8109	–	B. M. A. G.	1909	4330	
	T 16 8110 und 8111	94 278 und 94 279	B. M. A. G.	1909	4393 und 4394	
	T 16 8112 und 8113	94 296 und 94 297	B. M. A. G.	1910	4503 und 4504	
	T 16 8114 und 8115	94 305 –	B. M. A. G.	1910	4544 und 4545	
	T 16 8116	94 306	B. M. A. G.	1910	4546	
	T 16 8117	–	B. M. A. G.	1911	4654	
	T 16 8118 und 8119	94 316 –	B. M. A. G.	1911	4655 und 4656	
	T 16 8120 bis 8122	94 333 bis 94 335	B. M. A. G.	1911	4732 bis 4734	
	T 16 8123	–	B. M. A. G.	1912	4832	
	T 16 8124 und 8125	94 360 und 94 361	B. M. A. G.	1912	4833 und 4834	

Direktionsbezirk	Bahnnummern	DRG-Nummern	Hersteller	Baujahr	Fabriknummern	Bemerkungen/ Ausmusterung
	T16 8126 und 8127	94409 –	B. M. A. G.	1912	4933 und 4934	
	T16 8128	94425	B. M. A. G.	1913	5032	
Breslau	1671 und 1672	94201 und 94202	B. M. A. G.	1905	3397 und 3398	
	1691 und 1692	94208 –	B. M. A. G.	1906	3664 und 3665	
	T16 8123 und 8124	– 94224	B. M. A. G.	1907	3784 und 3785	
	T16 8125	–	B. M. A. G.	1907	3902	
	T16 8126 und 8127	94228 und 94229	B. M. A. G.	1907	3903 und 3904	
	T16 8128 und 8129	94241	B. M. A. G.	1907	4094 und 4095	
	T16 8130	94242	B. M. A. G.	1907	4069	
	T16 8131 bis 8133	94251 bis 94253	B. M. A. G.	1909	4266 bis 4268	
	T16 8134 bis 8136	–	B. M. A. G.	1909	4286 bis 4288	
	T16 8137	94263	B. M. A. G.	1909	4324	
	T16 8138 und 8139	– 94285	B. M. A. G.	1909	4403 und 4404	
	T16 8142 und 8143	– 94298	B. M. A. G.	1910	4505 und 4506	
	T16 8144 und 8145	94307 und 94308	B. M. A. G.	1910	4547 und 4548	
	T16 8146	–	B. M. A. G.	1910	4549	
	T16 8147 und 8148	94317 und 94318	B. M. A. G.	1911	4657 und 4658	
	T16 8149	–	B. M. A. G.	1911	4659	
	T16 8150 und 8151	94336 –	B. M. A. G.	1911	4735 und 4736	
	T16 8152	94337	B. M. A. G.	1911	4737	
	T16 8153 und 8154	94426 und 94427	B. M. A. G.	1913	5033 und 5034	
Cassel	T16 8101	94225	B. M. A. G.	1907	3786	
	T16 8102	94232	B. M. A. G.	1907	3913	
	T16 8104	94286	B. M. A. G.	1909	4405	
	T16 8105	94299	B. M. A. G.	1910	4507	
	T16 8106 und 8107	94309 und 94310	B. M. A. G.	1910	4550 und 4551	
	T16 8108 bis 8111	94319 bis 94322	B. M. A. G.	1911	4660 bis 4663	
	T16 8112 bis 8115	94338 bis 94341	B. M. A. G.	1911	4738 bis 4741	
	T16 8116 und 8117	94378 –	B. M. A. G.	1912	4851 und 4852	
	T16 8118 und 8119	94379 und 94380	B. M. A. G.	1912	4853 und 4854	
	T16 8120 und 8121	94399 und 94400	B. M. A. G.	1912	4913 und 4914	
	T16 8122	–	B. M. A. G.	1912	4915	
	T16 8123 bis 8125	94401 bis 94403	B. M. A. G.	1912	4916 bis 4918	
	T16 8126 bis 8128	94439 bis 94441	B. M. A. G.	1913	5046 bis 5048	
	T16 8129 bis 8133	94434 bis 94438	B. M. A. G.	1913	5041 bis 5045	
Coeln	T16 8101 bis 8105	94269 bis 94273	B. M. A. G.	1909	4331 bis 4335	
	T16 8106	–	B. M. A. G.	1909	4395	
	T16 8107 bis 8110	94280 bis 94283	B. M. A. G.	1909	4396 bis 4399	
	T16 8111 und 8112	94323 –	B. M. A. G.	1911	4664 und 4665	
	T16 8113 und 8114	94342 bis 94343	B. M. A. G.	1911	4742 und 4743	
	T16 8115 und 8116	94354 und 94355	B. M. A. G.	1912	4818 und 4819	
	T16 8117	–	B. M. A. G.	1912	4820	
	T16 8118 und 8119	94356 und 94357	B. M. A. G.	1912	4821 und 4822	
	T16 8120 bis 8125	94393 bis 94398	B. M. A. G.	1912	4907 bis 4912	
Elberfeld	T16 8101 und 8102	94324 und 94325	B. M. A. G.	1911	4666 und 4667	
	T16 8103 und 8104	–	B. M. A. G.	1911	4668 und 4669	
	T16 8105	94326	B. M. A. G.	1911	4670	
	T16 8106 und 8107	94385 und 94386	B. M. A. G.	1912	4873 und 4874	
	T16 8108 und 8109	–	B. M. A. G.	1912	4926 und 4927	
	T16 8110 und 8111	94405 und 94406	B. M. A. G.	1912	4928 und 4929	
	T16 8112 und 8113	94421 –	B. M. A. G.	1913	5027 und 5028	
	T16 8114	94422	B. M. A. G.	1913	5029	
Erfurt	1930 bis 1934	–	B. M. A. G.	1906	3666 bis 3670	
	1935 bis 1937	94209 bis 94211	B. M. A. G.	1906	3671 bis 3673	
	1938 und 1939	–	B. M. A. G.	1906	3674 und 3675	
	1940	94212	B. M. A. G.	1906	3676	
	T16 8112 bis 8114	94216 bis 94218	B. M. A. G.	1907	3733 bis 3735	

Direktionsbezirk	Bahnnummern	DRG-Nummern	Hersteller	Baujahr	Fabriknummern	Bemerkungen/ Ausmusterung
	T16 8115	94 230	B. M. A. G.	1907	3905	
	T16 8116 und 8117	–	B. M. A. G.	1907	3906 und 3907	
	T16 8118 und 8119	–	B. M. A. G.	1909	4400 und 4401	
	T16 8120	94 284	B. M. A. G.	1909	4402	
	T16 8121 bis 8123	94 302 bis 94 304	B. M. A. G.	1910	4510 bis 4512	
	T16 8124 bis 8126	94 311 bis 94 313	B. M. A. G.	1910	4552 bis 4554	
	T16 8127	–	B. M. A. G.	1911	4744	
	T16 8128 und 8129	94 344 und 94 345	B. M. A. G.	1911	4745 und 4746	
	T16 8130 und 8134	94 362 bis 94 366	B. M. A. G.	1912	4835 bis 4839	
	T16 8135 und 8136	94 407 und 94 408	B. M. A. G.	1912	4930 und 4931	
	T16 8137 bis 8142	94 428 bis 94 433	B. M. A. G.	1913	5035 bis 5040	
	T16 8143 und 8144	94 423 und 94 424	B. M. A. G.	1913	5030 und 5031	
Essen	1700 bis 1702	94 203 bis 94 205	B. M. A. G.	1906	3597 bis 3599	
	1703	94 501	B. M. A. G.	1906	3600	
	1704 und 1705	94 206 und 94 207	B. M. A. G.	1906	3601 und 3602	
	1706	–	B. M. A. G.	1906	3615	
	1707 und 1708	94 213 und 94 214	B. M. A. G.	1906	3677 und 3678	
	T16 8110	–	B. M. A. G.	1907	3787	
	T16 8111 bis 8113	94 233 bis 94 235	B. M. A. G.	1907	3914 bis 3916	
	T16 8114 bis 8116	94 243 bis 94 245	B. M. A. G.	1908	4097 bis 4099	
	T16 8117	–	B. M. A. G.	1909	4269	
	T16 8118 bis 8120	94 254 bis 94 256	B. M. A. G.	1909	4270 bis 4272	
	T16 8121 bis 8127	94 367 bis 94 373	B. M. A. G.	1912	4840 bis 4846	
	T16 8128 bis 8133	94 387 bis 94 392	B. M. A. G.	1912	4900 bis 4905	
	T16 8134	–	B. M. A. G.	1912	4906	
	T16 8135 und 8136	94 442 –	B. M. A. G.	1913	5049 und 5050	
Frankfurt	T16 8101 und 8102	94 219 und 94 220	B. M. A. G.	1907	3736 und 3737	
	T16 8103 und 8104	94 264 und 94 265	B. M. A. G.	1909	4325 und 4326	
	T16 8105 bis 8107	94 287 bis 94 289	B. M. A. G.	1909	4406 bis 4408	
	T16 8108	94 300	B. M. A. G.	1910	4508	
	T16 8109 und 8110	94 314 und 94 315	B. M. A. G.	1910	4555 und 4556	
	T16 8111 und 8112	94 327 und 94 328	B. M. A. G.	1911	4671 und 4672	
	T16 8113 bis 8116	94 346 bis 94 349	B. M. A. G.	1911	4747 bis 4750	
	T16 8117 bis 8119	94 374 bis 94 376	B. M. A. G.	1912	4847 bis 4849	
	T16 8120 bis 8124	94 410 bis 94 414	B. M. A. G.	1912	4935 bis 4939	
	T16 8125 bis 8127	94 446 bis 94 448	B. M. A. G.	1913	5054 bis 5056	
	T16 8128 bis 8130	94 443 bis 94 445	B. M. A. G.	1913	5051 bis 5053	
Halle	T16 8101 bis 8103	94 266 bis 94 268	B. M. A. G.	1909	4327 bis 4329	
	T16 8104 und 8105	94 294 –	B. M. A. G.	1909	4413 und 4414	
	T16 8106	94 295	B. M. A. G.	1909	4415	
	T16 8107 und 8108	94 329 und 94 330	B. M. A. G.	1911	4673 und 4674	
	T16 8109 und 8110	94 350 und 94 351	B. M. A. G.	1912	4751 und 4752	
	T16 8111	–	B. M. A. G.	1912	4753	
	T16 8112 bis 8114	94 381 bis 94 383	B. M. A. G.	1912	4855 bis 4857	
	T16 8115 bis 8117	94 415 bis 94 417	B. M. A. G.	1912	4940 bis 4942	
	T16 8118 und 8119	94 449 und 94 450	B. M. A. G.	1913	5057 und 5058	
Kattowitz	T16 8101 bis 8103	–	B. M. A. G.	1907	3910 bis 3912	
	T16 8104 und 8105	94 231 –	B. M. A. G.	1907	3908 und 3909	
	T16 8106 und 8107	94 246 –	B. M. A. G.	1908	4100 und 4101	
	T16 8108 und 8109	94 247 und 94 248	B. M. A. G.	1908	4102 und 4103	
	T16 8110 und 8111	–	B. M. A. G.	1908	4104 und 4105	
	T16 8112	94 249	B. M. A. G.	1908	4106	
	T16 8113 und 8114	94 250 –	B. M. A. G.	1908	4212 und 4213	
	T16 8109^{II}	94 257	B. M. A. G.	1909	4273	
	T16 8110^{II} und 8111^{II}	–	B. M. A. G.	1909	4274 und 4275	
	T16 8112^{II} und 8113^{II}	–	B. M. A. G.	1912	4823 und 4824	
	T16 8115 und 8116	94 358 und 94 359	B. M. A. G.	1912	4825 und 4826	
	T16 8117 bis 8121	–	B. M. A. G.	1912	4827 bis 4831	

Direktionsbezirk	Bahnnummern	DRG-Nummern	Hersteller	Baujahr	Fabriknummern	Bemerkungen/ Ausmusterung
	T16 8122 und 8123	–	B. M. A. G.	1912	4919 und 4920	
	T16 8124	94404	B. M. A. G.	1912	4921	
	T16 8125 bis 8128	–	B. M. A. G.	1912	4922 bis 4925	
	T16 8129 und 8130	94453 und 94454	B. M. A. G.	1913	5062 und 5063	
	T16 8131	–	B. M. A. G.	1913	5059	
	T16 8132 und 8133	94451 und 94452	B. M. A. G.	1913	5060 und 5061	
Königsberg	T16 8101	94377	B. M. A. G.	1912	4850	
	T16 8102	–	B. M. A. G.	1912	4932	
	T16 8103 und 8104	94455 und 94456	B. M. A. G.	1913	5064 und 5065	
Magdeburg	T16 8102	94258	B. M. A. G.	1909	4276	
	T16 8103 und 8104	94418 und 94419	B. M. A. G.	1912	4943 und 4944	
	T16 8105	94457	B. M. A. G.	1913	5066	
Mainz	T16 8101 und 8102	94221 und 94222	B. M. A. G.	1907	3738 und 3739	
	T16 8103	94274	B. M. A. G.	1909	4336	
	T16 8104	94277	B. M. A. G.	1909	4339	
	T16 8105 bis 8108	94290 bis 94293	B. M. A. G.	1909	4409 bis 4412	
	T16 8109	94301	B. M. A. G.	1910	4509	
	T16 8110 und 8111	94331 und 94332	B. M. A. G.	1911	4675 und 4676	
	T16 8112 und 8113	94352 und 94353	B. M. A. G.	1912	4754 und 4755	
	T16 8114 und 8115	– 94384	B. M. A. G.	1912	4858 und 4859	
	T16 8116 und 8117	94420 –	B. M. A. G.	1912	4945 und 4946	
	T16 8118 und 8119	94458 und 94459	B. M. A. G.	1913	5067 und 5068	
Saarbrücken	T16 8103 und 8104	94259 und 94260	B. M. A. G.	1909	4277 und 4278	
	T16 8106 und 8107	94275 und 94276	B. M. A. G.	1909	4337 und 4338	
	T16 8121 und 8122	94460 und 94461	B. M. A. G.	1913	5069 und 5070	
Stettin	T16 8101 bis 8103	94236 bis 94238	B. M. A. G.	1907	3917 bis 3919	
	T16 8105 und 8106	94261 und 94262	B. M. A. G.	1909	4279 und 4280	
	T16 8106^{II}	–	B. M. A. G.	1909	4289	
	T16 8107	–	B. M. A. G.	1911	4677	
	T16 8109 und 8110	–	B. M. A. G.	1912	4947 und 4948	

T 16^1

E-H. G. T. L.
Verstärkte Normalbauart
DRG-Baureihe $94^{5-13,\ 15-17}$
(→ EFA 1.3)

E h2t

1913

Techn. Daten: Seite 237

Bei der Ausarbeitung der Entwürfe für die 5/5 H. G. T. L. Bauart Gölsdorf (T 16) war der Oberbau auf den vorgesehenen Einsatzstrecken nur für eine Achsfahrmasse von 14 t ausgelegt, so daß verschiedene Bauteile dieses Lokomotivtyps, wie der Rahmen, zu schwach ausgefallen waren und es dadurch öfter zu Schäden, vor allem Rahmenrissen und losen Zylinderblöcken, kam, als die Zugmassen und damit die Belastungen der Lokomotiven weiter stiegen. Des weiteren hatte sich das Fassungsvermögen der Wasserkästen und des Kohlenkastens oft als unzureichend erwiesen.

Als nach 1910 die meisten Hauptstrecken für eine zulässige Achsfahrmasse von 16 t ausgebaut wurden, konnte man auch die Konstruktion der 5/5 H. G. T. L. mit dem Ziel überarbeiten, diese Mängel bei den künftig zu beschaffenden Lokomotiven zu vermeiden. Verstärkt wurden vor allem der Rahmen und einige Teile des Fahrwerks. Den Wasservorrat erhöhte man von 7 m³

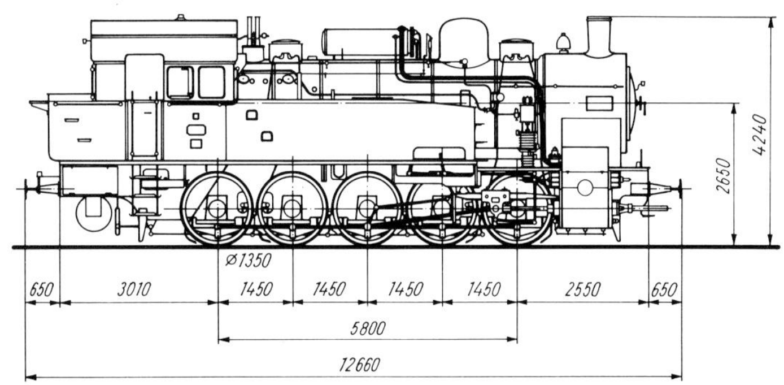

B. M. A. G. 1914. Lieferzustand. Zylindrischer Abdampf-Oberflächenvorwärmer Bauart Knorr.

T 16 ... 8138. Lieferzustand.
Foto: Werkaufnahme, Sammlung Siebert

auf 8 m^3, den Kohlenvorrat von 2 t auf 3 t. Kessel und Triebwerk blieben nahezu unverändert. Nur die Rauchrohre wurden nunmehr in vier statt in drei Reihen wie bisher angeordnet, dadurch stieg die Überhitzerfläche von 41 m^2 auf 45 m^2. Am Leistungsvermögen änderte sich kaum etwas, sofern die Maschinen nicht mit Speisewasser-Vorwärmeranlage ausgestattet wurden.

Die ersten, zur Unterscheidung von den Ursprungsausführungen als E-H. G. T. L. Verstärkte Normalbauart bezeichneten und auf dem Papier als T 16^1 geführten Lokomotiven lieferte die B. M. A. G., die auch die Überarbeitung der Konstruktion besorgt hatte, im Jahre 1913 ab. Bis 1924 beschafften die Preußisch-Hessischen Staatsbahnen bzw. die DRG 1 236 Lokomotiven dieses Typs, für deren Bau das Musterblatt XIV 4f verbindlich war. Ein großer Teil der Maschinen wurde mit Speisewasser-Vorwärmeranlage ausgerüstet. Dadurch erhöhte sich das Leistungsvermögen um etwa 8 bis 10 Prozent, so daß die T 16^1 dieser Bauform in der Ebene einen Güterzug von 1 260 t Masse mit einer Geschwindigkeit von 60 km/h, auf der Steigung 1:100 einen Güterzug von 1 050 t Masse mit ihrer Reibungsgeschwindigkeit von 17 km/h befördern konnten. Die indizierte Höchstleistung betrug 1 010 kW (1 350 PS), die zugehörige günstigste Geschwindigkeit lag bei 59 km/h. Der Abdampf-Oberflächenvorwärmer Bauart Knorr, zunächst in der flachen, ab Ende 1913/Anfang 1914 in der zylindrischen Ausführung, lag längs auf dem Scheitel des 2. Kesselschusses. Äußerlich markantester Unterschied zur T 16 Normalbauart waren die im vorderen Teil geneigten Wasserkastendecken. Die ab 1920 gebauten Maschinen erhielten anstelle des doppelwandigen Tonnendaches ein einwandiges, durchgehend abgesetztes Dach mit seitlichen Lüftungsklappen.

Ab Baujahr 1921 rüstete man die T 16^1 mit Winkelrost-Speisewasserreiniger aus, der sich in einem auf den 1. Kesselschuß aufgesetzten Speisedom befand. Dadurch mußten der Dampfdom vom hinteren Ende des 1. Kesselschusses auf das hintere Ende des 2. Kesselschusses, der Vorwärmer vom Scheitel des 2. Kesselschusses links neben den Langkesselscheitel zwischen Speisedom und Dampfdom und der vordere Sandkasten am vorderen Ende des 1. Kesselschusses zwischen den Speisedom und den Dampfdom der Tenderlokomotive verlegt werden.

B. M. A. G. 1920/7167, T 16 Trier 8177, DRG 93 1047. Als T 16 Trier 8177. Speisewasser-Vorwärmeranlage. *Foto: Sammlung Siebert*

HANOMAG 1922/9924, T 16 Essen 8635 (Gattungsbezirk), DRG 94 1278 vorläufig. Speisedom. Lieferzustand.
Foto: Werkaufnahme, Archiv Töpelmann

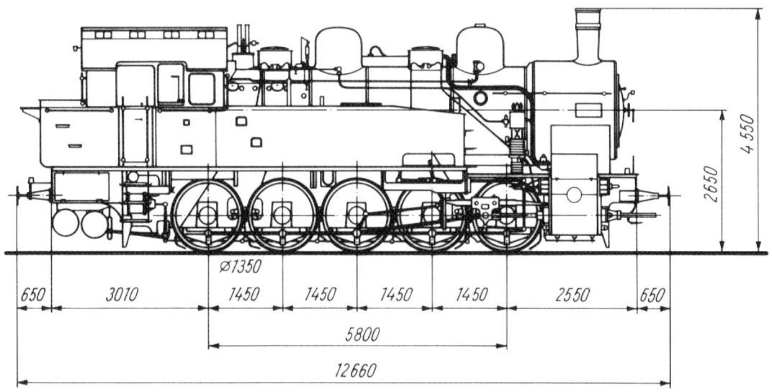

B. M. A. G. 1921/22. Lieferzustand. Speisedom, durchgehend abgesetztes Führerhausdach mit seitlichen Lüftungsklappen.

Die bis Anfang 1921 gelieferten Maschinen trugen das Gruppenzeichen T 16 und, wie die T 16 Bauarten Gölsdorf und Normalbauart, Bahnnummern aus der Reihe 8101 bis 8200. Die folgenden T 16 wurden mit Bahnnummern des Gattungsbezirkes Essen in Dienst gestellt, wobei auch gruppenfremde Bahnnummern belegt werden mußten. Die letztgelieferten T 16[1] schließlich bekamen sofort ihre DRG-Betriebsnummern.
Für den Betriebsmaschinendienst gilt das bereits zur T 16 Bauart Gölsdorf Normalbauart Gesagte. Infolge der Ergebnisse des ersten Weltkrieges fielen 119 T 16[1] ausländischen Eisenbahnen zu, und zwar 21 der Französischen Nordbahn, 19 der Paris-Lyon-Mittelmeer-Bahn, 37 den Polnischen Staatsbahnen, 36 den Belgischen Staatsbahnen, 4 den Saarbahnen und 2 den Italienischen Staatsbahnen. Eine weitere Maschine wurde mit vorläufiger DRG-Betriebsnummer ausgemustert.
In ihren 3. Umzeichnungsplan von 1925 nahm die DRG 1 160 T 16[1] auf, die die Betriebsnummern 94 502 bis 94 1377 und 94 1501 bis 94 1740 erhielten.

Direktionsbezirk	Bahnnummern	DRG-Nummern	Hersteller	Baujahr	Fabriknummern	Bemerkungen/ Ausmusterung
1895/1896						
Altona	T 16 8129 und 8130	94 527 –	B. M. A. G.	1913	5155 und 5156	
	T 16 8131 bis 8136	94 563 bis 94 568	B. M. A. G.	1914	5349 bis 5354	
	T 16 8137 und 8138	–	B. M. A. G.	1914	5509 und 5510	
	T 16 8139 bis 8143	94 617 bis 94 621	B. M. A. G.	1914	5511 bis 5515	
	T 16 8144 und 8145	94 656 und 94 657	B. M. A. G.	1915	5624 und 5625	
	T 16 8146 und 8147	94 681 und 94 682	B. M. A. G.	1915	5717 und 5718	
	T 16 8148 und 8149	94 852 und 94 853	B. M. A. G.	1918	6699 und 6700	
	T 16 8150 bis 8154	94 878 bis 94 882	B. M. A. G.	1919	6900 bis 6904	
	T 16 8155 bis 8157	94 944 bis 94 946	B. M. A. G.	1920	7063 bis 7065	
	T 16 8158 bis 8160	94 970 bis 94 972	B. M. A. G.	1920	7090 bis 7092	
	T 16 8161 bis 8166	94 930 bis 94 935	B. M. A. G.	1920	7049 bis 7054	
	T 16 8167	94 1023	B. M. A. G.	1920	7142	
	T 16 8168	94 1090 bis 94 1094	B. M. A. G.	1921	7435 bis 7439	
Breslau	T 16 8155 bis 8156	94 517 –	B. M. A. G.	1913	5139 und 5140	
	T 16 8157 und 8158	94 569 –	B. M. A. G.	1914	5355 und 5356	
	T 16 8159 bis 8161	94 622 bis 94 624	B. M. A. G.	1914	5516 bis 5518	
	T 16 8162	94 658	B. M. A. G.	1915	5626	
	T 16 8163	94 683	B. M. A. G.	1915	5719	
	T 16 8164 und 8165	94 716 und 94 717	B. M. A. G.	1916	5774 und 5775	
	T 16 8166 bis 8168	94 812 bis 94 814	B. M. A. G.	1917	6355 bis 6357	
	T 16 8169	–	B. M. A. G.	1917	6358	
	T 16 8170 bis 8172	94 875 bis 94 877	B. M. A. G.	1919	6897 bis 6899	
Cassel	T 16 8134 bis 8139	94 528 bis 94 533	B. M. A. G.	1913	5157 bis 5162	
	T 16 8140 bis 8146	94 534 bis 94 540	B. M. A. G.	1913	5225 bis 5231	
	T 16 8147 und 8148	94 582 –	B. M. A. G.	1914	5369 und 5370	
	T 16 8149 bis 8150	94 583 und 94 584	B. M. A. G.	1914	5371 und 5372	
	T 16 8151 bis 8159	94 573 bis 94 581	B. M. A. G.	1914	5360 bis 5368	
	T 16 8160 und 8161	94 864 –	Grafenstaden	1915	6820 und 6821	
	T 16 8162 und 8163	94 865 –	Grafenstaden	1915	6822 und 6823	
	T 16 8164 und 8165	94 733 und 94 734	B. M. A. G.	1916	5953 und 5954	
	T 16 8166 bis 8170	94 907 bis 94 911	B. M. A. G.	1919	6929 bis 6933	
	T 16 8171 bis 8173	94 947 bis 94 949	B. M. A. G.	1920	7066 bis 7068	
	T 16 8174 bis 8178	94 973 bis 94 977	B. M. A. G.	1920	7093 bis 7097	
Coeln	T 16 8126 und 8127	94 503 und 94 504	B. M. A. G.	1913	5122 und 5123	
	T 16 8128	–	B. M. A. G.	1913	5124	
	T 16 8129 bis 8131	94 585 bis 94 587	B. M. A. G.	1914	5373 bis 5375	
	T 16 8132 bis 8136	94 625 bis 94 629	B. M. A. G.	1914	5519 bis 5523	
	T 16 8137	94 659	B. M. A. G.	1915	5627	
	T 16 8138	94 684	B. M. A. G.	1915	5720	
	T 16 8139 bis 8141	94 698 bis 94 700	B. M. A. G.	1915	5750 bis 5752	
	T 16 8142 und 8143	94 770 und 94 771	B. M. A. G.	1916	6069 und 6070	
	T 16 8144 bis 8148	–	B. M. A. G.	1916	6071 bis 6075	
	T 16 8149 und 8150	– 94 789	B. M. A. G.	1917	6172 und 6173	
	T 16 8151 und 8152	94 815 und 94 816	B. M. A. G.	1917	6359 und 6360	
	T 16 8153	–	B. M. A. G.	1917	6361	
	T 16 8154 bis 8158	94 883 bis 94 887	B. M. A. G.	1919	6905 bis 6909	
Danzig	T 16 8101 und 8102	– 94 739	B. M. A. G.	1916	5959 und 5960	
	T 16 8103	–	B. M. A. G.	1916	5961	
	T 16 8104 und 8105	–	B. M. A. G.	1917	6190 und 6191	
	T 16 8106 und 8107	94 854 –	B. M. A. G.	1918	6701 und 6702	
	T 16 8108	94 855	B. M. A. G.	1918	6703	
Elberfeld	T 16 8115 bis 8125	94 505 bis 94 515	B. M. A. G.	1913	5125 bis 5135	
	T 16 8126 und 8127	94 594 und 94 595	B. M. A. G.	1914	5382 und 5383	
	T 16 8128 bis 8133	94 588 bis 94 593	B. M. A. G.	1914	5376 bis 5381	
	T 16 8134 bis 8142	94 630 bis 94 638	B. M. A. G.	1914	5524 bis 5532	
	T 16 8143 bis 8146	94 672 bis 94 675	B. M. A. G.	1915	5643 bis 5646	
	T 16 8147 bis 8149	94 685 bis 94 687	B. M. A. G.	1915	5721 bis 5723	

Direktions-bezirk	Bahnnummern	DRG-Nummern	Hersteller	Baujahr	Fabriknummern	Bemerkungen/ Ausmusterung
	T16 8150 bis 8153	94 718 bis 94 721	B. M. A. G.	1916	5776 bis 5779	
	T16 8154 bis 8158	94 750 bis 94 754	B. M. A. G.	1916	5982 bis 5986	
	T16 8159 und 8160	– 94 772	B. M. A. G.	1916	6076 und 6077	
	T16 8161 und 8162	94 773 –	B. M. A. G.	1916	6078 und 6079	
	T16 8163 und 8164	94 790 und 94 791	B. M. A. G.	1917	6174 und 6175	
	T16 8165 und 8166	94 843 und 94 844	B. M. A. G.	1918	6683 und 6684	
	T16 8167 und 8168	–	B. M. A. G.	1918	6685 und 6686	
	T16 8169 bis 8173	94 888 bis 94 892	B. M. A. G.	1919	6910 bis 6914	
	T16 8169 bis 8173	94 888 bis 94 892	B. M. A. G.	1919	6910 bis 6914	
	T16 8174 bis 8176	94 950 bis 94 952	B. M. A. G.	1920	7069 bis 7071	
	T16 8177 bis 8181	94 978 bis 94 982	B. M. A. G.	1920	7098 bis 7102	
	T16 8182 bis 8191	94 1050 bis 94 1059	HANOMAG	1921	9594 bis 9603	
Erfurt	T16 8145 und 8146	94 803 und 94 804	B. M. A. G.	1917	6192 und 6193	
	T16 8147 bis 8150	94 817 bis 94 820	B. M. A. G.	1917	6362 bis 6365	
	T16 8151 bis 8154	94 845 bis 94 848	B. M. A. G.	1918	6687 bis 6690	
	T16 8155 bis 8157	94 868 bis 94 870	B. M. A. G.	1919	6890 bis 6892	
	T16 8158 bis 8163	94 920 bis 94 925	B. M. A. G.	1919	7039 bis 7044	
	T16 8164 bis 8175	94 983 bis 94 994	B. M. A. G.	1920	7103 bis 7114	
	T16 8176 bis 8179	94 1024 bis 94 1027	B. M. A. G.	1920	7143 bis 7146	
	T16 8180 bis 8184	94 1080 bis 94 1084	B. M. A. G.	1921	7425 bis 7429	
Essen	T16 8137 bis 8138	–	B. M. A. G.	1913	5136 und 5137	
	T16 8139	94 516	B. M. A. G.	1913	5138	
	T16 8140 bis 8142	94 596 bis 94 598	B. M. A. G.	1914	5384 bis 5386	
	T16 8143 und 8144	94 639 –	B. M. A. G.	1914	5533 und 5534	
	T16 8145	94 640	B. M. A. G.	1914	5535	
	T16 8146	–	B. M. A. G.	1915	5628	
	T16 8147 bis 8150	94 660 bis 94 663	B. M. A. G.	1915	5629 bis 5632	
	T16 8151 bis 8153	94 688 bis 94 690	B. M. A. G.	1915	5724 bis 5726	
	T16 8154 bis 8157	–	B. M. A. G.	1915	5727 bis 5730	
	T16 8158 und 8159	94 705 und 94 706	B. M. A. G.	1915	5758 und 5759	
	T16 8160	–	B. M. A. G.	1915	5760	
	T16 8161 und 8162	94 707 und 94 708	B. M. A. G.	1915	5761 und 5762	
	T16 8163 und 8164	94 740 –	B. M. A. G.	1916	5962 und 5963	
	T16 8165	94 741	B. M. A. G.	1916	5964	
	T16 8166 bis 8171	–	B. M. A. G.	1916	5965 bis 5970	
	T16 8172 bis 8174	94 742 bis 94 744	B. M. A. G.	1916	5971 bis 5973	
	T16 8175	–	B. M. A. G.	1917	6095	
	T16 8176 bis 8179	94 782 bis 94 785	B. M. A. G.	1917	6096 bis 6099	
	T16 8180	–	B. M. A. G.	1917	6100	
	T16 8181 bis 8183	94 786 bis 94 788	B. M. A. G.	1917	6101 bis 6103	
	T16 8184 bis 8186	94 808 bis 94 810	B. M. A. G.	1917	6198 bis 6200	
	T16 8187 und 8188	– 94 811	B. M. A. G.	1917	6201 und 6202	
	T16 8189 bis 8193	94 821 bis 94 825	B. M. A. G.	1917	6366 bis 6370	
	T16 8194 und 8195	94 849 –	B. M. A. G.	1918	6691 und 6692	
	T16 8196 und 8197	– 94 850	B. M. A. G.	1918	6693 und 6694	
	T16 8198 bis 8200	94 893 bis 94 895	B. M. A. G.	1919	6915 bis 6917	
	T16 8201 bis 8204	94 953 bis 94 956	B. M. A. G.	1920	7072 bis 7075	
	T16 8205 bis 8213	94 995 bis 94 1003	B. M. A. G.	1920	7115 bis 7123	
	T16 8214 bis 8228	94 1060 bis 94 1074	HANOMAG	1921	9604 bis 9618	
	T16 8229 bis 8248	94 1102 bis 94 1121	HANOMAG	1921	7455 bis 7474	
	T16 8269 bis 8292	94 1122 bis 94 1145	B. M. A. G.	1921	7475 bis 7498	
Frankfurt	T16 8131 und 8132	– 94 518	B. M. A. G.	1913	5141 und 5142	
	T16 8133 und 8134	94 519 –	B. M. A. G.	1913	5143 und 5144	
	T16 8135 bis 8140	94 520 bis 94 525	B. M. A. G.	1913	5145 bis 5150	
	T16 8141	94 549	B. M. A. G.	1914	5300	
	T16 8142 bis 8144	94 560 bis 94 562	B. M. A. G.	1914	5346 bis 5348	
	T16 8145 bis 8154	94 550 bis 94 559	B. M. A. G.	1914	5336 bis 5345	
	T16 8155 bis 8158	94 613 bis 94 616	B. M. A. G.	1914	5505 bis 5508	

Direktions-bezirk	Bahnnummern	DRG-Nummern	Hersteller	Bau-jahr	Fabriknummern	Bemerkungen/ Ausmusterung
	T 16 8162	94 676	B. M. A. G.	1915	5647	
	T 16 8163 und 8164	94 691 und 94 692	B. M. A. G.	1915	5731 und 5732	
	T 16 8165	–	B. M. A. G.	1915	5733	
	T 16 8166 bis 8169	94 722 bis 94 725	B. M. A. G.	1916	5780 bis 5783	
	T 16 8170 bis 8173	94 735 bis 94 738	B. M. A. G.	1916	5955 bis 5958	
	T 16 8174 und 8175	94 805 –	B. M. A. G.	1917	6194 und 6195	
	T 16 8176 bis 8178	94 826 bis 94 828	B. M. A. G.	1917	6371 bis 6373	
	T 16 8179 bis 8181	94 898 bis 94 900	B. M. A. G.	1919	6920 bis 6922	
	T 16 8182 bis 8184	94 957 bis 94 959	B. M. A. G.	1920	7076 bis 7078	
	T 16 8185 bis 8189	94 1004 bis 94 1008	B. M. A. G.	1920	7129 bis 7136	
Halle	T 16 8120 und 8121	94 543 und 94 544	B. M. A. G.	1913	5232 und 5233	
	T 16 8122	94 599	B. M. A. G.	1914	5387	
	T 16 8123 und 8124	94 641 –	B. M. A. G.	1914	5536 und 5537	
	T 16 8125	94 642	B. M. A. G.	1914	5538	
	T 16 8126 bis 8128	94 664 und 94 666	B. M. A. G.	1915	5633 bis 5635	
	T 16 8129 bis 8131	94 693 bis 94 695	B. M. A. G.	1915	5734 bis 5736	
	T 16 8132 bis 8134	94 709 bis 94 711	B. M. A. G.	1915	5763 und 5765	
	T 16 8135 und 8136	–	B. M. A. G.	1915	5766 und 5767	
	T 16 8137 bis 8141	94 755 bis 94 759	B. M. A. G.	1916	5987 bis 5991	
	T 16 8142 und 8143	–	B. M. A. G.	1917	6088 und 6089	
	T 16 8144	94 778	B. M. A. G.	1917	6090	
	T 16 8145 bis 8147	94 792 bis 94 794	B. M. A. G.	1917	6176 bis 6178	
	T 16 8148 und 8149	94 829 und 94 830	B. M. A. G.	1917	6374 und 6375	
	T 16 8150 bis 8153	94 856 bis 94 859	B. M. A. G.	1918	6704 bis 6707	
	T 16 8154 bis 8159	94 901 bis 94 906	B. M. A. G.	1919	6923 bis 6928	
	T 16 8160 bis 8163	94 926 bis 94 929	B. M. A. G.	1920	7045 bis 7048	
	T 16 8164 bis 8171	94 1009 bis 94 1016	B. M. A. G.	1920	7129 bis 7136	
	T 16 8172	94 1071	B. M. A. G.	1920	7147	
	T 16 8173 bis 8177	94 1085 bis 94 1089	B. M. A. G.	1921	7430 bis 7434	
Hannover	T 16 8101 und 8102	94 600 –	B. M. A. G.	1914	5388 und 5389	
	T 16 8103 bis 8105	94 643 bis 94 645	B. M. A. G.	1914	5539 bis 5541	
	T 16 8106 und 8107	– 94 760	B. M. A. G.	1916	5992 und 5993	
	T 16 8108 und 8109	94 761 –	B. M. A. G.	1916	5994 und 5995	
	T 16 8110 bis 8112	94 774 bis 94 776	B. M. A. G.	1916	6080 bis 6082	
	T 16 8113 bis 8114	94 806 und 94 807	B. M. A. G.	1917	6196 und 6197	
	T 16 8115 und 8116	94 831 –	B. M. A. G.	1917	6376 und 6377	
	T 16 8117 bis 8119	–	B. M. A. G.	1918	6695 und 6697	
	T 16 8120	94 851	B. M. A. G.	1918	6698	
	T 16 8121 und 8122	94 912 und 94 913	B. M. A. G.	1919	6934 und 6935	
	T 16 8123 bis 8125	94 960 bis 94 962	B. M. A. G.	1920	7079 bis 7081	
	T 16 8126 bis 8130	94 1018 bis 94 1022	B. M. A. G.	1920	7137 bis 7141	
	T 16 8131 bis 8133	94 1028 bis 94 1030	B. M. A. G.	1920	7148 bis 7150	
	T 16 8134 bis 8138	94 1095 bis 94 1099	B. M. A. G.	1921	7440 bis 7444	
Kattowitz	T 16 8134 und 8135	– 94 502	B. M. A. G.	1913	5117 und 5118	
	T 16 8136 bis 8138	–	B. M. A. G.	1913	5119 bis 5121	
	T 16 8139 und 8140	94 601 bis 94 602	B. M. A. G.	1914	5391 und 5392	
	T 16 8141 und 8142	–	B. M. A. G.	1914	5393 und 5394	
	T 16 8143	–	B. M. A. G.	1914	5390	
	T 16 8144 und 8145	94 646 –	B. M. A. G.	1914	5542 und 5543	
	T 16 8146 und 8147	94 667 –	B. M. A. G.	1915	5636 und 5637	
	T 16 8148 und 8149	94 668 und 94 669	B. M. A. G.	1915	5638 und 5639	
	T 16 8150 und 8151	94 678 –	B. M. A. G.	1915	5713 und 5714	
	T 16 8152 und 8153	94 679 und 94 680	B. M. A. G.	1915	5715 und 5716	
	T 16 8154 bis 8157	94 701 bis 94 704	B. M. A. G.	1915	5753 bis 5756	
	T 16 8158	–	B. M. A. G.	1915	5757	
	T 16 8159 und 8160	– 94 745	B. M. A. G.	1916	5974 und 5975	
	T 16 8161 und 8162	94 746 –	B. M. A. G.	1916	5676 und 5977	
	T 16 8163 bis 8165	94 747 bis 94 749	B. M. A. G.	1916	5978 bis 5980	

Direktionsbezirk	Bahnnummern	DRG-Nummern	Hersteller	Baujahr	Fabriknummern	Bemerkungen/ Ausmusterung
	T16 8166	–	B. M. A. G.	1916	5981	
	T16 8167 bis 8169	–	B. M. A. G.	1916	6061 bis 6063	
	T16 8170 und 8171	94 766 und 94 767	B. M. A. G.	1916	6064 und 6065	
	T16 8172	–	B. M. A. G.	1916	6066	
	T16 8173 und 8174	94 768 und 94 769	B. M. A. G.	1916	6067 und 6068	
	T16 8175 und 8176	–	B. M. A. G.	1917	6179 und 6180	
	T16 8177 und 8178	94 795 –	B. M. A. G.	1917	6181 und 6182	
	T16 8179	94 832	B. M. A. G.	1917	6378	
	T16 8180 und 8181	–	B. M. A. G.	1917	6379 und 6380	
	T16 8182 und 8183	94 860 und 94 861	B. M. A. G.	1918	6708 und 6709	
	T16 8184 bis 8186	–	B. M. A. G.	1918	6710 bis 6712	
	T16 8204 bis 8208	–	B. M. A. G.	1921	7450 bis 7454	
Königsberg	T16 8105 und 8106	94 543 und 94 544	B. M. A. G.	1913	5252 und 5253	
	T16 8107	94 603	B. M. A. G.	1914	5395	
	T16 8108	94 647	B. M. A. G.	1914	5544	
Magdeburg	T16 8106	94 546	B. M. A. G.	1913	5255	
	T16 8107	94 571	B. M. A. G.	1914	5358	
	T16 8108	94 570	B. M. A. G.	1914	5357	
	T16 8109 und 8110	94 648 und 94 649	B. M. A. G.	1914	5545 und 5546	
	T16 8111 und 8112	94 670 und 94 671	B. M. A. G.	1915	5640 und 5641	
	T16 8113	–	B. M. A. G.	1915	5642	
	T16 8114 und 8115	94 696 und 94 697	B. M. A. G.	1915	5737 und 5738	
	T16 8116 und 8117	94 726 –	B. M. A. G.	1916	5784 und 5785	
	T16 8118 und 8119	94 727 und 94 728	B. M. A. G.	1916	5786 und 5787	
	T16 8120	–	B. M. A. G.	1916	5788	
	T16 8121 und 8122	94 762 und 94 763	B. M. A. G.	1916	5996 und 5997	
	T16 8123 und 8124	94 779 und 94 780	B. M. A. G.	1917	6091 und 6092	
	T16 8125 und 8126	94 862 und 94 863	B. M. A. G.	1918	6713 und 6714	
	T16 8127 und 8128	94 914 und 94 915	B. M. A. G.	1919	6936 und 6937	
	T16 8129 und 8130	94 963 und 94 964	B. M. A. G.	1920	7082 und 7083	
	T16 8131	94 1033	B. M. A. G.	1920	7153	
	T16 8132 und 8133	94 1031 und 94 1032	B. M. A. G.	1920	7151 und 7152	
Mainz	T16 8120	94 545	B. M. A. G.	1913	5254	
	T16 8121 und 8122	94 547 und 94 548	B. M. A. G.	1913	5256 und 5257	
	T16 8123 bis 8125	94 604 bis 94 606	B. M. A. G.	1914	5396 bis 5398	
	T16 8126 bis 8130	94 650 bis 94 654	B. M. A. G.	1914	5547 bis 5551	
	T16 8131	94 677	B. M. A. G.	1915	5648	
	T16 8132 bis 8135	94 729 bis 94 732	B. M. A. G.	1916	5789 bis 5792	
	T16 8136 und 8137	94 764 –	B. M. A. G.	1916	5998 und 5999	
	T16 8138 und 8139	– 94 781	B. M. A. G.	1917	6093 und 6094	
	T16 8138 und 8139	– 94 781	B. M. A. G.	1917	6093 und 6094	
	T16 8140 und 8141	– 94 833	B. M. A. G.	1917	6381 und 6382	
	T16 8142 und 8143	94 965 und 94 966	B. M. A. G.	1920	7084 und 7085	
	T16 8144 bis 8146	94 1034 bis 94 1036	B. M. A. G.	1920	7154 bis 7156	
Münster	T16 8101 bis 8103	94 796 bis 94 798	B. M. A. G.	1917	6183 bis 6185	
	T16 8104 bis 8106	94 835 bis 94 837	B. M. A. G.	1918	6675 bis 6677	
	T16 8107 und 8108	94 871 und 94 872	B. M. A. G.	1919	6893 und 6894	
	T16 8109 und 8110	94 896 und 94 897	B. M. A. G.	1919	6918 und 6919	
	T16 8111 bis 8113	94 967 bis 94 969	B. M. A. G.	1920	7086 bis 7088	
	T16 8114 bis 8118	94 1037 bis 94 1041	B. M. A. G.	1920	7157 bis 7161	
	T16 8119 und 8120	94 1100 und 94 1101	B. M. A. G.	1921	7445 und 7446	
	T16 8121 bis 8123	–	B. M. A. G.	1921	7447 bis 7449	
Saarbrücken	T16 8123 bis 8125	–	B. M. A. G.	1913	5151 bis 5153	
	T16 8126	94 526	B. M. A. G.	1913	5154	
	T16 8127	94 610	B. M. A. G.	1914	5402	
	T16 8128	–	B. M. A. G.	1914	5403	
	T16 8129 und 8130	94 611 und 94 612	B. M. A. G.	1914	5404 und 5405	
	T16 8131 bis 8133	94 607 bis 94 609	B. M. A. G.	1914	5399 bis 5401	

Direktionsbezirk	Bahnnummern	DRG-Nummern	Hersteller	Baujahr	Fabriknummern	Bemerkungen/ Ausmusterung
	T 16 8134 und 8135	94 866 –	Grafenstaden	1915	6824 und 6825	
	T 16 8136	94 867	Grafenstaden	1915	6826	
	T 16 8137 und 8138	–	Grafenstaden	1915	6827 und 6828	
	T 16 8139	–	B. M. A. G.	1915	5649	
	T 16 8140	–	B. M. A. G.	1915	5739	
	T 16 8141 bis 8143	94 712 bis 94 714	B. M. A. G.	1915	5768 bis 5770	
	T 16 8144	–	B. M. A. G.	1915	5771	
	T 16 8145 und 8146	94 715 –	B. M. A. G.	1915	5772 und 5773	
	T 16 8147	94 765	B. M. A. G.	1916	6000	
	T 16 8148 bis 8150	–	B. M. A. G.	1916	6083 bis 6085	
	T 16 8151 und 8152	94 777 –	B. M. A. G.	1916	6086 und 6087	
	T 16 8153 bis 8156	94 799 bis 94 802	B. M. A. G.	1917	6186 bis 6189	
	T 16 8157 und 8158	– 94 834	B. M. A. G.	1917	6383 und 6384	
	T 16 8159 bis 8161	94 838 bis 94 840	B. M. A. G.	1918	6678 bis 6680	
	T 16 8162 bis 8165	94 916 bis 94 919	B. M. A. G.	1919	6938 bis 6941	
Stettin	T 16 8111	94 572	B. M. A. G.	1914	5359	
	T 16 8112	94 655	B. M. A. G.	1914	5552	
	T 16 8113 und 8114	94 841 und 94 842	B. M. A. G.	1918	6681 und 6682	
	T 16 8115 und 8116	94 873 und 94 874	B. M. A. G.	1919	6895 und 6896	
	T 16 8117 und 8118	94 942 und 94 943	B. M. A. G.	1920	7061 und 7062	
1920 Trier	T 16 8166 bis 8171	94 936 bis 94 941	B. M. A. G.	1920	7055 bis 7060	
	T 16 8172 bis 8179	94 1042 bis 94 1049	B. M. A. G.	1920	7162 bis 7169	
	T 16 8180 bis 8184	94 1075 bis 94 1079	HANOMAG	1921	9619 bis 9623	
Gattungsbezirk Essen	T 16 8293 bis 8308	94 1166 bis 94 1181	B. M. A. G.	1921	7499 bis 7514	
	T 16 8309 bis 8328	94 1146 bis 94 1165	HANOMAG	1921	9624 bis 9643	
	T 16 8329 bis 8338	94 1182 bis 94 1191	B. M. A. G.	1921	7515 bis 7524	
	T 16 8339 bis 8368	94 1192 bis 94 1221	B. M. A. G.	1921	7615 bis 7644	
	T 16 8369 bis 8376	94 1222 bis 94 1229	B. M. A. G.	1921	7707 bis 7714	
	T 16 8377 bis 8398	94 1306 bis 94 1327	B. M. A. G.	1922	7715 bis 7736	
	T 16 8399 und 8400	94 1230 und 94 1231	HANOMAG	1922	9888 und 9889	
	T 16 8601 bis 8634	94 1232 bis 94 1265	HANOMAG	1922	9890 bis 9923	
	T 16 8635	–	HANOMAG	1922	9924	
	T 16 8636 bis 8645	94 1266 bis 94 1275	HANOMAG	1922	9925 bis 9934	
	T 16 8646 bis 8675	94 1276 bis 94 1305	Henschel	1922	18869 bis 18898	
	T 16 8676 bis 8705	94 1328 bis 94 1357	B. M. A. G.	1922	7762 bis 7791	
	T 16 8706 bis 8715	94 1358 bis 94 1367	B. M. A. G.	1922	7822 bis 7831	
	T 16 8716 bis 8725	94 1368 bis 94 1377	HANOMAG	1922	10038 bis 10047	
	T 16 8726 bis 8740	94 1501 bis 94 1515	HANOMAG	1922	10048 bis 10062	
	T 16 8741 bis 8743	94 1516 bis 94 1518	HANOMAG	1923	10174 bis 10176	
	T 16 8744 bis 8762	94 1519 bis 94 1537	Henschel	1922	19657 bis 19675	
	T 16 8763 bis 8782	94 1538 bis 94 1557	B. M. A. G.	1922	8085 bis 8104	
	T 16 8783 bis 8794	94 1558 bis 94 1569	B. M. A. G.	1922	8158 bis 8169	
	T 16 8795 bis 8809	94 1570 bis 94 1584	Linke	1922	2782 bis 2796	
DRG	95 1675[1]	94 1585	Henschel	1923	19676	
	95 1676 bis 95 1679[1]	94 1586 bis 94 1589	Henschel	1923	19778 bis 19781	
	95 1680 bis 95 1702[1]	94 1590 bis 94 1612	B. M. A. G.	1923	8175 bis 8197	
	95 1703 bis 95 1721[1]	94 1613 bis 94 1631	Linke	1923	2806 bis 2824	
	–	94 1632 bis 94 1651	B. M. A. G.	1923	8198 bis 8217	
	–	94 1652 bis 94 1661	B. M. A. G.	1924	8307 bis 8316	
	–	94 1662 bis 94 1712	B. M. A. G.	1924	8366 bis 8416	
	–	94 1713 bis 94 1740	Linke	1924	2882 bis 2909	

[1]) Betriebsnummern nach dem 1. Umzeichnungsplan 1923

T 18

2C2-H. P. T. L. dr.

DRG-Baureihe 78^{0-5} (→ EFA 1.3)

2'C2' h2t

1912

Techn. Daten: Seite 237

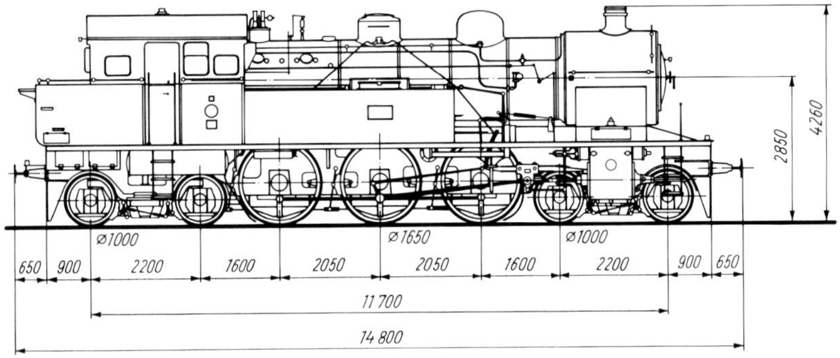

Vulcan 1912. Lieferzustand. Erste Bauform.

Der Versuch, mit der T 10 einen Lokomotivtyp zu schaffen, der die Schnellzüge zwischen den Kopfbahnhöfen Wiesbaden und Mainz unter Einsparung des Drehens der Lokomotiven befördern konnte, war fehlgeschlagen. Die Forderung der Eisenbahn-Direktion Mainz nach einem Lokomotivtyp für dieses Einsatzgebiet blieb bestehen. Auch die Eisenbahn-Direktion Stettin benötigte einen neuen Tenderlokomotivtyp, der die immer schwerer gewordenen Schnellzüge des Trajektverkehrs nach Schweden auf der Insel Rügen bespannen und dort die bisher für diesen Zweck verwendete T 12 ablösen sollte. Schlepptenderlokomotiven konnten wegen des Fehlens einer Drehscheibe in Saßnitz nicht verwendet werden.
Zunächst hatte man an eine 1'C2'-Personenzug-Tenderlokomotive gedacht, sich aber dann für die Achsfolge 2'C2' entschieden, weil sie die Verwendung eines leistungsfähigeren Kessels und die Unterbringung größerer Wasser- und Kohlevorräte gestattete.
Mit der Ausarbeitung der Entwürfe wurde die Vulcan-Werft Stettin beauftragt. 1912 konnten die ersten zehn der in die Gruppe T 18 und die zugehörige Bahnnummernreihe 8401 bis 8500 eingereihten 2'C2'-Tenderlokomotiven in den Direktionsbezirk Stettin geliefert und

Vulcan 1912/2754, T 18 Stettin 8402, geliefert an die Betriebswerkstatt Stralsund, 1925 im Lokbahnhof Saßnitz Hafen beheimatet, DRG 78 002, 1945 an DB, ausgemustert 1964 im Bw Gronau. Erste Bauform. Lieferzustand.
Foto: Werkaufnahme, Sammlung Siebert

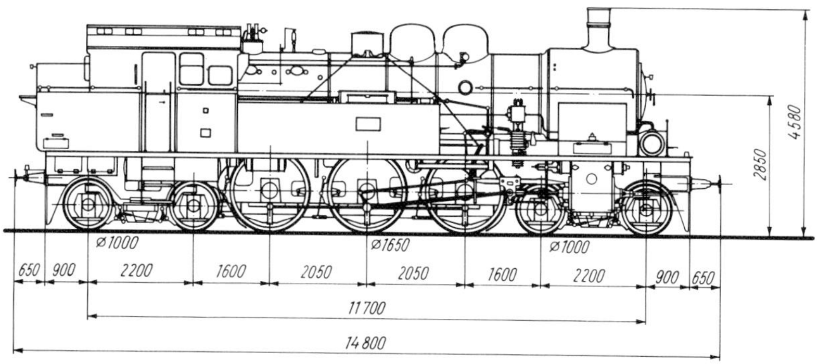

Vulcan 1921. Lieferzustand. Zylindrischer Abdampf-Oberflächenvorwärmer Bauart Knorr, Speisedom, durchgehend abgesetztes Führerhausdach mit seitlichen Lüftungsklappen.

T18 ...8447. Speisewasser-Vorwärmeranlage mit runden Abdampf-Oberflächenvorwärmer Bauart Knorr, Speisewasserreiniger Bauart E. Z. A., durchgehend abgesetztes Führerhausdach mit seitlichen Lüftungsklappen. Aufgenommen in der Betriebswerkstatt Hannover Ost. (unten)
Foto: Kreutzer, Sammlung Siebert

den Betriebswerkstätten Saßnitz, Stralsund und Berlin Gesundbrunnen zugeteilt werden. Kessel, Rahmen, Triebwerk, Steuerung und Bremsausrüstung entsprachen den damals üblichen Konstruktionsgrundsätzen. Der Wasservorrat war mit 12 m³ sehr reichlich bemessen und zum Teil im Rahmen, zum Teil in seitlichen Kästen untergebracht. Die Kuppelradsätze konnten durch Spannen bzw. Entspannen der Tragfedern wahlweise auf 16 oder 17 t Achsfahrmasse eingestellt werden. Die Massedifferenz verlagerte sich dabei auf die Laufradsätze. Das ermöglichte es einerseits, auf den für 17 t Achslast zugelassenen Strecken die mögliche Reibungsmasse voll auszunutzen, andererseits waren die Maschinen auch auf Strecken mit nur 16 t zulässiger Achsfahrmasse einsetzbar.

Bei der Erprobung zeigte sich, daß die Lokomotiven den Erwartungen zwar im großen und ganzen entsprachen, die hin- und hergehenden Massen jedoch schlecht ausgeglichen waren und deshalb starkes Zucken auftrat, so daß man die zulässige Höchstgeschwindigkeit auf 90 km/h begrenzen mußte. Bedingt war dieser Mangel dadurch, daß wegen der langen Lieferfristen der Hersteller die Radsätze bereits hatten bestellt werden müssen, als die Konstruktionsarbeiten noch nicht abgeschlossen waren, die Bemessung der Gegengewichte daher auf Überschlagsrechnung beruhte und sich so ein Fehler in den Massenausgleich eingeschlichen hatte. Bei der nachfolgend gebauten T18 wurde das durch größere Gegengewichte korrigiert, die ersten zehn

Vulcan 1922/3889, T18 Essen 8916 (Gattungsbezirk), 1925 im Bw Ratibor beheimatet, DRG 78376, 1945 an Polen. Speisedom. Lieferzustand.
Foto: Werkaufnahme, Sammlung Rammelt

Maschinen bekamen nachträglich zusätzliche Gegengewichte. Die zulässige Höchstgeschwindigkeit konnte daraufhin auf 100 km/h festgesetzt werden.
Die T18, zunächst nur gefordert von den Eisenbahn-Direktionen Mainz und Stettin, wurde schon bald auch durch andere Eisenbahn-Direktionen beschafft. Die Gesamtstückzahl der für die Preußisch-Hessischen Staatsbahnen bzw. die DRG gebauten T18 beläuft sich auf 458 Maschinen. Die Beschaffung endete erst im Jahre 1927. In die Normalien wurde die T18 unter der Musterblatt-Bezeichnung XIV 4d aufgenommen.
Während der Lieferzeit gab es mehrere konstruktive Änderungen. Die ab 1914 gebauten Maschinen rüstete man mit Speisewasser-Vorwärmeranlage aus, zunächst mit flachem Abdampf-Oberflächenvorwärmer Bauart Vulcan, ab 1916/1917 mit rundem Abdampf-Oberflächenvorwärmer Bauart Knorr. Ebenfalls 1914 rückte die Luftpumpe von ihrem ursprünglichen Platz links neben dem vorderen Ende des 1. Kesselschusses rechts neben das vordere Ende des 1. Kesselschusses, und die Seitenfenster hinter den Türöffnungen entfielen. Wegen der stark geneigten Rampen an den Trajektstellen in Saßnitz hatte man bei den ersten Maschinen das hintere Drehgestell in die handgebremsten Radsätze einbezogen. Bei den folgenden Maschinen wirkte die Handbremse nur auf die Kuppelräder, die später nur noch einseitig von hinten statt beidseitig abgebremst waren. Die ab 1918 gebauten Maschinen erhielten anstelle des doppelwandigen Tonnendachs ein einwandiges, durchgehend abgesetztes Führerhausdach mit seitlichen Lüftungsklappen. Ab Baujahr 1919 stattete man die T18 mit Speisewasserreiniger Bauart E.Z.A. im 1. Kesselschuß aus und verlegte dabei den Dampfdom von hinteren Ende des 1. Kesselschusses auf das vordere Ende des 2. Kesselschusses. Ab 1921 schließlich trat ein auf dem hinteren Ende des 1. Kesselschusses sitzender Speisedom mit Winkelrost-Speisewasserreiniger an die Stelle jener Einrichtung, und statt der runden verwendete man viereckige Sandkästen.
Die T18 war eine sehr beliebte, vielseitig verwendbare Lokomotive. Die beiden Drehgestelle verliehen ihr trotz des relativ geringen Kuppelraddurchmessers von nur 1650 mm auch bei höheren Geschwindigkeiten eine hervorragende Laufruhe. Einsatzgebiete waren der Schnellzugdienst, der Personenzugdienst und auch der Güterzugdienst auf Hauptbahnen, oft über längere Strecken. So fuhren T18 Schnellzüge des Trajektverkehrs von bzw. nach Schweden von

Saßnitz bis Berlin durch. In der Ebene konnte die T 18 einen aus acht vierachsigen D-Zug-Wagen gebildeten Reisezug von 304 t Masse mit 100 km/h befördern. Ihre indizierte Höchstleistung von 1 035 kW (1 380 PS) erzielte sie bei 92 km/h.
19 Maschinen gelangten durch die Kriegsfolgen an ausländische Eisenbahnen. 458 Maschinen sind im 3. Umzeichnungsplan der DRG von 1925 unter den Betriebsnummern 78 001 bis 78 092, 78 094 bis 78 145, 78 166 bis 78 282 und 78 351 bis 78 528 aufgeführt. Die Betriebsnummern 78 146 bis 78 165 waren durch württembergische T 18 belegt, bei der 78 093 handelt es sich um eine nach Kriegsende in Deutschland verbliebene T 18 der ehemaligen Reichseisenbahnen Elsaß-Lothringen.

Sonderausführungen

Vulcan 1912/2758 bis 2762 T 18 Stettin 8406 bis 8410; DRG 78 006 bis 78 010

Steuerung: Außenliegende Heusinger-Steuerung mit Kuhnscher Schleife.

Vulcan 1927/3860 bis 3864 DRG 78 524 bis 78 528
Kesselausrüstung: Zwei Kesselsicherheitsventile Bauart Ackermann.

Direktionsbezirk	Bahnnummern	DRG-Nummern	Hersteller	Baujahr	Fabriknummern	Bemerkungen/ Ausmusterung
1895/1896						
Breslau	T 18 8401 bis 8404	78 039 bis 78 042	Vulcan	1916	3086 bis 3089	
	T 18 8405 und 8406	78 065 und 78 066	Vulcan	1916	3112 und 3113	
	T 18 8407	78 078	Vulcan	1916	3175	
	T 18 8411	78 111	Vulcan	1918	3365	
	T 18 8411	78 111	Vulcan	1918	3365	
	T 18 8412 und 8413	78 131 und 78 132	Vulcan	1919	3495 und 3496	
	T 18 8414 und 8415	78 168 und 78 169	Vulcan	1919	3535 und 3536	
	T 18 8416 und 8417	78 184 und 78 185	Vulcan	1920	3603 und 3604	
Coeln	T 18 8401 bis 8404	78 103 bis 78 106	Vulcan	1917	3274 bis 3277	
	T 18 8405 bis 8407	78 112 bis 78 114	Vulcan	1918	3366 bis 3368	
	T 18 8409 und 8410	78 133 und 78 134	Vulcan	1919	3498 und 3499	
	T 18 8411	–	Vulcan	1919	3540	
	T 18 8412 und 8413	78 173 und 78 174	Vulcan	1919	3541 und 3542	
	T 18 8414	78 186	Vulcan	1920	3605	
	T 18 8415 und 8416	–	Vulcan	1920	3606 und 3607	
Elberfeld	T 18 8401 und 8402	78 202 und 78 203	Vulcan	1920	3685 und 3686	
Erfurt	T 18 8401 bis 8403	78 024 bis 78 026	Vulcan	1914	2922 bis 2924	
	T 18 8404 bis 8407	78 035 bis 78 038	Vulcan	1915	2978 bis 2981	
	T 18 8408 bis 8411	78 051 bis 78 054	Vulcan	1916	3098 bis 3101	
	T 18 8412 bis 8416	78 073 bis 78 077	Vulcan	1916	3120 bis 3124	
	T 18 8417 bis 8420	78 079 bis 78 082	Vulcan	1916	3176 bis 3179	
	T 18 8421 bis 8423	78 096 bis 78 098	Vulcan	1917	3267 bis 3269	
	T 18 8424 bis 8426	78 121 bis 78 123	Vulcan	1918	3375 bis 3377	
	T 18 8427 und 8428	78 138 bis 78 139	Vulcan	1919	3503 und 3504	
Essen	T 18 8401 bis 8408	78 055 bis 78 062	Vulcan	1916	3102 bis 3109	
	T 18 8409 bis 8412	78 087 bis 78 090	Vulcan	1916	3184 bis 3187	
	T 18 8413 und 8414	78 107 und 78 108	Vulcan	1917	3278 und 3279	
	T 18 8415 bis 8418	78 124 bis 78127	Vulcan	1918	3378 bis 3381	
	T 18 8419 und 8420	78 140 und 78 141	Vulcan	1919	3505 und 3506	
	T 18 8421 bis 8425	78 175 bis 78 179	Vulcan	1919	3543 bis 3547	
	T 18 8426 bis 8430	78 187 bis 78 191	Vulcan	1920	3608 bis 3612	
	T 18 8431 bis 8442	78 204 bis 78 215	Vulcan	1921	3687 bis 3698	
Frankfurt	T 18 8401 und 8402	78 022 und 78 023	Vulcan	1914	2919 und 2920	
	T 18 8403	–	Vulcan	1914	2921	

Direktionsbezirk	Bahnnummern	DRG-Nummern	Hersteller	Baujahr	Fabriknummern	Bemerkungen/ Ausmusterung
	T 18 8404 und 8405	78 029 und 78 030	Vulcan	1914	2968 und 2969	
	T 18 8406 bis 8409	78 031 bis 78 034	Vulcan	1915	2970 bis 2973	
	T 18 8410 bis 8413	78 043 bis 78 046	Vulcan	1916	3090 bis 3093	
	T 18 8414 bis 8417	78 069 bis 78 072	Vulcan	1916	3116 bis 3119	
	T 18 8418 und 8419	78 083 und 78 084	Vulcan	1916	3180 und 3181	
	T 18 8420 und 8421	78 099 und 78 100	Vulcan	1917	3270 und 3271	
	T 18 8422 bis 8424	78 115 bis 78 117	Vulcan	1918	3369 bis 3378	
	T 18 8425 bis 8427	78 170 bis 78 172	Vulcan	1919	3537 bis 3539	
	T 18 8428 bis 8430	78 192 bis 78 194	Vulcan	1920	3613 bis 3615	
Mainz	T 18 8401 bis 8409	78 011 bis 78 019	Vulcan	1914	2867 bis 2875	
	T 18 8410 bis 8413	78 047 bis 78 050	Vulcan	1914	3094 bis 3097	
	T 18 8414 und 8415	78 067 und 78 068	Vulcan	1916	3114 und 3115	
	T 18 8416 und 8417	78 085 und 78 086	Vulcan	1916	3182 und 3183	
	T 18 8418 und 8419	78 101 und 78 102	Vulcan	1917	3272 und 3273	
	T 18 8420 bis 8422	78 118 bis 78 120	Vulcan	1918	3372 bis 3374	
	T 18 8423 bis 8426	78 142 bis 78 145	Vulcan	1919	3507 bis 3510	
	T 18 8427 und 8428	78 180 und 78 181	Vulcan	1919	3548 und 3549	
	T 18 8429 bis 8431	78 195 bis 78 197	Vulcan	1920	3616 bis 3618	
Saarbrücken	T 18 8401 bis 8408	–	Vulcan	1914	2876 bis 2883	
	T 18 8409 und 8410	78 020 und 78 021	Vulcan	1914	2884 und 2885	
	T 18 8411	78 028	Vulcan	1914	2928	
	T 18 8412	78 027	Vulcan	1914	2925	
	T 18 8413 und 8414	–	Vulcan	1914	2926 und 2927	
	T 18 8415 bis 8417	–	Vulcan	1915	2974 bis 2976	
	T 18 8418 und 8419	78 094 und 78 095	Vulcan	1917	3265 und 3266	
	T 18 8420 und 8421	– 78 130	Vulcan	1919	3493 und 3494	
	T 18 8422 und 8423	78 182 –	Vulcan	1919	3550 und 3551	
	T 18 8424	78 183	Vulcan	1919	3552	
	T 18 8425 bis 8427	78 198 bis 78 200	Vulcan	1920	3619 bis 3621	
Stettin	T 18 8401 bis 8410	78 001 bis 78 010	Vulcan	1912	2753 bis 2762	
	T 18 8411 und 8412	78 063 und 78 064	Vulcan	1916	3110 und 3111	
	T 18 8413 und 8414	78 091 und 78 092	Vulcan	1918	3362 und 3363	
	T 18 8417 und 8418	78 128 und 78 129	Vulcan	1919	3491 und 3492	
	T 18 8419 und 8420	78 166 und 78 167	Vulcan	1919	3533 und 3534	
	T 18 8421	78 201	Vulcan	1920	3622	
	T 18 8422 bis 8424	78 135 bis 78 137	Vulcan	1919	3500 bis 3502	
Gattungsbezirk Essen	T 18 8443 bis 8448	78 216 bis 78 221	Vulcan	1921	3699 bis 3704	
	T 18 8449 bis 8458	78 222 bis 78 231	Vulcan	1921	3706 bis 3715	
	T 18 8459 bis 8465	78 232 bis 78 238	Vulcan	1921	3720 bis 3726	
	T 18 8466 bis 8483	78 239 bis 78 256	Vulcan	1921	3765 bis 3782	
	T 18 8484 bis 8495	78 257 bis 78 268	Vulcan	1922	3783 bis 3794	
	T 18 8496 bis 8500	78 269 bis 78 273	Vulcan	1922	3868 bis 3872	
	T 18 8901 bis 8905	78 274 bis 78 278	Vulcan	1922	3873 bis 3877	
	T 18 8906 bis 8909	78 279 bis 78 282	Vulcan	1922	3879 bis 3882	
	T 18 8910 bis 8925	78 370 bis 78 385	Vulcan	1923	3883 bis 3898	
	T 18 8926 bis 8944	78 351 bis 78 369	Henschel	1923	19692 bis 19710	
	T 18 8945 bis 8960	78 386 bis 78 401	Vulcan	1923	3901 bis 3916	
DRG	56 372 bis 56 391[1]	78 402 bis 78 421	Henschel	1923	19782 bis 19801	
	56 392 bis 56 401[1]	78 422 bis 78 431	Vulcan	1923	3917 bis 3926	
	–	78 432 bis 78 434	Henschel	1923	19991 bis 19993	
	–	78 435 bis 78 451	Vulcan	1923	3927 bis 3943	
	–	78 452 bis 78 484	Henschel	1924	20150 bis 20182	
	–	78 485 bis 78 523	Vulcan	1924	3947 bis 3985	
	–	78 524 bis 78 528	Vulcan	1927	3860 bis 3964	

[1]) Betriebsnummer nach dem 1. Umzeichnungsplan 1923

T 20

1E1-H. G. T. L.
DRG-Baureihe 95^0
(→ EFA 1.3)

1'E1' h2t

1922

Techn. Daten: Seite 238

Im Jahre 1920 hatten die von der Lokomotivfabrik Borsig entwickelten Lokomotiven der „Tierklasse" der Halberstadt–Blankenburger Eisenbahn bewiesen, daß der Ersatz des umständlichen, zeit- und kostenaufwendigen und störanfälligen Zahnradbetriebs durch den Adhäsionsbetrieb in praktisch befriedigender Weise zu lösen war. Noch im gleichen Jahr arbeitete die Firma Borsig den Entwurf einer weiteren, gegenüber der „Tierklasse" verstärkten 1'E1' h2-Güterzugtenderlokomotive aus, da sich bei den Lokomotiven der „Tierklasse" Mängel am Rahmen und am zu schwach bemessenen Triebwerk gezeigt hatten. Die Planung zu dieser Maschine reichte bis ins Jahr 1917 zurück.

Auch die Lokomotivfabrik Orenstein & Koppel stellte einen Entwurf für eine Tenderlokomotive auf, die die T 26 der Preußisch-Hessischen Staatsbahnen ersetzen sollte. Sie wies die Achsfolge 1'F1' auf, der 1. und der 6. Kuppelradsatz waren durch Zahnräder mit den benachbarten Radsätzen gekuppelt. Diese Maschine stieß bei den Preußisch-Hessischen Staatsbahnen, die wie die Halberstadt-Blankenburger Eisenbahn an einer Umstellung des gemischten Zahnrad- und Reibungsbetriebes auf reinen Adhäsionsbetrieb interessiert waren, auf besonderes Interesse, weil für den vorgesehenen Einsatzzweck eine möglichst hohe Reibungszugkraft erwünscht war. Das Eisenbahn-Zentralamt bestellte deshalb eine Probelokomotive, die sich 1921 im Bau befunden haben soll. Nachdem die Preußisch-Hessischen Staatsbahnen bzw. die DRG mit einer von der Halberstadt-Blankenburger Eisenbahn ausgeborgten Lokomotive der „Tierklasse" Versuchsfahrten auf preußischen Zahnradstrekken durchgeführt hatten und diese Versuchsfahrten befriedigend ausgefallen waren, sah man von der Übernahme der 1'F1'-Lokomotive ab und entschied sich für die Beschaffung des von der Firma Borsig entwickelten Lokomotivtyps.

In den Jahren 1922 bis 1924 wurden 45 Lokomotiven dieses Typs gebaut. Die ersten zehn Maschinen waren als T 20 Magdeburg 9201 bis 9210 bestellt worden (Magdeburg fungierte als Gattungsbezirk), in Dienst stellte man sie unter den DRG-Betriebsnummern 77 001 bis 77 010 nach dem 1., vorläufigen Umzeichnungsplan von 1923. Noch 1923 wurden sie in 95 001 bis 95 010 umgezeichnet. Für die folgenden 25 Maschinen hatte man ursprünglich die Betriebsnummern 77 011 bis 77 035 vorgesehen.

Die T 20 wies typische Merkmale des Baustils der letzten Epoche preußischen Lokomotivbaus auf: Belpaire-Stehkessel, breiter, am Bodenring die Rahmenwangen überragender Hinterkessel, im oberen Teil senkrechte, unterhalb der Feuerbüchsdecke geneigte Stehkesselrückwand, nicht erweiterte Rauchkammer, Speisedom mit Winkelrost-Speisewasserreiniger, Barrenrahmen und Heusinger-Steuerung mit Winterthur-Schleife. Die Laufradsätze waren mit den benachbarten Kuppelradsätzen in Krauss-Helmholtz-Lenkgestellen gelagert. Alle Maschinen hatten ab Werk Riggenbach-Gegendruckbremse erhalten.

Versuchsfahrten im Juni 1923 auf den Strecken Stützerbach–Rennsteig und Suhl–Friedberg und im Oktober auf den Strecken Honau–Lichtenstein und Friedrichsthal–Freudenstadt bewiesen zwar, daß

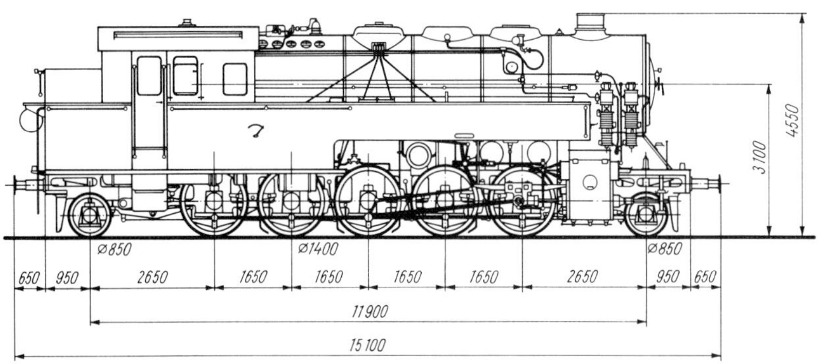

Borsig 1922. Lieferzustand. Zweite Bauform.

Borsig 1922/11109, DRG 77005, geliefert an das Bw Suhl, DRG 95005 endgültig, ausgemustert 1980 im Bw Probstzella. Abbildung als 77002.
Foto: Leonhardt-Postkarte, Archiv transpress

Zugkraft und Leistung der T20 für den Ersatz des Zahnradbetriebes durch den Reibungsbetrieb ausreichten (ein Zug von 250 t Masse wurde mit 20 km/h befördert, wobei noch Reserven blieben), es zeigten sich aber Schäden am Oberbau, die zum Abbruch der Versuche zwangen. Die Preußischen Zahnradstrecken waren nur für eine Achsfahrmasse von 12 bis 15 t ausgelegt, während die T20 eine Kuppelachsfahrmasse von 19 t aufwies. Der Ersatz der T26 durch die T20 hätte eine Verstärkung des Oberbaus erfordert, von der man aus Kostengründen absah und vorerst die Beibehaltung des gemischten Zahnrad- und Reibungsbetriebes vorzog.
Die BR 95 fand ein anderes Einsatzgebiet: Den schweren Nachschiebedienst auf Steilrampen. Einsatzstrecken waren unter anderem Arnstadt–Grimmenthal, Tharant–Klingenberg-Colmnitz, Lichtenfels–Saalfeld und die Geislinger Steige. Erste Heimat-Dienststellen waren die Bahnbetriebswerke Arnstadt, Probstzella, Suhl, Geislingen und Dresden-Friedrichstadt. Daneben wurde die BR 95 auch im Güterzugdienst über kürzere Entfernungen verwendet. In der Ebene konnte sie einen Güterzug von 2250 t Masse mit einer Geschwindigkeit von 60 km/h, auf der Steigung 1:100 einen Güterzug von 1300 t Masse mit ihrer Reibungsgeschwindigkeit von 22 km/h befördern. Die indizierte Höchstleistung betrug 1800 kW (2400 PS), die zugehörige günstigste Geschwindigkeit lag mit 76 km/h über der zulässigen Höchstgeschwindigkeit.
Von der zweiten gebauten Lokomotive an befand sich der Abdampf-Oberflächenvorwärmer nicht mehr wie bei der ersten Lokomotive in einer Rauchkammernische quer vor dem Schornstein, sondern quer auf dem Rahmen zwischen 2. und 3. Kuppelradsatz.
Ab Baujahr 1923 waren alle Kuppelräder von vorn und von hinten zu besanden. Die vorher gelieferten Lokomotiven baute man demensprechend um.

Sonderausführungen

Borsig 1923/11655 DRG 95018
Triebwerk: Eckventil-Druckausgleicher.

DRG-Betriebsnummern	Hersteller	Baujahr	Fabriknummern	Bemerkungen/ Ausmusterung
77001 bis 77010	Borsig	1922	11105 bis 11114	
95011 bis 95018	Borsig	1923	11648 bis 11655	
95019 bis 95035	HANOMAG	1923	10177 bis 10193	
95036 bis 95046	HANOMAG	1924	10251 bis 10260	

Abkürzungen

Lieferfirmen

AEG	Allgemeine Elektricitäts-Gesellschaft, Berlin
AEGL	AEG-Lahmeyerwerke
AFA	Accumulatoren-Fabrik A. G., Berlin-Hagen
BBC	Brown, Boveri & Cie A. G., Mannheim
Beu	Beuchelt Stahlbau und Maschinenfabrik, Grünberg/Schl.
BEW	Bergmann-Elektricitäts-Unternehmungen A. G., Berlin
B. M. A. G.	Berliner Maschinenbau A. G., vorm. Schwartzkopff, Wildau b. Berlin
BMS	Liefergemeinschaft von BEW und MSW
Bor, Borsig	A. Borsig Lokomotivbau, Berlin-Tegel
Bres	Breslauer Actien-Gesellschaft für Eisenbahn-Wagenbau und Maschinen-Bau-Anstalt Breslau in Breslau
Deutz	Gasmotoren-Fabrik Deutz in Cöln-Deutz
Düss	Düsseldorfer Eisenbahnbedarf, vorm. Carl Weyer & Co, Düsseldorf-Oberbilk
DWV	Deutsche Wagenbauvereinigung, Eisenbahn-Liefergemeinschaft G. m. b. H., Berlin
Esslingen	Maschinenfabrik Esslingen (Neckar)
FGL	Felten & Guilleaume AG
Floridsdorf	Wiener Maschinenfabrik Floridsdorf
Ganz	Ganz, és Társa Villamosságe, Gép-, Waggonés Hajógyár RT, Budapest (Ungarn)
Gast	Waggonfabrik Gebrüder Gastell G. m. b. H., Mainz-Mombach
Grafenstaden	Elsässische Maschinenbaugesellschaft Grafenstaden, Strassburg
Güstrow	Mecklenburgische Waggonfabrik, Güstrow
Hagans	Christian Hagans, Erfurt
Han, HANOMAG	Hannoversche Maschinenbau-A. G., vorm. Georg Egestorff, Hannover-Linden
Hartmann	Sächs. Maschinenfabrik A. G., vorm. R. Hartmann, Chemnitz
Hawa	Hannoversche Waggonfabrik A. G., Linden-Hannover
He, Henschel	Henschel & Sohn, Cassel
Hof	Waggonfabrik Gebr. Hofmann & Co. A. G., Breslau
Hohenzollern	Hohenzollern Actiengesellschaft für Lokomotivbau, Düsseldorf-Grafenberg
HwT	Hauptwerkstätte Tempelhof
Jung	Lokomotivfabrik A. Jung, Jungenthal bei Kirchen (Sieg)
Karlsruhe	Maschinenbau-Gesellschaft, Karlsruhe
Kil	Waggonfabrik Killing & Sohn, Hagen i. W.
Krauss	Lokomotivfabrik Krauss & Comp., München
Krupp	Friedrich Krupp A. G., Essen
LHB	Linke-Hofmann-Busch-Werke, Breslau und Bautzen
LHW, Linke	Linke-Hofmann-Werke AG, Breslau
Maf, Maffei	J. A. Maffei Lokomotivfabrik, München
ME	Maschinenfabrik Esslingen, Esslingen
MHK, Humboldt	Maschinenbauanstalt Humboldt AG, Köln-Kalk
MSW	Maffei-Schwartzkopff-Werke G. m. b. H., Wildau
NAG	Neue Automobil-Gesellschaft m. b. H., Berlin NW (auch Nationale Automobil-Gesellschaft A. G., Berlin-Oberschöneweide)

Pöge	Pöge-Elektrizitäts-A. G., Chemnitz
Orenstein	Orenstein & Koppel, Drewitz
Rast	Waggonfabrik A. G., Rastatt
Schichau	Lokomotivfabrik Schichau, Elbing
SSW	Siemens-Schuckert-Werke G. m. b. H., Berlin-Siemensstadt
S & H	Siemens und Halske A. G., Berlin
Stein	Waggonfabrik L. Steinfurt, G. m. b. H., Königsberg i. Pr.
Sulz	Gebr. Sulzer, Ludwigshafen
UEG	Union-Elektricitäts-Gesellschaft, Berlin
UGK, Union	Union Gießerei, Königsberg i. Pr.
Uerd	Waggonfabrik A. G. Uerdingen (Rheinland)
VdZ	Van der Zypen-Charlier G. m. b. H., Eisenbahnwagen- und Maschinenfabrik, Cöln-Deutz
Vul, Vulcan	Stettiner Schiffs- und Maschinenbau AG, Vulcan, Stettin
Wasseg	Liefergemeinschaft von AEG und SSW
Weg	Wegmann & Co., Waggonfabrik, Cassel
Wöhlert	F. Wöhlertsche Maschinenbau-Anstalt und Eisengießerei-Aktiengesellschaft, Berlin
Wumag	Aktien-Gesellschaft für Fabrikation von Eisenbahn-Material zu Görlitz (auch: Waggon- und Maschinebau Aktiengesellschaft Görlitz)
WW	Waggonfabrik A. G., Weimar, Weimar

Dampflokomotiven

HD	Hochdruck
m. h. L.	mit hinterer Laufachse
ND	Niederdruck
PSi	PS indiziert
U	Umbau

Sonstiges

Bf	Bahnhof
Btr-Nr	Betriebsnummer
Bw	Bahnbetriebswerk (ab 1920), Betriebswerkstätte (bis 1920)
Cöln lrh	Cöln linksrheinisch
Cöln rrh	Cöln rechtsrheinisch
D. R. P. Nr.	Deutsches Reich Patent-Nr.
E. Z. A.	Eisenbahn-Zentralamt
Hbf	Hauptbahnhof
K. E. D.	Königliche Eisenbahndirektion
M. E. D.	Militär-Eisenbahn-Direktion
M. G. D.	Militär General-Direktion
M. d. ö. A.	Ministerium der öffentlichen Arbeiten
Raw	Reichsbahnausbesserungswerk
Rbd	Reichsbahndirektion
v. H.	von Hundert

Hauptkenndaten

Gruppe bzw. Gattung		–	–	T 0
Gattung		1/2 Omnibus-T. L.	1/2 Omnibus-T. L. v.	1/2 Omnibus-T. L. v.
Bauart		Hannover 1880	Hannover 1880	Hannover 1883
Hersteller, Baujahr		Schichau 1880	Schichau 1880	Henschel 1883
Bemerkungen		Hannover 80 und 81 mit Gepäckraum	Hannover 83 und 84 mit Gepäckraum	Hannover 1904 bis 1913 ohne Gepäckraum
Zulässige Höchstgeschwindigkeit	km/h	.	.	.
Zylinderdurchmesser (HD/ND)	mm	200	200/300	270/440
Kolbenhub	mm	400	400	420
Kuppelraddurchmesser	mm	1 130	1 130	1 130
Laufraddurchmesser vorn/hinten	mm	1 130/–	1 130/–	1 130/–
Kesseldruck	MPa	1,2	1,2	1,2
Wasserraum des Kessels	m^3	.	.	.
Dampfraum des Kessels	m^3	.	.	.
Verdampfungswasseroberfläche	m^2	.	.	.
Größter innerer Kesseldurchmesser	mm	911	911	1 074
Höhe der Kesselmitte über SO	mm	1 800	1 800	1 870
Rostfläche	m^2	0,54	0,54	0,80
Heizrohranzahl	Stück	73	73	114
Heizrohrdurchmesser innen/außen	mm	45/50	45/50	41/46
Rauchrohranzahl	Stück	–	–	–
Rauchrohrdurchmesser innen/außen	mm	–	–	–
Rohrlänge zwischen den Rohrwänden	mm	1 960	1 960	2 067
Überhitzerrohrdurchmesser innen/außen	mm	–	–	–
Strahlungsheizfläche	m^2	2,6	2,6	3,7
Rohrheizfläche	m^2	20,2	20,2	30,3
Verdampfungsheizfläche	m^2	22,8	22,8	34,0
Überhitzerheizfläche	m^2	–	–	–
Fester Achsstand	mm	4 000	4 000	3 500
Gesamter Achsstand	mm	4 000	4 000	3 500
Länge über Puffer	mm	8 200	8 200	6 400
Leermasse	t	15,0	15,0	15,2
Dienstmasse	t	18,2[1])	18,2[1])	20,2
Reibungsmasse	t	9,7[1])	9,7[1])	10,7
Mittlere Kuppelachsfahrmasse	t	9,7[1])	9,7[1])	10,7
Wasservorrat	m^3	1,6	1,6	2,4
Kohlevorrat	t	0,8	0,8	0,7

[1]) mit Gepäck

– 2/2 T. L. v Bromberg 1880 Schichau 1880 Bromberg 801 und 802	T 1 2/2 T. L. Bromberg 1882 B. M. A. G. 1882 Bromberg 811 bis 816	T 1 2/2 T. L. v. Bromberg 1883 Schichau 1883 Bromberg 824	T 1 2/2 T. L. (5,5 t) Hannover 1880 Henschel 1880 Münster-Enscheder E. 1 bis 4	T 1 2/2 T. L. (5,5 t) Hannover 1880 Henschel 1880 W. E. B. 205
.	.	.	.	.
240/380	270	270/435	300	300
450	520	550	500	500
1 120	1 070	1 080	1 210	1 200
–/–	–/–	–/–	–/–	–/–
1,2	1,2	1,2	1,0	1,0
.	.	.	.	.
.	.	.	.	.
.	.	.	.	.
984	1 100	1 004	1 027	1 015
.	.	.	.	.
0,73	0,75	0,74	0,87	0,87
90	103	92	113	113
90	103	92	113	113
43,6/48	42/46	46/50	41/46	40/45
–	–	–	–	–
2 270	2 710	2 818	2 998	3 542
–	–	–	–	–
3,0	3,1	3,4	4,1	4,1
28,2	36,8	37,7	43,6	50,2
31,2	39,9	41,1	47,7	54,3
–	–	–	–	–
2 500	2 500	2 500	2 200	2 200
2 500	2 500	2 500	2 200	2 200
6 489	6 940	7 110	7 000	7 100
15,8	15,8	15,9	16,2	17,0
20,0	20,6	20,7	22,5	22,5
20,0	20,6	20,7	22,5	22,5
10,0	10,3	10,35	11,25	11,25
2,0	.	2,5	3,5	3,6
0,7	.	.	1,1	0,85

Gruppe bzw. Gattung		T 1	(T 1)	(T 1)
Gattung		2/2 T. L. (5,5 t)	2/2 Omnibus-T. L.	2/2 Omnibus-T. L.
Bauart		Hannover	Lentz	Lentz
Hersteller, Baujahr		Borsig 1880	Hohenzollern 1880	Hohenzollern 1881
Bemerkungen		W. E. B. 206 bis 210	Berlin-Hamburger Eisenbahn	Berlin-Stettiner E. A 229 bis A 234
Zulässige Höchstgeschwindigkeit	km/h	.	.	.
Zylinderdurchmesser (HD/ND)	mm	300	220	300
Kolbenhub	mm	500	350	400
Kuppelraddurchmesser	mm	1 200	1 154	1 260
Laufraddurchmesser vorn/hinten	mm	–/–	–/–	–/–
Kesseldruck	MPa	1,0	1,2	1,2
Wasserraum des Kessels	m^3	.	.	.
Dampfraum des Kessels	m^3	.	.	.
Verdampfungswasseroberfläche	m^2	.	.	.
Größter innerer Kesseldurchmesser	mm	1 015	780	970
Höhe der Kesselmitte über SO	mm	.	1 700	.
Rostfläche	m^2	0,89	0,40	0,55
Heizrohranzahl	Stück	113	76	120
Heizrohrdurchmesser innen/außen	mm	45/50	31/35	36/40
Rauchrohranzahl	Stück	–	–	–
Rauchrohrdurchmesser innen/außen	mm	–	–	–
Rohrlänge zwischen den Rohrwänden	mm	3 542	1 850	2 130
Überhitzerrohrdurchmesser innen/außen	mm	–	–	–
Strahlungsheizfläche	m^2	4,1	2,0	3,2
Rohrheizfläche	m^2	56,6	13,7	28,9
Verdampfungsheizfläche	m^2	60,7	15,7	32,1
Überhitzerheizfläche	m^2	–	–	–
Fester Achsstand	mm	2 200	2 900	3 000
Gesamter Achsstand	mm	2 200	2 900	3 000
Länge über Puffer	mm	7 100	5 660	6 300
Leermasse	t	17,0	11,3	16,9
Dienstmasse	t	22,5	14,3	21,2
Reibungsmasse	t	22,5	14,3	21,2
Mittlere Kuppelachsfahrmasse	t	11,25	7,15	10,6
Wasservorrat	m^3	3,6	2,0	2,5
Kohlevorrat	t	0,85	0,5	0,5

(T 1) 2/2 Omnibus-T. L. Lentz Hohenzollern 1880 Holsteinische Marschbahn	(T 1) 2/2 Omnibus-T. L. Lentz Hohenzollern 1882 Oberschlesische Eisenbahn 622 bis 624	(T 1) 2/2 Omnibus-T. L. Lentz Hohenzollern 1880 Berlin 601	(T 1) 2/2 Omnibus-T. L. Lentz Hohenzollern 1881 Bromberg 803 und 803	(T 1) 2/2 Omnibus-T. L. Lentz Hohenzollern 1881 Magdeburg 865 866
.	.	.	.	.
250	260	280	250	280
350	380	420	350	400
1 000	1 130	1 280	980	1 150
–/–	–/–	–/–	–/–	–/–
1,2	1,2	1,0	1,2	1,2
.	.	.	.	.
.	.	.	.	.
.	.	.	.	.
970	879	1 100	970	970
.	.	.	.	.
0,51	0,45	0,65	0,55	0,51
100	88	134	120	108
37/40	34/38	36/40	28/32	34/38
–	–	–	–	–
–	–	–	–	–
1 950	1 850	2 150	1 963	1 950
–	–	–	–	–
3,3	2,7	3,7	3,2	3,0
22,7	17,4	32,6	20,7	22,5
26,0	20,1	36,3	23,9	25,5
–	–	–	–	–
2 900	2 900	3 000	2 900	3 000
2 900	2 900	3 000	2 900	3 000
5 700	5 760	6 700	5 900	6 100
13,5	14,2	19,3	14,5	16,0
16,5	17,0	26,0	18,7	20,0
16,5	17,0	26,0	18,7	20,0
8,25	8,5	13,0	9,35	10,0
2,0	1,7	4,0	.	2,0
0,5	0,5	1,6	.	0,6

Gruppe bzw. Gattung		T 1	T 1	(T 1)
Gattung		2/2 Omnibus-T. L.	2/2 T. L. (5 t)	2/3 P. T. L. m. h. L.
Bauart		Magdeburg	Normalbauart	Probelok Berl. Stadtb.
Hersteller, Baujahr		Vulcan 1882	Henschel 1883	B. M. A. G. 1880
Bemerkungen		Magdeburg 867 bis 873	Hannover 1541 bis 1544	Berlin 630
Zulässige Höchstgeschwindigkeit	km/h	.	.	.
Zylinderdurchmesser (HD/ND)	mm	280	270	400
Kolbenhub	mm	450	550	610
Kuppelraddurchmesser	mm	1 240	1 080	1 594
Laufraddurchmesser vorn/hinten	mm	–/–	–/–	–/1 130
Kesseldruck	MPa	1,2	1,2	1,0
Wasserraum des Kessels	m^3	.	.	.
Dampfraum des Kessels	m^3	.	.	.
Verdampfungswasseroberfläche	m^2	.	.	.
Größter innerer Kesseldurchmesser	mm	1 000	978	1 300
Höhe der Kesselmitte über SO	mm	.	1 800	.
Rostfläche	m^2	0,68	0,80	1,34
Heizrohranzahl	Stück	106	101	185
Heizrohrdurchmesser innen/außen	mm	41/46	41/46	45/50
Rauchrohranzahl	Stück	–	–	–
Rauchrohrdurchmesser innen/außen	mm	–	–	–
Rohrlänge zwischen den Rohrwänden	mm	2 550	2 900	3 850
Überhitzerrohrdurchmesser innen/außen	mm	–	–	–
Strahlungsheizfläche	m^2	3,0	3,5	6,6
Rohrheizfläche	m^2	34,8	37,7	100,6
Verdampfungsheizfläche	m^2	37,8	41,2	107,2
Überhitzerheizfläche	m^2	–	–	–
Fester Achsstand	mm	2 500	2 500	4 400
Gesamter Achsstand	mm	2 500	2 500	4 400
Länge über Puffer	mm	.	7 160	10 050
Leermasse	t	16,0	15,6	32,9
Dienstmasse	t	21,8	20,5	44,6
Reibungsmasse	t	21,8	20,5	31,4
Mittlere Kuppelachsfahrmasse	t	10,9	10,25	15,7
Wasservorrat	m^3	3,0	2,4	6,0
Kohlevorrat	t	1,0	0,85	2,5

T 2 2/3 T. L. m. h. L. Normalbauart[1]) Henschel 1895 Magdeburg 1400	T 2 2/2 Rangier-T. L.[2]) Frankfurt HANOMAG 1881[3]) Frankfurt 250 bis 259	T 2 2/2 Rangier-T. L. Hannoversche St. B. HANOMAG 1877 H. St. B. 608 bis 610	T 1 2/2 Rangier-T. L. Hannoversche St. B. HANOMAG 1878 H. St. B. 611 bis 613	T 1, T 2 2/2 Rangier-T. L. Hannoversche St. B. Henschel 1882 Hannover 614 bis 629
.	.	.	.	.
360	320	300	300	300
350	540	540	540	540
1 350	1 300	1 130	1 130	1 130
–/1 000	–/–	–/–	–/–	–/–
1,2	1,2	1,0	1,0	1,0
.	.	.	.	.
.	.	.	.	.
.	.	.	.	.
1 200	1 080	1 128	1 128	1 128
1 980	.	.	.	1 900
1,46	1,0	0,81	0,81	0,81
165	116	101	101	101
41/46	41/46	45/50	45/50	45/50
–	–	–	–	–
–	–	–	–	–
3 240	3 130	3 238	3 238	3 238
–	–	–	–	–
6,0	4,4	4,8	4,0	4,0
68,8	46,7	46,2	46,2	46,2
74,8	51,1	51,0	50,2	50,2
–	–	–	–	–
3 700	2 500	2 400	2 400	2 400
3 700	2 500	2 400	2 400	2 400
8 670	7 890	7 850	7 850	7 700
26,9	20,6	21,0	21,3	21,3
35,4	26,7	28,3	27,3	27,3
25,5	26,7	28,3	27,3	27,3
12,75	13,35	14,15	13,65	13,65
3,9	3,5	3,2	3,2	3,2
1,6	1,3	1,1	1,1	1,1

[1]) für Bahnen untergeordneter Bedeutung
[2]) bzw. 2/2 P. T. L.
[3]) und Vulcan 1881

Gruppe bzw. Gattung		(T 1, T 2)	T 2	T 2
Gattung		2/2 Rangier-T. L.	2/2 Rangier-T. L. (7 t)	2/2 Rangier-T. L.
Bauart		Hannoversche St. B.	Hannover	Magdeburg
Hersteller, Baujahr		Henschel 1882	Henschel 1880	Henschel 1883
Bemerkungen		Coeln linksrh. 1460 und 1461	Hannover (M. W. B.) 1042 und 1043	Magdeburg 1486 bis 1491
Zulässige Höchstgeschwindigkeit	km/h	.	.	.
Zylinderdurchmesser (HD/ND)	mm	300	350	320
Kolbenhub	mm	540	550	540
Kuppelraddurchmesser	mm	1 080	1 200	996
Laufraddurchmesser vorn/hinten	mm	–/–	–/–	–/–
Kesseldruck	MPa	1,2	1,0	1,2
Wasserraum des Kessels	m^3	.	.	.
Dampfraum des Kessels	m^3	.	.	.
Verdampfungswasseroberfläche	m^2	.	.	.
Größter innerer Kesseldurchmesser	mm	1 126	1 053	1 146
Höhe der Kesselmitte über SO	mm	.	.	.
Rostfläche	m^2	0,81	1,09	0,97
Heizrohranzahl	Stück	101	113	162
Heizrohrdurchmesser innen/außen	mm	45/50	45/51	41/46
Rauchrohranzahl	Stück	–	–	–
Rauchrohrdurchmesser innen/außen	mm	–	–	–
Rohrlänge zwischen den Rohrwänden	mm	3 238	3 650	3 350
Überhitzerrohrdurchmesser innen/außen	mm	–	–	–
Strahlungsheizfläche	m^2	4,2	5,0	4,5
Rohrheizfläche	m^2	46,2	58,3	69,9
Verdampfungsheizfläche	m^2	50,4	63,3	74,4
Überhitzerheizfläche	m^2	–	–	–
Fester Achsstand	mm	2 400	2 500	2 450
Gesamter Achsstand	mm	2 400	2 500	2 450
Länge über Puffer	mm	7 615	8 288	7 900
Leermasse	t	21,5	23,0	20,7
Dienstmasse	t	27,5	28,9	28,6
Reibungsmasse	t	27,5	28,9	28,6
Mittlere Kuppelachsfahrmasse	t	13,75	14,45	14,3
Wasservorrat	m^3	3,2	2,5	4,0
Kohlevorrat	t	1,0	1,0	1,2

T 2 2/2 Rangier-T. L. (7 t) Normalbauart Henschel 1885 –	T 2 2/2 Omnibus-H. T. L. Krauss Krauss 1910	T 2 2/2 P. T. L. Berliner Stadtbahn Schichau 1880 Berlin 600 (Prototyp)	T 2, T 4 2/3 P. T. L. Berliner Stadtbahn Schichau 1882	T 2 2/3 P. T. L. m. h. L. Berliner Stadtbahn Henschel 1884 Berlin 1612 bis 1629
40	50	75	75	60
330	305	350	360	350
550	400	550	580	550
1 080	1 006	1 595	1 594	1 340
–/–	–/–	1 035/–	1 039/–	–/1 039
1,2	1,2	1,0	1,0	1,0
.	1,0	.	.	.
.	0,5	.	.	.
.	2,3	.	.	.
1 094	.	1 200	1 220	1 200
1 860	2 160	1 850	1 853	1 955
1,0	0,6	0,85	1,05	0,95
127	76	134	134	156
41/46	38/42,5	45/50	45/50	42/46
–	12	–	–	–
–	108/115,5	–	–	–
3 240	2 200	3 350	3 250	2 860
–	32/39	–	–	–
4,5	3,1	5,1	5,2	4,6
53,0	28,9	63,4	61,5	58,8
57,5	32,0	58,5	66,7	63,4
–	8,1	–	–	–
2 500	3 200	3 400	4 000	3 500
2 500	3 200	3 400	4 000	3 500
8 089	7 134	8 220	8 830	8 475
20,6	18,8	.	32,3	26,5
27,1	22,7	35,6	40,5	34,2
27,1	22,7	23,7	27,6	23,1
13,55	11,35	11,85	13,8	11,55
3,5	2,0	3,7	4,0	4,0
0,85	0,55	1,35	2,0	2,0

Gruppe bzw. Gattung		T 2	T 2	T 3
Gattung		2/3 P. T. L. m. h. L.	2/3 T. L. m. h. L.²)	3/3 G. T. L.
Bauart		Magdeburg	Magdeburg	Hannover
Hersteller, Baujahr		HANOMAG 1882	HANOMAG 1882	Henschel 1881
Bemerkungen		Magdeburg 874 bis 883	Magdeburg 884 bis 889	Hannover 1025 bis 1029
Zulässige Höchstgeschwindigkeit	km/h	.	.	.
Zylinderdurchmesser (HD/ND)	mm	420	420	360
Kolbenhub	mm	560	560	540
Kuppelraddurchmesser	mm	1 570	1 357	1 130
Laufraddurchmesser vorn/hinten	mm	–/1 042	–/896	–/–
Kesseldruck	MPa	1,2	1,2	1,2
Wasserraum des Kessels	m³	.	.	.
Dampfraum des Kessels	m³	.	.	.
Verdampfungswasseroberfläche	m²	.	.	.
Größter innerer Kesseldurchmesser	mm	1 176	1 150	1 180
Höhe der Kesselmitte über SO	mm	1 830	.	.
Rostfläche	m²	1,25	1,15	1,20
Heizrohranzahl	Stück	154	154	156
Heizrohrdurchmesser innen/außen	mm	41/46	41/46	41/46
Rauchrohranzahl	Stück	–	–	–
Rauchrohrdurchmesser innen/außen	mm	–	–	–
Rohrlänge zwischen den Rohrwänden	mm	3 220	3 165	3 168
Überhitzerrohrdurchmesser innen/außen	mm	–	–	–
Strahlungsheizfläche	m²	5,6	6,1	5,8
Rohrheizfläche	m²	63,8	62,7	63,6
Verdampfungsheizfläche	m²	69,4	68,8	69,4
Überhitzerheizfläche	m²	–	–	–
Fester Achsstand	mm	4 000¹)	4 026	3 000
Gesamter Achsstand	mm	4 000	4 026	3 000
Länge über Puffer	mm	8 632	8 750	8 395
Leermasse	t	35,1	29,6	25,6
Dienstmasse	t	43,5	37,5	34,1
Reibungsmasse	t	29,4	27,9	34,1
Mittlere Kuppelachsfahrmasse	t	14,7	13,95	11,37
Wasservorrat	m³	4,5	4,0	4,3
Kohlevorrat	t	1,3	1,2	1,2

¹) Achsabstand der Kuppelradsätze 1 900 mm
²) für den Rangier- und gemischten Dienst

T 3 3/3 T. L. (5 t) Normalbauart HANOMAG 1882 –	T 3 3/3 T. L. (5 t) Normalbauart Henschel 1898 –	T 3 3/3 T. L. Pielock-Dampftrockner HANOMAG 1906 Hannover 4552	T 3 3/3 T. L. (6 t) Normalbauart Hagans 1904 –	T 4 2/3 P. T. L. MOABIT-Typ Borsig 1882 Berlin-Hamburger E.
40	40	40	40	.
350	350	350	350	420
550	550	550	550	610
1 080	1 100	1 100	1 100	1 514
–/–	–/–	–/–	–/–	1 094/–
.				
1,2	1,2	1,2	1,2	1,0
2,6	2,6	.	.	.
0,9	0,9	.	.	.
4,3	4,3	.	.	.
1 106	1 106	1 163	.	1 213
1 860	1870	1 950	.	.
1,35	1,35	1,45	1,35	1,37
132	132	154	132	178
41/46	41/46	41/46	41/46	41/46
–	–	–	–	–
–	–	–	–	–
3 240	3 240	3 900	3 240	3 700
–	–	–	–	–
4,8	4,8	5,7	5,9	5,9
55,1	55,1	77,4	55,1	84,8
59,9	59,9	83,1	61,0	90,7
–	–	21,82	–	–
3 000	3 000	3 000	3 000	4 200
3 000	3 000	3 000	3 000	4 200
8 300	8 591	9 170	8 780	9 780
22,5	23,0	29,8	28,2	32,5
29,5	32,0	39,0	36,8	40,7
29,5	32,0	39,0	36,8	27,0
9,83	10,67	13,0	12,27	13,5
3,5	4,0	.	5,0	4,0
0,85	1,04	.	1,9	1,0

Gruppe bzw. Gattung		T 4	T 4	T 4
Gattung		2/3 P. T. L.	2/3 P. T. L.	2/3 P. T. L.
Bauart		Magdeburg 1884	Magdeburg 1888	Altona
Hersteller, Baujahr		Borsig 1884	Henschel 1888	Union 1888
Bemerkungen		Magdeburg 1492 bis 1501	Magdeburg 1537 bis 1540	Altona 1474 bis 1483
Zulässige Höchstgeschwindigkeit	km/h	.	.	.
Zylinderdurchmesser (HD/ND)	mm	420	420	420
Kolbenhub	mm	610	610	610
Kuppelraddurchmesser	mm	1 530	1 570	1 590
Laufraddurchmesser vorn/hinten	mm	1 000/–	1 048/–	1 170/–
Kesseldruck	MPa	1,2	1,2	1,0
Wasserraum des Kessels	m^3	.	.	.
Dampfraum des Kessels	m^3	.	.	.
Verdampfungswasseroberfläche	m^2	.	.	.
Größter innerer Kesseldurchmesser	mm	1 226	1 226	1 226
Höhe der Kesselmitte über SO	mm	.	.	1 895
Rostfläche	m^2	1,37	1,55	1,37
Heizrohranzahl	Stück	178	178	178
Heizrohrdurchmesser innen/außen	mm	41/46	41/46	41/46
Rauchrohranzahl	Stück	–	–	–
Rauchrohrdurchmesser innen/außen	mm	–	–	–
Rohrlänge zwischen den Rohrwänden	mm	3 700	3 700	3 700
Überhitzerrohrdurchmesser innen/außen	mm	–	–	–
Strahlungsheizfläche	m^2	5,9	5,9	5,7
Rohrheizfläche	m^2	84,8	84,8	84,8
Verdampfungsheizfläche	m^2	90,7	90,7	90,5
Überhitzerheizfläche	m^2	–	–	–
Fester Achsstand	mm	4 200	4 200	2 400
Gesamter Achsstand	mm	4 200	4 200	4 200
Länge über Puffer	mm	9 980	9 980	9 980
Leermasse	t	35,6	31,3	34,0
Dienstmasse	t	43,3	41,0	41,0
Reibungsmasse	t	27,9	27,9	28,6
Mittlere Kuppelachsfahrmasse	t	13,95	13,95	14,3
Wasservorrat	m^3	4,5	4,5	4,0
Kohlevorrat	t	1,25	1,5	1,0

T 4	T 4	T 4[1]	T 4	T 4
2/3 P. T. L.	2/3 P. T. L.	2/3 P. T. L.	2/3 P. T. L.	2/3 P. T. L.
Berlin	Berlin	Normalbauart	Hannover	Hannover
HANOMAG 1888	HANOMAG 1890	Henschel 1892	HANOMAG 1885	HANOMAG 1888
Berlin 1638	Berin 1644	mit Druckluftbremse	Hannover 1600	Hannover 1612
bis 1643	bis 1661	Bauart Carpenter	bis 1603	bis 1615[1)]
.	.	.	75	75
420	420	420	400	400
610	610	600	600	600
1 594	1 594	1 580	1 530	1 530
974/–	974/–	1 130/–	1 130/–	1 130/–
1,0	1,2	1,2	1,2	1,2
.	.	.	.	.
.	.	.	.	.
.	.	.	.	.
1 226	1 226	1 250	1 250	1 250
1 895	1 895	1 900	2 100	2 100
1,37	1,37	1,60	1,43	1,43
178	178	181	192	192
41/46	41/46	41/46	41/46	41/46
–	–	–	–	–
–	–	–	–	–
3 700	3 700	3 600	3 120	3 120
–	–	–	–	–
5,7	5,7	5,7	6,2	6,2
84,8	84,8	83,9	77,1	77,1
90,5	90,5	89,6	83,3	83,3
–	–	–	–	–
2 400	4 200	4 200	1 900	1 900
4 200	4 200	4 200	4 300	4 300
10 003	10 003	9 840	8 850	8 850
33,3	34,5	33,6	28,0	30,4
42,7	43,2	43,2	36,8	39,0
28,7	28,8	29,1	24,8	26,0
14,35	14,4	14,55	12,4	13,0
5,0	5,0	5,0	4,0	5,0
1,25	1,25	1,6	1,6	1,6

[1]) mit seitlichen Wasserkästen und Druckluftbremse Bauart Carpenter

Gruppe bzw. Gattung		T 4	T 4	T 4
Gattung		2/3 P. T. L. m. h. L.	2/3 P. T. L. m. h. L.	2/3 P. T. L. m. h. L.
Bauart		Elberfeld	Elberfeld	Elberfeld
Hersteller, Baujahr		Esslingen 1868[1)]	Henschel 1876	Henschel 1881[2)]
Bemerkungen		Bergisch-Märkische Eisenbahn	Bergisch-Märkische Eisenbahn	Bergisch-Märkische Eisenbahn
Zulässige Höchstgeschwindigkeit	km/h	.	.	.
Zylinderdurchmesser (HD/ND)	mm	392	392	400
Kolbenhub	mm	575	575	575
Kuppelraddurchmesser	mm	1524	1524	1412
Laufraddurchmesser vorn/hinten	mm	–/952	–/964	–/845
Kesseldruck	MPa	0,8	1,0	1,0
Wasserraum des Kessels	m^3	.	.	.
Dampfraum des Kessels	m^3	.	.	.
Verdampfungswasseroberfläche	m^2	.	.	.
Größter innerer Kesseldurchmesser	mm	1180	1260	1260
Höhe der Kesselmitte über SO	mm	.	.	.
Rostfläche	m^2	1,08	1,08	1,09
Heizrohranzahl	Stück	180	180	180
Heizrohrdurchmesser innen/außen	mm	40/46	40/46	40/46
Rauchrohranzahl	Stück	–	–	–
Rauchrohrdurchmesser innen/außen	mm	–	–	–
Rohrlänge zwischen den Rohrwänden	mm	3495	3495	3495
Überhitzerrohrdurchmesser innen/außen	mm	–	–	–
Strahlungsheizfläche	m^2	6,3	5,7	6,3
Rohrheizfläche	m^2	79,0	79,0	79,0
Verdampfungsheizfläche	m^2	85,3	84,7	85,3
Überhitzerheizfläche	m^2	–	–	–
Fester Achsstand	mm	4080	4080	4080
Gesamter Achsstand	mm	4080	4080	4080
Länge über Puffer	mm	9205	9305	9287
Leermasse	t	28,5	28,7	29,8
Dienstmasse	t	36,8	36,4	36,9
Reibungsmasse	t	23,7	24,6	26,2
Mittlere Kuppelachsfahrmasse	t	11,85	12,3	13,1
Wasservorrat	m^3	3,5	3,5	3,6
Kohlevorrat	t	1,0	1,0	0,85

1) Esslingen 1869 und Karlsruhe 1881 gleiche Daten
2) Karlsruhe 1881 gleiche Daten

T 4[2]	T 4	T 4	T 4[3]	T 5[1]
2/3 P. T. L. m. h. L.	2/3 P. T. L. m. h. L.	2/3 P. T. L. m. h. L.	2/3 P. T. L. dr. kr.	2/4 P. T. L.
Elberfeld	Rheinische Eisenbahn	Rheinische Eisenbahn	–	Normalbauart
Henschel 1894	Wöhlert 1873[1)]	HANOMAG 1885[1)]	Schichau 1898	Henschel 1895
(nach Musterblatt	Rheinische Eisenbahn	Coeln linksrh.	Erfurt 1500	Berlin 2011
III 4h)	148 bis 161	1489 und 1490	bis 1502	und 2012
75	.	.	.	75
400	406	405	420	430
575	559	560	600	600
1 540	1 560	1 560	1 600	1 600
–/1 000	–/1 034	–/1 045	1 150/–	1 000/1 000
1,0	0,9	1,0	1,2	1,2
.	.	.	.	.
.	.	.	.	.
.	.	.	.	.
1 234	1 206	1 180	1 250	1 242
1 845	1 920	.	2 160	2 200
1,18	1,33	1,33	1,54	1,57
180	160	160	191	.
41/46	44/49	44/49	41/46	.
–	–	–	–	–
–	–	–	–	–
3 395	3 138	3 223	3 250	.
–	–	–	–	–
5,8	7,5	7,5	6,8	.
78,7	69,4	71,2	79,9	.
84,5	76,9	78,7	86,7	.
–	–	–	–	–
4 080	4 132	4 132	0000	2 000
4 080	4 132	4 132	4 800	6 800
9 530	9 275	9 474	9 760	11 260
32,8	34,9	33,2	35,3	.
39,5	42,9	40,4	45,0	.
25,7	29,3	27,8	30,0	.
12,85	14,65	13,9	15,0	.
3,3	4,9	4,9	5,0	.
1,0	0,8	1,2	1,5	.

[1]) Wöhlert 1874 und HANOMAG 1875 gleiche Daten

Gruppe bzw. Gattung		T 5[1]	T 5[2]	T 5[2]
Gattung		2/4 P. T. L.	2/4 P. T. L. dr.	2/4 H. P. T. L. dr.
Bauart		Normalbauart	Normalbauart	–
Hersteller, Baujahr		Henschel 1895	Henschel 1899	Henschel 1900
Bemerkungen		nach Musterblatt III 4i 2. Aufl.	–	Berlin 2069 und 2070
Zulässige Höchstgeschwindigkeit	km/h	75	75	75
Zylinderdurchmesser (HD/ND)	mm	430	440	480
Kolbenhub	mm	600	600	600
Kuppelraddurchmesser	mm	1 600	1 600	1 600
Laufraddurchmesser vorn/hinten	mm	1 000/1 000	850/–	850/–
Kesseldruck	MPa	1,2	1,2	1,2
Wasserraum des Kessels	m^3	4,4	4,3	.
Dampfraum des Kessels	m^3	1,5	1,5	.
Verdampfungswasseroberfläche	m^2	6,1	6,3	.
Größter innerer Kesseldurchmesser	mm	1 242	.	.
Höhe der Kesselmitte über SO	mm	2 200	2 200	2 200
Rostfläche	m^2	1,57	1,69	1,69
Heizrohranzahl	Stück	171	218	.
Heizrohrdurchmesser innen/außen	mm	41/46	41/46	.
Rauchrohranzahl	Stück	–	–	.[1)]
Rauchrohrdurchmesser innen/außen	mm	–	–	.[1)]
Rohrlänge zwischen den Rohrwänden	mm	4 000	4 000	.
Überhitzerrohrdurchmesser innen/außen	mm	–	–	.
Strahlungsheizfläche	m^2	6,6	8,7	.
Rohrheizfläche	m^2	88,1	112,3	.
Verdampfungsheizfläche	m^2	94,7	121,0	109,4
Überhitzerheizfläche	m^2	–	–	29,0
Fester Achsstand	mm	2 000	2 600	2 600
Gesamter Achsstand	mm	6 800	6 950	7 050
Länge über Puffer	mm	11 685	10 856	11 606
Leermasse	t	41,5	44,2	50,5
Dienstmasse	t	53,1	56,7	60,6
Reibungsmasse	t	31,4	31,7	31,6
Mittlere Kuppelachsfahrmasse	t	15,7	15,85	15,8
Wasservorrat	m^3	5,5	7,0	7,0
Kohlevorrat	t	1,6	1,5	1,5

[1)] Flammrohr

T 6 3/5 P. T. L. 3cyl. Wittfeld B. M. A. G. 1902 –	T 7 3/3 G. T. L. Rheinische Eisenbahn Borsig 1876 Rheinische Eisenbahn 162 bis 167	T 7 3/3 G. T. L. Rheinische Eisenbahn Borsig 1882, 1883 Coeln linksrh. 1729 bis 1740	T 7 3/3 G. T. L. (7 t) Ruhr-Typ Borsig 1881 Berlin 750 bis 755	T 7 3/3 G. T. L. (7 t) Ruhr-Typ Union 1890 Breslau 1830 bis 1839
75	.	.	45	45
500	432	432	430	430
630	610	610	630	630
1 500	1 290	1 300	1 330	1 330
1 000/1 000	–/–	–/–	–/–	–/–
1,4	0,9	1,0	1,0	1,2
.	.	.	.	.
.	.	.	.	.
.	.	.	.	.
1 582	1 232	1 204	1 300	1 300
2 500	1 790	1 795	.	1 980
2,30	1,71	1,85	1,19	1,19
240	171	171	210	186
45/50	44/49	44/49	41/46	41/46
–	–	–	–	–
–	–	–	–	–
4 200	3 120	3 220	3 453	3 453
–	–	–	–	–
11,9	6,8	6,8	5,3	5,4
142,4	73,7	76,1	93,4	82,7
154,3	80,5	82,9	98,7	88,1
–	–	–	–	–
1 900	3 767	3 767	3 700	3 700
9 000	3 767	3 767	3 700	3 700
13 700	9 250	9 252	9 560	9 560
64,4	37,1	37,2	31,6	32,2
78,9	44,4	44,2	41,3	42,0
48,7	44,4	44,2	41,3	42,0
16,23	14,8	14,73	13,77	14,0
6,7	3,9	3,9	5,0	5,0
2,5	0,7	0,7	2,5	1,8

Gruppe bzw. Gattung		T 7	T 7	–
Gattung		3/3 G. T. L. (7 t)	3/3 G. T. L. (7 t)	3/3 G. T. L.
Bauart		Verstärkter Ruhr-Typ	Verstärkter Ruhr-Typ	mit Wellrohrkessel [1]
Hersteller, Baujahr		Henschel 1891	Union 1892	Umbau 1887/1888
Bemerkungen		–	Elberfeld 1876 bis 1878	Coeln rechtsrh. 1713
Zulässige Höchstgeschwindigkeit	km/h	45	45	.
Zylinderdurchmesser (HD/ND)	mm	430	430	406
Kolbenhub	mm	630	630	559
Kuppelraddurchmesser	mm	1 330	1 330	1 216
Laufraddurchmesser vorn/hinten	mm	–/–	–/–	–/–
Kesseldruck	MPa	1,0	1,2	0,9
Wasserraum des Kessels	m^3	.	.	5,4
Dampfraum des Kessels	m^3	.	.	1,4
Verdampfungswasseroberfläche	m^2	.	.	4,0
Größter innerer Kesseldurchmesser	mm	1 300	1 300	1 185/1 200[2]
Höhe der Kesselmitte über SO	mm	1 980	1 980	.
Rostfläche	m^2	1,32	1,32	1,30
Heizrohranzahl	Stück	207	207	187
Heizrohrdurchmesser innen/außen	mm	41/46	41/46	45/50
Rauchrohranzahl	Stück	–	–	–
Rauchrohrdurchmesser innen/außen	mm	–	–	–
Rohrlänge zwischen den Rohrwänden	mm	3 378	3 378	3 000
Überhitzerrohrdurchmesser innen/außen	mm	–	–	–
Strahlungsheizfläche	m^2	6,1	6,1	10,1
Rohrheizfläche	m^2	90,0	90,0	79,3
Verdampfungsheizfläche	m^2	96,1	96,1	89,4
Überhitzerheizfläche	m^2	–	–	–
Fester Achsstand	mm	3 700	3 700	3 548
Gesamter Achsstand	mm	3 700	3 700	3 548
Länge über Puffer	mm	9 560	9 560	9 577
Leermasse	t	31,0	32,2	37,4
Dienstmasse	t	42,0	40,2	48,8
Reibungsmasse	t	42,0	40,2	48,8
Mittlere Kuppelachsfahrmasse	t	14,0	13,4	16,27
Wasservorrat	m^3	5,0	5,0	5,2
Kohlevorrat	t	1,5	1,5	1,2

[1]) Bauart Pohlmeyer
[2]) Langkessel/Hinterkessel

T 8	T 8	T 9	T 9	T 9
3/3 H. T. L.	3/3 H. T. L.	3/4 T. L. dr. kr.	3/4 T. L. dr. kr.	3/4 T. L. dr. kr.
–	–	Elberfeld	Elberfeld	Elberfeld
Linke 1906	Linke 1908	Krauss 1891	Krauss 1893	Henschel 1897
–	–	Elberfeld 2000 und 2001	Elberfeld 2002 und 2003	Elberfeld 2009 bis 2011
60	60	45	50	50
500	500	400	440	440
600	600	570	550	550
1 350	1 350	1 080	1 080	1 080
–/–	–/–	–/780	–/810	–/810
1,2	1,2	1,2	1,2	1,2
3,0	3,0	.	.	.
1,3	1,3	.	.	.
5,3	5,3	.	.	.
1 201	1 201	1 320	1 400	1 400
2 500	2 500	2 150	2 200	2 200
1,48	1,48	1,71	1,71	1,71
93	93	199	219	219
41/46	41/46	41/46	41/46	41/46
12	12	–	–	–
118/127	118/127	–	–	–
3 700	3 700	3 600	3 600	3 600
30/38	30/38	–	–	–
7,5	7,5	6,8	7,5	7,5
60,8	60,8	92,2	101,4	101,4
68,3	68,3	99,0	108,9	108,9
16,4	16,5	–	–	–
3 400	3 600	1 630	1 650	1 650
3 400	3 400	5 300	5 700	5 700
9 460	.	9 903	10 470	10 470
35,8	36,6	36,2	40,4	39,3
45,7	46,5	47,9	53,2	53,4
45,7	46,5	39,5	39,4	40,6
15,23	15,5	13,17	13,13	13,53
5,0	5,0	5,5	7,2	7,2
1,4	1,4	1,5	2,4	2,4

Gruppe bzw. Gattung		T 9	T 9	T 9[1]
Gattung		3/4 T. L. m. h. L.	3/4 T. L. m. h. L.	3/4 G. T. L. m. h. L.
Bauart		Langenschwalbach	Langenschwalbach	–
Hersteller, Baujahr		Esslingen 1892	B. M. A. G. 1893, 1895	Borsig 1893
Bemerkungen		Frankfurt 1901 bis 1908	Frankfurt 1909 bis 1919	–
Zulässige Höchstgeschwindigkeit	km/h	50	50	60
Zylinderdurchmesser (HD/ND)	mm	450	430	430
Kolbenhub	mm	600	630	630
Kuppelraddurchmesser	mm	1 250	1 250	1 330
Laufraddurchmesser vorn/hinten	mm	–/800	–/800	–/980
Kesseldruck	MPa	1,2	1,2	1,2
Wasserraum des Kessels	m^3	.	.	4,3
Dampfraum des Kessels	m^3	.	.	1,6
Verdampfungswasseroberfläche	m^2	.	.	6,9
Größter innerer Kesseldurchmesser	mm	1 390	1 390	1 270
Höhe der Kesselmitte über SO	mm	2 160	2 160	1 990
Rostfläche	m^2	1,73	1,73	1,53
Heizrohranzahl	Stück	249	249	162
Heizrohrdurchmesser innen/außen	mm	40/45	40/45	45/50
Rauchrohranzahl	Stück	–	–	–
Rauchrohrdurchmesser innen/außen	mm	–	–	–
Rohrlänge zwischen den Rohrwänden	mm	4 050	4 050	4 400
Überhitzerrohrdurchmesser innen/außen	mm	–	–	–
Strahlungsheizfläche	m^2	8,6	8,4	7,3
Rohrheizfläche	m^2	126,7	126,7	100,7
Verdampfungsheizfläche	m^2	135,3	135,1	108,0
Überhitzerheizfläche	m^2	–	–	–
Fester Achsstand	mm	2 870	2 870	3 700
Gesamter Achsstand	mm	5 200	5 200	6 100
Länge über Puffer	mm	10 380	10 380	10 450[1)]
Leermasse	t	41,9	41,0	43,2
Dienstmasse	t	52,7	52,7	54,0
Reibungsmasse	t	41,3	39,9	41,0
Mittlere Kuppelachsfahrmasse	t	13,78	13,3	13,67
Wasservorrat	m^3	5,0	5,0	5,7
Kohlevorrat	t	2,0	2,0	1,5

[1)] später 11 320 mm

T 9^2	T 9^3	T 10	T 11	T 12
3/4 G. T. L.	3/4 G. T. L. dr. kr.	3/5 H. P. L. dr.	3/4 P. T. L. dr. kr.	3/4 H. P. T. L. dr. kr.
–	–	–	–	–
Union 1893	Hohenzollern 1902	Borsig 1909	Hohenzollern 1905	Union 1902
–	–	–	–	Berlin 1984
				bis 1987
.	60[1]	100	80	80
430	450	575	480	520
630	630	630	630	630
1 330	1 350	1 750	1 500	1 500
980/–	1 000/–	1 000/–	1 000/–	1 000/–
1,2	1,2	1,2	1,2	1,2
4,2	4,1	4,0	4,4	.
1,5	1,5	2,2	1,6	.
6,1	5,7	8,4	6,2	.
1 300	1 372	.	1 372	.
2 100	2 500	2 750	2 500	.
1,58	1,53	1,85	1,73	1,70
197	214	152	224	.
41/46	41/46	41/46	41/46	.
–	–	21	–	1[2]
–	–	125/133	–	.
3 930	3 700	4 450	4 000	.
–	–	30/38	–	.
				.
7,1	7,9	10,5	8,7	.
99,7	101,9	123,8	115,4	134,8
106,8	109,8	143,3	124,1	
–	–	39,2	–	
4 200	1 650	4 230	1 930	2 000
6 600	6 000	8 000	6 350	6 350
10 650	10 700	11 800	11 190	11 500
41,0	46,5	60,6	48,3	48,9
54,0	60,3	76,1	62,9	60,7
42,0	45,5	48,7	48,7	46,3
14,0	15,17	16,32	16,23	15,57
7,0	7,0	7,5	7,4	7,4[3]
2,0	2,4	3,0	2,5	2,5

[1]) bei den mit Druckluftbremse ausgerüsteten Lokomotiven später 65 km/h
[2]) Flammrohr
[3]) durch Überlauf auf 7 m^3 begrenzt

Gruppe bzw. Gattung		T 12	T 12	T 12
Gattung		3/4 H. P. T. L. dr. kr.	3/4 H. P. T. L. dr. kr.	3/4 H. P. T. L. dr. kr.
Bauart		–	–	–
Hersteller, Baujahr		Borsig 1905	Hohenzollern 1911	Borsig 1914
Bemerkungen		Rauchkammer Überhitzer	Zweireihiger Rauchrohr-Überhitzer	Verstärkte Bauform[3]
Zulässige Höchstgeschwindigkeit	km/h	80	80	80
Zylinderdurchmesser (HD/ND)	mm	540	540	540
Kolbenhub	mm	630	630	630
Kuppelraddurchmesser	mm	1 500	1 500	1 500
Laufraddurchmesser vorn/hinten	mm	1 000/–	1 000/–	1 000/–
Kesseldruck	MPa	1,2	1,2	1,2
Wasserraum des Kessels	m^3	.	.	4,5
Dampfraum des Kessels	m^3	.	.	1,5
Verdampfungswasseroberfläche	m^2	.	.	6,8
Größter innerer Kesseldurchmesser	mm	1 374	1 374	1 374
Höhe der Kesselmitte über SO	mm	2 500	2 500	2 900
Rostfläche	m^2	1,73	1,73	1,73
Heizrohranzahl	Stück	180	140	120
Heizrohrdurchmesser innen/außen	mm	41/46	41/46	41/46
Rauchrohranzahl	Stück	1[1]	1[1]	18
Rauchrohrdurchmesser innen/außen	mm	305/331	124/133	125/133
Rohrlänge zwischen den Rohrwänden	mm	3 900	4 370	4 370
Überhitzerrohrdurchmesser innen/außen	mm	30/38	28/36	28/36
Strahlungsheizfläche	m^2	9,3	8,7	9,4
Rohrheizfläche	m^2	94,1	102,6	98,4
Verdampfungsheizfläche	m^2	103,4	111,3	107,8
Überhitzerheizfläche	m^2	29,5	16,7	33,4
Fester Achsstand	mm	2 000	2 000	2 000
Gesamter Achsstand	mm	6 350	6 350	6 350
Länge über Puffer	mm	11 800	11 800	11 800
Leermasse	t	50,6	52,1	53,5
Dienstmasse	t	62,3	66,4	67,9
Reibungsmasse	t	47,3	51,0	51,0
Mittlere Kuppelachsfahrmasse	t	15,77	17,0	17,0
Wasservorrat	m^3	7,4[2]	7,4[2]	7,4[2]
Kohlevorrat	t	2,5	2,5	2,5

[1]) Flammrohr
[2]) durch Überlauf auf 7 m^3 begrenzt
[3]) mit dreireihigem Überhitzer und Speisewasser-Vorwärmeranlage

T 13 4/4 G. T. L. Hagans Henschel 1899 –	T 13 4/4 G. T. L. Union Hohenzollern 1912 –	T 13[1] D-H. G. T. L. – HANOMAG 1921 –	T 14 1D1-H. P. T. L. 3zyl. „Kampflokomotive" Henschel 1913 Berlin 8101	T 14 1D1-H. G. T. L. Normalbauart Union 1914 Mit Speisewasser- Vorwärmeranlage
.	45	45	65	65
430	500	530	490	600
630	600	600	630	660
1 250	1 250	1 250	1 350	1 350
–/–	–/–	–/–	1 000/1 000	1 000/1 000
1,2	1,2	1,2	1,5	1,2
.	4,4	4,2	.	5,6
.	1,6	1,6	.	2,8
.	6,2	6,2	.	9,5
1 320	1 372	1 372	1 650	1 500
2 400	2 450	2 450	3 000	2 900
1,66	1,76	1,73	3,65	2,50
161	209	6	.	122
45/50	41/46	41/46	.	45/50
–	–	92	.	22
–	–	70/76	.	125/133
4 000	4 000	4 000	.	4 700
–	–	19/24	.	32/40
7,8	8,7	8,5	.	13,9
91,0	107,6	84,0	.	121,6
98,8	116,3	92,5	183,4	135,5
–	–	49,3	66,0	48,0
2 620	3 650	3 650	4 500	4 500
5 720	5 275	5 275	9 700	9 300
10 870	11 100	11 110	13 600	13 800
46,5	48,5	53,2	83,0	73,1
58,0	62,7	65,4	101,0	94,4
58,0	62,7	65,4	68,0	63,0
14,5	15,68	16,35	17,0	15,57
5,5	7,0	7,0	9,0	11,0
1,0	2,5	2,5	2,5[1)]	4,0

[1]) Heizölvorrat 0,5 m^3

Gruppe bzw. Gattung		T 14[1]	T 15	T 15
Gattung		1D1-H. G. T. L.	5/5 G. T. L.	5/5 G. T. L.
Bauart		Verstärkte Normalbauart	Hagans	Köchy
Hersteller, Baujahr		Union 1918	Henschel 1898	Henschel 1902
Bemerkungen		–	–	Coeln 1900
Zulässige Höchstgeschwindigkeit	km/h	60	40	
Zylinderdurchmesser (HD/ND)	mm	600	520	560
Kolbenhub	mm	660	630	630
Kuppelraddurchmesser	mm	1 350	1 200	1 250
Laufraddurchmesser vorn/hinten	mm	1 000/1 000	–/–	–/–
Kesseldruck	MPa	1,2	1,2	1,2
Wasserraum des Kessels	m^3	5,6	5,3	.
Dampfraum des Kessels	m^3	2,8	2,8	.
Verdampfungswasseroberfläche	m^2	9,5	9,5	.
Größter innerer Kesseldurchmesser	mm	1 500	1 600	.
Höhe der Kesselmitte über SO	mm	2 900	2 350	.
Rostfläche	m^2	2,56	2,36	2,37
Heizrohranzahl	Stück	111	210	.
Heizrohrdurchmesser innen/außen	mm	41/46	45/50	.
Rauchrohranzahl	Stück	26	–	–
Rauchrohrdurchmesser innen/außen	mm	125/133	–	–
Rohrlänge zwischen den Rohrwänden	mm	4 700	4 350	.
Überhitzerrohrdurchmesser innen/außen	mm	30/38	–	–
Strahlungsheizfläche	m^2	13,9	8,4	.
Rohrheizfläche	m^2	115,1	129,1	.
Verdampfungsheizfläche	m^2	129,0	137,5	137,5
Überhitzerheizfläche	m^2	50,3	–	–
Fester Achsstand	mm	4 500	2 680	.
Gesamter Achsstand	mm	9 300	6 860	.
Länge über Puffer	mm	14 500	11 910	.
Leermasse	t	77,0	56,0	.
Dienstmasse	t	101,5	71,5	72,0
Reibungsmasse	t	67,8	71,5	72,0
Mittlere Kuppelachsfahrmasse	t	16,95	14,3	14,4
Wasservorrat	m^3	14,0	6,0	.
Kohlevorrat	t	4,5	1,2	.

T 16 3/7 H. S. T. L. dr. 4cyl. – Henschel 1904 Erfurt 1900	T 16 5/5 H. G. T. L. Gölsdorf B. M A. G. 1906 Rauchkammer- Überhitzer	T 16 5/5 H. G. T. L. Gölsdorf[2)] B. M. A. G. 1907 Rauchrohr- Überhitzer	T 16[1] E-H. G. T. L. Vestärkte Normalbauart B. M. A. G. 1913 Mit Speisewasser- Vorwärmeranlage	T 18 2C2-H. P. T. L. dr. – Vulcan 1912 Erste Bauform[3)]
100	50	50	50	90
420/630	610	610	610	560
630	660	660	660	630
1 750	1 350	1 350	1 350	1 650
1 000/1 000	–/–	–/–	–/–	1 000/1 000
1,4	1,2	1,2	1,2	1,2
.	5,0	.	5,3	5,6
.	2,0	.	1,8	2,9
.	7,9	.	8,0	8,0
1 634	1 500	1 500	1 500	1 498
2 700	2 550	2 550	2 650	2 850
4,10	2,25	2,25	2,25	2,39
186	220	159	143	.
45/50	41/46	41/46	41/46	41/46
24	1[1)]	21	22	.
./127	305/331[1)]	125/133	125/133	125/133
5 000	4 100	4 500	4 500	4 700
25/.	.	30/38	30/38	29/36
.	11,5	11,5	11,7	.
.	120,1	124,0	121,7	.
191,0	131,6	135,5	133,4	143,9
44,0	31,7	42,9	45,3	42,5
4 000	2 900	2 900	2 900	4 100
13 700	5 800	5 800	5 800	11 700
17 700	12 300	12 500	12 660	14 800
83,7	58,9	59,0	65,5	82,1
108,3	73,9	74,0	82,8	104,6
60,0	73,9	74,0	82,8	50,7
20,0	14,78	14,8	16,56	16,9
13,0	7,0	7,0	8,0	12,0
3,5	2,0	2,0	3,0	4,5

[1)] Flammrohr
[2)] Normalbauart nahezu gleiche Daten
[3)] ohne Speisewasser-Vorwärmeranlage

Gruppe bzw. Gattung		T 18	T 20
Gattung		2C2-H. P. T. L. dr.	1E1-H. G. T. L.
Bauart		–	–
Hersteller, Baujahr		Vulcan 1914	Borsig 1922
Bemerkungen		Mit Speisewasser-Vorwärmeranlage	–
Zulässige Höchstgeschwindigkeit	km/h	100	65
Zylinderdurchmesser (HD/ND)	mm	560	700
Kolbenhub	mm	630	660
Kuppelraddurchmesser	mm	1 650	1 400
Laufraddurchmesser vorn/hinten	mm	1 000/1 000	850/850
Kesseldruck	MPa	1,2	1,4
Wasserraum des Kessels	m^3	5,6	8,5
Dampfraum des Kessels	m^3	2,9	3,1
Verdampfungswasseroberfläche	m^2	8,5	10,0
Größter innerer Kesseldurchmesser	mm	1 498	1 860
Höhe der Kesselmitte über SO	mm	2 850	3 100
Rostfläche	m^2	2,39	4,36
Heizrohranzahl	Stück	134	218
Heizrohrdurchmesser innen/außen	mm	41/46	40/45
Rauchrohranzahl	Stück	24	34
Rauchrohrdurchmesser innen/außen	mm	125/133	125/133
Rohrlänge zwischen den Rohrwänden	mm	4 700	4 500
Überhitzerrohrdurchmesser innen/außen	mm	29/36	30/38
Strahlungsheizfläche	m^2	13,1	17,0
Rohrheizfläche	m^2	125,4	183,3
Verdampfungsheizfläche	m^2	138,5	200,3
Überhitzerheizfläche	m^2	45,0	62,5
Fester Achsstand	mm	4 100	3 300
Gesamter Achsstand	mm	11 700	11 900
Länge über Puffer	mm	14 800	15 100
Leermasse	t	83,2	103,7
Dienstmasse	t	105,0	127,4
Reibungsmasse	t	51,1	95,3
Mittlere Kuppelachsfahrmasse	t	17,03	19,06
Wasservorrat	m^3	12,0	12,0
Kohlevorrat	t	4,5	4,0